W0326188

mathe.delta 6

Mathematik für das Gymnasium

Lösungsband

Baden-Württemberg

C.C.Buchner

mathe.delta
Baden-Württemberg
Herausgegeben von Axel Goy und Michael Kleine

mathe.delta 6 – Baden-Württemberg Lösungsband

Bearbeitet von Lothar Diemer, Alexander Engeln, Axel Goy, Michael Kleine, Sofie Schmidt und Stephan Wölbert
unter Mitarbeit der Verlagsredaktion

1. Auflage, 1. Druck 2017
Alle Drucke dieser Auflage sind, weil untereinander unverändert, nebeneinander benutzbar.

Dieses Werk folgt der reformierten Rechtschreibung und Zeichensetzung. Ausnahmen bilden Texte, bei denen künstlerische, philologische oder lizenzrechtliche Gründe einer Änderung entgegenstehen.

© 2017 C.C.Buchner Verlag, Bamberg
Das Werk und seine Teile sind urheberrechtlich geschützt. Jede Nutzung in anderen als den gesetzlich zugelassenen Fällen bedarf der vorherigen schriftlichen Einwilligung des Verlags. Das gilt insbesondere auch für Vervielfältigungen, Übersetzungen und Mikroverfilmungen. Hinweis zu § 52 a UrhG: Weder das Werk noch seine Teile dürfen ohne eine solche Einwilligung eingescannt und in ein Netzwerk eingestellt werden. Dies gilt auch für Intranets von Schulen und sonstigen Bildungseinrichtungen.

Layout und Satz: dtp-design GbR, Ebsdorfergrund
Umschlag: HOCHVIER GmbH & Co. KG, Bamberg
Druck und Bindung: creo Druck & Medienservice GmbH, Bamberg

www.ccbuchner.de

ISBN 978-3-661-**61026**-9

Prozessbezogene Kompetenzen

Im Lösungsband werden prozessbezogene Kompetenzen zu jeder Aufgabe angegeben. Dabei werden die allgemeinen mathematischen Kompetenzen entsprechend der Bildungsstandards für den mittleren Schulabschluss zugrunde gelegt. Mathematische Kompetenzen werden im Wesentlichen durch Aufgaben erworben, wobei eine Aufgabe auch zur Förderung mehrerer Kompetenzen beitragen kann. Die Angaben neben den Aufgaben stellen somit eine Richtschnur dar, welche Kompetenz im Vordergrund steht.

K1 **Mathematisch argumentieren,** z. B. Fragen stellen, die für die Mathematik charakteristisch sind; Vermutungen begründet äußern; mathematische Argumentationen ausgehend von einer geeigneten Begründungsbasis entwickeln; Lösungswege beschreiben und begründen und dabei einfache Plausibilitätsbetrachtungen, inhaltlich-anschauliche Begründungen und Beweise nutzen.

K2 **Probleme mathematisch lösen,** z. B. vorgegebene und selbst formulierte Probleme bearbeiten; geeignete heuristische Hilfsmittel, Strategien und Prinzipien zum Problemlösen auswählen bzw. anwenden; Plausibilität der Ergebnisse überprüfen sowie das Finden von Lösungsideen und die Lösungswege reflektieren.

K3 **Mathematisch modellieren,** z. B. die Struktur realitätsbezogener Fragestellungen analysieren, vereinfachen und Annahmen treffen; relevante Größen und ihre Beziehungen identifizieren; die Situation unter Nutzung von Grundvorstellungen zu mathematischen Operationen in ein mathematisches Modell übersetzen; im mathematischen Modell ein Ergebnis finden und es in Bezug auf die Realsituation interpretieren; das Ergebnis im Hinblick auf Stimmigkeit und Angemessenheit überprüfen.

K4 **Mit symbolischen, formalen und technischen Elementen der Mathematik umgehen,** z. B. flexibel mit symbolischen Darstellungen mathematischer Objekte wie z. B. Variablen, Gleichungen oder Diagrammen arbeiten; Algorithmen, Hilfsmittel und symbolische, formale, graphische oder verbale Darstellungen problemangemessen einsetzen; Verfahren beherrschen und reflektieren sowie Regeln und die Bedingungen ihrer Anwendung kennen.

K5 **Kommunizieren,** z. B. Überlegungen, Lösungswege bzw. Ergebnisse dokumentieren, verständlich darstellen und präsentieren, auch unter Nutzung geeigneter Medien; die Fachsprache adressatengerecht verwenden; Äußerungen und Texte zu mathematischen Inhalten verstehen und überprüfen.

K4 **1** Beispiele für Markierungen:

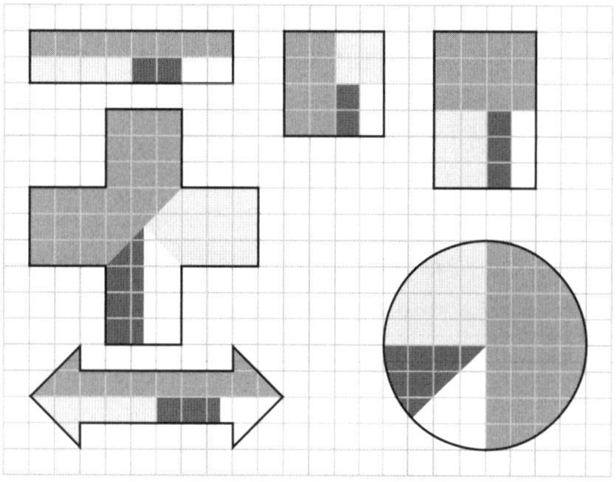

K4 **2**

a) 35 km = 35 000 m | **b)** 350 t = 350 000 kg
c) 550 mm = 55 cm | **d)** 18 kg = 18 000 g
e) 30 g = 30 000 mg | **f)** 2 d = 48 Stunden
g) 7 dm = 700 mm | **h)** 3 h = 10 800 s

K4 **3**

a) größter Schüler: 151 cm
kleinste Schülerin: 125 cm

b) Schüler: 132 cm < 135 cm < 137 cm < 142 cm < 146 cm < 151 cm
Schülerinnen: 125 cm < 138 cm < 143 cm < 144 cm < 154 cm < 161 cm

K4 **4**

a) 1 eine halbe Stunde | 2 eine Viertelstunde
3 eine Dreiviertelstunde | 4 eine ganze Stunde

b) 1 30 min (1800 s) | 2 15 min (900 s)
3 45 min (2700 s) | 4 60 min (3600 s)

1 Brüche und Dezimalzahlen

Einstieg

Die Auftaktseite eines Kapitels enthält zwei verschiedene Elemente:
Zunächst werden die Schüler mit einem offenen Einstiegsbeispiel an das neue Kapitel herangeführt. Zentral ist dabei immer der Anwendungsbezug: Kein Lehrplaninhalt ist rein innermathematisch, sodass den Schülern von Beginn an gezeigt werden sollte, dass Mathematik nichts Abstraktes ist, sondern oft im Leben der Schüler vorkommt. In einem Unterrichtsgespräch zur Auftaktseite können viele der kommenden Lerninhalte schon heuristisch erarbeitet, Vermutungen geäußert und Zusammenhänge erschlossen werden.

- Beispiel $\frac{1}{5}$ l Milch: Man teilt 1 l Milch in 5 gleiche Portionen und verwendet nur eine dieser Portionen.

200 g Mehl	125 g Nutella
4 Eier	200 ml Milch
250 g Zucker	ein halbes Päckchen Backpulver
$1\frac{1}{4}$ Päckchen Butter (312,5 g)	Smarties zum Verzieren

  Bei manchen Angaben ist die Verwendung von Brüchen weiter üblich, da die Maßzahlen der Packungsinhalte (z. B. 250 g bei Butter) keine Stufenzahlen sind.

- Bei Zeitangaben verwendet man oft Brüche $\left(\frac{1}{2}\text{h}, \frac{1}{4}\text{h}\right)$, ebenso wenn man beispielsweise Lebensmittel unterteilt: Pizza dritteln oder vierteln, ...

Ausblick

Die Aufzählung am Ende der Seite bietet einen Ausblick auf die wesentlichen Lernziele des Kapitels und schafft so eine hohe Transparenz für Schüler und Lehrer. Durch einen informierenden Unterrichtseinstieg können sich Schüler und Lehrer auf das Kommende einstellen.
Idealerweise wird im Unterricht der Bezug hergestellt zwischen der Einstiegssituation und den im Ausblick angegebenen Lernzielen.

Kap. 1.1

Wir backen Muffins!

K1
- Bei der quadratischen, der rechteckigen und der kreisförmigen Backform ist die gerechte Teilung auf vier Personen (d. h., alle bekommen gleich viel) einfach. Bei den anderen Backformen ist die gerechte Teilung schwieriger.

K2
- Individuelle Aufteilungen

K3
- Mit den Rezeptangaben ergibt sich die Masse von etwa 1000 g für 12 Muffins. Ein Muffin wiegt somit etwa 83 g.

Kap. 1.2 und 1.8

Der weltbeste Bananen-Milchshake

K2
- Timo kann fünf Gläser befüllen.

K1
- Wenn Timo 4 oder 9 Freunde einlädt, ist die Anpassung leicht, weil Timo dann insgesamt 5 bzw. 10 Gläser Milchshake anrichten muss. Für 5 Gläser kann er die Angaben aus dem Rezept unverändert verwenden, für 10 Gläser muss er die Mengenangaben aus dem Rezept verdoppeln.
  Wenn Timo 6 bzw. 8 Freunde einlädt, benötigt er insgesamt 7 bzw. 9 Gläser Milchshake.
  Da 7 und 9 keine Vielfachen von 5 sind, ist die Anpassung der Mengenangaben aus dem Rezept in diesen Fällen schwieriger.

Kap. 1.4 und 1.11

Orangengetränke für jeden Geschmack

K2
- Anteile an Wasser, das dem reinen Fruchtsaft hinzugefügt wurde (der Wassergehalt des reinen Fruchtsafts wird dabei nicht berücksichtigt):
  Orangensaft: 0
  Orangennektar: $\frac{3}{4}$
  Orangen-Fruchtsaftgetränk: höchstens $\frac{94}{100}$

K4
- Teile Orangensaft zu Wasser für die einzelnen Getränke:
  Orangensaft: 1 Teil Orangensaft, kein Wasser
  Orangennektar: 1 Teil Orangesaft, 3 Teile Wasser
  Orangen-Fruchtsaftgetränk: mindestens 6 Teile Orangensaft, höchstens 94 Teile Wasser

K2
- Für 10 l Orangen-Fruchtsaftgetränk werden (mindestens) 600 ml Orangensaft und (höchstens) 9 l 400 ml Wasser benötigt.

Kap. 1.5 und 1.6

Pizza, Pizza, Pizza

K2 ▪ Am meisten wurde von der Pizza Käse-Salami und von der Pizza Schinken-Mozzarella gegessen (jeweils fast ein Viertel).

K4 ▪ Käse-Salami: Etwa ein Viertel wurde gegessen.
Schinken-Mozzarella: Etwa ein Viertel wurde gegessen.
Diavolo: Etwa ein Sechstel wurde gegessen.
Hawaii: Etwa ein Fünftel wurde gegessen.

1.1 Brüche erkennen und herstellen

Alternativer Einstieg: Schulbuch Seite 8

Entdecken

K4
- ① $\frac{8}{24}$ (ein Drittel) ② $\frac{16}{24}$ (zwei Drittel)
  ③ $\frac{20}{24}$ (fünf Sechstel) ④ $\frac{18}{24}$ (drei Viertel)

K2
- Individuelle Unterteilungen, z. B. $\frac{1}{24}$ (ein Vierundzwanzigstel), $\frac{6}{24}$ (ein Viertel), $\frac{12}{24}$ (ein Halb)

Nachgefragt

K4
- Vier Drittel aller Schüler sind mehr als das Ganze (drei Drittel). Der Anteil ist in diesem Zusammenhang somit falsch.

K2
- Der Tag hat 24 Stunden. Ein Drittel sind somit 8 Stunden bzw. bis 8 Uhr, zwei Drittel sind 16 Uhr.

Aufgaben

K4 **1** **a)** gefärbt: $\frac{2}{5}$, weiß: $\frac{3}{5}$ **b)** gefärbt: $\frac{3}{7}$, weiß: $\frac{4}{7}$ **c)** gefärbt: $\frac{4}{6}$, weiß: $\frac{2}{6}$
d) gefärbt: $\frac{12}{16}$, weiß: $\frac{4}{16}$ **e)** gefärbt: $\frac{36}{100}$, weiß: $\frac{64}{100}$ **f)** gefärbt: $\frac{5}{8}$, weiß: $\frac{3}{8}$

K4/5 **2** Es gibt verschiedene Faltmöglichkeiten.

K4 **3** Es sind mehrere Brüche möglich.
A: $\frac{5}{30} = \frac{1}{6}$ B: $\frac{10}{30} = \frac{2}{6} = \frac{1}{3}$ C: $\frac{15}{30} = \frac{1}{2}$ D: $\frac{18}{30} = \frac{3}{5}$ E: $\frac{25}{30} = \frac{5}{6}$

K4 **4** **a)** 1 $\frac{1}{2}$ 2 $\frac{4}{5}$ 3 $\frac{5}{8}$ 4 $\frac{1}{4}$ 5 $\frac{3}{5}$

b) Lösungsmöglichkeit:

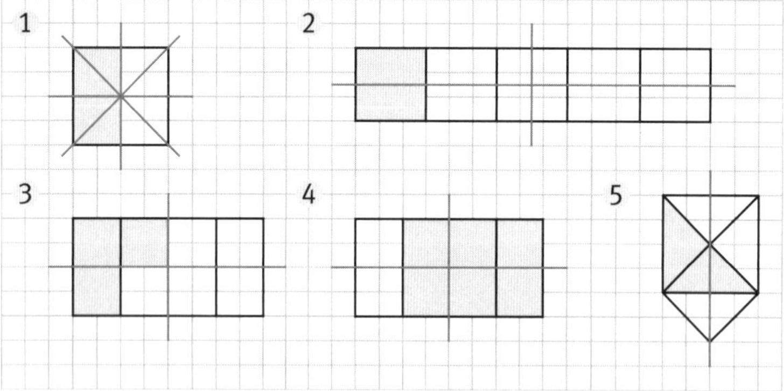

K4 **5** **a)**

	Blauwal	Grönlandwal	Zwergwal	Pottwal
1970	$\frac{200}{3700} = \frac{2}{37}$	$\frac{100}{3700} = \frac{1}{37}$	$\frac{600}{3700} = \frac{6}{37}$	$\frac{2800}{3700} = \frac{28}{37}$
2000	$\frac{5}{1665} = \frac{1}{333}$	$\frac{10}{1665} = \frac{2}{333}$	$\frac{150}{1665} = \frac{30}{333}$	$\frac{1500}{1665} = \frac{300}{333}$

b) Anzahl in Tausend 1970

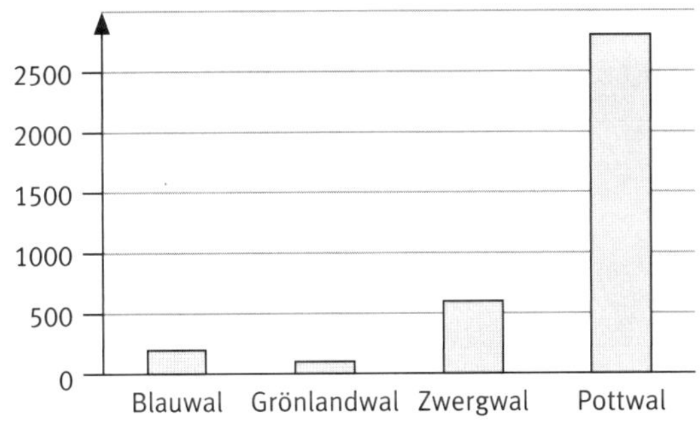

Anzahl in Tausend 2000

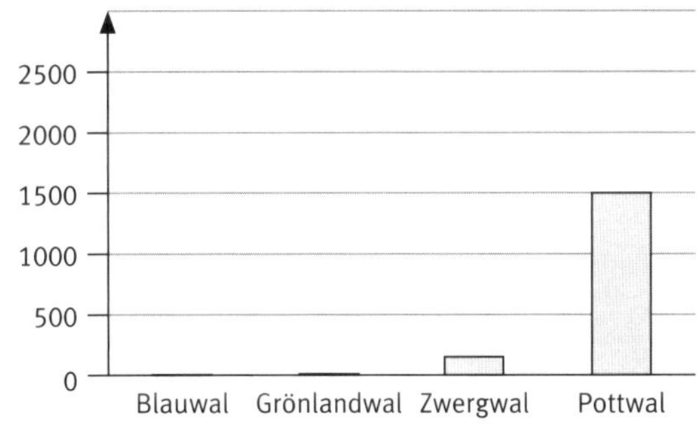

1.2 Bruch als Division

Alternativer Einstieg: Schulbuch Seite 8

Entdecken

K2 ■ Individuelle Aufteilungen. Beispiele (unter der Annahme, dass alle vier Kinder alle Pizzasorten gleich gerne essen):

1. Möglichkeit: Alle drei Pizzas werden in jeweils vier Viertel aufgeteilt. Jedes Kind bekommt ein Viertel von jeder Pizza:

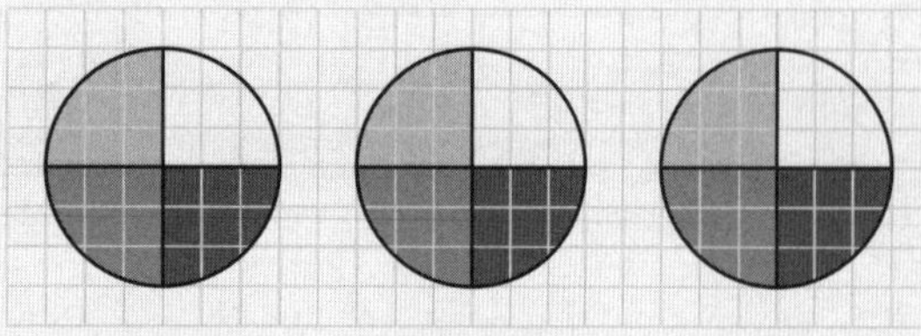

2. Möglichkeit: Von jeder Pizza wird ein Viertel abgeschnitten. Drei Kinder bekommen jeweils das übrig gebliebene größere Stück, ein Kind bekommt die drei abgeschnittenen Viertel:

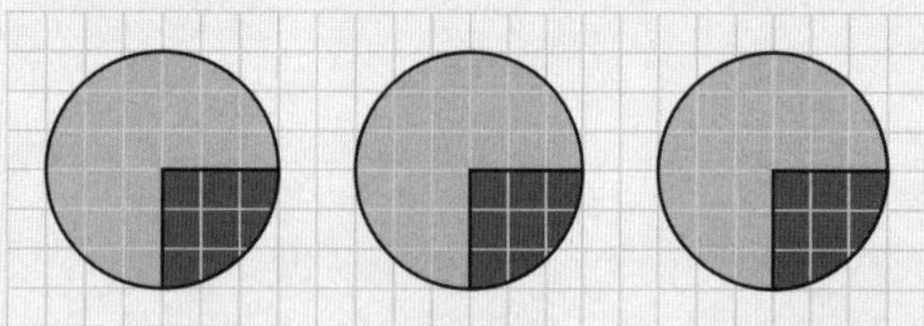

3. Möglichkeit: Zwei Pizzas werden halbiert, die dritte wird in vier Viertel aufgeteilt. Jedes Kind bekommt eine Pizzahälfte und eines der Pizzaviertel:

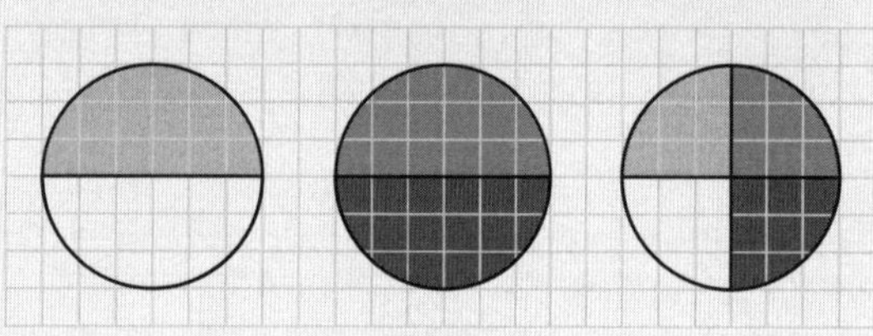

K4 ■ Jedes Kind bekommt drei Viertel $\left(\frac{3}{4}\right)$ von einer ganzen Pizza.

Nachgefragt

K2 ■ Ist der Divisor 1, dann passt der Divisor immer genauso oft in den Dividenden hinein, wie der Dividend groß ist. Das Ergebnis ist somit der Dividend. Ist 1 der Dividend, dann erhält man als Ergebnis Stammbrüche mit dem Divisor im Nenner.

K1 ■ Als Zähler sind bei Brüchen alle Zahlen möglich, als Nenner alle Zahlen außer der Null, weil die Division durch null nicht möglich ist.

Aufgaben

K4 **1** **a)** $\frac{1}{2}$; $\frac{1}{3}$; $\frac{3}{4}$; $\frac{2}{5}$; $\frac{5}{6}$; $\frac{7}{4}$; $\frac{8}{1} = 8$ **b)** nicht möglich; $\frac{3}{5}$; $\frac{2}{7}$; $\frac{1}{6}$; $\frac{12}{4} = 3$; $\frac{18}{13}$; $\frac{22}{7}$

K4 **2** **a)** Jeder bekommt $\frac{1}{2}$ Brötchen. **b)** Jeder bekommt $\frac{3}{5}$ von einer Tafel Schokolade.

c) Jeder bekommt $\frac{5}{12}$ von einer Birne. **d)** Jeder bekommt $\frac{4}{3}$ Pfannkuchen.

K4 **3** Es sind verschiedene Lösungen möglich.

a) 1 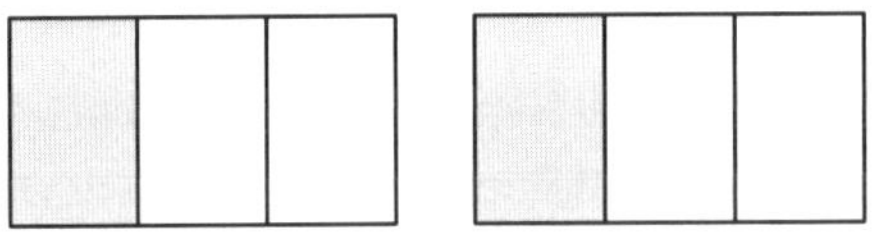 2 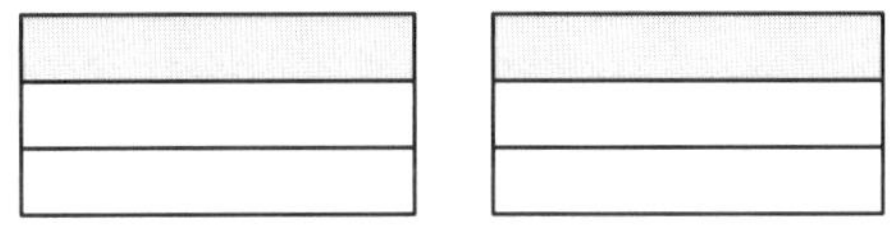

Jedes Kind bekommt $\frac{2}{3}$ von einer Tafel.

b) 1 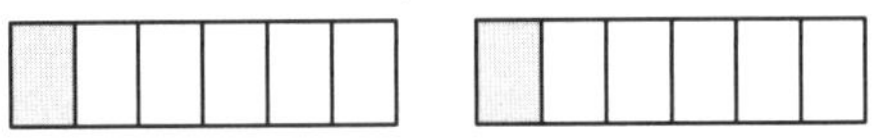 2 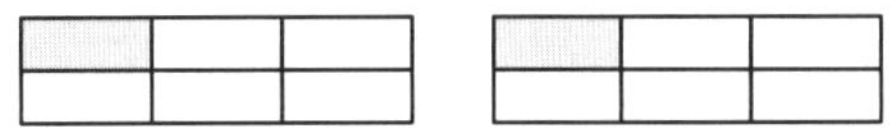

Jedes Kind bekommt $\frac{2}{6}$ bzw. $\frac{1}{3}$ von einem Baguette.

c) 1 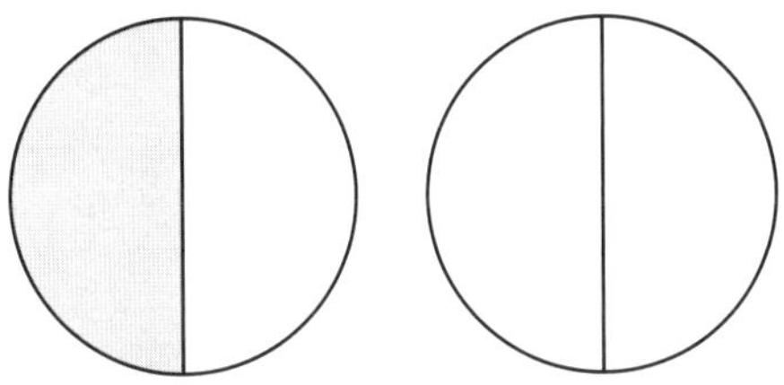 2 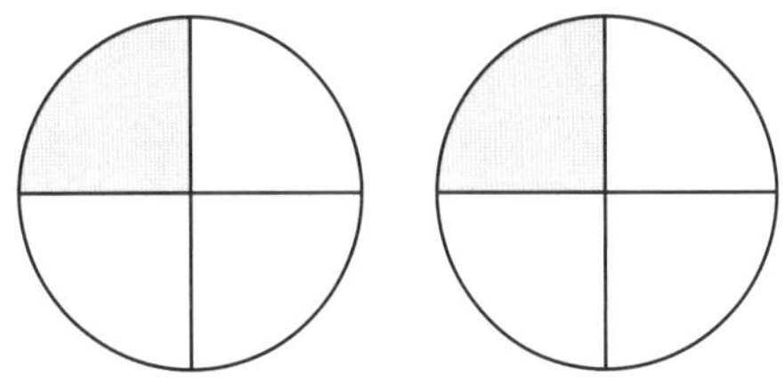

Jedes Kind bekommt $\frac{1}{2}$ bzw. $\frac{2}{4}$ von einer Pizza.

d) 1  2 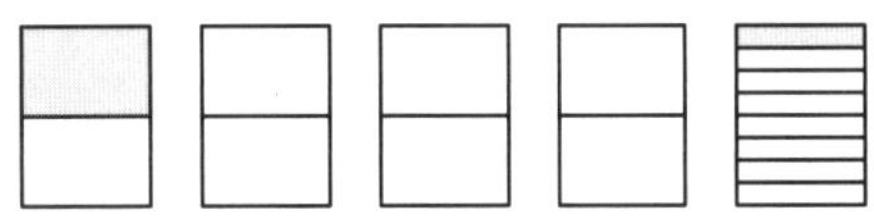

Jedes Kind bekommt $\frac{5}{8}$ bzw. $\frac{1}{2} + \frac{1}{8}$ von einem Kuchen.

K4 **4** Es sind verschiedene Zerlegungen wie im Beispiel möglich.

a) 1 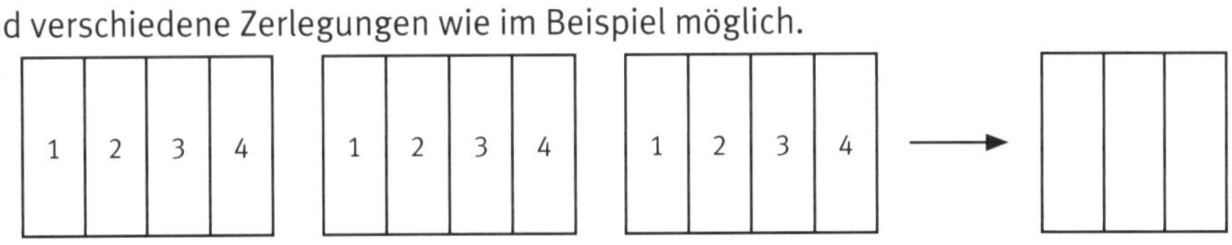

$\frac{3}{4}$ eines Blattes

2 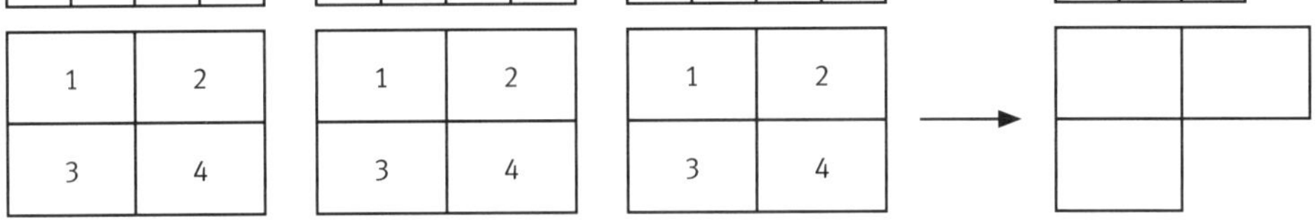

$\frac{3}{4}$ eines Blattes

b) 1 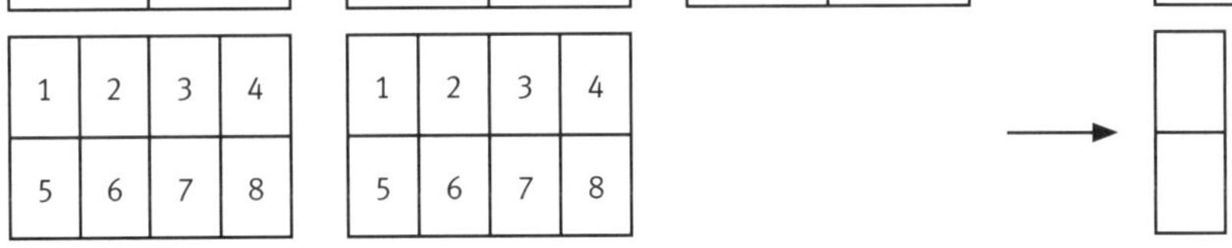

$\frac{2}{8}$ eines Blattes

2 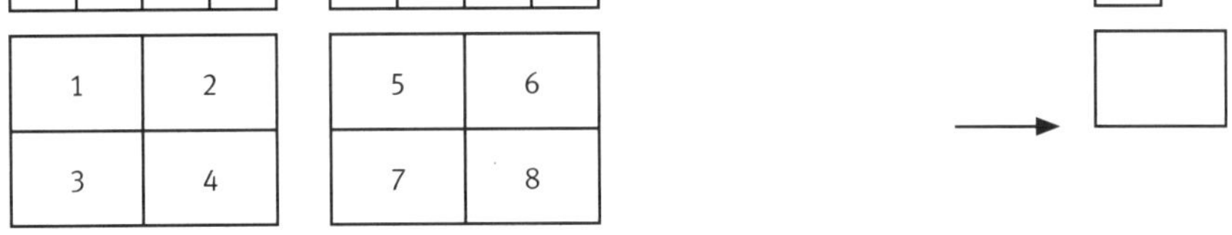

$\frac{1}{4}$ eines Blattes

c) 1 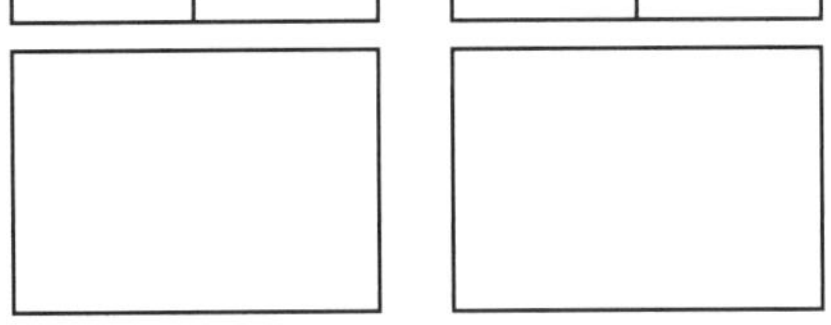

Siebtel sind ohne Abmessungen nicht einfach möglich, ansonsten wie oben!

K4 **5** **a)** $\frac{3}{4}$ kg = 750 g **b)** $\frac{1}{2}$ m = 5 dm **c)** $\frac{1}{4}$ € = 25 ct **d)** $\frac{1}{4}$ l = 250 ml **e)** $\frac{6}{40}$ km = 150 m

K4 **6** Beispielhaft werden die gefärbten Flächen als Anteil der Gesamtflächen genannt.

a) $\frac{19}{50}$ **b)** $\frac{5}{8}$ **c)** $\frac{3}{11}$ **d)** $\frac{7}{23}$ **e)** $\frac{11}{24}$

Entdecken

K2 ■ Um 300 ml KiBa herzustellen, müssen 200 ml Kirschsaft mit 100 ml Bananensaft gemischt werden.

K2 ■ Um 600 ml KiBa herzustellen, müssen 400 ml Kirschsaft mit 200 ml Bananensaft gemischt werden.
Um 500 ml KiBa herzustellen, müssen etwa 333 ml Kirschsaft mit etwa 167 ml Bananensaft gemischt werden.
Das Verhältnis ist immer dasselbe (2 zu 1).

Nachgefragt

K3 ■ „Wasser und Saft im Verhältnis 5 : 2“ bedeutet, dass auf 5 Teile Wasser 2 Teile Saft genommen werden. Um z. B. 700 l Getränk in diesem Verhältnis zu mischen, werden 500 ml Wasser mit 200 ml Saft vermischt.

K3 ■ Verhältnis von Jungen und Mädchen in einer Klasse, Übersetzungsverhältnis bei Gangschaltungen, Verhältnis von Gruppenleitern und Teilnehmern auf einer Freizeit, ...

Aufgaben

K4 **1**
- Das Verhältnis von Roggenmehl zu Weizenmehl ist 3 : 2
- 60 % des Mehles ist Roggenmehl, der Rest Weizenmehl.
- Von fünf Teilen Mehl sind zwei Teile Weizenmehl, der Rest ist Roggenmehl.
- Das Verhältnis von Weizenmehl zum gesamten Mehl ist 2 : 5.

K4 **2** **a)** (1|1) (1|2) (1|3) (1|4) (1|5) (1|6) (2|2) (2|3) (2|4) (2|5) (2|6)
(3|3) (3|4) (3|5) (3|6) (4|4) (4|5) (4|6) (5|5) (5|6) (6|6)

b) 6 von 21 gewinnen: $\frac{6}{21} = \frac{2}{7}$ Das Verhältnis „Pasch“ zu allen Würfen ist 2 : 7.
Julia hat sicherlich nicht Recht.

Andere Sprechweisen für den Sachverhalt:
- Das Verhältnis von „Pasch“ zu „Nicht-Pasch“ ist 2 : 5.
- Um zwei Mal „Pasch“ zu würfeln, muss man im Durchschnitt sieben Mal würfeln.

K2 **3** **a)** Rotes Herz: $1 : 3 \approx 33\,\%$ Vierblätterklee: $1 : 4 = 25\,\%$ Glücksschwein: $2 : 5 = 40\,\%$
Beim Glücksschwein ist die Chance für einen Gewinn am besten.

b) $\frac{1}{3} = \frac{20}{60}$ $\frac{1}{4} = \frac{15}{60}$ $\frac{2}{5} = \frac{24}{60}$

K4 **4** **a)** 24 Schüler: 6 Jungen : 18 Mädchen = 1 Junge : 3 Mädchen
b) 6 Jungen, 18 Mädchen
c) 7 Jungen : 18 Mädchen
d) 8 Jungen : 16 Mädchen = 1 Junge : 2 Mädchen

K2 **5** Einem Anteil im Massenverhältnis der Zutaten entsprechen (1 kg 100 g) : 55 = 1100 g : 55 = 20 g.
Massen der Zutaten für 1 kg 100 g des Medikaments:
Lindenblütensaft: 20 g
Wasser: $50 \cdot 20\,g = 1000\,g$
Glucose: $4 \cdot 20\,g = 80\,g$

K2 **6**

Tier	Sprungweite	Körperlänge
Floh	2 m	20 cm
Heuschrecke	2 m	8 cm
Tiger	5 m	2,50 m

a) Floh: 10 : 1 Heuschrecke: 25 : 1 Tiger: 2 : 1

b) Lösungsmöglichkeiten:
Känguru: 5 : 1 Springmaus: 10 : 1 Bergziege: 4 : 1 Mensch: 1 : 2 (aus dem Stand)

Alternativer Einstieg: Schulbuch Seite 9

Entdecken

- K4 45 Minuten entsprechen einer Dreiviertelstunde.
- K2 Individuelle Überlegungen. Beispiel: Man teilt die Strecke in fünf gleich lange Teile und nimmt dann zwei dieser Teile.
- K5 Man unterteilt das 10 cm lange Fadenstück durch vier Markierungen in fünf Teile von je 2 cm Länge. Dann nimmt man zwei dieser Teile zusammen und schneidet sie von dem Faden ab. Dadurch erhält man ein Fadenstück von 4 cm Länge.

Nachgefragt

- K2 Mindestens viermal, denn bei jedem Faltvorgang kann man die Anzahl der Teile verdoppeln: $2^4 = 16$.
- K1 Beide Anteile sind gleich groß, denn wenn man zwei Äpfel unter drei Kindern verteilt oder vier Äpfel unter sechs Kindern, dann bekommt ein Kind jedes Mal denselben Anteil.

Aufgaben

K4 **1** $\frac{2}{3}$: 1

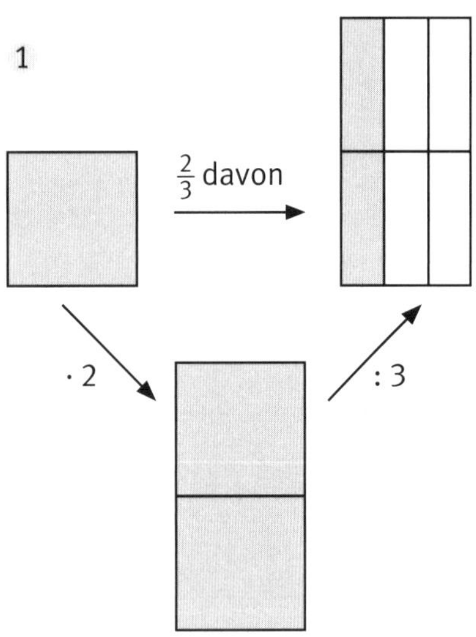

2

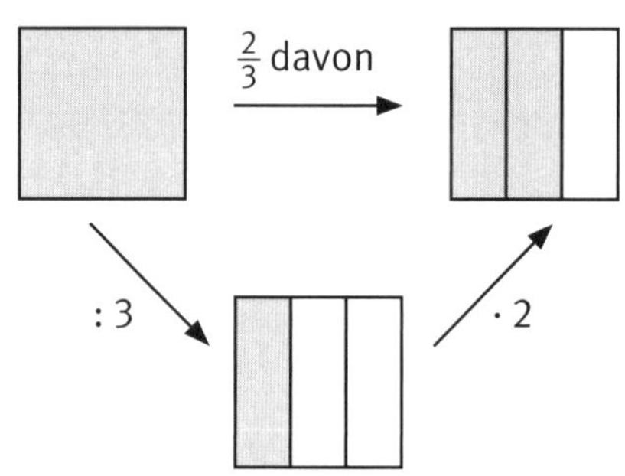

$\frac{3}{5}$: 1

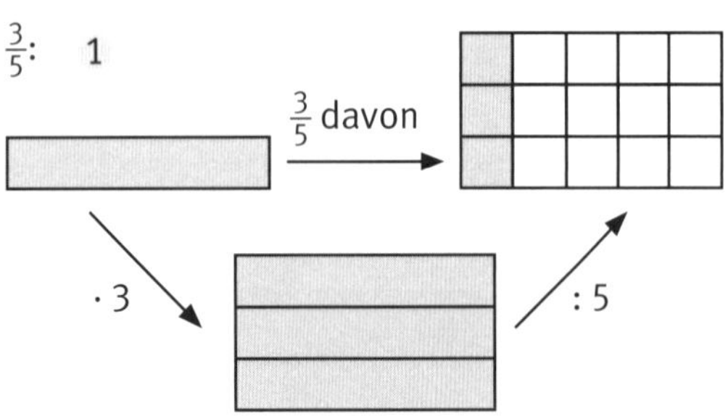

2

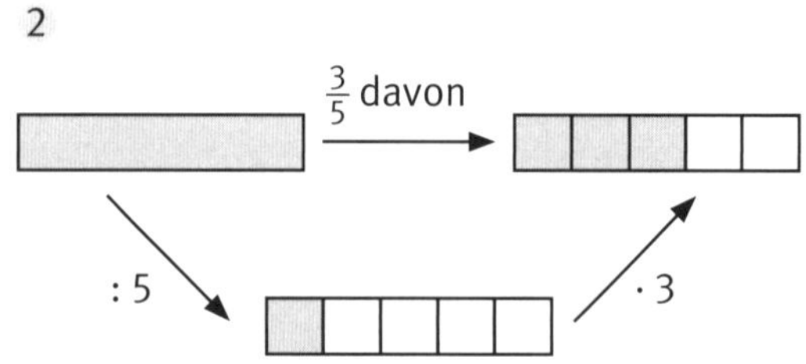

$\frac{5}{8}$: 1

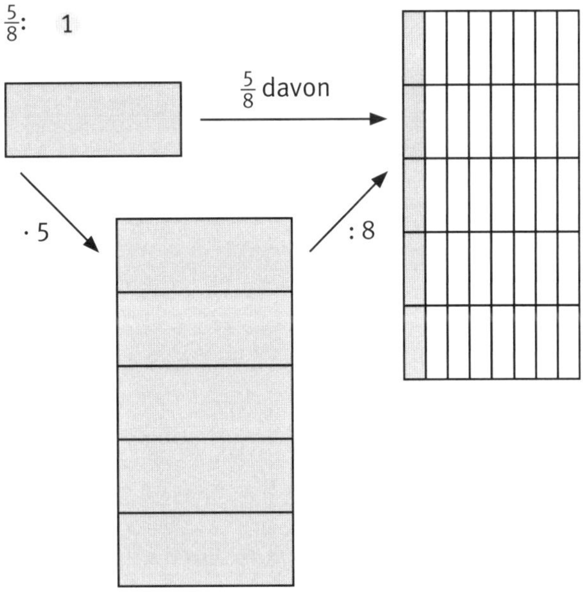

2

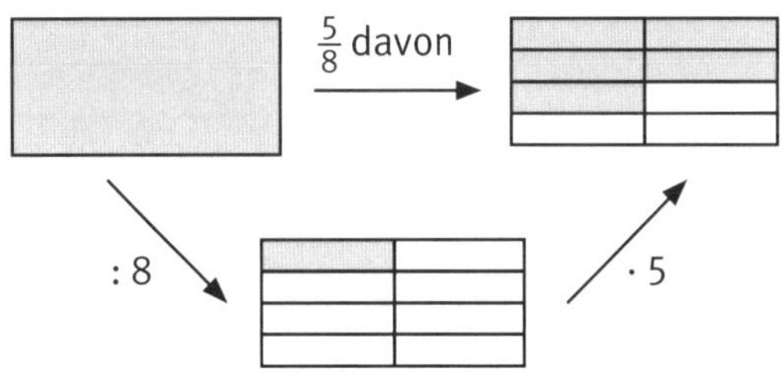

K4 **2** **a)** 90 cm : 3 = 30 cm; 30 cm · 2 = 60 cm — 90 cm · 2 = 180 cm; 180 cm : 3 = 60 cm
b) 120 € : 4 = 30 €; 30 € · 3 = 90 € — 120 € · 3 = 360 €; 360 € : 4 = 90 €
c) 25 kg : 5 = 5 kg; 5 kg · 2 = 10 kg — 25 kg · 2 = 50 kg; 50 kg : 5 = 10 kg
d) 20 min : 10 = 2 min; 2 min · 3 = 6 min — 20 min · 3 = 60 min; 60 min : 10 = 6 min
e) 24 h : 6 = 4 h; 4 h · 5 = 20 h — 24 h · 5 = 120 h; 120 h : 6 = 20 h
f) 1000 ml : 8 = 125 ml; 125 ml · 3 = 375 ml — 1000 ml · 3 = 3000 ml; 3000 ml : 8 = 375 ml
g) 72 m : 6 = 12 m; 12 m · 1 = 12 m — 72 m · 1 = 72 m; 72 m : 6 = 12 m
h) 60 min : 12 = 5 min; 5 min · 5 = 25 min — 60 min · 5 = 300 min; 300 min : 12 = 25 min
i) 1875 t : 125 = 15 t; 15 t · 3 = 45 t — 1875 t · 3 = 5625 t; 5625 t : 125 = 45 t
j) 2400 € : 100 = 24 €; 24 € · 8 = 192 € — 2400 € · 8 = 19 200 €; 19 200 € : 100 = 192 €
k) 300 mm : 25 = 12 mm; 12 mm · 12 = 144 mm — 300 mm · 12 = 3600 mm; 3600 mm : 25 = 144 mm
l) 480 kg : 32 = 15 kg; 15 kg · 9 = 135 kg — 480 kg · 9 = 4320 kg; 4320 kg : 32 = 135 kg

K4 **3** Die Rechnungen erfolgen analog Aufgabe 2.
a) 24 h **b)** 100 € **c)** 18 cm **d)** 400 ml **e)** 60 min **f)** 126 mm

K4 **4** Beispiel für eine mögliche Aufgabenstellung:
Veranschauliche an selbst gewählten Figuren, wie man folgende Anteile vom Ganzen erhält.
a) $\frac{2}{3}$ **b)** $\frac{3}{5}$ **c)** $\frac{3}{4}$ **d)** $\frac{5}{8}$

K4 **5** **a)** $\frac{3}{4}$ h = 45 min **b)** $\frac{4}{6}$ h = $\frac{2}{3}$ h = 40 min **c)** $\frac{5}{6}$ h = 50 min **d)** $\frac{7}{12}$ h = 35 min **e)** $\frac{11}{12}$ h = 55 min

K5 **6** Stefanie trug den Rucksack länger. Mögliche Veranschaulichung:

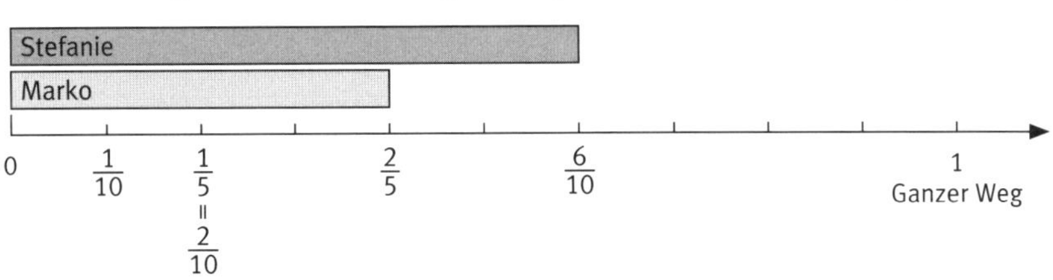

K2 **7** weiß: $\frac{8}{17}$ rot: $\frac{9}{17}$

1.5 Brüche in gemischter Schreibweise

Alternativer Einstieg: Schulbuch Seite 9

Entdecken

K2 ■ Anzahlen der Viertelpfannkuchen, die jedes Kind isst:
Paul: 12 Leonie: 9 Emma: 3 Yannick: 7

K2 ■ Individuelle Darstellungen. Beispiel: Wenn $\frac{1}{4}$ einen Viertelpfannkuchen bezeichnet, essen die Kinder folgende Anteile:
Paul: $\frac{12}{4} = 3$ Leonie: $\frac{9}{4} = 2\frac{1}{4}$ Emma: $\frac{3}{4}$ Yannick: $\frac{7}{4} = 1\frac{3}{4}$

Nachgefragt

K1 ■ Nein, wenn Zähler und Nenner gleich sind oder der Zähler ein Vielfaches des Nenners, dann erhält man als Ergebnis eine natürliche Zahl, im ersten Fall stets die 1, ansonsten das Vielfache.

K5 ■ Aus einem echten Bruch, dessen Zähler nicht 0 ist, entsteht ein unechter Bruch, wenn man Zähler und Nenner vertauscht.
Bei einem echten Bruch, dessen Zähler 0 ist, können Zähler und Nenner nicht vertauscht werden, weil 0 nicht im Nenner stehen kann.
Aus einem unechten Bruch, dessen Zähler und Nenner verschieden sind, entsteht ein echter Bruch, wenn man Zähler und Nenner vertauscht.
Ein unechter Bruch, dessen Zähler und Nenner gleich sind, ändert sich durch Vertauschen von Zähler und Nenner nicht.

Aufgaben

K4 **1** echte Brüche: $\frac{3}{8}; \frac{9}{12}; \frac{9}{10}; \frac{1}{25}; \frac{0}{4}; \frac{0}{5}$

unechte Brüche: $\frac{5}{4}; \frac{12}{6}; \frac{16}{5}; \frac{7}{7}; \frac{123}{25}; \frac{35}{7}; \frac{12}{11}; \frac{10}{1}; \frac{100}{10}$

Stammbrüche: $\frac{1}{25}$

K4 **2** **a)** $\frac{3}{8}$ ist ein echter Bruch.

b) $\frac{17}{8}$ ist ein unechter Bruch; $\frac{17}{8} = 2\frac{1}{8}$ ist eine gemischte Zahl.

c) $\frac{16}{8}$ ist ein unechter Bruch; $\frac{16}{8} = 2$ ist eine natürliche Zahl.

d) $\frac{24}{8}$ ist ein unechter Bruch; $\frac{24}{8} = 3$ ist eine natürliche Zahl.

K4 **3** **a)** $\frac{6}{4} = 1\frac{2}{4}$ $\left(\frac{3}{2} = 1\frac{1}{2}\right)$ **b)** $\frac{3}{4}$ **c)** $\frac{11}{8} = 1\frac{3}{8}$ **d)** $\frac{8}{4} = 2$

e) $\frac{15}{8} = 1\frac{7}{8}$ **f)** $\frac{15}{5} = 3$ **g)** $\frac{4}{12} = \frac{2}{6}$ **h)** $\frac{9}{4} = 2\frac{1}{4}$

K4 **4** **a)**

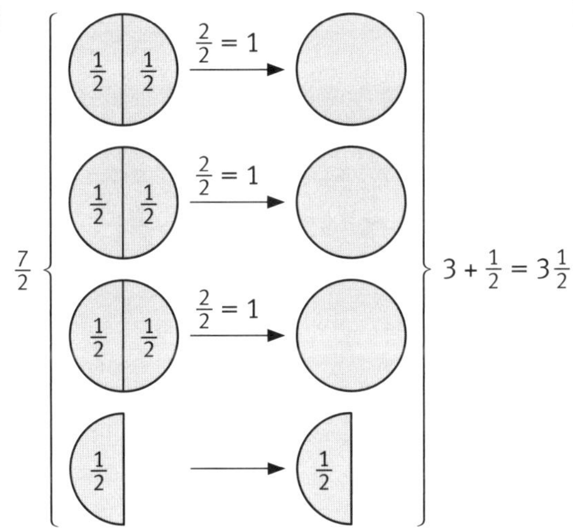

b)

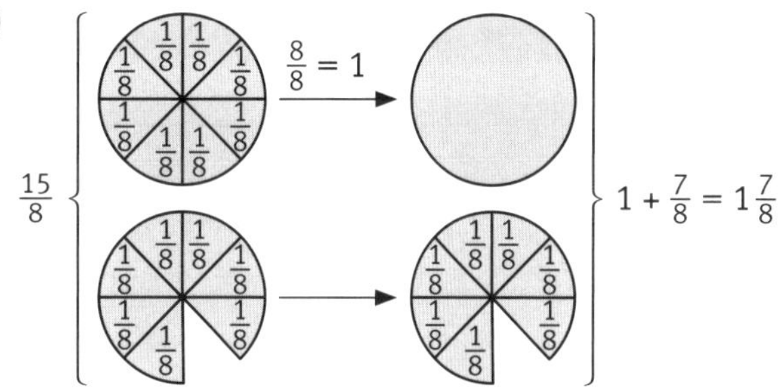

c)

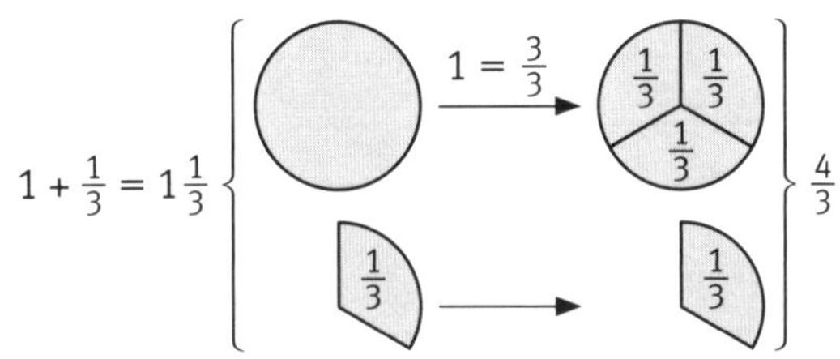

d)

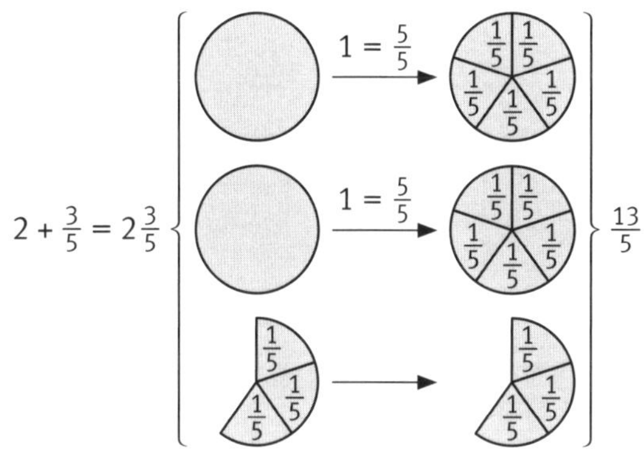

e)

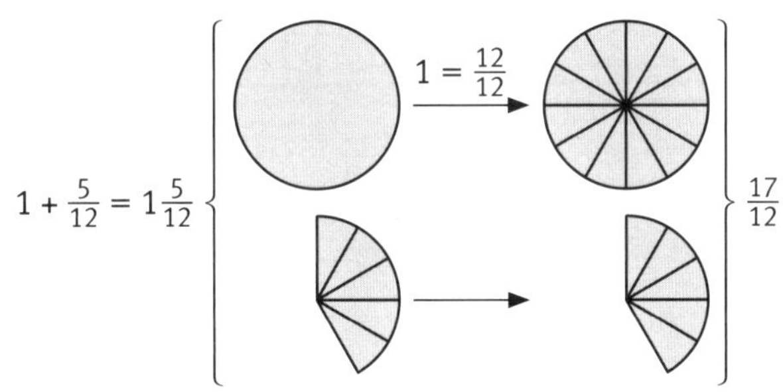

K4 **5** **a)** $\frac{3}{2} = 1\frac{1}{2}$ $\frac{8}{3} = 2\frac{2}{3}$ $\frac{13}{3} = 4\frac{1}{3}$ $\frac{5}{4} = 1\frac{1}{4}$ $\frac{15}{4} = 3\frac{3}{4}$
$\frac{9}{5} = 1\frac{4}{5}$ $\frac{11}{5} = 2\frac{1}{5}$ $\frac{17}{10} = 1\frac{7}{10}$

b) $2\frac{1}{2} = \frac{5}{2}$ $1\frac{2}{3} = \frac{5}{3}$ $3\frac{3}{4} = \frac{15}{4}$ $4\frac{3}{5} = \frac{23}{5}$ $3\frac{5}{6} = \frac{23}{6}$ $2\frac{7}{8} = \frac{23}{8}$

K4 **6**

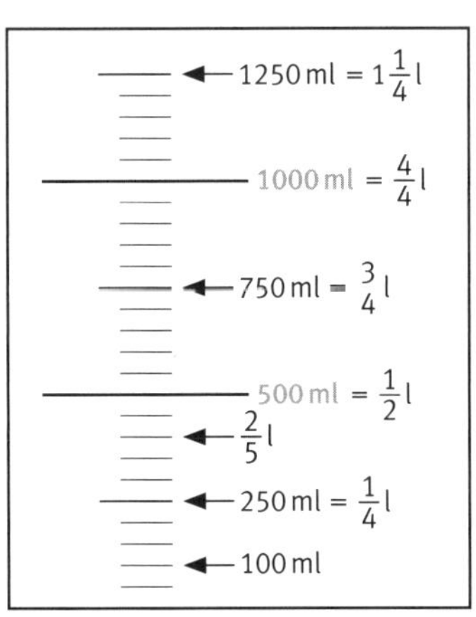

K3 **7** **a)** günstigste Variante: $3 \cdot 0{,}49\,€ + 1 \cdot 3{,}99\,€ + 4 \cdot 0{,}98\,€ + 2 \cdot 2{,}49\,€ + \frac{3}{4} \cdot 3{,}48\,€ = 16{,}97\,€$

b) teuerste Variante: $3 \cdot 0{,}49\,€ + 9 \cdot 0{,}98\,€ + 5 \cdot 0{,}99\,€ + 2 \cdot 1{,}49\,€ = 18{,}22\,€$
Die Ersparnis beträgt 1,25 €.

1.6 Brüche ordnen, erweitern und kürzen

Alternativer Einstieg: Schulbuch Seite 9

Entdecken

K2 ■ $\frac{1}{10} < \frac{1}{5} < \frac{2}{9} < \frac{1}{4} < \frac{1}{3} = \frac{3}{9} < \frac{4}{9} < \frac{1}{2} < \frac{4}{7} < \frac{3}{5} < \frac{2}{3} = \frac{4}{6} < \frac{7}{10} < 1 = \frac{2}{2} < 1\frac{1}{3} < \frac{3}{2}$

K5 ■ Individuelle Erläuterungen z. B. anhand von Darstellungen wie in dem Tipp.

K5 ■ Individuelle Vorschläge für Regeln. Die bisher angestellten Überlegungen können z. B. nahe legen, dass sich Brüche mit gleichem Nenner durch Vergleich ihrer Zähler vergleichen lassen.

Nachgefragt

K5 ■ Erweitern und Kürzen sind die Gegenrechnungen zueinander, eine Erweiterung kann man stets durch eine Kürzung mit derselben Zahl rückgängig machen.

K1 ■ Jeder Bruch lässt sich beliebig erweitern, aber nicht jeder Bruch lässt sich kürzen, wenn der Zähler und der Nenner keine gemeinsamen Vielfachen enthalten.

K1 ■ „Größere Brüche haben größere Zähler“ gilt allgemein nur, wenn die Brüche denselben Nenner haben. Wenn die Nenner nicht gleich sind, ist die Aussage i. Allg. falsch.
Beispiel: $\frac{1}{2} > \frac{4}{9}$, aber der Zähler 1 ist kleiner als der Zähler 4.
„Kleinere Brüche haben kleinere Nenner“ ist i. Allg. falsch.
Beispiel: $\frac{2}{9} < \frac{1}{4}$, aber der Nenner 9 ist größer als der Nenner 4.

Aufgaben

K4 **1** **a)** $\frac{4}{6}; \frac{10}{12}; \frac{14}{12}$ **b)** $\frac{24}{24}; \frac{3}{27}; \frac{21}{30}$ **c)** $\frac{35}{35}; \frac{28}{21}; \frac{7}{700}$ **d)** $\frac{8}{44}; \frac{44}{8}; \frac{88}{44}$
e) $\frac{45}{15}; \frac{40}{85}; \frac{500}{250}$ **f)** $\frac{10}{80}; \frac{20}{90}; \frac{30}{100}$ **g)** $\frac{54}{18}; \frac{540}{12}; \frac{540}{600}$ **h)** $\frac{0}{500}; \frac{500}{200}; \frac{200}{400}$
i) $\frac{60}{20}; \frac{2}{60}; \frac{60}{12}$

K4 **2** **a)** $\frac{6}{12}; \frac{9}{6}; \frac{24}{6}$ **b)** $\frac{2}{1} = 2; \frac{2}{3}; \frac{10}{12}$ **c)** $\frac{5}{2}; \frac{7}{5}; \frac{5}{6}$
d) $\frac{3}{1} = 3; \frac{9}{1} = 9; \frac{9}{4}$ **e)** $\frac{25}{40}; \frac{30}{50}; \frac{11}{8}$ **f)** Kürzen nicht möglich; $\frac{30}{6}; \frac{60}{6}$
g) $\frac{12}{1} = 12; \frac{16}{3} = 5\frac{1}{3}; \frac{9}{1} = 9$ **h)** $\frac{1}{3}; \frac{3}{1} = 3; \frac{1}{3}$ **i)** $\frac{1}{2}; \frac{4}{10}; \frac{3}{5}$

K4 **3**

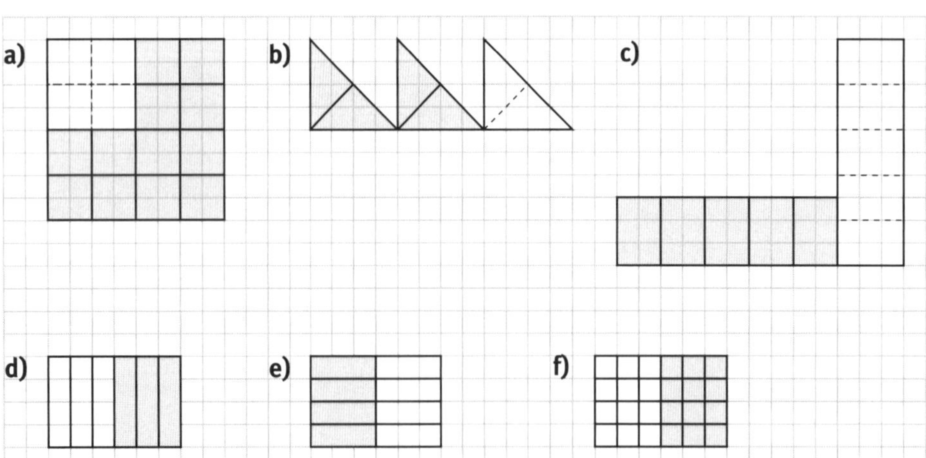

K4 **4** **a)** 2 **b)** 4 **c)** 3 **d)** 4 **e)** 2 **f)** 3
g) 10 **h)** 4 **i)** 3 **j)** 7 **k)** 5 **l)** 8

K4 **5** **a)** $\frac{144}{384} = \frac{72}{192} = \frac{36}{96} = \frac{18}{48} = \frac{9}{24} = \frac{3}{8}$
Es wurde mit 2, 2, 2, 2 bzw. 3 gekürzt.

b) $\frac{45}{225} = \frac{9}{45} = \frac{3}{15} = \frac{1}{5}$
Es wurde mit 5, 3 bzw. 3 gekürzt.

c) $\frac{135}{225} = \frac{45}{75} = \frac{15}{25} = \frac{3}{5}$
Es wurde mit 3, 3 bzw. 5 gekürzt.

K4 **6** **a)** $\frac{2}{5} \overset{2}{=} \frac{4}{10}$ **b)** $\frac{3}{8} \overset{4}{=} \frac{12}{32}$ **c)** $\frac{5}{7} \overset{3}{=} \frac{15}{21}$ **d)** $\frac{3}{4} \overset{4}{=} \frac{12}{16}$ **e)** $\frac{4}{3} \overset{3}{=} \frac{12}{9}$ **f)** $\frac{25}{10} \underset{5}{=} \frac{5}{2}$
g) $\frac{5}{6} \overset{6}{=} \frac{30}{36}$ **h)** $\frac{1}{6} \overset{4}{=} \frac{4}{24}$ **i)** $\frac{12}{20} \overset{5}{=} \frac{60}{100}$ **j)** $\frac{108}{96} \underset{12}{=} \frac{9}{8}$ **k)** $\frac{14}{9} \overset{3}{=} \frac{42}{27}$ **l)** $\frac{11}{5} \overset{11}{=} \frac{121}{55}$

K4 **7** **a)** $\frac{4}{100}$ (2); $\frac{30}{100}$ (10); $\frac{48}{100}$ (4); $\frac{75}{100}$ (5); $\frac{150}{100}$ (50); $\frac{175}{100}$ (25)
b) $\frac{10}{40}$ (10); $\frac{25}{40}$ (5); $\frac{24}{40}$ (8); $\frac{260}{40}$ (20); $\frac{28}{40}$ (4); $1\frac{6}{40}$ (2)

K4 **8** **a)** $\frac{1}{2}; \frac{1}{7}; \frac{1}{5}; 6; \frac{9}{10}$ **b)** $\frac{5}{4}; \frac{3}{5}; \frac{1}{3}; \frac{3}{13}; \frac{2}{3}$ **c)** $\frac{4}{5}; \frac{9}{10}; \frac{16}{31}; \frac{6}{5}; \frac{5}{8}$

K4 **9** **a)** $\frac{9}{12} = \frac{3}{4} = \frac{75}{100}$ $\frac{20}{40} = \frac{4}{8} = \frac{8}{16}$ $\frac{20}{50} = \frac{4}{10}$
b) $\frac{12}{18} = \frac{2}{3} = \frac{20}{30}$ $\frac{21}{49} = \frac{3}{7} = \frac{6}{14}$ $\frac{5}{6} = \frac{25}{30}$

K4 **10** **a)** 1 $\frac{2}{5} < \frac{4}{5}$ $\frac{7}{8} > \frac{6}{8}$ $1\frac{1}{2} = \frac{3}{2}$ $\frac{2}{3} > \frac{1}{3}$ $\frac{7}{9} < \frac{8}{9}$ $\frac{4}{8} = \frac{2}{4}$ $\frac{4}{5} < \frac{9}{10}$ $2\frac{1}{6} < 2\frac{1}{2}$ $\frac{12}{6} = 2$
2 $\frac{1}{4} < \frac{1}{2}$ $\frac{2}{3} > \frac{2}{5}$ $\frac{5}{8} < \frac{5}{6}$ $\frac{7}{10} > \frac{7}{25}$ $\frac{3}{4} > \frac{6}{20}$ $\frac{5}{8} < \frac{10}{4}$ $\frac{4}{5} < 1$ $\frac{4}{6} = \frac{8}{12}$ $1\frac{4}{5} > 1\frac{2}{7}$
b) 1 $\frac{4}{4}; \frac{5}{4}; \frac{6}{4}$ 2 $\frac{3}{5}; \frac{4}{5}$ 3 $\frac{7}{10}; \frac{8}{10}; \frac{9}{10}; \frac{10}{10}$
4 $\frac{6}{16}; \frac{7}{16}; \frac{8}{16}; \frac{9}{16}; \frac{10}{16}; \frac{11}{16}; \frac{12}{16}$ 5 $\frac{16}{12}$ 6 $\frac{48}{7}; \frac{49}{7}; \frac{50}{7}$

K4 **11** A: $\frac{1}{5} = \frac{2}{10}$ B: $\frac{1}{2} = \frac{5}{10}$ C: $\frac{3}{5} = \frac{6}{10}$ D: $1\frac{1}{5} = 1\frac{2}{10}$
E: $1\frac{1}{2} = 1\frac{5}{10}$ F: $1\frac{4}{5} = 1\frac{8}{10}$ G: $\frac{2}{1} = \frac{20}{10}$ H: $2\frac{2}{5} = 2\frac{4}{10}$

K4 **12** **a)**

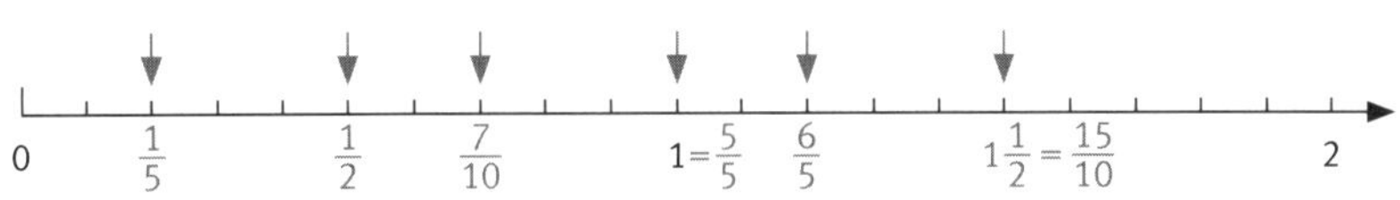

b)

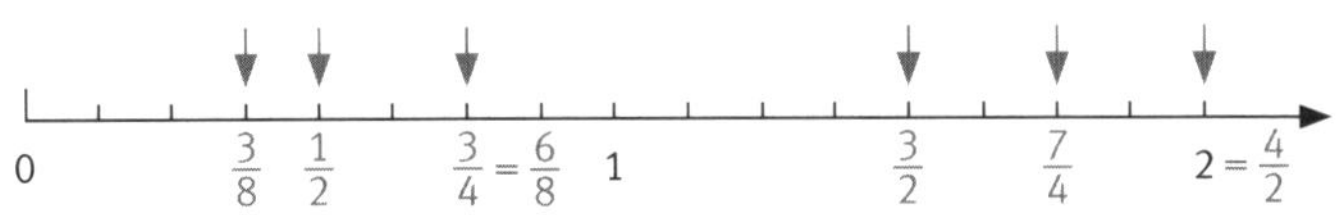

K4 **13** Lösungsmöglichkeiten:
a) $\frac{4}{5} = \frac{8}{10} = \frac{12}{15} = \frac{16}{20} = \frac{20}{25} = \frac{24}{30} = \ldots$ $\frac{2}{3} = \frac{4}{6} = \frac{6}{9} = \frac{8}{12} = \frac{10}{15} = \frac{12}{18} = \ldots$
$\frac{3}{7} = \frac{6}{14} = \frac{9}{21} = \frac{12}{28} = \frac{15}{35} = \frac{18}{42} = \ldots$ $\frac{8}{6} = \frac{4}{3} = \frac{12}{9} = \frac{16}{12} = \frac{20}{15} = \frac{24}{18} = \ldots$
$\frac{18}{9} = \frac{2}{1} = \frac{4}{2} = \frac{10}{5} = \frac{12}{6} = \frac{14}{7} = \ldots$
b) $1\frac{1}{10}; 1\frac{2}{10}; 1\frac{1}{5}; 1\frac{2}{5}; 1\frac{1}{4}; 1\frac{2}{4}; \ldots$

K4 **14** **a)**

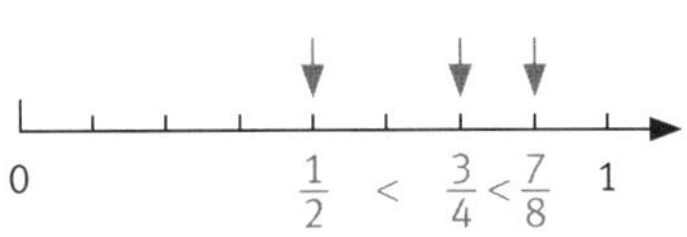

richtig

b)

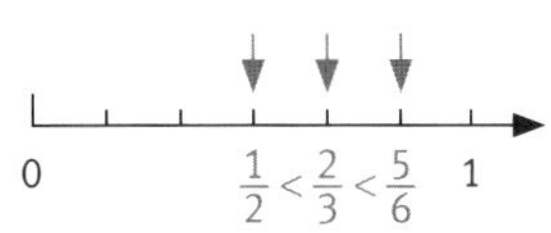

falsch

c)

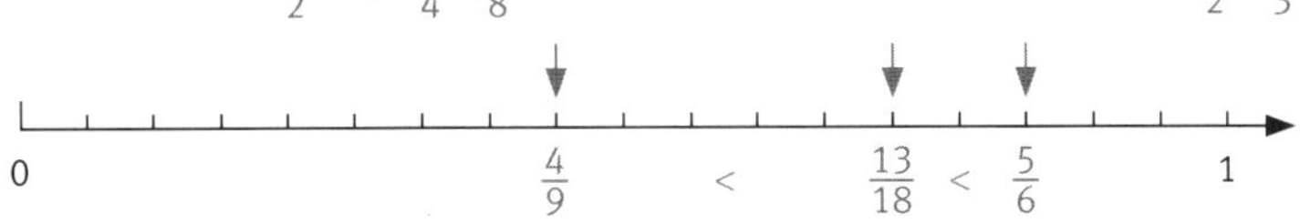

falsch

d)

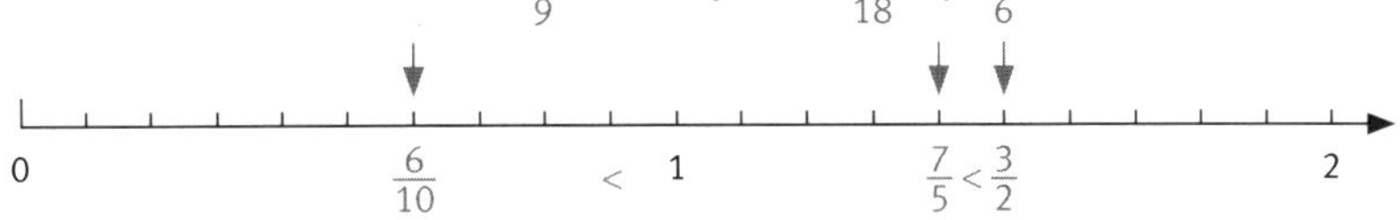

falsch

1.6 Brüche ordnen, erweitern und kürzen

K4 **15 a)** $\frac{10}{12} > \frac{3}{4} = \frac{9}{12}$ **b)** $\frac{2}{3} = \frac{10}{15} > \frac{3}{5} = \frac{9}{15}$ **c)** $\frac{1}{2} = \frac{5}{10} > \frac{4}{10}$ **d)** $\frac{7}{12} = \frac{35}{60} > \frac{33}{60}$

K4 **16 a)** $\frac{7}{10}$ mg $< \frac{3}{4}$ g $= 750$ mg **b)** 190 g $< \frac{3}{8}$ kg $< \frac{4}{10}$ kg **c)** 89 cm < 9 dm $< \frac{95}{100}$ m

K4 **17 a)** $1\,\text{mm} = \frac{1}{10}\,\text{cm} = \frac{1}{100}\,\text{dm} = \frac{1}{1000}\,\text{m}$ $1\,\text{cm} = \frac{1}{10}\,\text{dm} = \frac{1}{100}\,\text{m}$

$1\,\text{dm} = \frac{1}{10}\,\text{m}$ $1\,\text{m} = \frac{1}{1000}\,\text{km}$

b) $\frac{7}{10}\,\text{cm} = 7\,\text{mm}$ $\frac{14}{10}\,\text{m} = 14\,\text{dm}$

$\frac{5}{10}\,\text{m} = 50\,\text{cm}$ $\frac{3}{25}\,\text{km} = \frac{120}{1000}\,\text{km} = 120\,\text{m}$

c) $3\,\text{mm} = \frac{3}{10}\,\text{cm}$ $6\,\text{cm} = \frac{6}{10}\,\text{dm}$

$4\,\text{dm} = \frac{4}{10}\,\text{m}$ $15\,\text{cm} = \frac{15}{10}\,\text{dm} = 1\frac{1}{2}\,\text{dm}$

$50\,\text{m} = \frac{50}{1000}\,\text{km} = \frac{1}{20}\,\text{km}$

K2 **18 a)** Der Kreuztest liefert das richtige Ergebnis.

b) Der Vorteil des Kreuztests ist, dass man damit zwei Brüche vergleichen kann, ohne sie vorher gleichnamig machen zu müssen.

K2 **19 a)** $7 \cdot 6 = 42$ Brüche sind möglich
6 Stammbrüche
$6 + 5 + 4 + 3 + 2 + 1 = 21$ echte Brüche
$\Rightarrow$ 21 unechte Brüche

b) $\frac{1}{2} = \frac{2}{4} = \frac{3}{6}$ $\frac{1}{3} = \frac{2}{6}$ $\frac{1}{1} = \frac{2}{2} = \frac{3}{3} = \ldots = \frac{6}{6}$

$\frac{2}{1} = \frac{4}{2} = \frac{6}{3}$ $\frac{3}{1} = \frac{6}{2}$

$\frac{2}{3} = \frac{4}{6}$ $\frac{3}{2} = \frac{6}{4}$

c) 0 im Zähler: 6 Steine
„Symmetrieachse“: 6 Steine
1 „Dreieckshilfe“: 15 Steine
27 Steine

d) Wenn man lediglich diejenigen Dominosteine mit Würfelaugen zulässt, dann gibt es kein Problem. Beim realen Dominospiel gibt es jedoch auch freie Hälften, was der Null entsprechen würde, und die dürfte im Nenner nicht auftauchen.

$\frac{0}{1}$	$\frac{0}{2}$	$\frac{0}{3}$	$\frac{0}{4}$	$\frac{0}{5}$	$\frac{0}{6}$
$\frac{1}{1}$	$\frac{1}{2}$	$\frac{1}{3}$	$\frac{1}{4}$	$\frac{1}{5}$	$\frac{1}{6}$
$\frac{2}{1}$	$\frac{2}{2}$	$\frac{2}{3}$	$\frac{2}{4}$	$\frac{2}{5}$	$\frac{2}{6}$
$\frac{3}{1}$	$\frac{3}{2}$	$\frac{3}{3}$	$\frac{3}{4}$	$\frac{3}{5}$	$\frac{3}{6}$
$\frac{4}{1}$	$\frac{4}{2}$	$\frac{4}{3}$	$\frac{4}{4}$	$\frac{4}{5}$	$\frac{4}{6}$
$\frac{5}{1}$	$\frac{5}{2}$	$\frac{5}{3}$	$\frac{5}{4}$	$\frac{5}{5}$	$\frac{5}{6}$
$\frac{6}{1}$	$\frac{6}{2}$	$\frac{6}{3}$	$\frac{6}{4}$	$\frac{6}{5}$	$\frac{6}{6}$

K2 **20** Es sind mehrere Lösungen möglich mit verschiedenen Zählern:

$\frac{1}{8} = \frac{2}{16} = \frac{3}{24} = \frac{5}{40}$ $\frac{2}{8} = \frac{4}{16} = \frac{6}{24} = \frac{10}{40}$ $\frac{3}{8} = \frac{6}{16} = \frac{9}{24} = \frac{15}{40}$ $\frac{4}{8} = \ldots$

K3 **21** $\frac{36}{60} = \frac{6}{10} = \frac{48}{80} = \frac{42}{70}$. Die Klasse 6b muss 48 Gewinne und die Klasse 6c 42 Gewinne aufstellen.

Entdecken

K4 ■
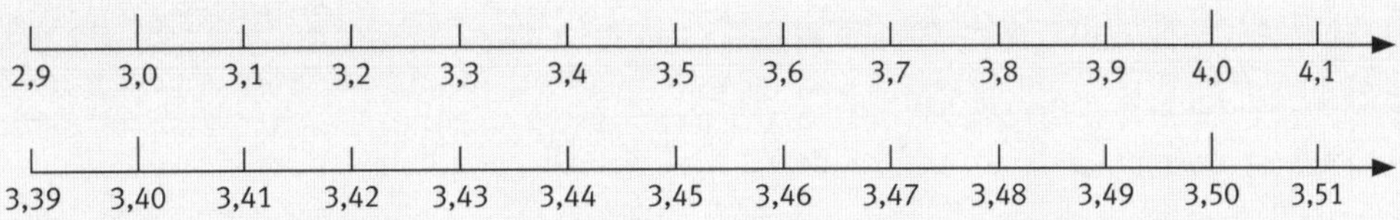

K4 ■ Individuelle Ergebnisse.

K3 ■ Individuelle Beispiele für Dezimalzahlen aus dem Alltag.

Nachgefragt

K4 ■ In 1341 hat die 3 den Wert 3 Hunderter (300), in 0,0137 den Wert 3 Tausendstel $\left(\frac{3}{1000}\right)$.

K1 ■ Nein, denn es fehlen die „Eintel“.

K3 ■ milli: tausendstel

Aufgaben

K4 **1** A: 2,13 B: 2,18 C: 2,29 D: 2,41 E: 2,45 F: 2,60
G: 2,62 H: 2,67 I: 2,73 J: 2,86 K: 3,04 L: 3,10

2 **a)** $\frac{4}{10} = \frac{2}{5}$ **b)** $\frac{5}{1000} = \frac{1}{200}$ **c)** $\frac{2}{100} = \frac{1}{50}$ **d)** $\frac{13}{10} = 1\frac{3}{10}$
e) $\frac{4535}{100} = 45\frac{7}{20}$ **f)** $\frac{10045}{10000} = 1\frac{9}{2000}$ **g)** $\frac{1}{10000000}$

K4 **3** A – 3 B – 5 C – 4 D – 6
E – 8 F – 1 G – 2 H – 7

K4 **4** **a)** $\frac{1}{2}$ **b)** $\frac{1}{4}$ **c)** $\frac{4}{5}$ **d)** $\frac{3}{20}$
e) $\frac{1}{8}$ **f)** $\frac{11}{8}$ **g)** $\frac{401}{16}$

K4 **5** **a)** Die Eier sind nur $\frac{27}{1000}$ mm lang und wiegen etwa $\frac{3}{100}$ g.
b) Für einen Flügelschlag braucht die Mücke $\frac{5}{10000}$ s $= \frac{1}{2000}$ s.
c) Der Kolibri ist nur $\frac{6}{100}$ m $= \frac{3}{50}$ m lang und wiegt etwa $\frac{2}{1000}$ kg $= \frac{1}{500}$ kg.
d) Das Faultier legt nur $\frac{12}{100}$ km $= \frac{3}{25}$ km pro Stunde zurück.

K4 **6** **a)**
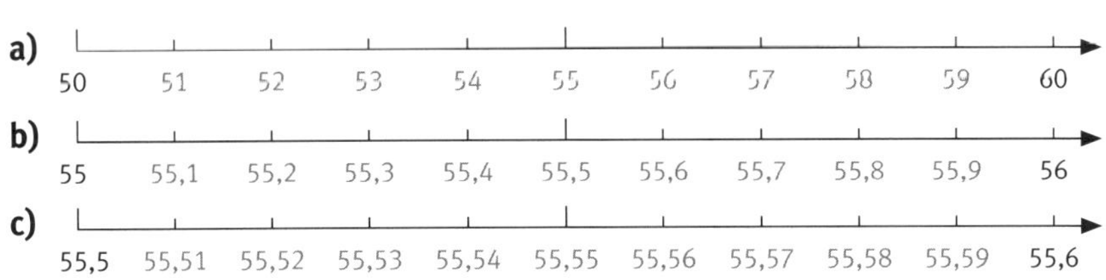

K3 **7**

Preis pro kg	Metzgerei Rind	Metzgerei Bulle
Hackfleisch	2,80 €	2,90 €
Gulasch	4,80 €	4,60 €
Aufschnitt	4,60 €	4,50 €

1.8 Umwandeln von Dezimalzahlen in Brüche und umgekehrt

Alternativer Einstieg: Schulbuch Seite 8

Entdecken

K4 ■ „$\frac{1}{4}$ (0,25) aller Kinder haben heute nicht gefrühstückt.“
„$\frac{1}{5}$ (0,2) der Kinder der Klasse 6a spielen Tennis.“

K3 ■ „Jedes dritte Kind“ ist mehr als „30 von 100 Kindern“, weil $\frac{1}{3} > \frac{30}{100}$.

Nachgefragt

K1 ■ Alle Dezimalzahlen, die die Schülerinnen und Schüler bisher kennen, können in Brüche umgewandelt werden.

K2 ■ Beim Umwandeln von Brüchen in Dezimalzahlen kann z. B. das Problem auftreten, dass die Dezimalzahl nicht abbricht, also unendlich viele Stellen hat. Der Umgang mit solchen Dezimalzahlen wird in Unterkapitel 1.9 behandelt.

Aufgaben

K4 **1** **a)** $\frac{4}{5} = \frac{8}{10} = 0{,}8$; $\frac{1}{20} = \frac{5}{100} = 0{,}05$; $\frac{3}{8} = \frac{375}{1000} = 0{,}375$

b) $\frac{3}{50} = \frac{6}{100} = 0{,}06$; $\frac{17}{125} = \frac{136}{1000} = 0{,}136$; $\frac{1}{200} = \frac{5}{1000} = 0{,}005$

c) $\frac{3}{4} = \frac{75}{100} = 0{,}75$; $\frac{7}{25} = \frac{28}{100} = 0{,}28$; $\frac{11}{20} = \frac{55}{100} = 0{,}55$

d) $\frac{7}{35} = \frac{1}{5} = \frac{2}{10} = 0{,}2$; $\frac{45}{90} = \frac{1}{2} = \frac{5}{10} = 0{,}5$; $\frac{9}{15} = \frac{3}{5} = \frac{6}{10} = 0{,}6$

e) $\frac{24}{64} = \frac{3}{8} = \frac{375}{1000} = 0{,}375$; $\frac{45}{180} = \frac{1}{4} = \frac{25}{100} = 0{,}25$; $\frac{28}{80} = \frac{7}{20} = \frac{35}{100} = 0{,}35$

f) $\frac{74}{500} = \frac{148}{1000} = 0{,}148$; $\frac{133}{250} = \frac{532}{1000} = 0{,}532$; $\frac{94}{50} = \frac{188}{100} = 1{,}88$

g) $\frac{111}{200} = \frac{555}{1000} = 0{,}555$; $\frac{48}{60} = \frac{4}{5} = \frac{8}{10} = 0{,}8$; $\frac{75}{30} = \frac{5}{2} = \frac{25}{10} = 2{,}5$

h) $\frac{21}{75} = \frac{7}{25} = \frac{28}{100} = 0{,}28$; $\frac{9}{18} = \frac{1}{2} = \frac{5}{10} = 0{,}5$; $\frac{13}{65} = \frac{1}{5} = \frac{2}{10} = 0{,}2$

i) $\frac{37}{74} = \frac{1}{2} = \frac{5}{10} = 0{,}5$; $\frac{33}{55} = \frac{3}{5} = \frac{6}{10} = 0{,}6$; $\frac{17}{68} = \frac{1}{4} = \frac{25}{100} = 0{,}25$

K4 **2** **a)** In Grundform sind bereits: $\frac{5}{8}$; $\frac{7}{20}$; $\frac{17}{65}$ und $\frac{3}{2}$.

$\frac{12}{60} = \frac{1}{5}$; $\frac{3}{3} = 1$; $\frac{3}{27} = \frac{1}{9}$; $\frac{9}{180} = \frac{1}{20}$

b) $\frac{5}{8} = \frac{625}{1000} = 0{,}625$; $\frac{12}{60} = \frac{1}{5} = 0{,}2$; $\frac{7}{20} = 0{,}35$; $\frac{3}{2} = 1{,}5$; $\frac{9}{180} = \frac{1}{20} = 0{,}05$.

$\frac{3}{3} = 1$

$\frac{17}{65}$ und $\frac{3}{27} = \frac{1}{9}$ lassen sich nicht in endliche Dezimalzahlen umwandeln, weil die Primfaktorzerlegungen ihrer Nenner nicht nur Teiler von 10 enthalten ($65 = 5 \cdot 13$ und $9 = 3^2$)

K4 **3** $1\frac{1}{5} = 1{,}2$; $4\frac{1}{4} = 4{,}25$; $5\frac{39}{75} = 5\frac{13}{25} = 5{,}52$; $1\frac{3}{4} = 1{,}75$; $5\frac{4}{5} = 5{,}8$; $23\frac{1}{2} = 23{,}5$;

$11\frac{7}{175} = 11\frac{1}{25} = 11{,}04$; $2\frac{1}{100} = 2{,}01$; $9\frac{99}{1000} = 9{,}099$; $7\frac{7}{10} = 7{,}7$

K4 **4** **a)** 2,5 h **b)** 0,75 h **c)** 5,1 h **d)** 0,2 h **e)** 1,4 h **f)** 0,75 h **g)** 1,4 h **h)** 2 h

K4 **5**

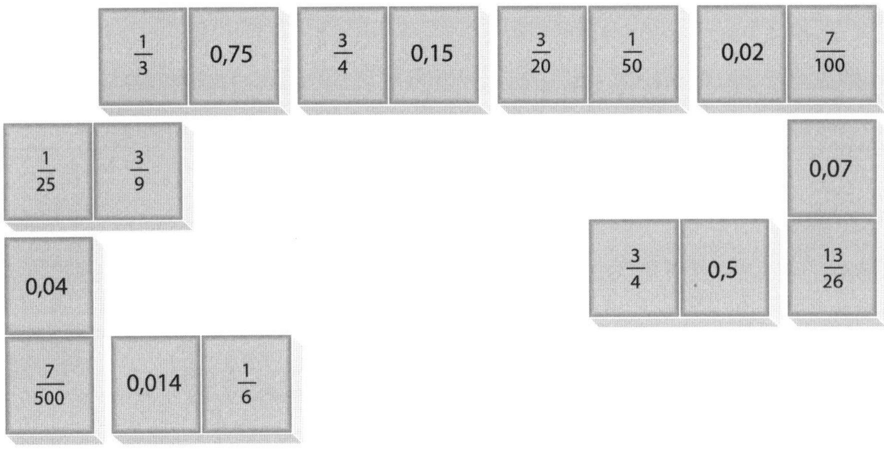

K1/2 **6** **a)** bis **c)**

Von zwei Brüchen mit gleichem Zähler ist derjenige größer, der den kleineren Nenner hat.

In den Aufgaben 1 bis 4 sind die Zahlen immer durch Kürzen mit 11 bzw. 111 bzw. 1111 bzw. 11 111 in $\frac{1}{9}$ zu überführen. Die Brüche mit 99 usw. im Nenner sind immer größer als die mit 100 usw., weil die Zähler immer gleich sind, die Nenner aber kleiner. Wenn man diese Aufgabe weiterführt, so erhält man, dass $\frac{1}{9}$ immer größer ist als alle Zahlen 0,11... mit endlich vielen Stellen. Die Zahl 0,11... mit unendlich vielen Stellen ist dann $\frac{1}{9}$.

1.9 Besondere Dezimalzahlen

Entdecken

K4 ■ 100 € : 3 = 33,333... €

K4 ■ 100 : 16 = 6 Rest 4. Sven hat also nicht Recht.

K2 ■ Individuelle Beispiele (z. B. Teiler der Zahl 100). Wegen 100 € = 10 000 ct kann die Aufteilung auch anhand der Teiler der Zahl 10 000 erfolgen.

Nachgefragt

K1/2 ■ Die Summe zweier periodischer Dezimalzahlen kann endlich sein. Beispiel: $0,\overline{3} + 0,\overline{6} = \frac{1}{3} + \frac{2}{3} = 1$
Die Differenz zweier periodischer Dezimalzahlen kann endlich sein. Beispiel: $4,\overline{3} - 1,\overline{3} = 3$
Das Produkt zweier periodischer Dezimalzahlen kann endlich sein. Beispiel:
$0,\overline{162} \cdot 6,1\overline{6} = \frac{6}{37} \cdot \frac{37}{6} = 1$

K1/2 ■ Nein, das Produkt zweier endlicher Dezimalzahlen ist immer endlich.

Aufgaben

K4 **1**

a)	$0,\overline{4}$	$0,\overline{3}$	0,525	0,25	0,425	$0,58\overline{3}$	$0,\overline{45}$
b)	$0,\overline{3}$	0,4	$0,6\overline{1}$	$0,7\overline{3}$	$0,19\overline{4}$	$0,\overline{3}$	$0,0\overline{72}$
c)	$2,\overline{7}$	$0,291\overline{6}$	0,25	0,21875	$0,\overline{714285}$	$0,8\overline{1}$	$0,31\overline{6}$
d)	$2,\overline{42}$	$2,\overline{619047}$	1,35	8,75	2,4	$5,19\overline{4}$	

K4 **2** **a)** gemischtperiodisch
b) reinperiodisch
c) reinperiodisch
d) gemischtperiodisch
e) endlich

K4 **3** **a)** endlich ($8 \cdot 125 = 1000$)
b) periodisch (17 ist kein Teiler von 10^n; $n \in \mathbb{N}$
c) endlich ($50 \cdot 2 = 100$)
d) periodisch (150 ist kein Teiler von 10^n; $n \in \mathbb{N}$
e) endlich
f) periodisch (11 ist kein Teiler von 10^n; $n \in \mathbb{N}$
g) endlich ($20 \cdot 5 = 100$)
h) periodisch (7 ist kein Teiler von 10^n; $n \in \mathbb{N}$
i) periodisch (75 ist kein Teiler von 10^n; $n \in \mathbb{N}$)
j) endlich ($40 \cdot 25 = 1000$)

K4 **4** $0,404 < 0,4\overline{29} < 0,43 < 0,4\overline{3} < 0,\overline{43} < 0,4375 < 0,44 < 0,\overline{4} < 0,45$
Lösungswort: KEHRWERT

K2 **5** $\frac{1}{7} = 0,\overline{142857}$; $\frac{2}{7} = 0,\overline{285714}$; $\frac{3}{7} = 0,\overline{428571}$;
$\frac{4}{7} = 0,\overline{571428}$; $\frac{5}{7} = 0,\overline{714285}$; $\frac{6}{7} = 0,\overline{857142}$
Alle Vielfachen (kleiner als 1) von $\frac{1}{7}$ haben in ihrer Dezimaldarstellung die gleiche Periodenlänge mit den gleichen Ziffern in der gleichen Reihenfolge. Es ändert sich nur die Ziffer, mit der die Periode beginnt. Dies ist im Buch durch den Kreis veranschaulicht.
So beginnt die Dezimaldarstellung von $\frac{1}{7}$ mit der 1, die von $\frac{4}{7}$ mit der 5 usw. So können aus der Grafik alle Dezimaldarstellungen der Vielfachen von $\frac{1}{7}$ abgelesen werden.

K2 **6** **a)** Die Periode der Dezimalzahl stimmt mit dem Zähler des jeweiligen Bruchs überein.

b) $\frac{1}{99} = 0,\overline{01}$ $\frac{2}{99} = 0,\overline{02}$ $\frac{3}{99} = 0,\overline{03}$ $\frac{4}{99} = 0,\overline{04}$ $\frac{5}{99} = 0,\overline{05}$
$\frac{6}{99} = 0,\overline{06}$ $\frac{7}{99} = 0,\overline{07}$ $\frac{8}{99} = 0,\overline{08}$ $\frac{9}{99} = 0,\overline{09}$

c) $\frac{1}{999} = 0,\overline{001}$ $\frac{2}{999} = 0,\overline{002}$ $\frac{3}{999} = 0,\overline{003}$ $\frac{4}{999} = 0,\overline{004}$ $\frac{5}{999} = 0,\overline{005}$
$\frac{6}{999} = 0,\overline{006}$ $\frac{7}{999} = 0,\overline{007}$ $\frac{8}{999} = 0,\overline{008}$ $\frac{9}{999} = 0,\overline{009}$

d) Mögliche Regel: Für eine natürliche Zahl a zwischen 1 und 9 gilt $\frac{a}{99...9} = 0,\overline{00...0a}$, wobei die Periode der Dezimalzahl so viele Stellen hat, wie die Zahl 99...9 im Nenner des Bruchs.

K2 **7** **a)** $\frac{2}{3}$; $\frac{4}{9}$; $\frac{7}{9}$; $\frac{16}{99}$; $\frac{65}{99}$

b) $\frac{2}{33}$; $\frac{4}{99}$; $\frac{1}{111}$; $\frac{52}{333}$

c) $\frac{61}{99}$; $2\frac{8}{333}$; $6\frac{23}{333}$; $7\frac{556}{999}$

d) $\frac{37}{99}$; $2\frac{124}{999}$; $6\frac{23}{33}$; $7\frac{19}{37}$

K2 **8** **a)** Aron baut auf der Überlegung auf, dass $0,\overline{1} = \frac{1}{9}$ ist. Dadurch kommt er auf die Aussage, dass $0,\overline{9} = \frac{9}{9} = 1$ ist. Dies sieht widersprüchlich aus, ist jedoch korrekt hergeleitet.

b) Überlegung wie in Arons Argumentation: Reihen fortsetzen und Kürzungen nutzen; $0,0\overline{1} = \frac{1}{90}$
$0,8\overline{1} = \frac{73}{90}$; $0,8\overline{2} = \frac{74}{90}$; $0,8\overline{3} = \frac{75}{90}$; $0,8\overline{4} = \frac{76}{90}$;
$0,8\overline{5} = \frac{77}{90}$; $0,8\overline{6} = \frac{78}{90}$; $0,8\overline{7} = \frac{79}{90}$; $0,\overline{8} = \frac{80}{90}$;
$0,8\overline{9} = \frac{81}{90} = \frac{9}{10} = 0,9$
Alternative Herleitung unter Zuhilfenahme von Arons Überlegung:
$0,0\overline{1} = \frac{1}{90}$; $0,0\overline{2} = \frac{2}{90}$; ... $0,0\overline{9} = \frac{9}{90} = \frac{1}{10} = 0,1$; $0,8\overline{9} = 0,8 + 0,0\overline{9} = \frac{8}{10} + \frac{1}{10} = \frac{9}{10} = 0,9$

c) Beispiel:
$0,4\overline{9} = 0,4 + 0,0\overline{9} = \frac{4}{10} + \frac{1}{10} = \frac{5}{10} = 0,5$

1.10 Dezimalzahlen runden und ordnen

Entdecken

K5
- Patrick könnte die Preise der Waren und dann ihre Summe z. B. folgendermaßen „nach oben abgeschätzt" haben:
  Die Butter kostet nicht ganz 1 €,
  3 Joghurt kosten ein wenig mehr als 1 €
  der Kaffee kostet nicht ganz 6 €
  2 Milch kosten nicht ganz 2 €
  die Wurst kostet etwa 5 €,
  also kostet alles zusammen nicht mehr als etwa 15 €.

K2
- Individuelle Strategien. Im Zusammenhang mit Patricks Vorgehen (s. o.) können hier das Runden und der Größenvergleich von Dezimalzahlen angebahnt werden.

Nachgefragt

K3
- Beispiele: Geldbeträge, Längen, Massen

K3
- Im Sport werden beispielsweise durch das Ordnen von Zeiten, Weiten o. Ä. die Platzierungen ermittelt. Somit erfährt man, wer Sieger ist und Rekorde aufgestellt hat.

Aufgaben

K4 **1**

		Gerundet auf ...			
	Dezimalbruch	Einer	Zehntel	Hundertstel	Tausendstel
a)	8,3012	8	8,3	8,30	8,301
	8,1032	8	8,1	8,10	8,103
	8,3120	8	8,3	8,31	8,312
	8,2301	8	8,2	8,23	8,230
b)	25,0067	25	25,0	25,01	25,007
	25,6670	26	25,7	25,67	25,667
	25,7607	26	25,8	25,76	25,761
	25,0677	25	25,1	25,07	25,068
c)	42,7018	43	42,7	42,70	42,702
	42,8712	43	42,9	42,87	42,871
	42,1807	42	42,2	42,18	42,181
	42,7788	43	42,8	42,78	42,779
d)	0,5516	1	0,6	0,55	0,552
	0,6155	1	0,6	0,62	0,616
	0,6515	1	0,7	0,65	0,652
	0,6651	1	0,7	0,67	0,665
e)	9,1919	9	9,2	9,19	9,192
	1,9911	2	2,0	1,99	1,991
	9,9991	10	10,0	10,00	9,999
	1,9999	2	2,0	2,00	2,000

K4 **2** **a)** Katja 42,5 kg
zwischen: 42,45 kg und 42,54 kg

Julia 44,6 kg
zwischen: 44,55 kg und 44,64 kg

b) 42,45 kg bis 42,49 kg

44,55 kg bis 44,59 kg

Anmerkung: Es ist diskutierbar, ob man als Grenze 42,50 kg (bzw. 42,60 kg) zulässt.

K4 **3** **a)** B: Belgien, D: Deutschland, FIN: Finnland, F: Frankreich
GR: Griechenland, GB: Großbritannien, IRL: Irland, L: Luxemburg
A: Österreich (Austria), E: Spanien (Espania)

b)

		Gerundet auf ...	
Land	Einwohner in Mio.	Millionen	Zehntausender
B	10,552	11	10 550 000
D	82,3178	82	82 320 000
FIN	5,349	5	5 350 000
F	63,426	63	63 430 000
GR	11,198	11	11 200 000
GB	60,812	61	60 810 000
IRL	4,298	4	4 300 000
L	0,537	1	540 000
A	8,264	8	8 260 000
E	44,534	45	44 530 000

c) 82,3178 > 63,426 > 60,812 > 44,534 > 11,198 > 10,552 > 8,264 > 5,349 > 4,298 > 0,537

K4 **4** **a)** 4,001 < 4,011 < 4,10 < 4,101 < 4,11 < 4,121 < 4,125 < 4,13
Lösungswort: HEUMARKT

b) 1,340 > 1,339 > 1,333 > 1,330 > 1,323 > 1,322 > 1,318 > 1,311 > 1,310 > 1,307 > 1,301
Lösungswort: STROHBALLEN

K4 **5** Lösungsmöglichkeiten:

a) 6,757 < 6,758

b) 0,223 > 0,219

c) 125,665 < 125,666

d) 78,136 > 78,135

e) 5,238 < 25,23 (Ungleichung stimmt für jede Einsetzung)

f) 54,7543 > 54,2754 (Ungleichung stimmt für jede Einsetzung)

K2 **6** Größe:
1,61 m > 1,57 m > 1,54 m > 1,51 m = 1,51 m > 1,48 m = 1,48 m > 1,46 m > 1,44 m > 1,40 m
Gewicht:
58,9 kg > 54,7 kg > 52,4 kg > 49,6 kg > 47,8 kg > 47,5 kg > 46,2 kg > 44,6 kg > 42,1 kg > 38,3 kg

Jungen
Mädchen

Vermutung: Prinzipiell gilt: Je größer, desto schwerer. Unterschiedliche Figuren, Muskelmassen etc. weichen diesen Zusammenhang aber auf.

1.11 Prozente

Alternativer Einstieg: Schulbuch Seite 9

Entdecken

K4
- Der Vergleich der Bruchzahlen in der Tabelle ergibt folgenden Größenvergleich der Kontinente (abnehmende Größe):
  Asien, Amerika, Afrika, Antarktis, Australien und Europa (gleich groß).

K5
- Individuelle Erklärungen. Der Vergleich der Prozentangaben mit den Bruchzahlen lässt erkennen, dass die Prozentangaben eine andere Schreibweise für auf 100 bezogene Anteile (Brüche mit Nenner 100) sind.

K3
- Individuelle Beispiele.

Nachgefragt

K3
- Die Aussage „10 % Rabatt auf alles" bedeutet, dass alle Waren 10 % günstiger, also um $\frac{1}{10}$ des ursprünglichen Preises billiger, verkauft werden.

K3
- „fifty-fifty machen" (d. h. „fünfzig-fünfzig machen") bedeutet, dass etwas unter zwei Personen zu gleichen Teilen aufgeteilt wird, also 50 % für die eine Person und 50% für die andere.

K5
- Um eine Prozentangabe in einen Bruch umzuwandeln, wird die Prozentzahl als Zähler und die Zahl 100 als Nenner genommen. Der Bruch kann ggf. noch gekürzt werden.
  Beispiel: $64\,\% = \frac{64}{100} = \frac{16}{25}$

Aufgaben

K4 **1** **a)** $\frac{1}{25}$ **b)** $\frac{3}{4}$ **c)** $\frac{1}{5}$ **d)** $\frac{7}{20}$ **e)** $\frac{41}{50}$ **f)** $\frac{17}{20}$
g) $\frac{22}{25}$ **h)** $1\frac{1}{4}$ **i)** $2\frac{1}{2}$ **j)** $1\frac{1}{10}$ **k)** 1 **l)** 0

K4 **2** **a)** $\frac{1}{10} = 0{,}1 = 10\,\%$ **b)** $\frac{1}{2} = \frac{50}{100} = 0{,}50 = 50\,\%$ **c)** $\frac{3}{5} = \frac{6}{10} = 0{,}6 = 60\,\%$
d) $\frac{1}{4} = \frac{25}{100} = 0{,}25 = 25\,\%$ **e)** $\frac{1}{5} = \frac{2}{10} = 0{,}2 = 20\,\%$ **f)** $\frac{2}{4} = \frac{50}{100} = 0{,}50 = 50\,\%$

K4 **3** **a)** 0,8 = 80 % **b)** 0,96 = 96 % **c)** 0,56 = 56 %
d) 0,28 = 28 % **e)** 1,3 = 130 % **f)** 0,6 = 60 %
g) 0,9 = 90 % **h)** 0,7 = 70 % **i)** 0,25 = 25 %
j) 0,4 = 40 % **k)** 1,5 = 150 % **l)** 1 = 100 %

K4 **4** **a)** 25 % **b)** 75 % **c)** 60 % **d)** 25 %

K4 **5** **a)** Insgesamt wurden 25 Essen bestellt.
b) Spaghetti Bolognese: 44 %
Frühlingsrolle mit Salat: 24 %
Spätzle mit Linsen: 32 %
c) Streifendiagramm:

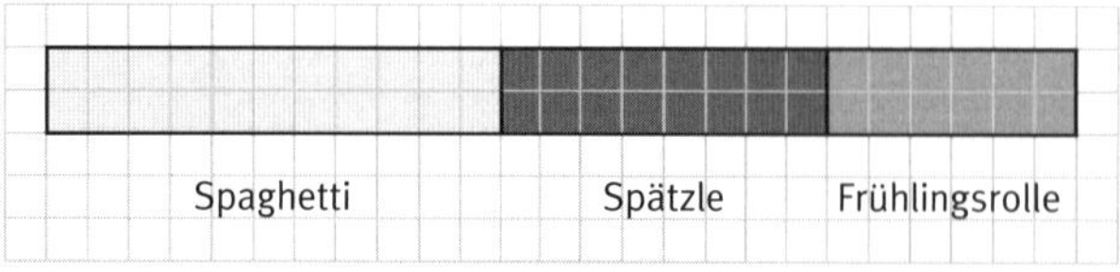

Säulendiagramm:

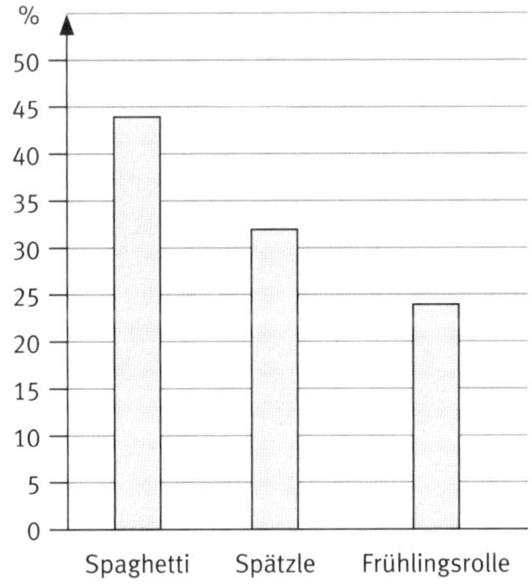

K4 **6** **a)** $\frac{39}{100} < 40\,\%$ **b)** $0{,}21 < 37\,\%$ **c)** $0{,}75 < \frac{4}{4}$ **d)** $56\,\% > \frac{1}{2}$
e) $0{,}33 > 30\,\%$ **f)** $0{,}4 < \frac{6}{10}$ **g)** $\frac{1}{10} = 10\,\%$ **h)** $12\,\% < \frac{1}{5}$

K4 **7** **a)** Essen: $1\frac{1}{4}\,\text{h} = 75\,\text{min}$ Schule: $8\frac{1}{2}\,\text{h} = 510\,\text{min}$ Sport: $1\frac{1}{2}\,\text{h} = 90\,\text{min}$
Schlafen: $10\,\text{h} = 600\,\text{min}$ Freizeit: $2\frac{3}{4}\,\text{h} = 165\,\text{min}$

b) Der gesamte Tag hat $24\,\text{h} = 1440\,\text{min}$.
Essen: $\frac{75}{1440} = \frac{5}{96} \approx 5\,\%$ Schule: $\frac{510}{1440} = \frac{35{,}4}{100} \approx 35\,\%$ Sport: $\frac{90}{1440} = \frac{6{,}25}{100} \approx 6\,\%$
Schlafen: $\frac{600}{1440} = \frac{41{,}\overline{6}}{100} \approx 42\,\%$ Freizeit: $\frac{165}{1440} = \frac{11{,}46}{100} \approx 12\,\%$

c)

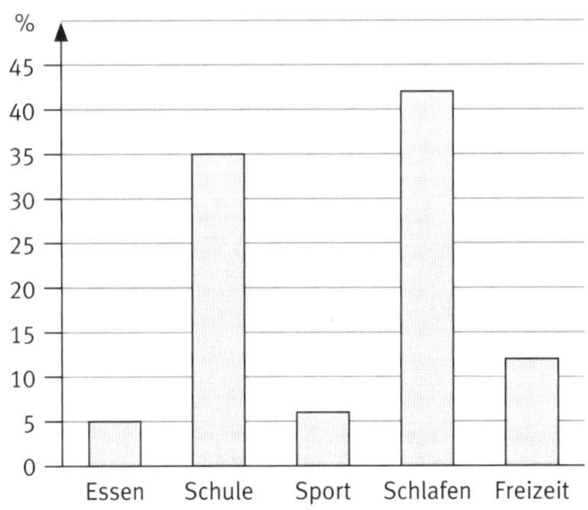

d) Es sind individuelle Lösungen möglich.

K3 **8** **a)** Der Fettanteil des Joghurts beträgt $\frac{1}{10}$ (0,10).
Beim Montagsspiel der 2. Liga waren die Stadien im Durchschnitt nur zu 60 % (0,60) gefüllt.
Etwa $\frac{1}{20}$ (0,05) der Gesamtbevölkerung Deutschlands sind Muslime.
Winterschlussverkauf: Alle Preise um 50 % ($\frac{1}{2}$, 0,50) gesenkt!
$\frac{11\,000\,000}{80\,000\,000}$ ($= \frac{11}{80}$; 13,75 %; 0,1375) der Deutschen leben in Baden-Württemberg.
$\frac{80}{100}$ (0,80) eines Fanges in der Seezungenfischerei ist Beifang, wird also tot wieder ins Meer geworfen.

b) Individuelle Ergebnisse und Aufgaben.

K4 **9**

Note	1	2	3	4	5	6
Anzahl	2	4	10	5	3	1
Anteil (Bruch)	$\frac{2}{25}$	$\frac{4}{25}$	$\frac{10}{25}$	$\frac{5}{25}$	$\frac{3}{25}$	$\frac{1}{25}$
Anteil (%)	8	16	40	20	12	4

K4 **10** **a)** $\frac{3}{12} = 25\,\%$ **b)** $\frac{1}{8} = 12{,}5\%$ **c)** Beispiele: $\frac{24}{100} = \frac{12}{50} = \frac{6}{25} = \frac{48}{200} = 24\,\%$

d) Beispiele: $\frac{1}{12} = 0{,}08\overline{3}\,\%$ $\frac{2}{12} = 0{,}1\overline{6}\,\%$ $\frac{3}{12} = 25\,\%$ $\frac{6}{12} = 50\,\%$ $\frac{12}{12} = 100\,\%$

e) Beispiele: $\frac{5}{100} = 5\,\%$ $\frac{5}{10} = 50\,\%$ $\frac{5}{25} = 20\,\%$ $\frac{5}{30} = 16{,}\overline{6}\,\%$ $\frac{5}{50} = 10\,\%$

f) $\frac{45}{1000} = 4{,}5\,\%$

K4 **11**

0,0	0,1	0,2	0,3	0,4	0,5	0,6	0,7	0,8	0,9	1
0	10 %	20 %	30 %	40 %	50 %	60 %	70 %	80 %	90 %	100 %
$\frac{0}{10}$	$\frac{1}{10}$	$\frac{2}{10}$	$\frac{3}{10}$	$\frac{4}{10}$	$\frac{5}{10}$	$\frac{6}{10}$	$\frac{7}{10}$	$\frac{8}{10}$	$\frac{9}{10}$	$\frac{10}{10}$

K4 **12** Anteile der Farben:
Blau: 50 % Rot: 25 % Grün: 25 %
Beispiel für ein passendes Glücksrad:

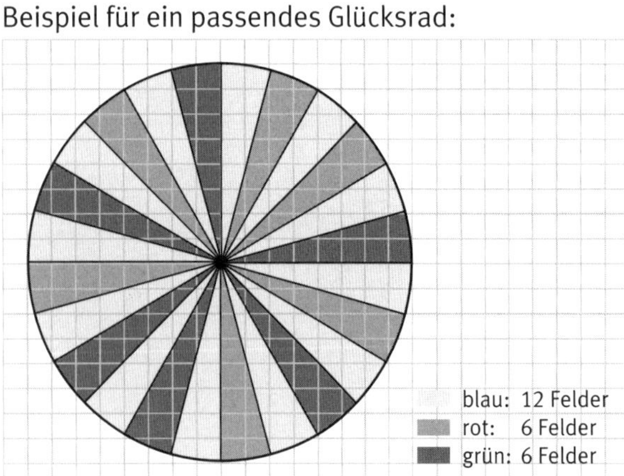

K2 **13** Von den ganzzahligen Prozentzahlen zwischen 1 % und 100 % lassen sich in der Bruchdarstellung 39 nicht kürzen. Es sind die natürlichen Zahlen zwischen 1 und 100, die weder durch 2 noch durch 5 (Primfaktoren von 100) teilbar sind.

K4 **1**

	gefärbt	nicht gefärbt
a)	$\frac{3}{4}$	$\frac{1}{4}$
b)	$\frac{2}{7}$	$\frac{5}{7}$
c)	$\frac{9}{5} = 1\frac{4}{5}$	$\frac{6}{5} = 1\frac{1}{5}$

	gefärbt	nicht gefärbt
a)	$\frac{7}{12}$	$\frac{5}{12}$
b)	$\frac{3}{8}$ $\left(\text{oder } \frac{4}{8}\right)$	$\frac{5}{8}$ $\left(\text{oder } \frac{4}{8}\right)$
c)	$\frac{9}{12}$	$\frac{3}{12}$

K4 **2**

1 und $5 : \frac{4}{5}$

2 und $4 : \frac{3}{4}$

3 und $6 : \frac{2}{3}$

a) Jeder Apfel wird in fünf gleich große Stücke geteilt. Jedes Kind erhält dann vier Fünftel eines Apfels.

b) Jede Pizza wird in vier gleich große Teile geteilt. Jedes Kind erhält dann fünf Viertel einer Pizza.

c) Jede Tafel Schokolade wird in drei gleich große Teile geteilt. Jedes Kind erhält dann zwei Drittel einer Tafel.

d) Jedes Baguette-Brot wird in drei gleich große Teile geteilt. Jedes Kind erhält dann ein Drittel eines Brotes.

K1/5 **3**

a) 40 l

b) Simon verbraucht 30 l Wasser, also weniger als Laura.

c) 45 l

d) Sophia muss noch 9 Runden laufen.

a) [(18 l) : 3] · 4 = 24 l. Lauras Aquarium fasst 24 l.

b) 3 · [(24 l) : 2] = 36 l. Lucas' Aquarium fasst 36 l, also 12 l mehr als Lauras Aquarium.

c) 10 · [(15 l + 21 l) : 9] = 40. Der Tank fasst 40 l.

d) 6 · (15 : 5) = 18. Sophie hat 18 Runden geplant.

K4 **4**

a) 12 €

b) 180 m

c) 66 ha

d) 14 t

a) 18 €

b) 6 h

c) 45 a

d) 66 m^2

K4/5 **5**

a) $\frac{5}{8} = \frac{20}{32}$; mit 4 erweitert

b) $\frac{16}{48} = \frac{1}{3}$; mit 16 gekürzt

c) $\frac{30}{22} = \frac{15}{11} = 1\frac{4}{11}$; mit 2 gekürzt

d) $\frac{7}{14} = \frac{49}{98}$; mit 7 erweitert

a) $\frac{125}{275} = \frac{5}{11}$; mit 25 gekürzt

b) $\frac{15}{14} = \frac{60}{56}$; mit 4 erweitert

c) $\frac{37}{111} = \frac{111}{333}$; mit 3 erweitert

d) $\frac{26}{39} = \frac{2}{3}$; mit 13 gekürzt

K4 **6**

a) 1 0,29 2 0,007 3 2,01

b) 2,64 oder 2,68

a) Gesuchte Zahl: 1, z h t. Bedingung: z = 2 h = 3 t; z muss also durch 2 und 3 teilbar sein. Die gesuchte Zahl ist 1, 632.

b) Primzahlen zwischen 0 und 9: 2; 3; 5; 7. 5 ist hier nicht erlaubt, weil schon der Einer eine 5 ist (Zahl zwischen 5 und 6).
Mögliche Zahlen: 5,23; 5,27; 5,32; 5,37; 5,72; 5,73; kleinste: 5,23; größte: 5,73

K4 **7**

Bruch	$\frac{7}{4}$	$\frac{135}{100}$	$\frac{13}{8}$
Dezimalzahl	1,75	1,35	1,625
gemischte Zahl	$1\frac{3}{4}$	$1\frac{35}{100}$	$1\frac{5}{8}$

Bruch	$\frac{10}{3}$	$\frac{1225}{100}$	$\frac{37}{9}$
Dezimalzahl	$3,\overline{3}$	12,25	$4,\overline{1}$
gemischte Zahl	$3\frac{1}{3}$	$12\frac{25}{100}$	$4\frac{1}{9}$

K4 **8**
a) 5
b) 1
c) 2

a) 5
b) 8
c) 4

K4 **9**
a) $5{,}02 < 5{,}12 < 5{,}2 < 5{,}21$
b) $1{,}01 < 1{,}011 < 1{,}1 = 1{,}10$

a) $3{,}128 < 3{,}182 < 3{,}218 < 3{,}281 < 3{,}812 < 3{,}821$
b) $0{,}4455 < 0{,}4554 < 0{,}5445 < 0{,}5454 < 0{,}5544$

K4 **10**
a) $0{,}33 < 0{,}\overline{3}$
b) $\frac{1}{99} = 0{,}\overline{01}$

a) $0{,}\overline{161} < 0{,}\overline{16}$
b) $0{,}345 > 0{,}\overline{34}$

K4 **11**
1 violett 10 %, dunkelblau 20 %, hellblau 30 %, orange 40 %
2 orange 25 %, hellblau 75 %

1 orange 50 %, hellblau 50 %
2 hellblau 29 %, violett 31 %, orange 40 %

K4 **1** **a)** $\frac{3}{8}$ **b)** $\frac{5}{12}$ **c)** $\frac{7}{10}$ **d)** $\frac{1}{3}$ **e)** $\frac{1}{2}$ **f)** $\frac{1}{6}$ **g)** $\frac{1}{9}$

K4 **2** **a)** getönt: $\frac{3}{4}$; nicht getönt: $\frac{1}{4}$ **b)** getönt: $\frac{2}{5}$; nicht getönt: $\frac{3}{5}$
c) getönt: $\frac{7}{10}$; nicht getönt: $\frac{3}{10}$ **d)** getönt: $\frac{1}{2}$; nicht getönt: $\frac{1}{2}$

K4 **3** **a)** $\frac{3}{100}$; $\frac{145}{10000}$; $\frac{67}{100000}$
b) $\frac{24}{10} = 2\frac{4}{10}$; $\frac{701}{100} = 7\frac{1}{100}$; $\frac{1734}{1000} = 1\frac{734}{1000}$
c) $\frac{126}{10} = 12\frac{6}{10}$; $\frac{1382}{10} = 138\frac{2}{10}$; $\frac{56002}{1000} = 56\frac{2}{1000}$
d) $\frac{170056}{10000} = 17\frac{56}{10000}$; $\frac{300003}{1000} = 300\frac{3}{1000}$; 1000

K4 **4** **a)** 0,2 > 0,07 > 0,0135 **b)** 20,02 > 3,5 > 1,679
c) 64,34 > 14,04 > 2,68 **d)** 1,5 > 0,95 > 0,616

K4 **5** **a)**

Note	1	2	3	4	5	6
Anzahl	2	7	12	4	1	0
Anteil	$\frac{2}{26} = \frac{1}{13}$	$\frac{7}{26}$	$\frac{12}{26} = \frac{6}{13}$	$\frac{4}{26} = \frac{2}{13}$	$\frac{1}{26}$	$\frac{0}{26} = 0$

b)

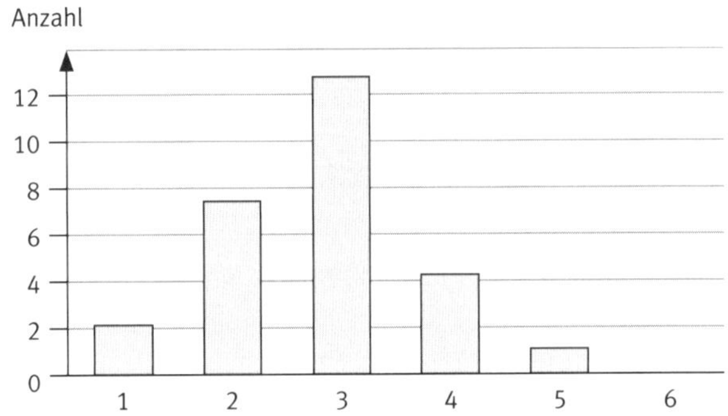

K4 **6** **a)** 1 38 dm = 380 cm 2 5500 kg = 5 500 000 g 3 120 min = $\frac{1}{12}$ d
b) 1 $3\frac{4}{5}$ m 2 $5\frac{1}{2}$ t 3 2 h

K4 **7** **a)** $\frac{1}{2}$ **b)** $\frac{4}{5}$ **c)** $\frac{1}{100}$ **d)** $\frac{9}{10}$ **e)** $\frac{22}{25}$

K4 **8** **a)** $\frac{7}{8}; \frac{8}{9}; \frac{9}{10}; \frac{10}{11}; \frac{11}{12}; \ldots$
Zähler und Nenner erhöhen sich jeweils um 1 bzw. der Nenner wird zum Zähler und der Nenner erhöht sich um 1.

b) $\frac{9}{32}; \frac{11}{64}; \frac{13}{128}; \frac{15}{256}; \frac{17}{512}; \ldots$
Im Zähler werden die ungeraden natürlichen Zahlen der Reihe nach gesetzt, den Nenner bilden aufsteigende Potenzen zur Basis 2.

c) $2\frac{2}{5}; 2\frac{4}{5}; 3\frac{1}{5}; 3\frac{3}{5}; 4; \ldots$
Die Brüche werden jeweils um $\frac{2}{5}$ vermehrt.

d) $\frac{10}{9}; \frac{16}{9}; \frac{26}{9}; \frac{42}{9}; \frac{68}{9}; \ldots$
Der neue Bruch ergibt sich als Summe der beiden vorangegangenen Brüche.

K4 **9 a)** 1 Gesamtlänge: 60 mm Weizen: $\frac{35}{60} = \frac{7}{12}$ Gerste: $\frac{15}{60} = \frac{1}{4}$ Mais: $\frac{10}{60} = \frac{1}{6}$

2 Gesamtlänge: 50 mm Partei A: $\frac{15}{50} = \frac{3}{10}$ Partei B: $\frac{25}{50} = \frac{1}{2}$ Partei C: $\frac{10}{50} = \frac{1}{5}$

b) 1 Weizen: 6720 m^2 Gerste: 2880 m^2 Mais: 1920 m^2

2 Partei A: 750 Wähler Partei B: 1250 Wähler Partei C: 500 Wähler

K4 **10 a)** $1\frac{3}{4}$ **b)** $2\frac{1}{8}$ **c)** $\frac{15}{24}$

K4 **11 a)** $\frac{7}{4} = 1\frac{3}{4}$ **b)** $\frac{24}{9} = 2\frac{2}{3}$ **c)** $\frac{9}{4} = 2\frac{1}{4}$

K4 **12** Nils hat für Lea den Bruchteil $\left(\frac{135°}{360°} =\right) \frac{3}{8}$ herausgeschnitten.

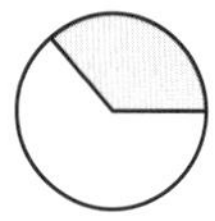

K4 **13 a)** mit 3 **b)** mit 2 **c)** mit 5 **d)** mit 5 **e)** mit 4 **f)** mit 3
g) mit 5 **h)** mit 100 **i)** mit 5 **j)** mit 7 **k)** mit 7 **l)** mit 5
m) mit 2 **n)** mit 6 **o)** mit 11 **p)** mit 7

K4 **14 a)** mit 2 **b)** mit 5 **c)** mit 4 **d)** mit 2
e) mit 2; 2; 2; 9 (also mit 72) **f)** mit 45

K4 **15 a)** $0{,}10 < 0{,}\overline{1}$ **b)** $0{,}17 > 0{,}1\overline{6}$ **c)** $2{,}\overline{4} < 2{,}\overline{45}$ **d)** $0{,}\overline{9} = 1$

K4 **16** $\frac{3}{8} = 0{,}375$; $\frac{5}{8} = 0{,}625$, also sind z. B. $0{,}\overline{38}$ und $0{,}\overline{61}$ Lösungen.

K4 **17** Die fünf kleinsten natürlichen Zahlen, für die sich periodische Dezimalzahlen ergeben, sind 7; 9; 11; 13 und 14.

K3/5 **18 a)** Annika: $\frac{6}{18} = \frac{1}{3} \approx 33\,\%$ Christina: $\frac{8}{24} = \frac{1}{3} \approx 33\,\%$ Elena: $\frac{4}{10} = 40\,\%$
Elena gewinnt.

b) Annika hätte zweimal mehr treffen müssen; Christina hätte zweimal mehr treffen müssen, um mehr als Elena zu erreichen.

K2 **19** Lösungsmöglichkeiten:
a) $\frac{11}{12}$; $\frac{12}{12}$ **b)** $\frac{9}{32}$; $\frac{11}{32}$ **c)** $\frac{21}{28}$; $\frac{23}{28}$ **d)** $\frac{7}{15}$; $\frac{9}{15}$

K2 **20 a)** Familie Alban erhält 15 000 € und Familie Weiß 12 000 €.
b) Falls das Erbe gleichmäßig verteilt wird, erhält jedes Familienmitglied 3000 €.

K4 **21 a)** $\frac{4}{20} = \frac{20}{100} = 20\,\%$ aller Kinder haben gefehlt.
b) $\frac{200}{250} = \frac{4}{5} = \frac{80}{100} = 80\,\%$ der Butter sind Fett.
c) $\frac{4}{10} = \frac{40}{100} = 40\,\%$ der Buchstaben sind Vokale.
d) $\frac{8}{25} = \frac{32}{100} = 32\,\%$ aller Gummibärchen dieser Tüte sind rot.
e) $\frac{2}{5} = \frac{40}{100} = 40\,\%$ aller Radfahrer fahren mit defektem Licht.

K4 **22**

Gericht bzw. Nahrungsmittel	Eiweißgehalt		Fettgehalt		Kohlenhydratgehalt	
	in g	in %	in g	in %	in g	in %
Apfelpfannkuchen	8	8	20	20	25	25
Kartoffelpuffer	1	1	10	10	20	20
Milchschokolade	10	10	30	30	60	60
Erdnüsse	10	10	40	40	20	20

K4/5 **23** **a)** 1,079 € ≈ 1,08 €; auf Hundertstel
b) 299 792,458 km ≈ 300 000 km; auf Hunderttausender
c) 24,90660 € ≈ 25 €; auf ganze Euro
d) 3,254 ≈ 3,3; auf Zehntel

K2 **24** Beispiele:

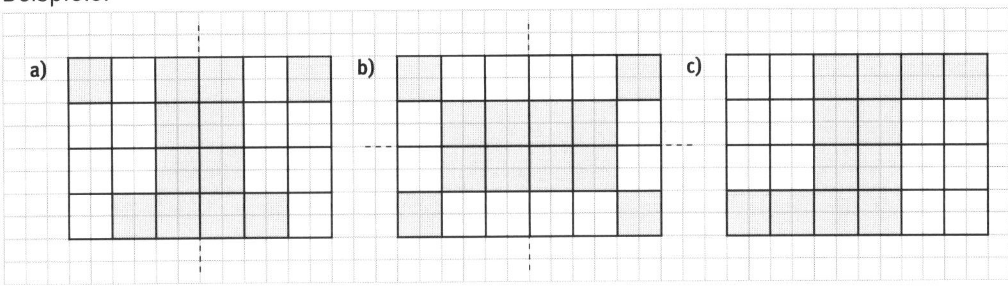

K2 **25** Beispiele:

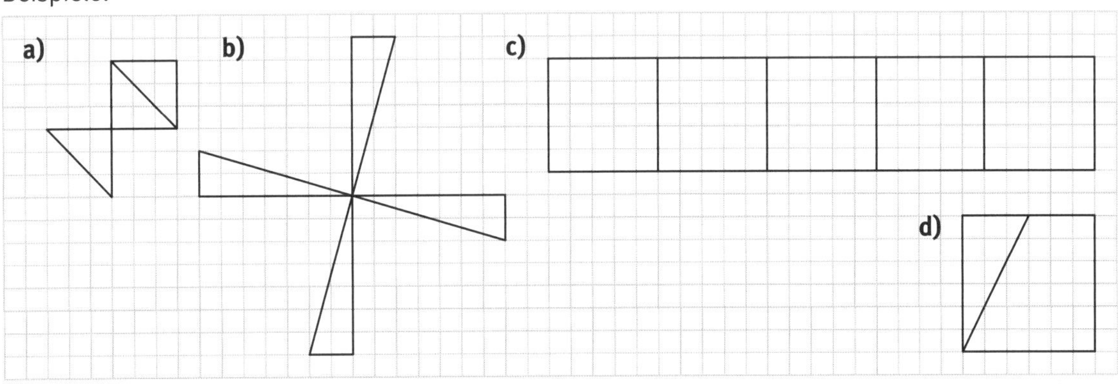

K2 **26** **a)**

Karte (in cm)	Wirklichkeit	Karte (in cm)	Wirklichkeit
1	5000 cm	1	25 000 cm
4	20 000 cm = 200 m	4	100 000 cm = 1 km
1 : 5000		1 : 25 000	

b)

Karte (in cm)	Wirklichkeit	Karte (in cm)	Wirklichkeit
8	4 km = 400 000 cm	8	10 km = 1 000 000 cm
1	50 000 cm	1	125 000 cm
1 : 50 000		1 : 125 000	

c) Es sind individuelle Lösungen möglich.

K5 **27** Individuelle Mindmaps

K3 **Gleich und doch anders: Blutgruppen**

a) Individuelle Blutgruppen. Je nach Klasse unterschiedliche Anteile.

b) A: $\frac{43}{100} = 43\,\%$ B: $\frac{11}{100} = 11\,\%$ AB: $\frac{5}{100} = 5\,\%$ 0: $\frac{41}{100} = 41\,\%$

Mögliches Diagramm:

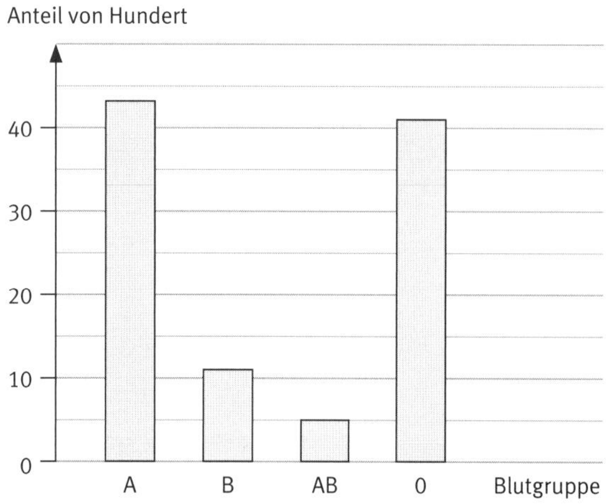

c) Es sind unterschiedliche Ergebnisse aufgrund der Klassenverteilung möglich.
Die Unterschiede zwischen den Stichproben sind erklärbar durch die geringe Stichprobengröße.

d) Hier müssen die Anteile aus a) – mit geeigneten Rundungen – auf die Größe der Klasse übertragen werden.

K3 **Das Rückgrat des Menschen: Die Wirbelsäule**

Je nach Bezugsgröße ergeben sich unterschiedliche Anteile. Zu 34 Wirbelknochen kommt man, weil man oftmals noch bis zu fünf weitere verwachsene Wirbel am Steißbein sieht.

Bezogen auf 34 Wirbel ergeben sich folgende Anteile:

Halswirbel: $\frac{7}{34}$ Brustwirbel: $\frac{12}{34} = \frac{6}{17}$ Lendenwirbel: $\frac{5}{34}$ Kreuzbein: $\frac{5}{34}$ Rest: $\frac{5}{34}$

K3 **Unser Mahlwerk: Die Zähne**

Es sind individuelle Ergebnisse möglich, beispielsweise im Vergleich von Milchgebiss und bleibendem Gebiss.

K3 **Luft zum Leben: Die Atmung**

a) Es sind unterschiedliche Lösungen möglich.

b) Lösungsmöglichkeiten:

- Ein Säugling atmet doppelt so oft wie ein Jugendlicher und etwa 2,5-mal so schnell wie ein Erwachsener.
- Ein Neugeborenes atmet etwa 5-mal so oft wie ein Erwachsener, 4-mal so schnell wie ein Jugendlicher und doppelt so schnell wie ein Baby.
- Ein Schulkind atmet ein Drittel langsamer als ein Neugeborenes.

c)

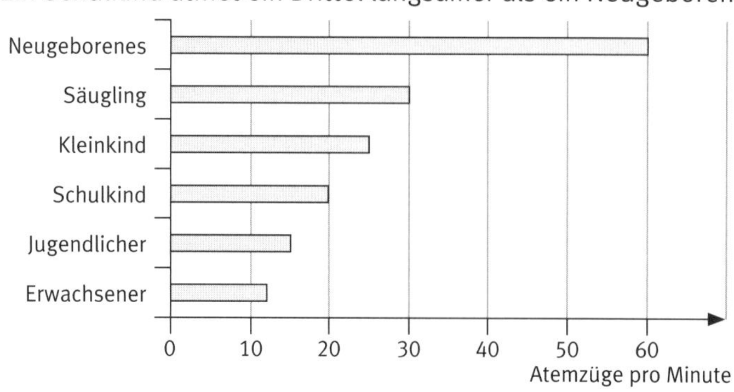

K4 **12 a)** $\frac{7}{100} = 7\,\% = 0{,}07$

$\frac{12}{25} = \frac{48}{100} = 48\,\% = 0{,}48$

$\frac{49}{50} = \frac{98}{100} = 98\,\% = 0{,}98$

$\frac{7}{10} = \frac{70}{100} = 70\,\% = 0{,}70$

$\frac{9}{10} = \frac{90}{100} = 90\,\% = 0{,}90$

$\frac{3}{5} = \frac{60}{100} = 60\,\% = 0{,}60$

$\frac{21}{25} = \frac{84}{100} = 84\,\% = 0{,}84$

$\frac{4}{4} = \frac{100}{100} = 100\,\% = 1$

b) $0{,}15 = \frac{15}{100} = \frac{3}{20}$

$18\,\% = \frac{18}{100} = \frac{9}{50}$

$3{,}455 = 3\frac{455}{1000} = 3\frac{91}{200} = \frac{691}{200}$

$0{,}005 = \frac{5}{1000} = \frac{1}{200}$

$1{,}2\,\% = \frac{12}{1000} = \frac{3}{250}$

$0{,}99 = \frac{99}{100}$

$4{,}02 = 4\frac{2}{100} = 4\frac{1}{50} = \frac{201}{200}$

K4 **13 a)** 4,45... kg bis 4,54... kg **b)** 1,85... m bis 1,94... m

c) 3,95... m^2 bis 4,04... m^2 **d)** 7,05... t bis 7,14... t

e) 125,35... l bis 125,44... l **f)** 1,65... km bis 1,74... km

Aufgaben für Lernpartner

K1/5 **A** Das ist falsch. Beispiel für unterschiedliche Faltungen in Viertel:

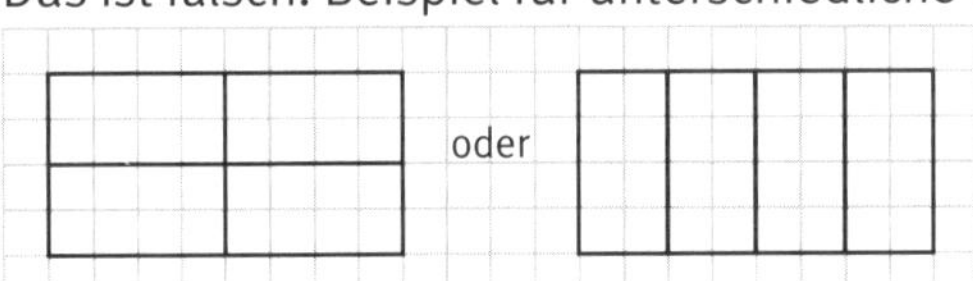

K1/5 **B** Das ist falsch. Beispiel:

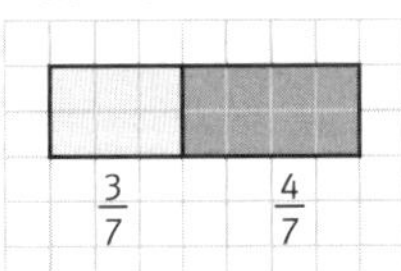

K1/5 **C** Das ist falsch. Jede Figur, die einen Stammbruch darstellt, lässt sich durch Hinzufügen einer passenden Anzahl gleicher Figuren zu einer Figur, die das Ganze darstellt, ergänzen. Die Anzahl der Figuren, die hinzugefügt werden müssen, ist der Nenner des Stammbruchs minus 1.

K1/5 **D** Das ist richtig.

K1/5 **E** Das ist falsch. Wenn $\frac{5}{8}$ vom Ganzen 250 ml sind, dann ist $\frac{1}{8}$ vom Ganzen 50 ml. Das Ganze $\left(\frac{8}{8}\right)$ ist dann 400 ml.

K1/5 **F** Das ist falsch. $4\frac{11}{12} = \frac{59}{12}$

K1/5 **G** Das ist richtig.

K1/5 **H** Das ist falsch. $\frac{2}{8} < \frac{4}{12} < \frac{2}{4}$

K1/5 **I** Das ist falsch. $\frac{1}{2} = \frac{2}{4} = \frac{3}{6}$ usw.

K1/5 **J** Das ist falsch. Links vom Komma stehen die Einer, rechts vom Komma stehen die Zehntel. Es gibt keinen Stellenwert „Eintel".

K1/5 **K** Das ist falsch. $\frac{5}{12} < \frac{1}{2}$

K1/5 **L** Das ist falsch. $0{,}125 < 1{,}2$

K1/5 **M** Das ist richtig.

K1/5 **N** Das ist falsch. Man betrachtet die Ziffer rechst von der Stelle, auf die gerundet wird.

K1/5 **O** Das ist falsch. Ein unechter Bruch kann auch den Wert 1 haben, z. B. $\frac{5}{5} = 1$.

K1/5 **P** Das ist richtig.

K4 **1** **a)** $60 \cdot 4 = 240$ $60 \cdot 40 = 2400$
$60 : 4 = 15$ $60 : 4 + 4 = 19$
$(60 + 4) : 4 - 4 = 12$ $37 \cdot 3 = 111$
b) $0 \cdot 7 = 0$ richtig $0 : 7 = 0$ richtig
$7 : 0 = 0$ falsch; durch 0 kann nicht dividiert werden.
$11 \cdot 11 = 111$ falsch; $11 \cdot 11 = 121$
$37 \cdot 12 = 444$ richtig
$37 \cdot 15 = 666$ falsch; $37 \cdot 15 = 555$
c) $16 + 96 + 34 = 16 + 130 = 146$
$124 + 248 - 138 = 124 + 110 = 234$
$93 \cdot 3 : 3 \cdot 3 : 3 = 93$
$41 + (18 + 59) = (41 + 59) + 18 = 118$
$364 : 13 = (390 - 26) : 13 = 30 - 2 = 28$

K4 **2** **a)** 3 m = 300 cm **b)** 2 km = 20 000 dm
c) $5\,m^2 = 50\,000\,cm^2$ **d)** $9\,ha = 90\,000\,m^2$
e) 12 € 99 ct = 1299 ct **f)** 78 ct = 0,78 €
g) 4 h = 240 min **h)** 2,5 kg = 2500 g
i) 3,25 t = 3250 kg **j)** $4\frac{1}{2}$ d = 108 h

K4 **3**

	Bruchteil gefärbt	Bruchteil nicht gefärbt
a)	$\frac{1}{2}$	$\frac{1}{2}$
b)	$\frac{3}{8}$	$\frac{5}{8}$
c)	$\frac{5}{16}$	$\frac{11}{16}$
d)	$\frac{5}{12}$	$\frac{7}{12}$
e)	$\frac{1}{6}$	$\frac{5}{6}$

K4 **4** **a)** $\frac{1}{3}$ schwarz; $\frac{1}{3}$ gelb; $\frac{1}{3}$ rot
b) $\frac{1}{2}$ weiß; $\frac{1}{2}$ rot
c) $\frac{1}{6}$ rot; $\frac{1}{6}$ weiß; $\frac{2}{6}$ blau; $\frac{1}{6}$ weiß; $\frac{1}{6}$ rot
d) $\frac{1}{6}$ schwarz; $\frac{1}{6}$ gelb; $\frac{1}{6}$ rot; $\frac{1}{6}$ schwarz; $\frac{1}{6}$ gelb; $\frac{1}{6}$ rot (ohne Motiv)
e) $\frac{1}{3}$ weiß; $\frac{1}{3}$ rot; $\frac{1}{3}$ grün
f) $\frac{1}{4}$ orange; $\frac{1}{4}$ grün; $\frac{1}{4}$ weiß; $\frac{1}{4}$ schwarz

K4 **5** **a)** 1 mit 4 2 mit 5 3 mit 8 4 mit 12
b) 1 mit 7 2 mit 17 3 mit 27 4 mit 4

K4 **6** Vor dem Größenvergleich werden die Brüche gleichnamig gemacht.
a) $\frac{3}{8} = \frac{9}{24}$; $\frac{5}{24} < \frac{9}{24}$, also $\frac{3}{8} > \frac{5}{24}$
b) $\frac{1}{4} = \frac{5}{20}$; $\frac{3}{5} = \frac{12}{20}$; $\frac{5}{20} < \frac{12}{20}$, also $\frac{1}{4} < \frac{3}{5}$
c) $\frac{7}{12} = \frac{21}{36}$; $\frac{11}{18} = \frac{22}{36}$; $\frac{21}{36} < \frac{22}{36}$, also $\frac{7}{12} < \frac{11}{18}$
d) $\frac{7}{1} = 7$; $\frac{0}{24} = 0$; $0 < 7$, also $\frac{7}{1} > \frac{0}{24}$

2 Rechnen mit Brüchen und Dezimalzahlen

Einstieg

Die Auftaktseite eines Kapitels enthält zwei verschiedene Elemente:
Zunächst werden die Schüler mit einem offenen Einstiegsbeispiel an das neue Kapitel herangeführt. Zentral ist dabei immer der Anwendungsbezug: Kein Lehrplaninhalt ist rein innermathematisch, sodass den Schülern von Beginn an gezeigt werden sollte, dass Mathematik nichts Abstraktes ist, sondern oft im Leben der Schüler vorkommt. In einem Unterrichtsgespräch zur Auftaktseite können viele der kommenden Lerninhalte schon heuristisch erarbeitet, Vermutungen geäußert und Zusammenhänge erschlossen werden.

- Individuelle Beispiele. Die Schülerinnen und Schüler sind im Alltag (z. B. beim Einkaufen) bereits mit Brüchen und Dezimalzahlen in Berührung gekommen.

- Auf dem Kassenbon sind natürliche Zahlen und Dezimalzahlen sowie die Rechenoperationen Multiplikation, Addition und Subtraktion zu sehen.

Ausblick

Die Aufzählung am Ende der Seite bietet einen Ausblick auf die wesentlichen Lernziele des Kapitels und schafft so eine hohe Transparenz für Schüler und Lehrer. Durch einen informierenden Unterrichtseinstieg können sich Schüler und Lehrer auf das Kommende einstellen.
Idealerweise wird im Unterricht der Bezug hergestellt zwischen der Einstiegssituation und den im Ausblick angegebenen Lernzielen.

Rundreise – Mit Brüchen und Dezimalzahlen rechnen: ein Kinderspiel

Mit dem Spiel können die Schülerinnen und Schüler das Rechnen mit Brüchen und Dezimalzahlen in einem ansprechenden und motivierenden Kontext selbst entdecken. Dass Spiel kann mehrfach so eingesetzt werden, dass die einzelnen Grundrechenarten der Reihe nach behandelt werden, wie es die Zuordnung zu den einzelnen Unterkapiteln angibt. Bei jedem der angegebenen Unterkapitel kann ein Spieldurchgang mit der dem Unterkapitel entsprechenden Rechenart als alternativer Einstieg in das Unterkapitel genutzt werden.

Nach Spielende halten die Schülerinnen und Schüler das Vorgehen bei den jeweils ausgeführten Rechenarten zusammen mit einer Begründung schriftlich fest. Anhand dieser von den Schülerinnen und Schülern gefundenen Regeln können der Einstieg in das jeweilige Unterkapitel und die Erarbeitung der entsprechenden Rechenregeln gestaltet werden.

Die Regeln des Spiels werden auf Seite 48 im Schulbuch erläutert. Sie sind an die Spielregeln von Brettspielen, wie sie den Schülerinnen und Schülern vertraut sind, angelehnt und leicht verständlich.

Alternativer Einstieg: Schulbuch Seite 48

Entdecken

K4 ■ Man erhält $1\frac{1}{2}$ Liter Kinderpunsch (bei Vernachlässigung des Volumens der Zimtstange und des Süßstoffs.

K2 ■ Es bleiben $1\frac{1}{4}$ Liter Punsch übrig.

K5 ■ Mit der ursprünglichen Menge von $1\frac{1}{2}$ Litern Punsch lassen sich 6 solche Gläser füllen.

K4 ■ Angaben in Dezimalzahlen: 0,75 l Tee, 0,5 l Apfelsaft, 0,25 l Orangensaft.
Insgesamt erhält man 1,5 Liter Kinderpunsch.
Nach dem Füllen eines $\frac{1}{4}$-Liter-Glases sind noch 1,25 Liter Punsch übrig.
Mit der ursprünglichen Menge von 1,5 Litern Punsch lassen sich 6 Gläser füllen.

Nachgefragt

K1 ■ Tim hat nicht Recht. Beispiel: $\frac{1}{4} + \frac{2}{4} = \frac{3}{4} < 1$.

K1 ■ Die Rechnung ist falsch, wie man auch leicht einsehen kann, denn das Ergebnis $\frac{2}{5}$ ist beispielsweise kleiner als $\frac{1}{2}$. Da bei der Addition jedoch zu $\frac{1}{2}$ etwas hinzugefügt wurde, muss das Ergebnis größer als $\frac{1}{2}$ sein.

K5 ■ Das Rechnen mit Dezimalzahlen entspricht dem Rechnen mit natürlichen Zahlen, wenn man das Komma stellengerecht untereinander schreibt.

Aufgaben

K4 **1**

a)	**b)**	**c)**	**d)**	**e)**
$\frac{2}{3}$	$\frac{2}{7}$	$1\frac{3}{5}$	$7\frac{8}{9}$	$5\frac{1}{2}$
$\frac{5}{8}$	$\frac{1}{3}$	$\frac{11}{12}$	$5\frac{5}{8}$	$1\frac{2}{7}$
1	$\frac{3}{5}$	2	$5\frac{4}{7}$	4

K4 **2** Diese Aufgabe ist eine Legeübung.

a) $\frac{9}{8} = 1\frac{1}{8}$ **b)** $\frac{6}{8} = \frac{3}{4}$ **c)** $\frac{10}{8} = 1\frac{2}{8} = 1\frac{1}{4}$ **d)** $\frac{14}{8} = 1\frac{6}{8} = 1\frac{3}{4}$ **e)** $\frac{3}{8}$ **f)** 2

K4 **3** Lösungsmöglichkeit:

a)
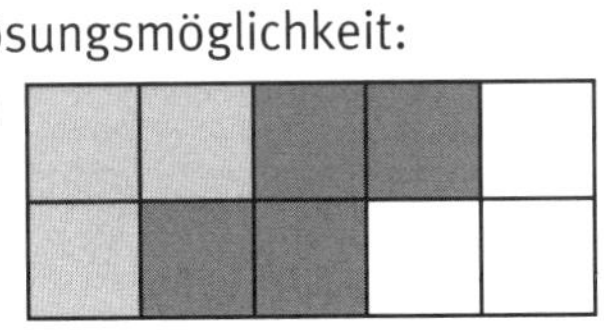
$\frac{7}{10}$

b)
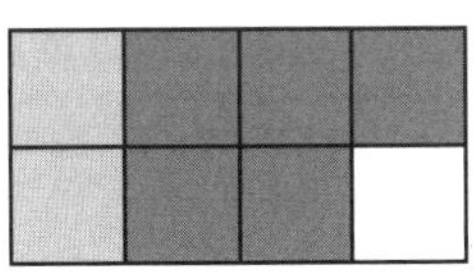
$\frac{7}{8}$

c)
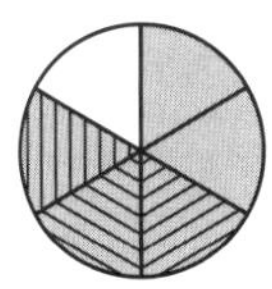
$\frac{2}{6}$

d)
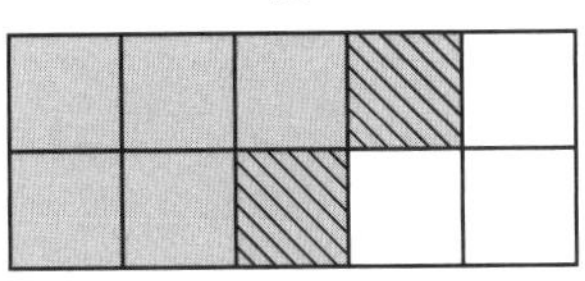
$\frac{5}{10}$

e)
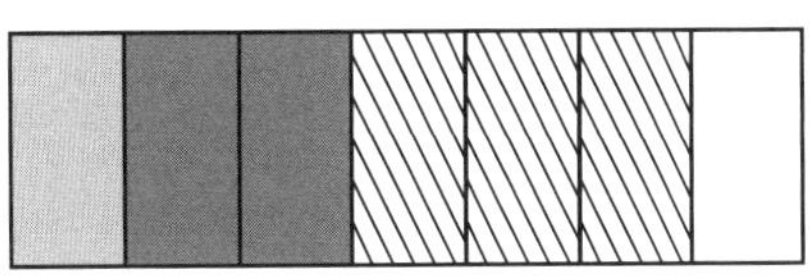
$\frac{6}{7}$

f)
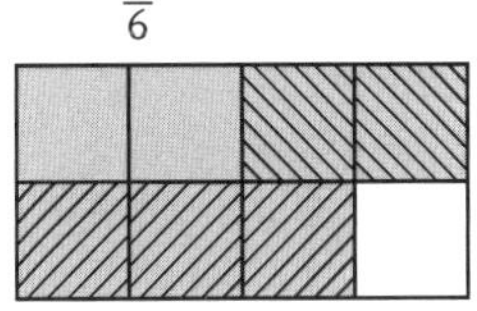
$\frac{2}{8}$

K4 **4**

a)	**b)**	**c)**	**d)**	**e)**
$1\frac{3}{4}$	$\frac{2}{3}$	$1\frac{3}{5}$	$1\frac{2}{5}$	3
4	$1\frac{1}{5}$	$3\frac{4}{5}$	$1\frac{1}{4}$	$\frac{1}{4}$

K4 **5** **a)** $\frac{2}{10}+\frac{4}{10}=\frac{6}{10}$; es fehlen $\frac{4}{10}$.
b) $\frac{2}{8}+\frac{3}{8}=\frac{5}{8}$; es fehlen $\frac{3}{8}$.
c) $\frac{5}{16}+\frac{3}{16}=\frac{8}{16}=\frac{1}{2}$; es fehlt $\frac{1}{2}$.
d) $\frac{6}{4}+\frac{3}{4}=\frac{9}{4}=2\frac{1}{4}$; es fehlen $\frac{3}{4}$.

K4 **6** **a)** $\frac{5}{9}-\frac{4}{9}=\frac{1}{9}$; es fehlen $\frac{8}{9}$.
b) $\frac{7}{12}-\frac{3}{12}=\frac{4}{12}=\frac{1}{3}$; es fehlen $\frac{2}{3}$.
c) $\frac{10}{15}-\frac{5}{15}=\frac{5}{15}=\frac{1}{3}$; es fehlen $\frac{2}{3}$.
d) $\frac{9}{4}-\frac{4}{4}=\frac{5}{4}=1\frac{1}{4}$; es fehlen $\frac{3}{4}$.

K4 **7** **a)** $\frac{8}{7}$; es fehlen $\frac{6}{7}$.
$2\frac{2}{3}$; es fehlt $\frac{1}{3}$.
b) $3\frac{4}{15}$; es fehlen $\frac{11}{15}$.
$2\frac{2}{8}=2\frac{1}{4}$; es fehlen $\frac{3}{4}$.
c) $3\frac{1}{5}$; es fehlen $\frac{4}{5}$.
$4\frac{1}{4}$; es fehlen $\frac{3}{4}$.
d) $3\frac{2}{11}$; es fehlen $\frac{9}{11}$.
$1\frac{3}{10}$; es fehlen $\frac{7}{10}$.
e) $4\frac{1}{10}$; es fehlen $\frac{9}{10}$.
$4\frac{5}{7}$; es fehlen $\frac{2}{7}$.

K3 **8** Gewichte insgesamt: $\frac{24}{20}$, also muss auf jeder Seite der Waage die Hälfte stehen: $\frac{12}{20}$.
Es gibt verschiedene Möglichkeiten:

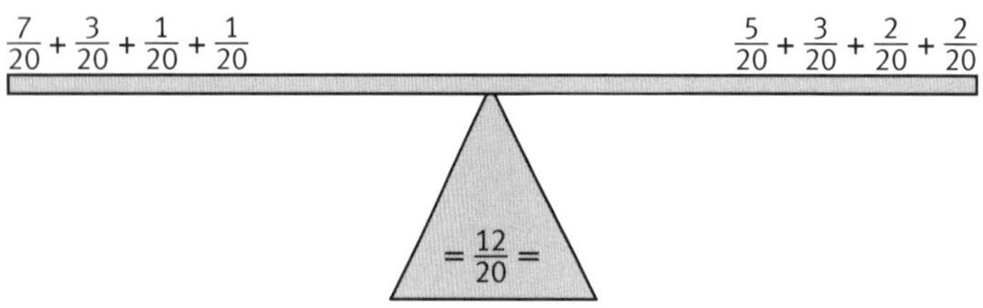

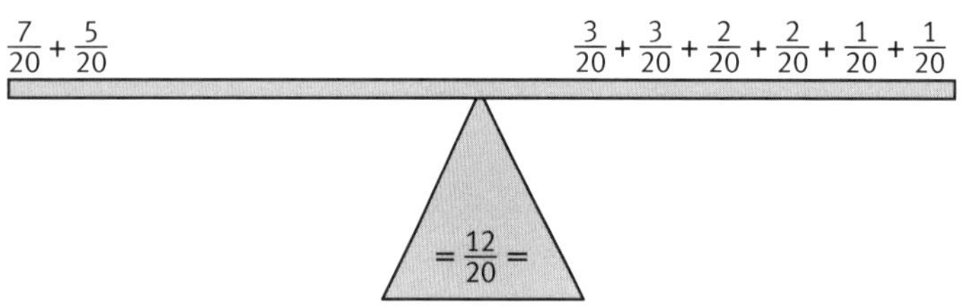

…

K2 **9** **a)** $3\cdot3\cdot3=27$ Würfel, sichtbar sind 19 Würfel, also $\frac{19}{27}$.
b) $27\cdot6=162$ Seitenflächen, 27 Flächen sind sichtbar, also $\frac{27}{162}$.
c) 20 Würfel bilden die Kanten, also $\frac{20}{27}$, sichtbar sind davon 16 Würfel, also $\frac{16}{20}=\frac{4}{5}$ aller Kantenwürfel.

K4 **10** **a)** 400 g; es fehlen $\frac{3}{5}$.
b) 300 g; es fehlen $\frac{7}{10}$.
c) 360 g; es fehlen $\frac{32}{50}$.

K2 **11** **a)** Sabine muss 375 ml Milch abmessen.
b) Auf die Milch (Sahne) entfallen $\frac{3}{4}$ (entfällt $\frac{1}{4}$) der Gesamtmenge.

K2 **12** 21 Fische entsprechen $\frac{1}{3}$, also waren insgesamt $3\cdot21=63$ Fische im Netz.

K2 **13** **a)** großes Zahnrad 160 Zähne
kleines Zahnrad:

Zähne	Drehungen
8	20
12	$13\frac{1}{3}$
20	8

b) ① Von jedem Kettenblatt gibt es 8 mögliche Gänge, also zusammen $3 \cdot 8 = 24$ Möglichkeiten (theoretisch bedeutet hier, dass es in der Realität auch Kombinationen geben kann, die „gleichwertig" sind, hier aber als unterschiedlich gezählt werden, siehe gleiche Übersetzungsverhältnisse in ②).

②

	30		36		48	
12	$\frac{30}{12} = 2\frac{1}{2}$	(7)	$\frac{36}{12} = 3$	(4)	$\frac{48}{12} = 4$	(1)
14	$\frac{30}{14} = 2\frac{1}{7}$	(10)	$\frac{36}{14} = 2\frac{4}{7}$	(6)	$\frac{48}{14} = 3\frac{3}{7}$	(2)
15	$\frac{30}{15} = 2$	(11)	$\frac{36}{15} = 2\frac{2}{5}$	(8)	$\frac{48}{15} = 3\frac{1}{5}$	(3)
18	$\frac{30}{18} = 1\frac{2}{3}$	(14)	$\frac{36}{18} = 2$	(11)	$\frac{48}{18} = 2\frac{2}{3}$	(5)
20	$\frac{30}{20} = 1\frac{1}{2}$	(15)	$\frac{36}{20} = 1\frac{4}{5}$	(12)	$\frac{48}{20} = 2\frac{2}{5}$	(8)
21	$\frac{30}{21} = 1\frac{3}{7}$	(16)	$\frac{36}{21} = 1\frac{5}{7}$	(13)	$\frac{48}{21} = 2\frac{2}{7}$	(9)
24	$\frac{30}{24} = 1\frac{1}{4}$	(18)	$\frac{36}{24} = 1\frac{1}{2}$	(15)	$\frac{48}{24} = 2$	(11)
28	$\frac{30}{28} = 1\frac{1}{14}$	(19)	$\frac{36}{28} = 1\frac{2}{7}$	(17)	$\frac{48}{28} = 1\frac{5}{7}$	(13)

③ Die Zahlen in Klammern in der obigen Tabelle geben die Reihenfolge der Übersetzungsverhältnisse an, beginnend mit dem größten Verhältnis. Insgesamt gibt es 19 verschiedene Übersetzungen, sodass statt 24 Gängen tatsächlich nur 19 verschiedene Gänge möglich sind $\left(\frac{36}{15} = \frac{48}{20}, \frac{30}{15} = \frac{36}{18} = \frac{48}{24}, \frac{36}{21} = \frac{48}{28}; \frac{30}{20} = \frac{36}{24}\right)$. In der Praxis ist dieses sicherlich notwendig, um bei der Umschaltung zwischen Kettenblättern gleichmäßig weitertreten zu können.

Bei Unkenntnis dieser Übersetzungen hat ein Käufer natürlich auf der anderen Seite ein falsches Bild über die Schaltmöglichkeiten, wenn fünf Übersetzungsverhältnisse weniger zur Verfügung stehen als gedacht.

④ Es sind unterschiedliche Lösungen möglich.

K2 **14** Die Hälfte des Busses ist mit Schülern besetzt $\left(\frac{1}{4} + \frac{1}{4}\right)$, also entsprechen 20 Plätze + 4 Plätze = 24 Plätze der anderen Hälfte. Somit hat der Bus insgesamt $2 \cdot 24 = 48$ Plätze.

K2 **15** Haushaltsabfälle und Gewerbeabfälle: $\frac{3}{20}$ von 380 000 000 t = 57 000 000 t

Bauschutt: $\frac{11}{20}$ von 380 000 000 t = 209 000 000 t

Sonstiger Abfall: 114 000 000 t

K2 **16** **a)** $\frac{2}{3} + \frac{1}{4} = \frac{11}{12}$ **b)** $\frac{5}{6} - \frac{4}{5} = \frac{1}{30}$

K2 **17** möglichst nahe bei 0: $\frac{8}{10} + 0{,}6 + 1\frac{3}{10} - 1{,}1 - \frac{4}{10} - \frac{5}{10} - \frac{7}{10} = 0$

möglichst nahe bei 1: $1{,}1 + \frac{8}{10} + 1\frac{3}{10} - \frac{4}{10} - 0{,}6 - \frac{5}{10} - \frac{7}{10} = 1$

K2 **18** **a)** Die Summe der Zähler muss immer 20 ergeben. Mit der angegebenen Bedingung ergeben sich insgesamt neun Möglichkeiten:

$20 = 11 + 9 = 12 + 8 = 13 + 7 = \ldots = 19 + 1 = 20 + 0$

b) Man kann alle Zähler einsetzen, deren Differenz 1 ist.

K2 **19**

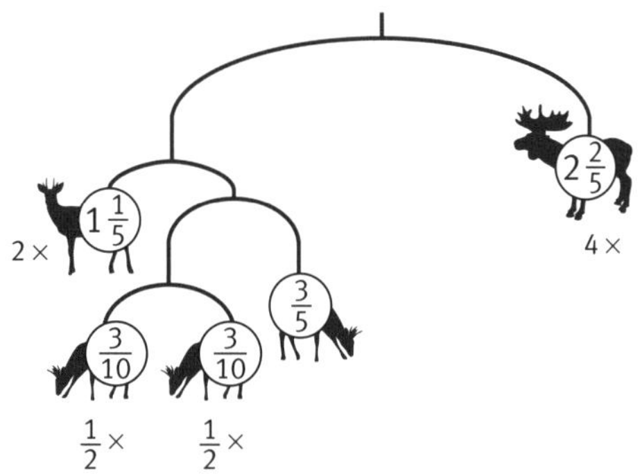

K4

Musik

Bruchrechnung in der Musik

- **a)** $\frac{1}{2}+\frac{1}{16}+\frac{1}{16}+\frac{1}{16}+\frac{1}{16}=\frac{12}{16}=\frac{3}{4}$
  $\frac{1}{4}+\frac{1}{4}+\frac{1}{4}=\frac{3}{4}$

  b) $\frac{1}{8}+\frac{1}{8}+\frac{1}{4}=\frac{2}{4}$
  $\frac{1}{8}+\frac{1}{8}+\frac{1}{8}+\frac{1}{8}=\frac{2}{4}$

  c) $\frac{1}{2}+\frac{1}{4}+\frac{1}{4}=\frac{4}{4}$
  $1=\frac{4}{4}$

- **a)**  $\frac{1}{2}+\frac{1}{4}=\frac{3}{4}$

  b)  $\frac{1}{8}+\frac{1}{8}+\frac{1}{8}+\frac{1}{8}=\frac{2}{4}$

  c)  $\frac{1}{4}+\frac{1}{8}+\frac{1}{8}+\frac{1}{16}+\frac{1}{16}+\frac{1}{16}+\frac{1}{16}+\frac{1}{4}=\frac{4}{4}$

  d)  $\frac{1}{8}+\frac{1}{2}+\frac{1}{8}=\frac{3}{4}$

Alternativer Einstieg: Schulbuch Seite 49

Entdecken

K4 ■ Beispiel:

K5 ■ Sabines Anteil sind $\frac{15}{24} = \frac{5}{8}$ der ganzen Tafel.

K2 ■ Für Martin bleiben noch 5 Stücke übrig.

Nachgefragt

K1 ■ Nein, die Rechnung von Hannes stimmt nicht. Die Zahl 5 entspricht in der Bruchschreibweise nicht $\frac{5}{5}$, sondern $\frac{5}{1}$. Hannes könnte seine Rechnung überprüfen und feststellen, dass bei seiner Rechnung das 5-Fache von $\frac{7}{8}$ dasselbe wie $\frac{5}{8}$ ist, was nicht sein kann.

K2 ■ Wenn beide Nenner verdoppelt werden, wird das Ergebnis durch 4 geteilt.

K2 ■ Das Ergebnis vervierfacht sich.

Aufgaben

K4 **1** **a)**

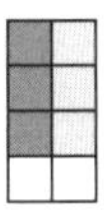

$\frac{3}{8}$

b) $\frac{15}{60} = \frac{1}{4}$

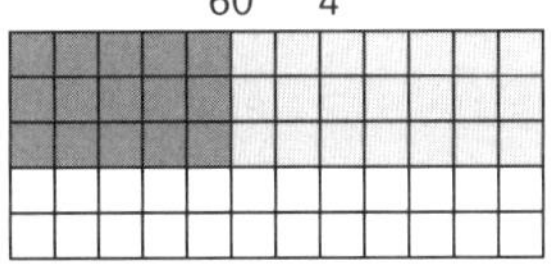

c) $\frac{6}{12} = \frac{1}{2}$

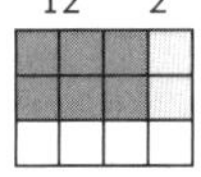

d)

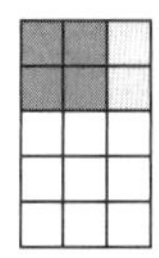

$\frac{4}{15}$

e)

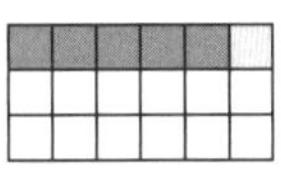

$\frac{5}{18}$

f)

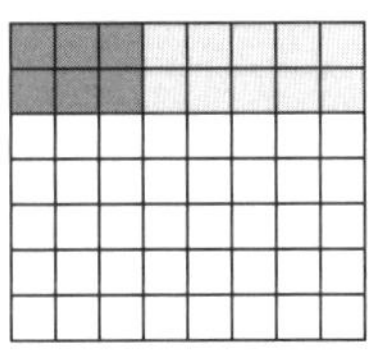

$\frac{6}{56} = \frac{3}{28}$

g)

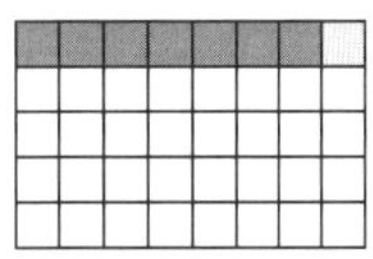

$\frac{7}{40}$

h)

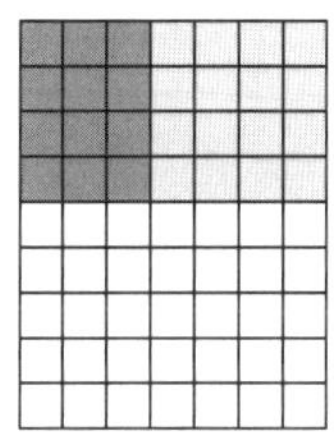

$\frac{12}{63}$

K4 **2** **a)** $\frac{6}{15} = \frac{6}{15}$ **b)** $\frac{6}{20} = \frac{6}{20}$ **c)** $\frac{15}{48} = \frac{15}{48}$

Hier gilt jeweils das Kommutativgesetz.

K4 **3** **a)** $\frac{1}{2} \cdot \frac{2}{3} = \frac{2}{6}$ **b)** $\frac{4}{5} \cdot \frac{5}{9} = \frac{4}{9}$ **c)** $\frac{3}{4} \cdot \frac{4}{6} = \frac{1}{2}$ **d)** $\frac{3}{5} \cdot \frac{1}{3} = \frac{1}{5}$

e) $\frac{1}{2} \cdot \frac{4}{5} = \frac{2}{5}$ **f)** $\frac{4}{9} \cdot \frac{9}{16} = \frac{1}{4}$ **g)** $\frac{1}{4} \cdot \frac{8}{10} = \frac{1}{5}$ **h)** $\frac{1}{2} \cdot \frac{6}{12} = \frac{1}{4}$

K4 **4** **a)** In den Rechnungen wird regelgerecht gekürzt. Wegen des Kommutativgesetzes lassen sich die Faktoren im Zähler und Nenner vertauschen.
Durch das Kürzen werden die Brüche übersichtlicher und die Berechnung ist einfacher.

b) 1 $\frac{1}{12}; \frac{2}{35}; \frac{3}{80}$ 2 $\frac{7}{40}; \frac{5}{12}; \frac{5}{66}$ 3 $\frac{1}{6}; \frac{2}{5}; \frac{2}{3}$ 4 $\frac{2}{15}; \frac{3}{14}; \frac{25}{156}$ 5 $\frac{8}{3}; \frac{5}{3}; 9$

K4 **5** **a)** 1
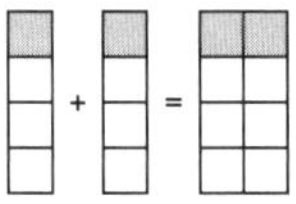
2
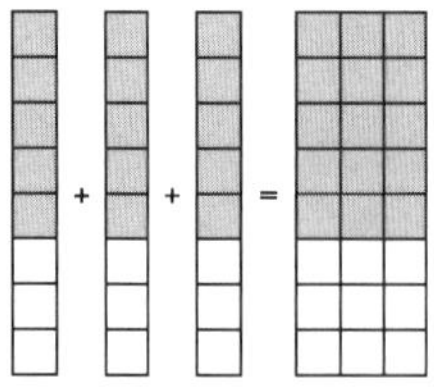
3
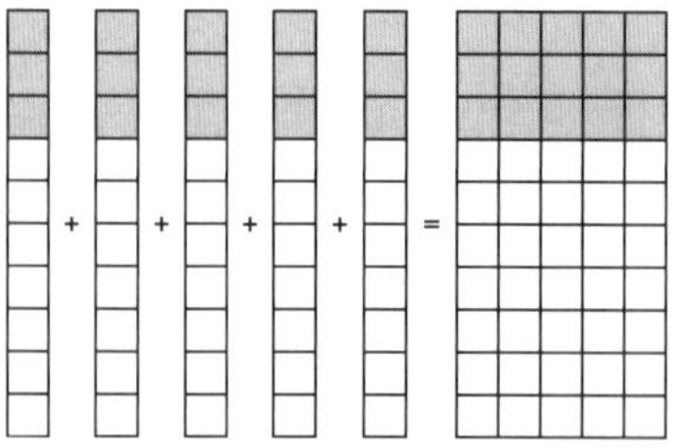

b) Lösungsmöglichkeiten:
- n-faches Addieren des Bruches (n: natürliche Zahl)
- Multipliziere den Zähler mit der natürlichen Zahl und behalte den Nenner bei.
- Wandle die natürliche Zahl in einen Bruch um und multipliziere dann wie gewohnt die zwei Brüche.

c) 1 $\frac{32}{15}$ 2 $\frac{15}{2}$ 3 24 4 $\frac{12}{5}$ 5 1

d) Wegen des Kommutativgesetzes ist $\frac{2}{3} \cdot 5 = 5 \cdot \frac{2}{3}$.
1 $\frac{10}{3}$ 2 $\frac{27}{9}$ 3 $\frac{12}{8} = \frac{3}{2}$ 4 $\frac{160}{24} = \frac{20}{3}$ 5 $\frac{12}{6} = 2$

K4 **6** **a)** $6 \cdot 6\frac{2}{3} = \frac{6}{1} \cdot \frac{20}{3} = 40$ Der Bäcker arbeitet 40 h pro Woche.
b) $28 \cdot \frac{3}{4} = 21$ Die Schüler haben 21 Zeitstunden pro Woche Unterricht.

K1 **7** **a)** Im ersten Schritt werden die beiden Brüche auf den Hauptnenner gebracht. Das ist nicht falsch, bei der Multiplikation aber unnötig. Dann werden nur die Zähler miteinander multipliziert, der gemeinsame Nenner (10) wird beibehalten, was bei der Multiplikation falsch ist.
Korrektur: $\frac{3}{5} \cdot \frac{1}{2} = \frac{3 \cdot 1}{5 \cdot 2} = \frac{3}{10}$

b) Hier wurde der erste Bruch durch seinen Kehrwert ersetzt, was falsch ist. Dieser Kehrwert und der zweite Bruch werden dann falsch addiert, indem jeweils Zähler und Nenner addiert werden.
Korrektur: $\frac{20}{3} + \frac{5}{6} = \frac{40}{6} + \frac{5}{6} = \frac{45}{6} = 7\frac{3}{6} = 7\frac{1}{2}$

c) Hier wurde bei der Addition gekürzt, was nicht möglich ist (außerdem wurden 13 und 6 falsch gekürzt).
Korrektur: $\frac{13}{20} + \frac{5}{6} = \frac{39}{60} + \frac{50}{60} = \frac{89}{60} = 1\frac{29}{60}$

d) Hier wurden die Nenner falsch miteinander multipliziert. Korrektur: $\frac{7}{9} \cdot \frac{4}{9} = \frac{28}{81}$

K2 **8** **a)** Europa: $\frac{1}{40}$ Asien: $\frac{1}{12}$ amerikanischer Kontinent: $\frac{3}{40}$
Afrika: $\frac{1}{20}$ Australien: $\frac{1}{60}$

b) Landmassen: 127 500 000 km²
Europa: 12 750 000 km² Asien: 42 500 000 km² amerikanischer Kontinent: 38 250 000 km²
Afrika: 25 500 000 km² Australien: 8 500 000 km²

K4 **9** Chai-Tee (Angaben für $\frac{3}{4}$ Liter):
1 EL schwarzer Tee $1\frac{1}{8}$ TL Kardamon $\frac{3}{4}$ EL Fenchelsamen
6 getrocknete Nelken 0,3 l kochendes Wasser 0,45 l warme Milch
Ebenfalls 5 Minuten ziehen lassen.

K2 **10** **a)** Fläche: $10\frac{1}{2}\,m^2 \cdot 3\frac{3}{4}\,m^2 = \frac{315}{8}\,m^2$ Beet: $1\frac{4}{5}\,m^2 \cdot 1\frac{1}{2}\,m^2 = \frac{27}{10}\,m^2$ Treppe: $1\frac{1}{2}\,m^2 \cdot 2\frac{3}{4}\,m^2 = \frac{33}{8}\,m^2$
$\frac{315}{8}\,m^2 - \frac{27}{10}\,m^2 - \frac{33}{8}\,m^2 = \frac{651}{20}\,m^2 = 32{,}55\,m^2$

b) $35\frac{1}{2}\,€ \cdot \frac{651}{20} = \frac{46\,221}{40} \approx 1155{,}53\,€$ Der Preis ist eine untere Grenze für die Realität.

K4 **11** **a)** $\frac{2}{3} \cdot \frac{1}{2} = \frac{2}{6} = \frac{1}{3}$ **b)** $\frac{2}{5} \cdot 4 = \frac{8}{5}$ **c)** $\frac{1}{2}\,\text{kg} \cdot \frac{4}{3} = \frac{4}{6}\,\text{kg} = \frac{2}{3}\,\text{kg}$ **d)** $1\frac{1}{2}\,\text{h} \cdot \frac{3}{5} = \frac{9}{10}\,\text{h}$

K2 **12** Es sind individuelle Lösungen möglich. Beispiele:
größer als ein Ganzes: $3, \frac{10}{3}$ Der 2. Bruch muss größer als $\frac{8}{3}$ sein.
kleiner als ein Ganzes: $\frac{1}{2}, \frac{4}{3}$ Der 2. Bruch muss kleiner als $\frac{8}{3}$ sein. gleich: $\frac{8}{3}$

K2 **13** Die Aussagen sollten an Beispielen erarbeitet werden.
a) Der Zähler des Produkts verdoppelt sich. **b)** Der Zähler des Produkts vervierfacht sich.
c) Am Produkt ändert sich nichts. **d)** Das Produkt verkleinert sich um das 3-Fache.

K2 **14** Es sind individuelle Lösungen möglich.

K2 **15** **a)** Produkt möglichst klein: $\frac{2}{5}$ und $\frac{3}{8}$ Produkt möglichst groß: $1\frac{7}{10}$ und 3
b) Produkt größer 1: $\frac{2}{5} \cdot 3$; $1\frac{7}{10} \cdot \frac{4}{3}$; $1\frac{7}{10} \cdot 3$; $\frac{4}{3} \cdot 3$; $\frac{1}{2} \cdot 3$; $3 \cdot \frac{3}{8}$ (insgesamt 6 Produkte)
Produkt kleiner 1: $\frac{2}{5} \cdot 1\frac{7}{10}$; $\frac{2}{5} \cdot \frac{4}{3}$; $\frac{2}{5} \cdot \frac{1}{2}$; $\frac{2}{5} \cdot \frac{3}{9}$; $1\frac{7}{10} \cdot \frac{1}{2}$; $1\frac{7}{10} \cdot \frac{3}{8}$; $\frac{4}{3} \cdot \frac{1}{2}$; $\frac{4}{3} \cdot \frac{3}{8}$; $\frac{1}{2} \cdot \frac{3}{8}$ (insgesamt 9 Produkte)

K2 **16** **a)** $\frac{3}{10} \cdot \frac{7}{5} = \frac{21}{50}$ **b)** $\frac{3}{4} \cdot \frac{3}{5} = \frac{9}{20}$ **c)** $\frac{4}{3} \cdot \frac{3}{8} = \frac{1}{2}$ **d)** $\frac{5}{5} \cdot \frac{7}{7} = 1$ **e)** $\frac{1}{25} \cdot \frac{12}{1} = \frac{12}{25}$
Bei d) und e) sind mehrere Lösungen möglich: Der Quotient $\frac{\square}{\square}$ muss bei d) gekürzt $\frac{7}{5}$ ergeben, bei e) müssen jeweils die gleichen Zahlen eingesetzt werden.

K2 **17** Es gibt mehrere Lösungsmöglichkeiten.
a) z.B.: $\frac{2}{5} \cdot \frac{6}{5}$ oder $\frac{3}{5} \cdot \frac{4}{5}$ **b)** z.B.: $\frac{2}{3} \cdot \frac{4}{5}$ oder $\frac{8}{10} \cdot \frac{2}{3}$ **c)** z.B.: $\frac{2}{7} \cdot \frac{9}{5}$ oder $\frac{4}{7} \cdot \frac{9}{10}$ **d)** z.B.: $\frac{2}{3} \cdot \frac{5}{7}$ oder $\frac{5}{6} \cdot \frac{4}{7}$
e) z.B.: $\frac{2}{7} \cdot \frac{8}{7}$ oder $\frac{4}{7} \cdot \frac{4}{7}$ **f)** z.B.: $\frac{1}{2} \cdot \frac{3}{2}$ oder $\frac{3}{3} \cdot \frac{3}{4}$ **g)** z.B.: $\frac{2}{5} \cdot \frac{5}{2}$ oder $\frac{3}{3} \cdot \frac{6}{6}$

K2 **18** **a)** $6 \cdot \left(\frac{7}{8}\,\text{m}\right)^2 = \frac{6 \cdot 49}{64}\,\text{m}^2 = \frac{294}{64}\,\text{m}^2 = 4{,}59375\,\text{m}^2$
b) Wenn die Kantenlänge verdoppelt wird, dann vervierfacht sich die Oberfläche des Würfels. Wenn die Kantenlänge geviertelt wird, dann beträgt die Oberfläche ein Sechzehntel des Ausgangswürfels. Grund: Die Kantenlänge wird immer quadriert.

K2 **19** **a)**

Format	Flächeninhalt	Anteil von A0
DIN-A4	$625\,\text{cm}^2$	$\frac{1}{16}$
DIN-A5	$312{,}5\,\text{cm}^2$	$\frac{1}{32}$
DIN-A8	$39{,}1\,\text{cm}^2$	$\frac{1}{256}$

b) $937{,}5\,\text{cm}^2$
c) DIN-A10-Blatt Flächeninhalt: $9{,}77\,\text{cm}^2$
Das DIN-A10-Blatt hat einen Anteil von $\frac{1}{1024}$ an einem DIN-A0-Blatt.
Man erhält den Anteil durch fortgesetzte Halbierung ($\frac{1}{2}, \frac{1}{4}, \frac{1}{8}, \frac{1}{16}, \ldots$).

K4

Spiel

Bruchroulette
Mit dem Spiel üben die Schülerinnen und Schüler die Multiplikation und den Größenvergleich von Brüchen anhand selbst gewählter Bruchzahlen.

2.3 Brüche dividieren

Entdecken

K4 ■

K4 ■ $\frac{18}{18} : 2 = \frac{9}{18}$

K4 ■ Jeder der beiden bekommt 9 Stücke. Das sind $\frac{9}{24} = \frac{3}{8}$ der vollständigen Schokoladentafel.

Nachgefragt

K4 ■ Jeder Bruch hat einen Kehrbruch mit Ausnahme der 0. Man erhält den Kehrbruch eines Bruches, indem Zähler und Nenner vertauscht werden. Durch 0 darf man nicht dividieren (siehe Randspalte).

K1 ■ Die Aussage von Julia stimmt so nicht. Gegenbeispiel: $\frac{3}{4} : \frac{2}{3} = \frac{9}{8} = 1\frac{1}{8}$. Das Ergebnis der Division ist in diesem Beispiel größer als der Dividend $\frac{3}{4}$. Allgemein: Julia hat Recht, wenn der Divisor größer 1 ist, ansonsten nicht.

K2 ■ Die Kehrbrüche der Stammbrüche $\frac{1}{1}, \frac{1}{2}, \frac{1}{3}, \frac{1}{4}$, ... sind die natürliche Zahlen 1, 2, 3, 4, ...

Aufgaben

K4 **1**

a)	$\frac{5}{4}$	$\frac{6}{5}$	$\frac{11}{15}$	$\frac{9}{7}$	$\frac{13}{6}$	$\frac{5}{24}$	$\frac{15}{14}$	$\frac{169}{144}$	$\frac{7}{35}$	$\frac{1}{27}$
b)	3	$\frac{1}{2}$	2	$\frac{1}{5}$	$\frac{4}{2}$	1	$\frac{2}{3}$	$\frac{6}{37}$	$\frac{1}{1004}$	$\frac{5}{5}$

K4 **2**

a)	4	5	$\frac{3}{8}$	30	20	10	$\frac{1}{27}$	0
b)	$\frac{2}{3}$	1	4	$\frac{1}{3}$	$\frac{24}{13}$	98	$\frac{1}{3}$	$\frac{11}{17}$
c)	$\frac{7}{10}$	$\frac{2}{147}$	70	$\frac{1}{6}$	$\frac{7}{6}$	4	$\frac{8}{5}$	$22\frac{2}{5}$

K4 **3** **a)** **b)** **c)** **d)** **e)**

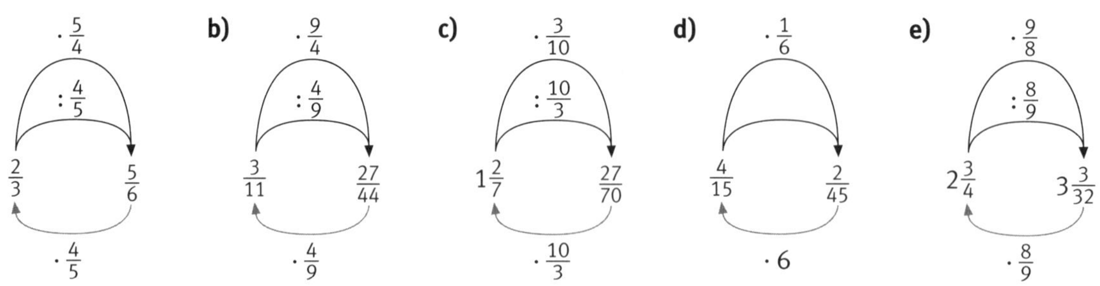

K4 **4** **a)** $\frac{9}{12} : \frac{3}{12} = 3$ **b)** $\frac{6}{12} : \frac{2}{12} = 3$ **c)** $\frac{3}{4} : \frac{1}{8} = 6$ **d)** $\frac{5}{6} : \frac{3}{6} = \frac{5}{3}$ **e)** $\frac{2}{3} : \frac{1}{3} = 2$

K4 **5**

a)	**b)**	**c)**	**d)**	**e)**
$\frac{1}{2}$	5	$\frac{3}{2}$	$\frac{1}{6}$	$\frac{64}{75}$
2	12	$\frac{14}{5}$	$\frac{39}{100}$	$\frac{169}{25}$
3	$\frac{9}{5}$	6	9	$\frac{18}{11}$

K1 **6** **a)** Regel für Addition angewendet. $\frac{8}{9} \cdot \frac{9}{4} = 2$

b) Bei Umwandlung den Kehrbruch nicht gebildet. $\frac{7}{13} \cdot \frac{26}{15} = \frac{14}{15}$

c) Regel für Multiplikation angewendet. $\frac{14}{81} \cdot \frac{9}{7} = \frac{2}{9}$

d) Im Quotient gekürzt, nicht im Produkt. $\frac{5}{6} \cdot \frac{7}{3} = \frac{35}{18}$

K4 **7** **a)** Man dividiert durch eine Zahl, indem man mit dem Kehrbruch multipliziert.
Also gilt: $25\,\text{m} : 4 = 25\,\text{m} \cdot \frac{1}{4}$.

b) Man dividiert durch einen Bruch, indem man mit dem Kehrbuch multipliziert.
5 ist der Kehrbruch von $\frac{1}{5}$.

K4 **8** $5\,\text{l} : \frac{1}{5}\,\text{l} = 25$ Melanies Mutter kann 25 Marmeladengläser füllen.

K2 **9** $3\frac{1}{2}\,\text{m} : \frac{1}{4}\,\text{m} = 14$ Herr Jordan plant 14 Stufen für die neue Treppe.

K2 **10** **a)** $2\,\text{l} : \frac{2}{10}\,\text{l} = 10$ Man benötigt zehn Beutel für 2 Liter Wasser.

b) $\frac{1}{2}\,\text{l} : \frac{2}{10}\,\text{l} = \frac{5}{2} = 2\frac{1}{2}$ Man benötigt $2\frac{1}{2}$ Beutel für $\frac{1}{2}$ Liter Wasser.

c) $2\frac{1}{2}\,\text{l} : \frac{2}{10}\,\text{l} = \frac{25}{2} = 12\frac{1}{2}$ Man benötigt $12\frac{1}{2}$ Beutel für $2\frac{1}{2}$ Liter Wasser.

d) $1\frac{3}{4}\,\text{l} : \frac{2}{10}\,\text{l} = \frac{35}{4} = 8\frac{3}{4}$ Man benötigt $8\frac{3}{4}$ Beutel für $1\frac{3}{4}$ Liter Wasser.

e) $1\frac{2}{3}\,\text{l} : \frac{2}{10}\,\text{l} = \frac{35}{3} = 8\frac{1}{3}$ Man benötigt $8\frac{1}{3}$ Beutel für $1\frac{2}{3}$ Liter Wasser.

Anmerkung: Es werden in der Realität wohl eher ganzzahlige Lösungen gewählt.

K2 **11** **a)** $15\frac{3}{4}\,\text{m} : 6 = \frac{21}{8}\,\text{m} = 2\frac{5}{8}\,\text{m}$ An einem Tag muss im Durchschnitt $2\frac{5}{8}\,\text{m}$ ($= 2{,}625\,\text{m} \approx 2{,}6\,\text{m}$) gebohrt werden.

b) $15\frac{3}{4}\,\text{m} : 1\frac{1}{2}\,\text{m} = \frac{21}{2} = 10\frac{1}{2}$ Die Bohrung dauert dann $10\frac{1}{2}$ Tage, also 11 Tage.

K2 **12** **a)** $1\frac{1}{2}\,\text{l} : \frac{1}{6}\,\text{l} = 9$ Es lassen sich neun Tassen mit heißer Schokolade füllen.

b)

Füllung zur Hälfte:	Füllung zu drei Vierteln:
$1\frac{1}{2}\,\text{l} : 2 = \frac{3}{4}\,\text{l}$	$1\frac{1}{8}\,\text{l}$
Getrunkene Menge:	
$1\frac{1}{2}\,\text{l} + \frac{3}{4}\,\text{l} = 2\frac{1}{4}\,\text{l}$	$1\frac{1}{2}\,\text{l} + 1\frac{1}{8}\,\text{l} = 2\frac{5}{8}\,\text{l}$
Tassen:	
$2\frac{1}{4}\,\text{l} : \frac{1}{6}\,\text{l} = 13\frac{1}{2}$	$2\frac{5}{8}\,\text{l} : \frac{1}{6}\,\text{l} = 15\frac{3}{4}$
$13\frac{1}{2}$ Tassen Schokolade	$15\frac{3}{4}$ Tassen Schokolade, also fast 16 Tassen

K2 **13** **a)** 69 Portionen Kinderteller
(92 Portionen Vorspeise)

b) Betrachte eine „Gruppe" aus 1 Teller Spaghetti, 2 Kinderteller, 3 Vorspeiseteller, insgesamt aus 6 Teller. Portionen dieser Gruppe:

Spaghetti: 1 Kinderteller: $\frac{2}{3} \cdot 2$ Vorspeise: $\frac{1}{2} \cdot 3$ $1 + \frac{2}{3} \cdot 2 + \frac{1}{2} \cdot 3 = \frac{23}{6}$

Verteilen der Portionen auf die Gruppe: $46 : \frac{23}{6} = 12$

Anzahl der Teller: $6 \cdot 12 = 72$ Teller

Ergebnis: Insgesamt haben 72 Teller die Küche verlassen.

K2 **14 a)** Anzahl der Flaschen: $1000 : \frac{7}{10} = \frac{10000}{7} = 1428\frac{4}{7} \approx 1429$

$1000 : \frac{1}{2} = 2000$

$1000 : \frac{1}{3} = 3000$

b) Bei dieser Aufgabe kann man systematisch mit einem Tabellenprogramm arbeiten. Ansatz:

Anzahl Flaschen	Menge in $\frac{7}{10}$-l-Flaschen in Litern	Menge in $\frac{1}{2}$-l-Flaschen in Litern	Menge in $\frac{1}{3}$-l-Flaschen in Litern	Summe in Litern
1	$\frac{7}{10}$	$\frac{1}{2}$	$\frac{1}{3}$	$\frac{23}{15} \approx 1{,}5$
2	$\frac{14}{10}$	1	$\frac{2}{3}$	$\frac{46}{15} \approx 3{,}0$
3	$\frac{21}{10}$	$1\frac{1}{2}$	1	$\frac{23}{5} \approx 4{,}6$
...				

Wenn man näherungsweise berechnet, dass bei einer Flasche die Gesamtmenge jeweils um 1,5 Liter steigt, kommt man auf ein Ergebnis von etwa 666,6 Flaschen ≈ 667 Flaschen pro Sorte.
Wenn man mit einem Tabellenprogramm arbeitet, kommt man etwa auf 652 Flaschen pro Sorte.

K2 **15** Ergebnis größer als ein Ganzes: Beispiel: $\frac{2}{3} : \frac{1}{6} = 4$ Allgemein: Dividend > Divisor

Ergebnis kleiner als ein Ganzes: Beispiel: $\frac{1}{4} : \frac{5}{2} = \frac{1}{10}$ Allgemein: Dividend < Divisor

Ergebnis gleich einem Ganzen: Beispiel: $\frac{1}{2} : \frac{1}{2} = 1$ Allgemein: Dividend = Divisor

Es gibt unendlich viele solcher Brüche.

K2 **16 a)** Lösungsmöglichkeiten:

$\frac{1}{4} : \frac{1}{2} = \frac{1}{2}$ $\frac{1}{6} : \frac{1}{2} = \frac{1}{3}$ $\frac{1}{8} : \frac{1}{2} = \frac{1}{4}$ $\frac{1}{10} : \frac{1}{2} = \frac{1}{5}$ $\frac{1}{12} : \frac{1}{2} = \frac{1}{6}$

Beschreibung: Variation des 1. Bruches, indem im Nenner jeweils auf die nächste gerade Zahl erhöht wird, dividiert durch den Bruch $\frac{1}{2}$, ergibt wieder einen Stammbruch.
Allgemein: Der Nenner des Divisors ist ein Vielfaches des Nenners des Dividenden.

b) $\frac{4}{3}$

c) $\frac{5}{4}$

K4 **17 a)**

b)

c)

Anmerkung zu **c)**: Hier kann probiert werden. Es sollte erkannt werden, dass in der untersten Reihe eine Zahl kleiner 1 fehlt, weil das oberste Produkt kleiner als der Faktor $6\frac{2}{5}$ ist.

K4 **18** 1 – S 2 – T 3 – A 4 – R 5 – K
LÖSUNGSWORT: Stark

K2 **19 a)** Es sind verschiedene Lösungen möglich. Beispiel:

1 Ein Fass enthält 5 l Öl. Wie viele Flaschen zu je $\frac{1}{4}$ l bekommt man? Ergebnis: 20 Flaschen.

2 68 (Rechengeschichte analog 1) 3 ($4\frac{2}{3}$ Rechengeschichte analog 1)

b) 120 € : 5 €: Wenn man 120 Euro so aufteilt, dass jedes Kind 5 Euro bekommt, wie viele Kinder erhalten dann einen Geldbetrag?
Ergebnis: 24 Kinder
120 € : 5: Wenn 120 € unter 5 Personen aufgeteilt werden, wie viel Geld bekommt dann jede Person?
Ergebnis: 24 €
Bei der ersten Aufgabe wird die Einheit € durch € geteilt, sodass sich als Ergebnis eine reine Anzahl ergibt. Bei der zweiten Aufgabe wird der Geldbetrag in € durch eine Anzahl geteilt, sodass man als Ergebnis wieder einen Betrag in € erhält.

c) Es sind verschiedene Rechenausdrücke denkbar.

K2 **20 a), b)** Beispiele: $2 : \frac{1}{4} = 8$ $\frac{2}{3} : \frac{1}{3} = 2$ $\frac{3}{4} : \frac{7}{12} = \frac{9}{7} = 1\frac{2}{7}$

d) Beispiele: $\frac{1}{8} : \frac{1}{2} = \frac{1}{4}$

Alternativer Einstieg: Schulbuch Seite 49

Entdecken

K1
- $129{,}9\,€ - 117{,}09\,€ = 12{,}81\,€$
  Sophie hat Recht, in der Kasse sind $12{,}99\,€ - 12{,}81\,€ = 0{,}18\,€$ zu wenig.
  Die Kassiererin hätte zur Korrektur „–116,91 €“ eintippen müssen ($129{,}9\,€ - 116{,}91\,€ = 12{,}99\,€$).

K2
- Die Schülerinnen und Schüler entdecken, dass mit Dezimalzahlen zunächst ohne Beachtung des Kommas wie mit natürlichen Zahlen gerechnet wird. Anschließend muss im Ergebnis das Komma an die richtige Stelle gesetzt werden.

Nachgefragt

K1
- Jede Additionsaufgabe (Subtraktionsaufgabe) mit Dezimalzahlen ist lösbar. Bei Subtraktionsaufgaben kann das Ergebnis negativ sein, wenn der Minuend kleiner als der Subtrahend ist.

K5
- Für eine Überschlagsrechnung können Dezimalzahlen ähnlich wie natürliche Zahlen zunächst gerundet werden. Anschließend wird mit den gerundeten Zahlen gerechnet.

Aufgaben

K4 **1**
a) $\begin{array}{r} 27{,}83 \\ +\ 44{,}09 \\ \hline 71{,}92 \end{array}$ **b)** $\begin{array}{r} 3521{,}70 \\ +\ 9705{,}09 \\ \hline 13226{,}79 \end{array}$ **c)** $\begin{array}{r} 3{,}012 \\ -1{,}480 \\ \hline 1{,}532 \end{array}$ **d)** $\begin{array}{r} 28{,}10 \\ -17{,}49 \\ \hline 10{,}61 \end{array}$ **e)** $\begin{array}{r} 213{,}63 \\ +143{,}48 \\ \hline 357{,}11 \end{array}$

f) $\begin{array}{r} 39{,}566 \\ -17{,}119 \\ \hline 22{,}447 \end{array}$ **g)** $\begin{array}{r} 0{,}483 \\ +1{,}700 \\ \hline 2{,}183 \end{array}$ **h)** $\begin{array}{r} 9{,}158 \\ -8{,}956 \\ \hline 0{,}202 \end{array}$ **i)** $\begin{array}{r} 17{,}000 \\ -\ 0{,}995 \\ \hline 16{,}005 \end{array}$

K4 **2**
a) $4^2 + 0{,}01 + (-2)^3 + 17{,}99 = (17{,}99 + 0{,}01) + (16 - 8) = 18 + 8 = 26$
b) $28{,}2 + 8{,}18 + 2{,}8 + 1{,}82 = (28{,}2 + 2{,}8) + (8{,}18 + 1{,}82) = 31 + 10 = 41$
c) $11{,}11 + 22{,}22 + 9{,}89 + 10{,}78 = (11{,}11 + 9{,}89) + (22{,}22 + 10{,}78) = 21 + 33 = 54$
d) $(-12)^2 + 18{,}7 - 23{,}55 + 10{,}85 = 144 + [(18{,}7 + 10{,}85) - 23{,}55] = 144 + [29{,}55 - 23{,}55]$
$= 144 + 6 = 150$
e) $90{,}37 + 13{,}91 - 67{,}37 - 22{,}91 = (90{,}37 - 67{,}37) + (13{,}91 - 22{,}91) = 23 + (-9) = 14$
f) $(3{,}7 + 3{,}7 + 3{,}7) \cdot 5 - 5{,}55 = 11{,}1 \cdot 5 - 5{,}55 = 55{,}5 - 5{,}55 = 49{,}95$

K4 **3**
a) 1 : $35{,}08 + 5{,}27 = 40{,}35$; 2 : $234{,}18 + 78{,}5 = 312{,}68$; 3 : $512{,}3 + 98{,}53 = 610{,}83$;
4 : $21{,}18 - 7{,}8 = 13{,}38$; 5 : $5{,}02 + 7{,}04 = 12{,}06$
Lösungsbuchstaben: B; E; R; Z; A; Lösungswort: ZEBRA
b) 1 : Beim zweiten Summanden wurde das Komma um eine Stelle nach rechts verschoben.
2 : Die Zahlen wurden nicht gleichnamig gemacht.
3 : Die Zahlen wurden nicht gleichnamig gemacht.
4 : Die Zahlen wurden nicht gleichnamig gemacht.
5 : Hier wurde eine Zwischennull weggelassen.

K2 **4** **a)** 31,9 kg Süßwaren hat jeder Deutsche im Durchschnitt 2013 gegessen, dafür wurden 112,20 € ausgegeben.

b) Die Aussagen sind den Diagrammen entnehmbar.

1 Nein, es sind 7,9 kg, die 23,50 € gekostet haben.

2 Ja, denn Speiseeis hat 11,60 € gekostet und Knabberartikel 7,50 €.
Dieses ist natürlich nur ein Durchschnittswert, der nicht für jeden einzelnen Bürger gilt.

3 Ja, 6,2 kg gegebüber 3,2 kg.

4 Ja, denn für 8,8 kg zahlt man 44,60 €, d. h. fast 5 € pro kg, während es bei Zuckerwaren weniger als 4 € pro kg sind.

5 Ja, die Veränderungen in % zeigen, dass die Preise stärker gestiegen sind als die Menge in kg.

Entdecken

K2 ■ Individuelle Ergebnisse. Ein 500-Blatt-Stapel Kopierpapier hat eine Dicke von etwa 55 mm. Ein Blatt hat somit eine Dicke von etwa 0,11 mm ≈ 0,1 mm.

K3 ■ Ein DIN-A4-Blatt Kopierpapier (80 g/m²) wiegt ungefähr 5 Gramm.

K2 ■ Folgende Flächen können ausgelegt werden:

10 Blatt: 62,37 dm²
100 Blatt: 623,7 dm²
1000 Blatt: 6237 dm²

K2 ■ 1 km² = 100 000 000 dm². Um 1 km² auszulegen, braucht man (auf ganze Blatt gerundet) 16 033 350 Blatt.

Nachgefragt

K5 ■ Das Komma verschiebt sich um 3 (6) Stellen nach links, wenn man eine Zahl dreimal durch 10 (100) dividiert.

K5 ■ Bei der Umrechnung von Längen- und Masseneinheiten kommen z. B. die Stufenzahlen 10, 100 und 1000 oft vor.
Bei der Umrechnung von Geldeinheiten spielt die Stufenzahl 100 eine wichtige Rolle.
Bei der Umrechnung von Flächeneinheiten kommen z. B. die Stufenzahlen 100, 1000, 10 000 usw. oft vor.

Aufgaben

K4 **1**

a)	b)	c)	d)
12	1,4556	0,000045	1 400 000
4565,3	2,76742	0,45	1,6789
345	0,0675	0,045	167 890 000

K4 **2**
a) 14,653 $\xrightarrow{:10}$ 1,4653 **b)** 0,476 $\xrightarrow{\cdot 1000}$ 476 **c)** 4,5673 $\xrightarrow{\cdot 1000}$ 4567,3
d) 7567 $\xrightarrow{:10\,000}$ 0,7567 **e)** 0,0121 $\xrightarrow{\cdot 1000}$ 12,1 **f)** 0,0061 $\xrightarrow{\cdot 100\,000}$ 610

K4 **3**
a) 1,763 alternativer Rechenweg/Umrechnungsmöglichkeit: 17,63 : 10 = 1,763
b) 5,6 alternativer Rechenweg: 0,056 · 100 = 5,6
c) 9,78554 alternativer Rechenweg: 978,554 : 100 = 9,78554
d) 5400 alternativer Rechenweg: 0,54 · 10 000 = 5400
e) 4,5 alternativer Rechenweg: 4,5 · 1= 4,5
f) 7,7 alternativer Rechenweg: 77 : 10 = 7,7

K3 **4**
a) Dicke eines Haars: 7 mm : 100 = 0,07 mm
b) Ausdehnung eines Tropfens: 2 cm : 10 = 0,2 cm = 2 mm
c) Durchmesser einer Polle: 3 cm : 1000 = 0,003 cm = 0,03 mm

K3 **5**
a) Ergebnisse im Rahmen der Messgenauigkeit:
Brandenburger Tor – S-Bahn Potsdamer Platz: 8,7 cm → 87 000 cm → 870 m
Brandenburger Tor – S-Bahn Unter den Linden: 2,5 cm → 25 000 cm → 250 m
b) 0,75 cm = 7,5 mm (0,075 cm = 0,75 mm)
c) 1: 5000

K3 **6** **a)** $0{,}8\,\text{mm} \cdot 10\,000\,000 = 8\,000\,000\,\text{mm} = 8000\,\text{m} = 8\,\text{km}$

b) $4\,\text{mg} \cdot 10\,000\,000 = 40\,000\,000\,\text{mg} = 40\,000\,\text{g} = 40\,\text{kg}$

c) $0{,}35\,\text{mm}^2 \cdot 10\,000\,000 = 3\,500\,000\,\text{mm}^2 = 35\,000\,\text{cm}^2 = 350\,\text{dm}^2 = 3{,}5\,\text{m}^2$

d) Eine Waldameise kann etwa 40 mg tragen.
40 mg = 0,04 g
Für eine 4 g schwere Raupe sind somit 100 Waldameisen nötig.
Ein Mensch kann natürlich nicht diese Leistung vollbringen.

2.6 Dezimalzahlen multiplizieren

Alternativer Einstieg: Schulbuch Seite 48

Entdecken

K4 ■ Kader muss (gerundet) 9,52 € bezahlen.
K4 ■ Das Rückgeld beträgt 10,48 €.

Nachgefragt

K1 ■ 0,40 ist nicht größer, sondern gleich 0,4, da die Endnullen nach dem Komma gestrichen werden können. Dabei ändert sich der Wert der Dezimalzahl nicht.
K1 ■ Markus hat nicht Recht. Beispiele:
$0{,}5 \cdot 4 = 2 < 4$ $(-3) \cdot 5 = -15$; -15 ist kleiner sowohl als -3 als auch als 5.

Aufgaben

K4 **1** **a)** 0,6; 0,8; 9,9; 11,5 **b)** 1,2; 4,8; 12,1; 3,6 **c)** 0,12; 0,25; 1,44; 0,72 **d)** 0,24; 0,024; 0,024; 0,024 **e)** 0,055; 0,075; 3,4; 0,0063

K4 **2** **a)** 7592,21 **b)** 7592,21 **c)** 759,221 **d)** 0,759221
Dezimalzahlen werden so miteinander multipliziert, als ob kein Komma vorhanden wäre. Das Ergebnis hat dann so viele Nachkommastellen wie beide Faktoren zusammen.

K4 **3** **a)** 88,75 31,171 5,44032 0,2375 10,24
b) 25,0059 83,5968 0,001 17,5 49,856
c) 4,096 0,00024 1400,072 253,6009 0,699678

K4 **4** **a)**

·	5	0,1	10
3,4	17	0,34	34
0,8	4	0,08	8
17,56	87,8	1,756	175,6

b)

·	0,5	0,3	1,569
24,5	12,25	7,35	38,4405
12,31	6,155	3,693	19,31439
0,454	0,227	0,1362	0,712326

K4 **5** **a)** 18,925 l ≈ 18,9 l 9,27325 l ≈ 9,3 l 10,406 l ≈ 10,4 l 0,2365 l ≈ 0,2 l
0,413875 l ≈ 0,4 l 6,62375 l ≈ 6,6 l 47,8424 l ≈ 47,8 l
b) in 5 Fässer: 794,935 l ≈ 795 l
in 6,5 Fässer: 1033,4155 l ≈ 1033 l
in 7,25 Fässer: 1152,65575 l ≈ 1153 l

K4 **6** **a)** 1 29,16 € 2 59,63 € 3 35,49 €
b) Diesel: 55 · 1,079 € ≈ 59,35 € Super: 55 · 1,299 € ≈ 71,45 €
Frau Günther würde bei jeder Tankfüllung 12,11 € sparen.

K1 **7** **a)** 28; Nachkommastellen falsch abgezählt
b) 0,05; addiert statt multipliziert
c) 1,44; Nachkommastellen falsch abgezählt
d) 45,3; 1,0 = 1, d. h. keine Änderung
e) 15,04; Vor- und Nachkommastellen einzeln multipliziert
f) 34,6 · 0,875; gleichsinnige Kommaverschiebung gleichbedeutend mit Multiplikation mit Faktor 10 · 10

Entdecken

K2 ■ Fehlende Angaben pro Portion (40 g):

Brennwert	144 kcal	Eiweiß	6,4 g
Kohlenhydrate	32,2 g	Fett	4,2 g

K2 ■ Wenn man an einem Tag nur Müsli isst, darf man höchstens (gerundet) 555,56 g essen.

Nachgefragt

K1 ■ Es ist möglich, eine gleichsinnige Kommaverschiebung durchzuführen, bis sowohl der Dividend als auch der Divisor natürliche Zahlen sind. Das Ergebnis ändert sich dabei nicht, da beide mit derselben Zahl erweitert werden.

K4 ■ Für Divisoren kleiner als 1 ist das Ergebnis der Division größer als der Dividend.

K5 ■ Wenn der Divisor bereits eine natürliche Zahl ist, bringt eine Kommaverschiebung nichts.

Aufgaben

K4 **1**

a)	b)	c)	d)	e)
1,345	0,6	2	93	2000
4,5311	0,9	2	43	50
0,6722	0,6	0,5	23	45
1,7442	0,13	1,2	9,5	150

K4 **2**

a)	b)	c)	d)
12	1,2	0,0012	12,87
14,35	0,29	0,522	31,88
64	30	0,0188	0,0678
3	28	0,561	1,01

K4 **3.**

a) 0,5 : 0,05 = 10
0,7 : 0,007 = 100
0,33 : 0,00033 = 1000
Die Lösungen sind die Zehnerpotenzwerte von 10^1 bis 10^3.

b) 1,02 : 0,85 = 1,2
1,0455 : 0,85 = 1,23
104,89 : 8,5 = 12,34
Die Lösungen haben (abgesehen von der Position des Kommas) jeweils eine Stelle mehr und zwar der Reihe nach die Ziffern 1, 2, 3, 4.

c) 360,6 : 0,6 = 601
360,6 : 12,5 = 28,848
360,6 : 0,0601 = 6000
Der Dividend ist bei den drei Teilaufgaben gleich.

d) 3345,3 : 37,8 = 88,5
1 161,12 : 13,12 = 88,5
10,7262 : 0,1212 = 88,5
Es ergibt sich immer der gleiche Quotientenwert. Fasst man die einzelnen Aufgaben jeweils als Brüche auf, so wurden sie erweitert.

K4 **4**
a) 1,6 **b)** 28,9 **c)** 43 000 **d)** 30
e) 15 000 **f)** 3 **g)** 1 **h)** $66\frac{2}{3}$
i) 10 **j)** $4,\overline{6}$ **k)** 7 – 14 = –7 **l)** 30

K4 **5** **a)** ≈ 25 **b)** ≈ 400 **c)** ≈ 2 **d)** ≈ 6000 **e)** ≈ 10 **f)** ≈ 2

K4 **6** 7,92 km = 7920 m
7920 m : 35,2 m = 225
Man benötigt 225 Lampen für die Beleuchtung.

K4 **7** **a)** 4,3 **b)** 0,43 **c)** 43 **d)** 430 **e)** 4,3

K4 **8**

a)	**b)**	**c)**
9	11,21848739	77,6744186
90	112,1848739	77,6744186
0,09	112,1848739	7,76744186
90	1,121848739	7,76744186

K4 **9** Es sind verschiedene Lösungsmöglichkeiten denkbar. Beispiel:

a) Ein Geldbetrag von 42,50 € soll gerecht unter 4 Kindern aufgeteilt werden. Wie viel Euro erhält jedes Kind?
Antwort: Jedes Kind erhält 10,625 € ≈ 10,63 €.

b) 5 **c)** 48,6 km **d)** 5,2

K1 **10** **a)** 2,04 **b)** 1,1 **c)** 34,2 · 0,45 **d)** 0,7 **e)** 28 : 0,7 = 40 **f)** 2 : 0,4 = 5

K2 **11** **a)** 1 24,1 : 0,3 ≈ 80,33 2 5,4 : 1,6 = 3,375

b) Ergebnis möglichst groß:
1 43,2 : 0,1 = 432 2 6,5 : 1,4 ≈ 4,64
Ergebnis möglichst klein:
1 12,3 : 0,4 = 30,75 2 1,4 : 6,5 ≈ 0,22

K2 **12** **a)** Der Zähler der gesuchten Zahl ist 1 (Stammbruch), der Nenner 5 oder 6; da aber nur 5 eine Primzahl ist, ist die gesuchte Zahl $\frac{1}{5}$.

b) Die Einerstelle der Zahl ist die 2. Ist die Zehntelstelle die 1, so muss die Hundertstelstelle die 5 sein, und nur diese Kombination ist möglich. Die Zahl ist 2,15.

c) Dreieckszahlen: 1; 3; 6; 10; 15; ... Da die gesuchte Zahl ein Stammbruch und größer als $\frac{1}{9}$ sein soll, kommen als Nenner nur die Dreieckszahlen 1; 3 und 6 in Frage.
Die gesuchten Zahlen sind also: $\frac{1}{1} = 1$; $\frac{1}{3}$ und $\frac{1}{6}$.

K2 **13** Das kgV der Anzahl der von Laura bzw. Lucas gekauften Filzstifte (3 bzw. 7) ist 21.
Lauras Einkauf x 7: 21 Filzstifte und 28 Farbstifte kosten 5,40 € · 7 = 37,80 €.
Lucas' Einkauf x 3: 21 Filzstifte und 18 Farbstifte kosten 10,60 € · 3 = 31,80 €.
Somit kosten (28 – 18=) 10 Farbstifte (37,80 € – 31,80 € =) 6 €. Ein Farbstift kostet also 0,60 €.
Die 3 Filzstifte aus Lauras Einkauf kosten 5,40 € – 4 · 0,60 € = 3 €.
Ein Filzstift kostet also 1 €.
Die Aufgabe kann auch durch Probieren gelöst werden.

K2 **14** 1. Leiste: 3 · 80 cm + 3 · 60 cm = 420 cm
2. Leiste: 3 · 80 cm + 1 · 60 cm + 4 · 30 cm = 420 cm
3. Leiste: 4 · 80 cm = 320 cm
Es bleibt ein 100 cm langes Reststück übrig.

K2 **15** Um zu ermitteln, welcher der Sportler der „Schnellste“ ist, wird für jeden die Durchschnittsgeschwindigkeit (z. B. in km/h) berechnet. Für den Vergleich wird vorausgesetzt, dass diese Geschwindigkeit über die ganze (fiktive) Strecke beibehalten wird.
Durchschnittsgeschwindigkeiten in km/h:
Jens Voigt: 51,115 km/h (entsprechend der tatsächlich zurückgelegten Strecke)
Shani Davis: 1 : 06,42 min = 0,01845 h
Geschwindigkeit: 1000 m : 0,01845 h = 1 km : 0,01845 h = 54,201 km/h
Kenenisa Bekele: 26 : 17,54 min = 0,43821 h
Geschwindigkeit: 10 000 m : 0,43821 h = 10 km : 0,43821 h = 22,820 km/h
Shani Davis ist der „Schnellste“. Hier kann thematisiert werden, ob bzw. in welchem Sinn ein solcher Vergleich „realistisch“ sein kann, weil Davis seine hohe Geschwindigkeit sicher nicht über Strecken, wie sie von den anderen beiden Sportlern zurückgelegt wurden, aufrechterhalten kann. Bereits der Unterschied zu der deutlich niedrigeren Geschwindigkeit von Bekele auf der 10 000-m-Strecke zeigt dies deutlich. Voigt wäre mit dem Fahrrad auf einer 1000-m-Strecke vermutlich deutlich schneller als auf der etwa 51 km langen Strecke.

K3 **16** **a)** 3106 ct. = 621,2 g; 44 ct. = 8,8 g
Diamant (von griechisch adamas, d. h. „unbezwingbar“)
Cullinan aus der Premier Mine (Südafrika); roh: 3106 ct.
1907 von der Regierung von Transvaal der englischen Krone geschenkt, verarbeitet zu 9 großen und 96 kleinen Brillianten (die größten: Cullinan I und Cullinan II)
Weitere berühmte Diamanten:
Koh-i-Noor (persisch „Berg des Lichts“) (106 ct.)
Großmogul (208 ct.), Orlow (193 ct.), Regent (136 ct.), Hope (44 ct.)

b) 1 ct. = 0,2 g
Der Diamant im Ring ist laut Werbeanzeige ein „Einkaräter“; er hat also 0,2 g.
Jeder der beiden Diamanten bei den Ohrringen hat etwa 0,5 ct. = 0,1 g.
Der Ring ist so viel teurer als die beiden Ohrringe zusammen, weil er einen großen Diamanten enthält. Große Diamanten sind wesentlich seltener und daher teurer als mehrere kleine Diamanten, die zusammen die gleiche Masse wie der große Diamant haben.

K2 **17** Erbach – Walldürn: im Schnitt 11,54 km/h
Walldünn – Obernburg: im Schnitt 11,68 km/h
Obernburg – Erbach: im Schnitt 11,5 km/h
Auf der Strecke Walldünn – Obernburg fuhren sie am schnellsten.
Gesamtstrecke: 217 km Gesamtzeit: $18\frac{3}{4}$ h
Durchschnittliche Geschwindigkeit: ≈ 11,57 km/h

K3 **18** Individuelle Schätzungen. Mögliche Vorgehensweise: Eine abgezählte Anzahl Reiskörner (z. B. 50) auf einer geeigneten Waage wiegen und anhand des Ergebnisses die Anzahl der Reiskörner in 1 kg ermitteln.

K3 **19** Hier sind unterschiedliche Fragestellungen möglich. Beispiele:
- Wie viele Stockbienen (Sammelbienen) leben in einem durchschnittlichen Bienenvolk?
  Lösung: 20 000 Stockbienen (10 000 Sammelbienen)
- Wie viel Honig benötigt eine Biene in einem Jahr?
  Lösung: 30 000 Bienen benötigen etwa 70 kg Honig.
  Eine Biene benötigt also 70 kg : 30 000 = 70 000 g : 30 000 ≈ 2,33 g Honig im Jahr.

Entdecken

K2
- Die Materialien wiegen insgesamt 834 kg. Für den Transport müssen sie auf (mindestens) zwei Fahrten verteilt werden, um die Transportkapazität des Anhängers einzuhalten. Dafür gibt es unterschiedliche Möglichkeiten, z. B. folgende, bei denen man mit zwei Fahrten auskommt:
  - Zuerst werden alle Materialen außer dem Zement transportiert. Der Zement wird dann bei der zweiten Fahrt transportiert.
  - Zuerst werden alle Materialen außer den beiden Sandsäcken transportiert. Die Sandsäcke werden dann bei der zweiten Fahrt transportiert.
  - Wenn man das Gewicht der Materialien möglichst gleichmäßig auf die beiden Transporte verteilen möchte, könnte man z. B. zuerst den Zement und die Sandsäcke und bei einer zweiten Fahrt die restlichen Materialien transportieren.

Nachgefragt

K1
- Vor dem Addieren müssen alle vorkommenden Maßzahlen in eine gemeinsame Einheit umgewandelt werden.

K1
- Axel hat im Ergebnis die Längeneinheit cm anstelle der richtigen Flächeneinheit cm^2 verwendet.

K5
- $100 \cdot 1{,}175\,kg = 117{,}5\,kg$
  $1000 \cdot 1{,}175\,kg = 1175\,kg$
  $10\,000 \cdot 1{,}175\,kg = 11\,750\,kg$
  Das Komma rückt um so viele Stellen nach rechts, wie die Stufenzahl im ersten Faktor Nullen hat. Diese Regel deckt auch z. B. den Übergang von 1175 kg zu 11 750 kg ab, wenn man 1175 kg als 1175,0 kg schreibt.

Aufgaben

K4 **1** **a)** 0,5 m; 1,92 €; 2,55 kg; 1,83 l
b) 122,61 €; 14,86 m; 2,294 g; 13,5361 kg
c) 0,45 l; 150 mm; 85,0982 t; 45 s

K4 **2** **a)** 1410,75 kg **b)** 24,37 € **c)** 1437,200 kg
d) 2027,5 m **e)** 17 787,950 g **f)** 47,12 m

K4 **3** **a)** $800\,g + 1{,}5\,kg > 2200\,g + 200\,mg$ **b)** $10^4\,mg + 90\,g = 1{,}4\,kg - 1300\,g$
c) $2{,}5\,t + 854\,kg < 25\,000\,kg - 21{,}5\,t$ **d)** $4{,}4\,km + 444{,}4\,dm > 44\,cm \cdot 10^3$
e) $3{,}5\,km \cdot 7 < 3499\,m + 28{,}5\,km$ **f)** $1{,}25\,h + 30\,min = 75\,min + \frac{1}{2}\,h$

K4 **4** $8\frac{3}{4}\,km^2 + 2\frac{1}{2}\,km^2 + \frac{5}{4}\,km^2 = 12\frac{1}{2}\,km^2$
Die Wasserfläche der Seen beträgt $12\frac{1}{2}\,km^2$.

K2 **5** Sophie hat Recht. Man benötigt jeweils 8 Gläser von jeder Größe.

K4 **6** **a)** 1. Beispiel:

Insalata Mista	3,25 €
Pizza Margherita	3,60 €
Panna Cotta	3,50 €
Apfelsaft 0,2 l	1,95 €
	12,30 €

Bezahlung (ohne Trinkgeld): 1 x 10 €, 1 x 2 €, 1 x 20 ct, 1 x 10 ct

2. Beispiel:

Insalata Pomodori	2,75 €
Spaghetti Napoli	3,60 €
Tiramisu	3,25 €
2 Apfelschorlen 0,5 l	5,00 €
	14,60 €

Bezahlung (ohne Trinkgeld): 1 x 10 €, 2 x 2 €, 1 x 50 ct, 1 x 10 ct

b) Beispiel:

Spaghetti Carbonara	4,10 €
Pizza Margherita	3,60 €
Pizza Calzone	4,75 €
3 Insalate Miste	9,75 €
Tiramisu	3,25 €
2 Panne Cotte	7,00 €
Mineralwasser 0,5 l	1,95 €
Orangensaft 0,25 l	2,75 €
Apfelsaft 0,25 l	1,95 €
	39,10 €

10 % von 39,10 € sind 3,91 €; Gesamtbetrag: (39,10 € + 3,91 € =) 43,01 €.
Wenn man 43 € gibt, erhält man, wenn man mit einem 100-€-Schein bezahlt, 57 € Wechselgeld.

K3 **7** **a)** 90 mm : 0,01 mm = 9000. 9000 Tiere hintereinander ergeben eine Länge von 9 cm.

b) Minimale Anzahl der Bakterien: 90 mm : 0,75 mm = 120
Maximale Anzahl der Bakterien: 90 mm : 0,001 mm = 90 000

c) Minimale Anzahl der Viren: 90 mm : 0,004 mm = 22 500
Maximale Anzahl der Viren: 90 mm : 0,0001 mm = 900 000

d) Vergleich Augentierchen – Bakterie:
- Augentierchen : Bakterie = 0,01 mm : 0,001 mm = 10
  Ein Augentierchen ist somit 10-mal größer als die kleinsten Bakterien.
- Bakterie : Augentierchen = 0,75 mm : 0,01 mm = 75
  Ein Augentierchen ist 75-mal kleiner als die größten Bakterien.

Vergleich Augentierchen – Virus:
- 0,01 mm : 0,004 = 2,5
  Ein Augentierchen ist 2,5-mal so groß wie die größten Viren.
- 0,01 mm : 0,0001 = 100
  Ein Augentierchen ist 100-mal größer als die kleinsten Viren.

K3 **8** **a)** $3 \cdot 40\,kg = 120\,kg$ Nahrung pro Tag
Kosten pro Tag: 12 €
Kosten pro Woche: 84 €
Kosten pro Monat: $4 \cdot 84\,€ = 336\,€$
Kosten pro Jahr: $365 \cdot 12\,€ = 4380\,€$
Es sind auch andere Ergebnisse möglich, wenn man von Monaten bzw. Wochen auf ein Jahr hochrechnet.

b) $3200\,kg : 40\,kg = 80$
Nach 80 Tagen hat ein Nilpferd „sein Gewicht" verspeist.
Kosten: 320 €

c) Futter pro Jahr im Zoo: $365 \cdot 200\,kg = 73\,000\,kg = 73\,t$
Fahrten des Lkw: $73\,t : 2{,}5\,t = 29{,}2$
Somit muss der Lkw 30-mal pro Jahr fahren.

d) $1{,}1\,t = 1100\,kg$ $1100\,kg : 200\,kg = 5{,}5$
Das Futter geht am 6. Tag aus, es sollte spätestens an diesem Tag neues Futter angeliefert werden.

e) $5 \cdot 3200\,kg = 16\,000\,kg = 16\,t$
Ja, die Tiere können mit dem Container transportiert werden.

K2 **9** (II): $265\,ml - 11\,ml = 154\,ml = 0{,}154\,l$ (Rahmen VII)
(III): $0{,}25\,l + 0{,}375\,l + 0{,}5\,l = 1{,}125\,l = 1125\,ml$ (Rahmen IV)
(VI): $27\,ml + 315\,ml = 342\,ml = 0{,}342\,l$ (Rahmen V)
(IX): $0{,}431\,l - 0{,}234\,l = 0{,}197\,l = 197\,ml$ (Rahmen VIII)
(X): $0{,}662\,l - 0{,}444\,l = 0{,}281\,l = 281\,ml$ (Rahmen I)

K4 **1** a) $\frac{1}{6}+\frac{2}{6}=\frac{3}{6};\frac{3}{6}$

b) $\frac{3}{8}+\frac{1}{8}=\frac{4}{8};\frac{4}{8}$

c) $\frac{4}{8}+\frac{3}{8}=\frac{7}{8};\frac{1}{8}$

a) $\frac{1}{8}+\frac{4}{8}=\frac{5}{8};\frac{3}{8}$

b) $\frac{2}{10}+\frac{4}{10}=\frac{6}{10};\frac{4}{10}$

c) $\frac{2}{6}+\frac{3}{6}=\frac{5}{6};\frac{1}{6}$

K2 **2** Individuelle Lösungen möglich.

a)

△	0	1	2	...	28	29	30
□	30	29	28	...	2	1	0

b)

△	7	11	13	17	19	23
□	23	19	17	13	11	7

K4 **3** a) $\frac{1}{4}\cdot\frac{5}{7}=\frac{5}{28}$ b) $\frac{6}{7}\cdot\frac{7}{12}=\frac{1}{2}$

c) $\frac{5}{90}\cdot 3\frac{3}{5}=\frac{1}{5}$ d) $\frac{3}{9}\cdot\frac{1}{4}=\frac{1}{12}$

c) $\frac{1}{8}\cdot\frac{4}{5}=\frac{1}{10}$ d) $\frac{8}{11}\cdot\frac{22}{3}=5\frac{1}{3}$

a) $\frac{2}{3}\cdot\frac{4}{5}=\frac{8}{15}$ b) $\frac{3}{5}\cdot\frac{7}{8}=\frac{21}{40}$

c) $\frac{7}{10}\cdot\frac{2}{3}=\frac{7}{15}$ d) $\frac{21}{17}\cdot\frac{17}{21}=1$

c) $\frac{3}{8}\cdot\frac{16}{3}=2$ d) $1\frac{5}{6}\cdot\frac{0}{x}=0$

x = jede nat. Zahl > 0

K4 **4**

:		Divisor		
		$\frac{3}{4}$	$\frac{7}{6}$	$\frac{9}{10}$
Dividend	$\frac{1}{2}$	$\frac{2}{3}$	$\frac{3}{7}$	$\frac{5}{9}$
	$\frac{2}{3}$	$\frac{8}{9}$	$\frac{4}{7}$	$\frac{20}{27}$
	$\frac{4}{5}$	$\frac{16}{15}$	$\frac{24}{35}$	$\frac{8}{9}$

:		Divisor		
		$\frac{1}{2}$	2	$\frac{4}{3}$
Dividend	$\frac{1}{2}$	1	$\frac{1}{4}$	$\frac{3}{8}$
	$\frac{8}{6}$	$2\frac{2}{3}$	$\frac{2}{3}$	1
	$\frac{5}{6}$	$1\frac{2}{3}$	$\frac{5}{12}$	$\frac{5}{8}$

K4 **5** Individuelle Lösungen möglich.

Beispiele:

$\frac{4}{9}=\frac{1}{9}:\frac{1}{4}=\frac{7}{36}:\frac{7}{16}$

$\frac{1}{2}=\frac{1}{4}:\frac{1}{2}=\frac{5}{8}:\frac{15}{12}$

$\frac{18}{35}=\frac{5}{7}:\frac{25}{18}=\frac{2}{3}:\frac{70}{54}$

$25=\frac{1}{2}:\frac{1}{50}=\frac{4}{100}:\frac{1}{625}$

Individuelle Lösungen möglich.

Beispiele:

a) $\frac{1}{6}:\frac{1}{3}=\frac{1}{2}$ $\frac{1}{12}:\frac{1}{4}=\frac{1}{3}$

b) $\frac{1}{2}\cdot\frac{1}{3}=\frac{1}{2}-\frac{1}{3}=\frac{1}{6}$ $\frac{1}{13}\cdot\frac{1}{14}=\frac{1}{13}-\frac{1}{14}=\frac{1}{182}$

allgemein: $\frac{1}{n}\cdot\frac{1}{n+1}=\frac{1}{n}-\frac{1}{n+1}=\frac{1}{n\cdot(n+1)}$

K4 **6** Das Ergebnis wird mit 100 multipliziert.

Verschiebung beim Dividenden:
Das Ergebnis wird mit 10 multipliziert.

Verschiebung beim Divisor:
Das Ergebnis wird durch 10 dividiert.

K4 **7** a)

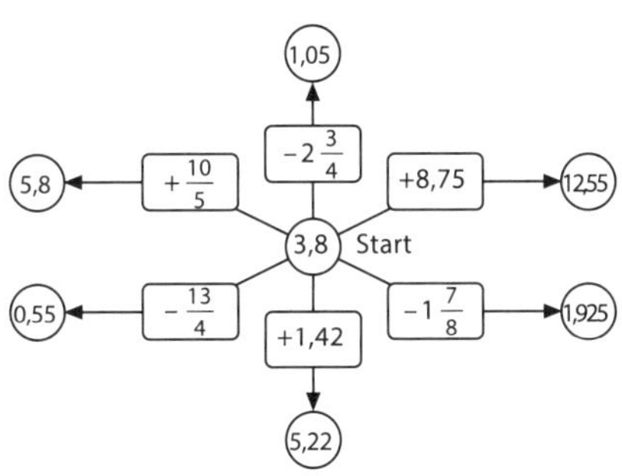

b)

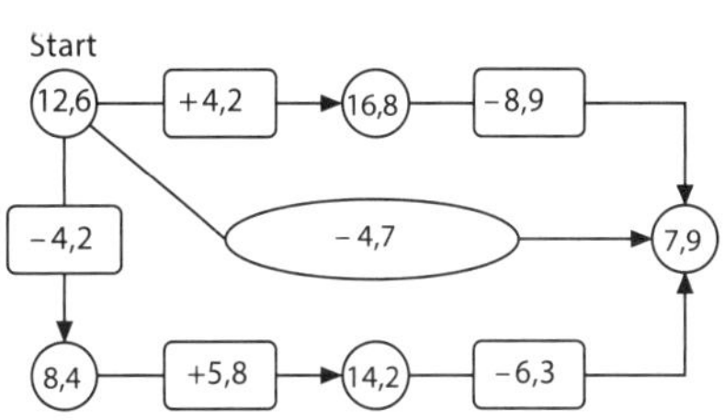

K4 **8**

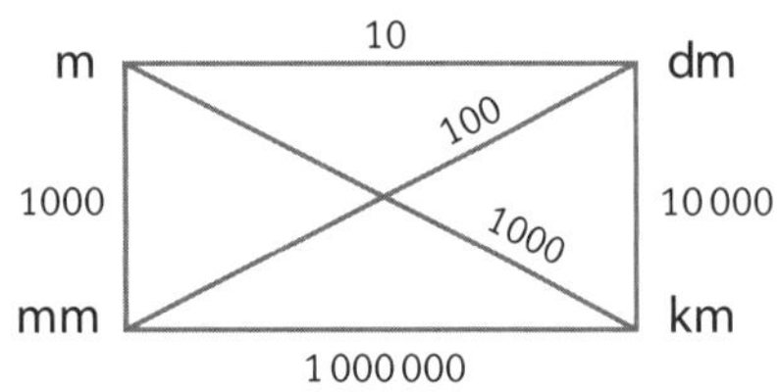

K4 **9** Gouda:
100 g kosten 0,70 €
250 g kosten 1,75 €
Emmentaler:
125 g kosten 1,11 €
200 g kosten 1,77 €

K5 **10** **a)** Erklärungen der Division befinden sich auf der Schulbuchseite 68.
b) Das Ergebnis gibt an, wie viel ein Meter kostet. Angebot 1 ist mit 9,50 € pro Meter also günstiger als Angebot 2 mit 9,60 € pro Meter.

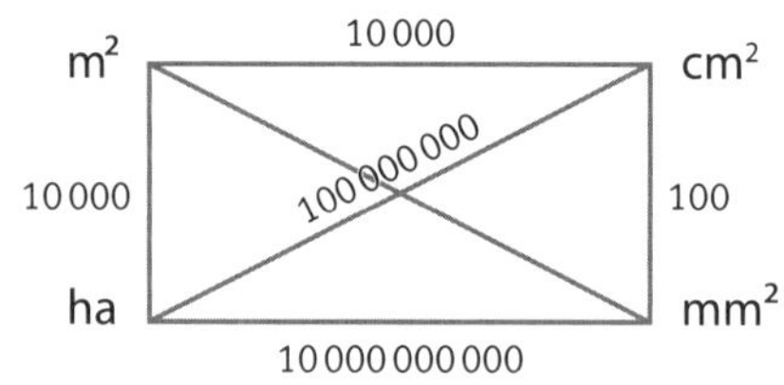

Gouda:
185 g kosten 1,29 €
330 g kosten 2,31 €
Emmentaler:
150 g kosten 1,33 €
190 g kosten 1,68 €

Erklärungen der Division befinden sich auf der Schulbuchseite 68.

K4 **1** **a)** $\frac{59}{40}; \frac{7}{4}; \frac{56}{45}$ **b)** $\frac{3}{4}; \frac{3}{4}; \frac{80}{77}$ **c)** $\frac{21}{10}; 1; \frac{56}{27}$ **d)** $\frac{1}{9}; \frac{19}{18}; \frac{23}{18}$ **e)** $\frac{1}{2}; \frac{39}{10}$; nicht lösbar

K4 **2** **a)** 1,418; 12,95; 155,25; 4,6 **b)** 74,261; 0,04; 1,705; 333,333
c) 17,6; 2,149; 0,008; 0,61725 **d)** 0; 45,76; 5,052; 12,5

K1 **3** **a)** $\frac{2}{3}$, $\frac{3}{4}$, $\frac{4}{5}$

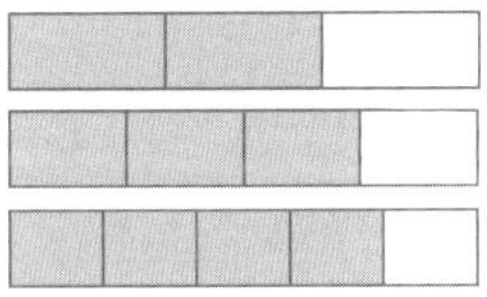

richtig

b) $\frac{1}{3}$, $0{,}25 = \frac{1}{4}$, $\frac{1}{2}$

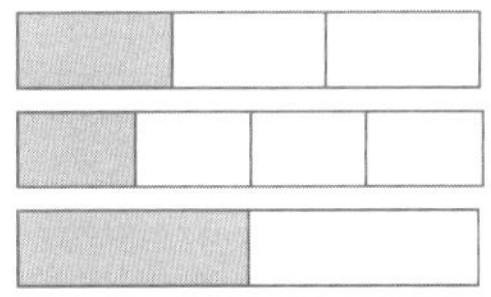

falsch, richtig ist $0{,}25 < \frac{1}{3} < \frac{1}{2}$

c) $\frac{3}{7}$, $\frac{1}{2}$, $\frac{6}{14} = \frac{3}{7}$

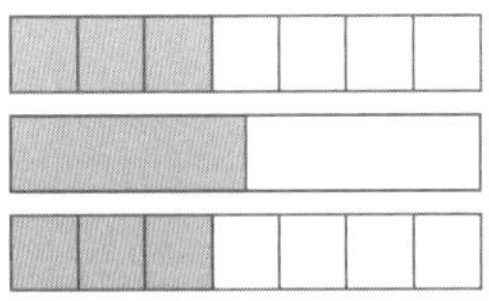

falsch, richtig ist $\frac{3}{7} = \frac{6}{14} < \frac{1}{2}$

d) $\frac{6}{10} = \frac{3}{5}$, $0{,}75 = \frac{3}{4}$, $\frac{7}{5} = 1\frac{2}{5}$

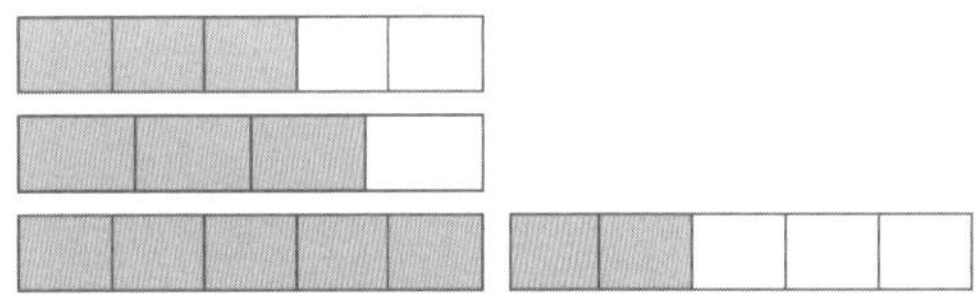

richtig

K4 **4** **a)** $\frac{1}{2} + \frac{1}{3} > 1 - \frac{1}{3}$ **b)** $\frac{1}{2} \cdot \frac{1}{3} = \frac{5}{6} \cdot \frac{1}{5}$ **c)** $\frac{5}{11} : \frac{3}{11} > \frac{5}{11} \cdot \frac{3}{11}$
d) $\frac{3}{7} \cdot \frac{1}{2} < \frac{3}{7} + \frac{1}{2}$ **e)** $1\frac{3}{4} + 0{,}25 > 2 - 0{,}01$ **f)** $0{,}9 : 0{,}3 > 3 \cdot \frac{0}{2}$

K4 **5** **a)** 30,8649 **b)** $4\frac{6}{7}$ **c)** 5,2 **d)** $5\frac{2}{5} = \frac{27}{5}$ **e)** 1,45 **f)** $\left(\frac{5}{6}\right)^2 : \frac{5}{42} = \frac{35}{6}$

K4 **6** **a)** $\frac{1}{2} \cdot \frac{1}{3} = \frac{1}{6}$ $\left(\frac{2}{6}; \frac{3}{9}; \ldots\right)$
$12{,}4 \cdot 0{,}01 = 0{,}124$
$\frac{2}{7} - \frac{4}{21} = \frac{2}{21}$

b) $\frac{5}{8} + \frac{3}{11} = \frac{79}{88}$
$14{,}76 : 0{,}2 = 73{,}8$
$7{,}5 \cdot 0{,}65 = 4{,}875$

c) $\frac{7}{9} : \frac{2}{3} = \frac{7}{6}$ $\left(\frac{14}{18}; \frac{21}{27}; \ldots\right)$
$1\frac{3}{5} \cdot \frac{11}{12} = 1\frac{7}{15}$ $\left(\frac{22}{24}; \frac{33}{36}; \ldots\right)$
$\left(\frac{8}{9} + \frac{7}{12}\right) : 13\frac{1}{4} = \frac{1}{9}$

K4 **7** $\frac{2}{3} + \frac{1}{4} = \frac{8}{12} + \frac{3}{12} = \frac{11}{12}$
Beispiele für mögliche Rechtecksdarstellungen des Ergebnisses:

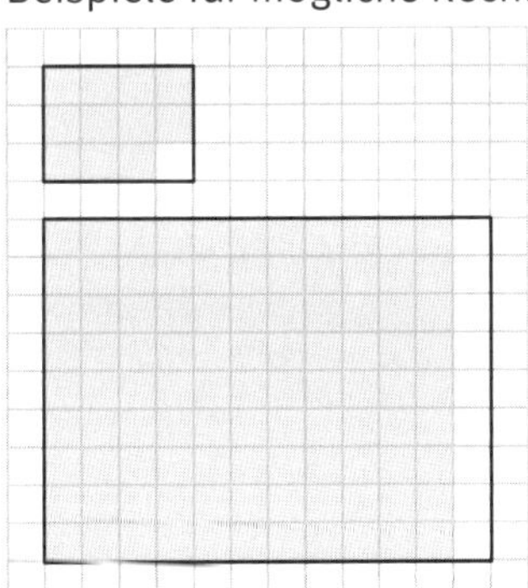

K4 **8** Rundung auf Zehntel: 40 m × 16,3 m 36 m × 18,1 m 30 m × 21,7 m 24 m × 27,1 m

K4 **9** **a)** Länge der Seiten: 19,2 cm : 4 = 4,8 cm
Flächeninhalt: 4,8 cm · 4,8 cm = 23,04 cm²

b) Länge der Seiten: a + 2a + a + 2a = u
Insgesamt ist der Umfang die 6-fache Länge der kurzen Seite.
20,7 cm : 6 = 3,45 cm
Die eine Seite des Rechtecks ist 3,45 cm lang, die andere 6,9 cm lang.
Flächeninhalt: 3,45 cm · 6,9 cm = 23,805 cm²

K4 **10**

1. Summand	$3\frac{1}{17}$	$\frac{16}{19}$	2,62	0,0001	0,51
2. Summand	$15\frac{1}{11}$	$2\frac{3}{19}$	$5\frac{1}{2}$	0,0099	0,44
Summenwert	$18\frac{28}{187}$	3	8,12	$\frac{1}{100}$	$\frac{19}{20}$
Minuend	3,56	1,13	$15\frac{3}{5}$	$11\frac{7}{16}$	$24\frac{41}{48}$
Subtrahend	$\frac{14}{15}$	0,75	$10\frac{6}{7}$	$3\frac{7}{16}$	$21\frac{2}{3}$
Differenzwert	$2\frac{47}{75}$	$\frac{19}{50}$	$4\frac{26}{35}$	8	3,1875

K4 **11** **a)** $\frac{1}{3}+\frac{1}{6}=\frac{1}{2}$ **b)** $0{,}33+0{,}17=\frac{1}{2}$ **c)** $\frac{7}{9}-\frac{5}{18}=\frac{1}{2}$
d) $0{,}975-0{,}475=\frac{1}{2}$ **e)** $\frac{4}{5}-\frac{3}{10}=\frac{1}{2}$ **f)** $0{,}005+0{,}495=\frac{1}{2}$

K2 **12** Lucas hatte am Mittwochabend $\left(\frac{10}{10}-\frac{3}{10}-\frac{2}{5}-\frac{1}{10}=\right)\frac{1}{5}$ der Wörter noch nicht wiederholt; dies könnten (wenn er insgesamt etwa 100 Wörter wiederholen wollte) etwa 20 Wörter gewesen sein.

K2 **13** $2\cdot 6\,\text{m}+2\cdot 3{,}45\,\text{m}=18{,}9\,\text{m}$
Laura muss (auf Meter gerundet) 19 m Bordüre kaufen.

K2 **14** $\frac{1}{2}\,\text{l}+0{,}75\,\text{l}-2\cdot 0{,}33\,\text{l}=1{,}25\,\text{l}-0{,}66\,\text{l}=0{,}59\,\text{l}$: Es bleiben 0,59 l Schorle übrig.

K2 **15** $123-(1{,}23+1{,}32+2{,}13+2{,}31+3{,}12+3{,}21)=109{,}68$

K2 **16**

Bruch	$\frac{333}{999}$	$\frac{666}{555}$	$\frac{11111}{22222}$	$\frac{999}{1000}$	$\frac{11}{44}$
Grundform	$\frac{1}{3}$	$1\frac{1}{5}$	$\frac{1}{2}$	$\frac{999}{1000}$	$\frac{1}{4}$
Unterschied zu 1	$\frac{2}{3}$	$\frac{1}{5}$	$\frac{1}{2}$	$\frac{1}{1000}$	$\frac{3}{4}$

Der Bruch $\frac{999}{1000}$ unterscheidet sich von 1 am wenigsten.

K4 **17** **a)** 0,02 1,4 0,83 0,1 0,5
b) $\frac{3}{4}$ $\frac{2}{9}$ $\frac{9}{20}$ $\frac{1}{6}$ $\frac{1}{20}$

K4 **18** **a)** $(2{,}50+2{,}40)-(2{,}43+2{,}46)=4{,}90-4{,}89=0{,}01$
b) $(15{,}55-15{,}45)-(15{,}53-15{,}47)=0{,}1-0{,}06=0{,}04$

K4 **19** **a)** $\left(\frac{1}{4}\cdot\frac{3}{5}+\frac{5}{6}:\frac{2}{3}\right):1\frac{2}{5}=\left(\frac{3}{20}+\frac{5}{6}\cdot\frac{3}{2}\right):\frac{7}{5}=\left(\frac{3}{20}+\frac{5}{4}\right)\cdot\frac{5}{7}=\frac{28}{20}\cdot\frac{5}{7}=\frac{7}{5}\cdot\frac{5}{7}=1$
b) $\left(3{,}2-1\frac{1}{2}\right):0{,}034+\left(0{,}39:\frac{3}{4}-0{,}104:0{,}2\right)=(3{,}2-1{,}5):0{,}034+(0{,}52-0{,}52)$
$=1{,}7:0{,}034+0=1700:34=50$
c) $(1-0{,}6)^3:\left(\frac{4}{5}\right)^2=\left(\frac{2}{5}\right)^3\cdot\frac{25}{16}=\frac{8}{125}\cdot\frac{25}{16}=\frac{1}{10}=0{,}1$
d) $\left[\left(\frac{5}{6}-\frac{1}{3}\right):\frac{1}{9}+0{,}5:0{,}05\right]:2{,}9=\left(\frac{1}{2}\cdot 9+10\right):2{,}9=14{,}5:2{,}9=5$
e) $\left(1\frac{2}{3}+0{,}\overline{4}\right):\left(\frac{1}{6}+1:\frac{1}{3}\right)=\left(1\frac{6}{9}+\frac{4}{9}\right):\left(\frac{1}{6}+3\right)=\frac{19}{9}\cdot\frac{6}{19}=\frac{6}{9}=\frac{2}{3}$
f) $\left[(0{,}8^2+0{,}93:3{,}1):4{,}7-\left(\frac{1}{4}\right)^2\right]:0{,}01375=\left[(0{,}64+0{,}30):4{,}7-\frac{1}{16}\right]:0{,}01375$
$=\left[0{,}94:4{,}7-\frac{1}{16}\right]:0{,}01375=\left[\frac{16}{80}-\frac{5}{80}\right]:0{,}01375=\frac{11}{80}:0{,}01375=0{,}1375:0{,}01375=10$

K4 **20**

Bruch	$\frac{3}{4}$	$\frac{7}{12}$	$\frac{7}{14}$	$\frac{7}{15}$	$\frac{7}{20}$
Bruch in Grundform	$\frac{3}{4}$	$\frac{7}{12}$	$\frac{1}{2}$	$\frac{7}{15}$	$\frac{7}{20}$
Grundformnenner	4	12	2	15	20
Zerlegung des Grundformnenners	$2 \cdot 2$	$2 \cdot 2 \cdot 3$	2	$3 \cdot 5$	$2 \cdot 2 \cdot 5$
Ist jeder dieser Primfaktoren Teiler einer Zehnerstufenzahl?	ja	nein, 3 nicht	ja	nein, 3 nicht	ja
Die Dezimalzahl ist	abbrechend: 0,75	periodisch: 0,58333...	abbrechend: 0,5	periodisch: 0,4666...	abbrechend: 0,35

Bruch	$\frac{9}{11}$	$\frac{2}{3}$	$\frac{6}{60}$	$\frac{5}{6}$	$\frac{1}{40}$
Bruch in Grundform	$\frac{9}{11}$	$\frac{2}{3}$	$\frac{1}{10}$	$\frac{5}{6}$	$\frac{1}{40}$
Grundformnenner	11	3	10	6	40
Zerlegung des Grundformnenners	11	3	$2 \cdot 5$	$2 \cdot 3$	$2 \cdot 2 \cdot 2 \cdot 5$
Ist jeder dieser Primfaktoren Teiler einer Zehnerstufenzahl?	nein, 11 nicht	nein, 3 nicht	ja	nein, 3 nicht	ja
Die Dezimalzahl ist	periodisch: 0,8181...	periodisch: 0,6666...	abbrechend: 0,1	periodisch: 0,83333...	abbrechend: 0,025

K4 **21** **a)** $(28 : 7 + 25 \cdot 8 + 9) : 9 = (4 + 200 + 9) : 9 = 213 : 9 \approx 24$

b) $3^3 : 3 - 77 : 11 + 99 \cdot 0 = 9 - 7 + 0 = 2$

K4 **22** **a)**

$\frac{16}{45}$

$\frac{9}{4}$ | $\frac{5}{4}$

$\frac{5}{6}$ | $\frac{8}{15}$ | $\frac{3}{2}$

b)

1

6 | $\frac{1}{6}$

$\frac{1}{2}$ | $\frac{1}{3}$ | 18

K4 **23** Lösungswort: HAUPTNENNER

K1/5 **24** Petra hat falsch gerechnet, da sie die Kommaverschiebung nicht nach dem richtigen Stellenwert vorgenommen hat. Da sie bei 1,51 das Komma um zwei Stellen nach rechts verrückt, muss sie dies auch bei 182,3 machen.

Zwischenrechnung: 18 230 – 151 = 18 079

Beim Ergebnis der Zwischenrechnung muss Petra das Komma wieder um zwei Stellen nach links verschieben.

Endergebnis: 180,79

K4 **25 a)** und **b)** Anmerkung: Auch Rundung auf Zehntel oder Einer möglich!

Materialkosten	2,15 · 15,35 € ≈ 33,00 €	2,4 · 9,65 € = 23,16 €	1,85 · 12,94 € ≈ 23,94 €	2,65 · 36,88 € ≈ 97,73 €
Arbeitskosten	$\frac{3}{4}$ · 41,50 € ≈ 31,13 €	$\frac{20}{60}$ · 41,50 € ≈ 13,83 €	$\frac{12}{60}$ · 41,50 € = 8,30 €	$\frac{72}{60}$ · 41,50 € = 49,80 €
Gesamtpreis	33,00 € + 31,13 € = 64,13 €	23,16 € + 13,83 € = 36,99 €	23,94 € + 8,30 € = 32,24 €	97,73 € + 49,80 € = 147,53 €
Gewinn	64,13 € · $\frac{20}{100}$ ≈ 12,83 €	36,99 € · $\frac{20}{100}$ ≈ 7,40 €	32,24 € · $\frac{20}{100}$ ≈ 6,45 €	147,53 € · $\frac{20}{100}$ ≈ 29,51 €
Hosenpreis	64,13 € + 12,83 € = 76,96 €	36,99 € + 7,40 € = 44,39 €	32,24 € + 6,45 € = 38,69 €	147,53 € + 29,51 € = 177,04 €

K2 **26 a)** Einkommen: 1982,40 € + 369,60 € = 2352 €

Freizeit: 112 € : 2352 € = $\frac{1}{21}$

Essen, Kleidung, ...: 2352 € · $\frac{1}{7}$ = 336 €

Miete: 940,80 € : 2352 € = $\frac{2}{5}$

Auto: 2352 € · $\frac{1}{10}$ = 235,20 €

Sonstiges: 2352 € · $\frac{1}{6}$ = 392 €

b) Taschengeld: 392 € · $\frac{1}{8}$ = 49 €

1 Moritz: 16,33 €

2 Rest vom „Sonstigen“: 343 € sind $\frac{7}{48}$ von 2352 €.

Aufteilung in 3 Teile: 49 € : 3 ≈ 16,33 €

Antonia: 32,66 €

Medizin

- Wenn man bei jeder Verdünnung die vollständige Menge vorhandener Tinktur verwendet, dann verzehnfacht sich die Menge bei jeder Stufe. Somit hat man bei D3 4000 ml = 4 l (12 000 ml = 12 l), bei D9 4 000 000 000 ml = 4 000 000 l (12 000 000 l). Tatsächlich werden jedoch immer nur Teile weiter verdünnt.
- Bei jeder Verdünnung hat man umgekehrt nur $\frac{1}{10}$ der ursprünglichen Tinktur drin.
  Also sind in 10 ml D2 noch 1 ml D1 und nur 0,1 ml Urtinktur.
  Bei 100 ml D2 hat man noch 10 ml D1 und 1 ml Urtinktur.
  Bei 1000 ml D2 hat man noch 100 ml D1 und 10 ml Urtinktur.
  Entsprechend verschiebt sich das Komma von D2 zur Urtinktur immer um 2 Stellen nach rechts.
- Mit den Lösungen von vorhin lässt sich sagen, dass in 1000 ml D1 noch 100 ml Urtinktur sind, während es in D2 nur 10 ml, also $\frac{1}{10}$ sind. Entsprechend sind in D3 nur $\frac{1}{100}$ der Menge von D1, in D6 $\frac{1}{100\,000}$ der Menge Urtinktur wie in D1.
- Es sind individuelle Lösungen möglich.

K3 **Zoo**

a) Je nach Abschätzung und Rundung zwischen 10–12 ha. Hier: 11 ha.

b) $110\,000\,m^2 : 1200 \approx 91{,}67\,m^2$
Eine Tierart hat im Durchschnitt ca. $92\,m^2$ Platz.
Mögliche Beurteilung des Ergebnisses: Die für die Tierarten tatsächlich zur Verfügung stehende Fläche ist deutlich geringer als die oben berechnete, weil nicht die gesamte Fläche des Zoos für Tiergehege genutzt wird (z. B. Freiflächen, Wege u. a.).
Die Annahme, dass jede Tierart gleich viel Platz hätte, entspricht nicht den realistischen Verhältnissen. So z. B. benötigen Tiger oder Elefanten deutlich größere Flächen als Kleintiere.

K3 **Wassermaßnahmen**

Rechnungssumme:	274,50 € + 155,95 € + 133,73 € + 448,60 € = 1012,78 €
Ermäßigung bei Sofortzahlung:	1012,78 € · 5 % ≈ 50,64 €
Kosten:	1012,78 € – 50,64 € = 962,14 €
Die Wassermaßnahmen kosten	962,14 €.

K3 **Tagesgeschäfte**

a) Schüler: 44,40 € : 71,25 € ≈ 0,623 = 62,3 %
Kinder: 28,80 € : 71,25 € ≈ 0,404 = 40,4 %

b) Individuelle Lösungen je nach Anzahl der Schülerinnen und Schüler in der Klasse und der gewählten Karten.

c) Einnahmen:

12. Woche:	Tageskarte Einzel:	587 · 7,50 € + 893 · 4,80 € + 435 · 3,20 € = 10 080,90 €
	10er-Karte:	17 · 71,25 € + 35 · 44,40 € + 5 · 28,80 € = 2909,25 €
	Gesamteinnahmen:	12 990,15 €
35. Woche:	Tageskarte Einzel:	1455 · 7,50 € + 2783 · 4,80 € + 678 · 3,20 € = 26 440,50 €
	10er-Karte:	35 · 71,25 € + 105 · 44,40 € + 56 · 28,80 € = 8768,55 €
	Gesamteinnahmen:	35 209,05 €

K3 **Schlafenszeit**

a)

Braunbär:	19,2 h = 1152 min	Python:	18 h = 1080 min
Tiger:	14,4 h = 864 min	Schimpanse:	9,6 h = 576 min
Giraffe:	2,4 h = 144 min		

b) Braunbär – Giraffe: 1152 min : 144 min = 8 (oder Prozentsätze vergleichen)
Braunbär – Tiger: 1152 min : 864 min = $1\frac{1}{3}$ (oder Prozentsätze vergleichen)
Braunbär – Schimpanse: 1152 min : 576 min = 2 (oder Prozentsätze vergleichen)
Der Braunbär schläft 8-mal länger als die Giraffe, $1\frac{1}{3}$-mal länger als der Tiger und doppelt so lang wie der Schimpanse.

K3 **Blattschneiderameisen**

a) an einem Tag: 8,75 t : 365 ≈ 0,02397 t = 23,97 kg
in einem Monat: 8,75 t : 12 ≈ 0,7292 t = 729,2 kg

b) Maxima-Arbeiterinnen + Media-Arbeiterinnen: $\frac{1}{3} + \frac{1}{6} = \frac{1}{2}$ (aller Ameisen)
Somit besteht der Staat aus 2,4 Millionen Ameisen.

c) 0,85 g = 850 mg
Maxima: 850 mg : 8 mg = 106,25 Man benötigt mindestens 107 Ameisen.
Media: 850 mg : 3,2 mg = 265,625 Man benötigt mindestens 266 Ameisen.

d) Menge Blätter am Tag: 23,97 kg Anzahl an Blättern: 23 970 g : 0,85 g = 28 200
Anzahl der Blattteile bei Maxima-Arbeiterinnen: 23 970 000 mg : 8 mg = 2 996 250,
also etwa 3 Mio. Blatteile
Anzahl der Blattteile bei Media-Arbeiterinnen: 23 970 000 mg : 3,2 mg = 7 490 625,
also etwa 7,5 Mio. Blatteile

e) Berücksichtigung der Anteile:
Es gibt etwa doppelt so viele Maxima-Arbeiterinnen wie Media-Arbeiterinnen.
23 970 000 mg : 3 = 7 990 000 mg
Media-Arbeiterinnen: 7 990 000 mg : 3,2 mg = 2 496 875 ≈ 2,5 Mio (Blattteile)
Maxima-Arbeiterinnen: 15 980 000 mg : 8 mg = 1 997 000 ≈ 2,0 Mio (Blattteile)
Also kommen pro Tag etwa 4,5 Mio Blattteile in den Hügel.

K3 **Elefanten – im Zoo und in den Alpen**

a) Grünpflanzen: 40 % Heu und Stroh: 25 % Getreide: 5 % Äpfel: 8 %

b) Grünpflanzen: 46 kg Heu und Stroh: 28,75 kg Getreide: 5,75 kg Äpfel: 9,2 kg Rest: 25,3 kg

c) 1 Boskop: 1 kg ≙ 1,67 € Jona: 1 kg ≙ 1,65 € Gala: 1 kg ≙ 1,62 €
Das Angebot mit den Gala-Äpfeln ist das günstigste.
2 5 Elefanten fressen 46 kg Äpfel am Tag und 7 · 46 kg = 322 kg in einer Woche.
Ziel: Möglichst wenige überzählige Äpfel
6 Kisten Gala (270 kg) + 1 Kiste Jona (25 kg) + 2 Kisten Boskop (15 kg) ≙ 528,75 €

d) 4,5 t : 0,115 t ≈ 39,13
Nach gut 39 Tagen hat ein ausgewachsener Elefant sein Körpergewicht „gefuttert".

e) pro Tag: 37 · 115 kg = 4255 kg
pro Woche: 4255 kg · 7 = 29 785 kg = 29,785 t ≈ 30 t
Hannibal benötigte fast 30 t Futter in einer Woche für seine Elefanten, das entspricht fast 4 Lkw-Ladungen.

K4 **1** **a)** $\frac{4}{7} + \frac{2}{21} = \frac{14}{21} = \frac{2}{3}$ **b)** $1\frac{2}{5} - \frac{3}{10} = \frac{11}{10} = 1\frac{1}{10}$

c) $3\frac{7}{9} - 2 = \frac{16}{9} = 1\frac{7}{9}$ **d)** $\frac{5}{6} + 7\frac{3}{4} = \frac{103}{12} = 8\frac{7}{12}$

e) $\frac{14}{36} - \frac{2}{9} = \frac{6}{36} = \frac{1}{6}$ **f)** $4 + 3\frac{7}{8} = 7\frac{7}{8}$

K4 **2** **a)** 1,66 € + 3,83 € + 1,78 € = 7,27 €

11,7 kg – 5,98 kg + 125 g = 5845 g = 5,845 kg

72,6 m – 637 dm + 15 cm = 905 cm = 9,05 m

b) 12,45 m + 3,4 m = 15,85 m

100 s – 1,5 min + 2,1 s = 12,1 s

1,76 kg – 2300 mg – 99,7 g = 1658 g = 1,658 kg

K4 **3**

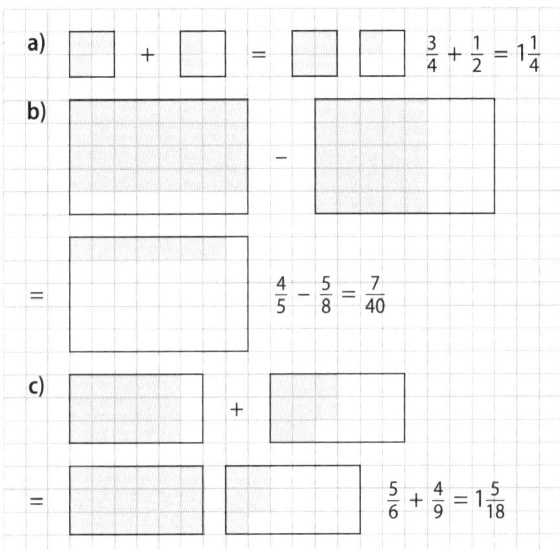

K4 **4**

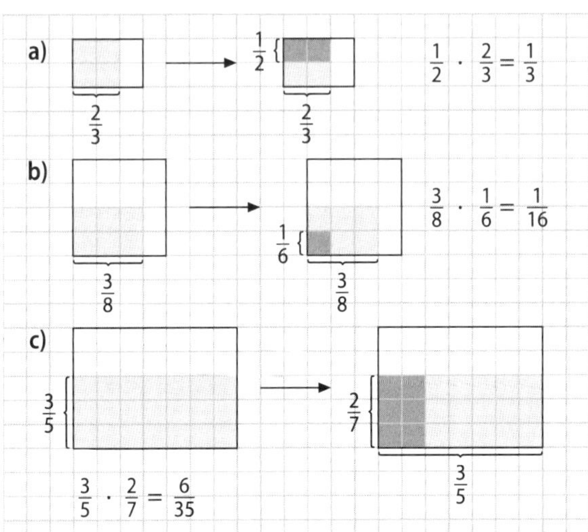

K4 **5** **a)** $4 \cdot \frac{2}{3} = \frac{8}{3} = 2\frac{2}{3}$

$\frac{3}{8} \cdot 2 = \frac{3}{4}$

$8 \cdot \frac{7}{10} = 4 \cdot \frac{7}{5} = \frac{28}{5} = 5\frac{3}{5}$

b) $\frac{5}{9} \cdot \frac{4}{15} = \frac{1}{9} \cdot \frac{4}{3} = \frac{4}{27}$

$\frac{4}{10} \cdot \frac{7}{8} = \frac{1}{5} \cdot \frac{7}{4} = \frac{7}{20}$

$\frac{4}{18} \cdot \frac{9}{40} = \frac{1}{2} \cdot \frac{1}{10} = \frac{1}{20}$

c) $2\frac{7}{8} \cdot \frac{1}{3} = \frac{23}{8} \cdot \frac{1}{3} = \frac{23}{24}$

$\frac{5}{12} \cdot 3\frac{3}{7} = \frac{5}{12} \cdot \frac{24}{7} = \frac{10}{7} = 1\frac{3}{7}$

$1\frac{2}{5} \cdot 1\frac{2}{3} = \frac{7}{5} \cdot \frac{5}{3} = 2\frac{1}{3}$

K4 **6** **a)** $\frac{1}{4} \cdot \frac{3}{8} = \frac{3}{32}$

$\frac{3}{32}$ aller Karten sind Bildkarten mit Kreuz.

b) $\frac{3}{8} \cdot 32 = 12$

Es gibt 12 Bildkarten und 20 sonstige Karten.

K4 **7** $\frac{1}{5} \cdot \frac{2}{11} = \frac{2}{55} \approx 0{,}036 = 3{,}6\,\%$

$\frac{2}{55}$, das sind etwa 3,6 % der Erdbevölkerung, leben in Nigeria.

K4 **8** **a)** 1 **b)** 10,097 **c)** 45,761

d) 9876,543 **e)** 123,45 **f)** 0,17

K4 **9** **a)**

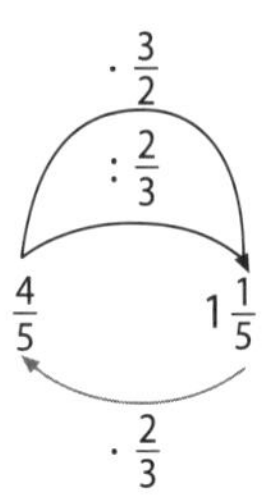

b)

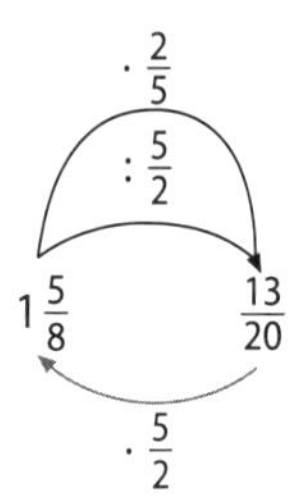

c)

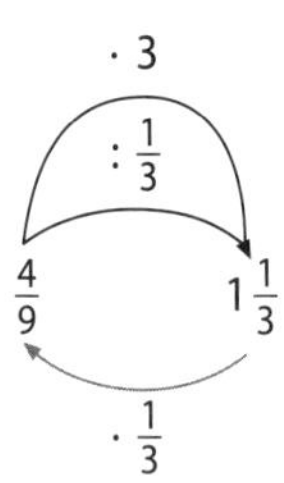

d)

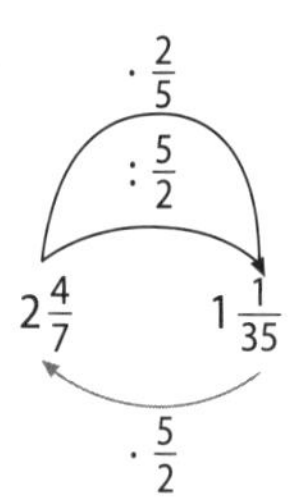

K4 **10** **a)** $\frac{5}{6} : \frac{1}{6} = 5$ $\frac{6}{7} : \frac{4}{21} = 4\frac{1}{2}$ $8 : \frac{2}{9} = 36$

b) $\frac{21}{25} : \frac{28}{45} = 1\frac{7}{20}$ $\frac{3}{144} : \frac{5}{48} = \frac{1}{48} \cdot \frac{48}{5} = \frac{1}{5}$ $\frac{13}{7} : \frac{7}{13} = \frac{169}{49} = 3\frac{22}{49}$

c) $1\frac{1}{4} : \frac{15}{52} = \frac{5}{4} \cdot \frac{52}{15} = 4\frac{1}{3}$ $7\frac{3}{7} : 3\frac{1}{4} = \frac{52}{7} \cdot \frac{4}{13} = 2\frac{2}{7}$ $0 : \frac{11}{12} = 0$

K2 **11 a)** 30 m : 1,5 m = 20 Sophie erhält 20 Bänder.
b) 24,50 € : 7 = 3,50 €
Martin kann pro Tag 3,50 € ausgeben.

K4 **12 a)** $0{,}34 \cdot 10 = 3{,}4$ $0{,}111 \cdot 100 = 11{,}1$
$1000 \cdot 1{,}0068 = 1006{,}8$
b) $17 : 10 = 1{,}7$ $0{,}5 : 100 = 0{,}005$
$1{,}7 : 1000 = 0{,}0017$
c) $6{,}05 \cdot 10\,000 = 60\,500$ $0{,}23 : 100 = 0{,}0023$
$396 : 1000 = 0{,}396$

K4 **13 a)** 0,5 m + 0,4 m = 0,9 m
b) 3,45 g + 7,99 g = 11,44 g
c) 2,5 kg − $\frac{3}{4}$ kg = 1,75 kg
d) $\frac{1}{2}$ cm + 1,2 dm = 0,5 cm + 12 cm = 12,5 cm
e) 3,6 l + $1\frac{1}{4}$ l = 4,85 l
f) 100,5 dm + 5,005 m = 10,05 m + 5,005 m = 15,055 m

Aufgaben für Lernpartner

K1/5 **A** Das gilt nicht allgemein, wie man bei der Addition oder Subtraktion von Brüchen sieht.

K1/5 **B** Das ist falsch. Die Angaben müssen stellengerecht berechnet werden („Komma unter Komma“).

K1/5 **C** Das ist richtig, wenn Anteile berechnet werden.

K1/5 **D** Das ist richtig.

K1/5 **E** Das ist falsch. Jede Zahl außer der Null hat einen Kehrwert.

K1/5 **F** Das ist falsch. Das Ergebnis kann auch größer als der Dividend sein.

Beispiel: $\frac{2}{3} : \frac{1}{2} = 1\frac{1}{3}$ $1\frac{1}{3} > \frac{2}{3}$

K1/5 **G** Das ist richtig.

K1/5 **H** Das ist falsch. Der Oberflächeninhalt beträgt $6 \cdot (5{,}5\,\text{cm})^2$.

K1/5 **I** Das ist richtig.

K1/5 **J** Das ist richtig.

K1/5 **K** Das ist richtig.

K1/5 **L** Das ist richtig.

K1/5 **M** Das ist falsch. 12,025 : 0,2 = 120,25 : 2

K1/5 **N** Das ist falsch. Es wird mit dem Kehrwert des Divisors multipliziert, der Dividend bleibt dabei unverändert.

K1/5 **O** Das ist falsch. Dieses Vorgehen ist bei der Addition und Subtraktion von Brüchen notwendig.

K1/5 **P** Das ist richtig.

K4 **1**

	a)	b)	c)	d)
a	4 cm	14 dm	3 cm	124 cm
b	3 cm	2 m	120 mm	12 dm
A	$12\,cm^2$	$280\,dm^2$	$36\,cm^2$	$14\,880\,cm^2$
U	14 cm	68 dm	30 cm	488 dm

K4 **2**
a) a = 5 cm; $U_Q = 20\,cm$
b) a = 12 dm; $U_Q = 48\,dm$
c) a = 130 m; $U_Q = 520\,cm$
d) a = 1500 mm; $U_Q = 6000\,m$
e) a = 75 m; $U_Q = 300\,m$

K4 **3**
a) $2700\,mm^2$; $10\,300\,cm^2$
b) $23\,300\,m^2$; $940\,000\,dm^2$
c) 87 600 a; $12\,000\,000\,m^2$
d) $4350\,dm^2$; 120 ha

K3/5 **4**
a) A = 28 Kästchen **b)** A = 21 Kästchen **c)** A = 24 Kästchen

K3/4 **5**
a) $A = 5 \cdot (3\,cm)^2 = 45\,cm^2$
b) $A = \frac{1}{2} \cdot 15\,dm \cdot 8\,dm = 60\,dm^2$
c) $A = \frac{1}{2} \cdot 35\,dm \cdot 18\,dm = 315\,dm^2$

3 Flächeninhalt und Umfang ebener Figuren

Einstieg

Die Auftaktseite eines Kapitels enthält zwei verschiedene Elemente:
Zunächst werden die Schüler mit einem offenen Einstiegsbeispiel an das neue Kapitel herangeführt. Zentral ist dabei immer der Anwendungsbezug: Kein Lehrplaninhalt ist rein innermathematisch, sodass den Schülern von Beginn an gezeigt werden sollte, dass Mathematik nichts Abstraktes ist, sondern oft im Leben der Schüler vorkommt. In einem Unterrichtsgespräch zur Auftaktseite können viele der kommenden Lerninhalte schon heuristisch erarbeitet, Vermutungen geäußert und Zusammenhänge erschlossen werden.

- Die meisten Felder haben eine viereckige Form. Dabei taucht das Trapez recht häufig auf, z. B. das große gelbe Feld im unteren Bereich und die links daran anschließenden grünen Felder haben Trapezform. Andere Felder sind Vielecke.

- Das große gelbe Feld in der vorderen Bildhälfte und auch das zwei Lagen dahinter erscheinen auf den ersten Blick am größten. Beim hinteren Bild ist die Ausdehnung von links nach rechts deutlich größer als beim vorderen Feld. Insgesamt erscheint es unter Berücksichtigung der Verzerrung am größten.

Ausblick

Die Aufzählung am Ende der Seite bietet einen Ausblick auf die wesentlichen Lernziele des Kapitels und schafft so eine hohe Transparenz für Schüler und Lehrer. Durch einen informierenden Unterrichtseinstieg können sich Schüler und Lehrer auf das Kommende einstellen.
Idealerweise wird im Unterricht der Bezug hergestellt zwischen der Einstiegssituation und den im Ausblick angegebenen Lernzielen.

Kap. 3.1

Auf dem Fußballplatz

K4 ■ Breite: $6300\,m^2 : 90\,m = 70\,m$. Das Fußballfeld ist 70 m breit.

K3/4 ■ Strafraumfläche: $40\,m \cdot 16{,}5\,m = 660\,m^2$
Beide Strafraumflächen: $660\,m^2 \cdot 2 = 1320\,m^2$
Berechnung des Anteils: $\frac{1320}{6300} \approx \frac{1300}{6300} \approx \frac{1}{5}$

K2 ■ Umfang des Spielfeldes bei einer Fläche von $6300\,m^2$:
$90\,m + 90\,m + 70\,m + 70\,m = 320\,m$
$12\,000\,m : 320\,m = 37{,}5$
Thomas Müller läuft während eines Spiels etwa 37,5-mal um den Platz.

Kap. 3.2

An der Torlinie

K1 ■ Auf den ersten Blick sehen die Werbefelder wie Parallelogramme aus. Bei genauerem Hinsehen merkt man aber, dass sie die Form eines Trapezes haben, bei dem die Seite zur Zuschauertribüne länger ist als die Seite zum Spielfeld.

K1 ■ Die Form wurde deshalb so gewählt, damit die Fernsehkameras die Werbung nicht verzerrt aufnehmen und die Fernsehzuschauer die Werbeschrift gut erkennen können.

K2/5 ■ Individuelle Lösungen. Beschreibung des Vorgehens: Man misst die entsprechenden Seitenlängen und Winkel und überträgt das Werbeplakat mit einem Maßstab (z. B. 10 : 1) ins Heft. Um den Flächeninhalt des übertragenen Werbeplakats zu bestimmen, legt man eine Folie mit Karomuster (ein Karo hat den Flächeninhalt von $0{,}25\,cm^2$) über die Zeichnung, bestimmt die Anzahl der Karos und multipliziert diese mit dem Flächeninhalt eines Karos.

Kap. 3.3

Alles Taktik

K1 ■ Diese Anordnung ist deshalb sinnvoll, weil man dann leichter einen Anspielpartner findet, wenn man als Ballführender angegriffen wird.

K2 ■ Mögliches Vorgehen durch Ergänzung und Zerlegung:

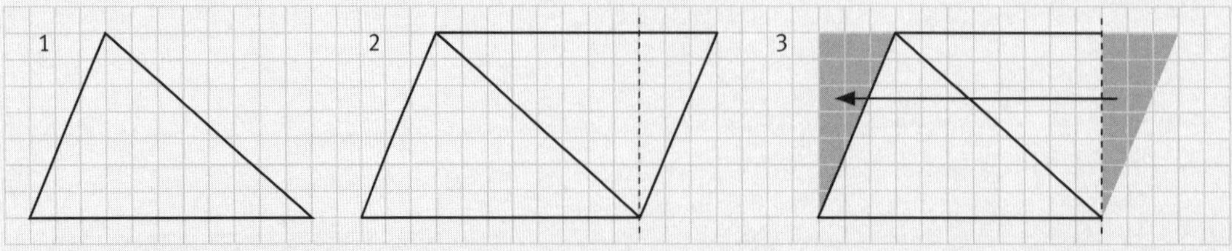

Man erhält ein Rechteck mit doppeltem Flächeninhalt wie das Ausgangsdreieck. Den Flächeninhalt des Rechtecks kann man berechnen.

Kap. 3.4

Auf dem Weg ins Stadion

K3 ■ **Bestimmung Flächeninhalt Tribünen**

Maßstab 1 : 2500

	Stehplätze	Breite [mm]	Höhe [mm]	Fläche [m²]
Nordtribüne		7	33	1443,75
				1443,75
Osttribüne	HH	3	4	75,00
	H	10	4	250,00
	GG	3	9	168,75
	G	10	9	562,50
	FF	3	11	206,25
	F	10	11	687,50
	EE	3	9	168,75
	E	10	9	562,50
	DD	3	4	75,00
	D	10	4	250,00
			Summe:	**3006,25**
Südtribüne	O	3	7	131,25
	M	3	12	225,00
	L	3	12	225,00
	K	3	8	150,00
	Stehplätze*)	4	39	975,00
			Summe:	**1706,25**
Westtribüne	A **)	11	8	550,00
	B	11	20	1375,00
	C **)	11	8	550,00
			Summe:	**2475,00**
			Gesamtsumme:	**8631,25**

*) inkl. Kinderblock; ganze Breite; ohne obere Rundung

**) 8 mm ist der Mittelwert der beiden unterschiedlichen Seitenlängen inkl. der Fläche BB

K3 ■ Grundfläche pro Zuschauer: 0,34525 m²

Die Gesamtfläche beträgt pro Zuschauer ungefähr 0,34 m².

Kap. 3.5 und 3.6

Vor dem Anstoß

K4 ■ Man erhält einen Kreis mit dem Radius 9,15 cm.

K2/4 ■ Man kann eine Folie mit Karokästchen über die Fläche legen und die Anzahl der Kästchen bestimmen, die gerade innerhalb und außerhalb des Kreises liegen. Anschließend bildet man das arithmetische Mittel und multipliziert dieses mit dem Flächeninhalt eines Karokästchens.

K2/5 ■ Man nimmt einen Bindfaden und legt ihn möglichst exakt auf die Kreislinie. Anschließend misst man seine Länge und rechnet ihn mit dem angegebenen Maßstab auf seine tatsächliche Länge um.

Alternativer Einstieg: Schulbuch Seite 88

Entdecken

K4
- Für das blaue Rechteck: Durch Umwandlung erhält man $4\,dm \cdot 5\,dm = 20\,dm^2 = 2000\,cm^2$.
  Zum gleichen Ergebnis gelangt man, wenn man zuerst die Längen in cm umwandelt und anschließend multipliziert.
  Für das grüne Rechteck: Durch Umwandlung erhält man $16\,cm \cdot 120\,cm = 1920\,cm^2$.
  Alternativ: $0{,}16\,dm \cdot 12\,dm = 19{,}20\,dm^2$
  Da das Rechnen mit Dezimalzahlen bekannt ist, kann man auch Flächeninhalte bestimmen bzw. in Flächeninhalte umwandeln, deren Maßzahlen in Dezimalzahlen angegeben sind. Wichtig ist dabei, dass die Seitenlängen vorher in die gleiche Einheit umgewandelt werden.

K4
- In das grüne Rechteck passt eine quadratische Platte genau 7,5-mal, in das blaue Rechteck etwa 7,8-mal.

Nachgefragt

K1
- Sara hat Recht. Für die Umrechnung in die nächstgrößere Einheit a muss das Komma um zwei Stellen nach links verschoben werden. Um von a nach ha zu gelangen, muss es also noch einmal um zwei Stellen nach links verschoben werden, insgesamt also um vier Stellen.

K1
- $0{,}0000001\,ha = 0{,}00001\,a = 0{,}001\,m^2 = 0{,}1\,dm^2$.
  Die Aussage ist falsch. Das Komma muss um 6 Stellen verschoben werden.

Aufgaben

K4 **1**

a) $27\,dm^2$	**b)** $400\,dm^2$	**c)** 6 ha	**d)** $5\,dm^2$	**e)** $550\,dm^2$	**f)** $0{,}0901\,m^2$
g) 50 m	**h)** $0{,}59\,km^2$	**i)** $2{,}1\,cm^2$	**j)** $7{,}05\,km^2$	**k)** $150\,900\,cm^2$	**l)** $11\,100\,m^2$
m) $2700\,dm^2$	**n)** 0,28 a	**o)** 0,0029 ha	**p)** $1{,}80\,dm^2$	**q)** $18\,500\,m^2$	**r)** 2300 a
s) $1234\,cm^2$	**t)** $20\,mm^2$	**u)** 2,5 km	**v)** $6\,m^2$	**w)** $0{,}0026\,dm^2$	**x)** 0,047 km

K4 **2**
a) $23\,a\;81\,m^2 = 23{,}81\,a = 2381\,m^2$
b) $7\,ha\;13\,a = 7{,}13\,ha = 713\,a$
c) $56\,dm^2\;8\,cm^2 = 56{,}08\,cm^2 = 5608\,cm^2$
d) $342\,m^2\;5\,dm^2 = 342{,}05\,m^2 = 34\,205\,dm^2$
e) $16\,km^2\;2{,}3\,ha = 16{,}023\,km^2 = 1602{,}3\,ha$
f) $1{,}03\,m^2\;7\,cm^2 = 1{,}0307\,m^2 = 10\,307\,cm^2$

K4 **3**
a) $24{,}6\,cm^2 + 128\,mm^2 = 24{,}6\,cm^2 + 1{,}28\,cm^2 = 25{,}88\,cm^2$
b) $23{,}4\,m^2 - 18\,dm^2 = 23{,}4\,m^2 - 0{,}18\,m^2 = 23{,}22\,m^2$
c) $88{,}4\,ha \cdot 4 = 353{,}6\,ha$
d) $8{,}8\,km^2 : 10 = 0{,}88\,km^2$
e) $23\,ha - 3\,a = 23\,ha - 0{,}03\,a = 22{,}97\,ha$
f) $0{,}45\,km^2 + 18\,a = 45\,ha + 0{,}18\,ha = 45{,}18\,ha$
g) $1{,}45\,dm^2 + 1{,}45\,m^2 = 0{,}0145\,m^2 + 1{,}45\,m^2 = 1{,}4645\,m^2$
h) $0{,}089\,km^2 \cdot 5 = 8{,}9\,ha \cdot 5 = 44{,}5\,ha$
i) $1{,}44\,m^2 : 12 = 144\,dm^2 : 12 = 12\,dm^2$
j) $4{,}5\,mm^2 : 9 = 0{,}5\,mm^2$
k) $1{,}5\,a \cdot 7 = 10{,}5\,a$
l) $8{,}4\,a : 7 = 840\,m^2 : 7 = 120\,m^2$

K4 **4** Berechnung des Flächeninhalts eines Kästchens: $9{,}6\,cm^2 : 12 = 0{,}8\,cm^2$

a) 6 Kästchen: Flächeninhalt $6 \cdot 0{,}8\,cm^2 = 4{,}8\,cm^2$

b) 11 Kästchen: Flächeninhalt $11 \cdot 0{,}8\,cm^2 = 8{,}8\,cm^2$

c) 21 Kästchen: Flächeninhalt $21 \cdot 0{,}8\,cm^2 = 16{,}8\,cm^2$

d) 21,5 Kästchen: Flächeninhalt $21{,}5 \cdot 0{,}8\,cm^2 = 17{,}2\,cm^2$

K2/3 **5** **a)** $207{,}4\,km^2 = 20\,740\,ha = 2\,074\,000\,a = 207\,400\,000\,m^2$

$207\,400\,000\,m^2 : 250\,m^2 = 829\,600$

Es passt 829 600-mal in die Fläche von Stuttgart.

b) $250 : 207\,400\,000 = \frac{1}{829\,600}$

c) Individuelle Lösungen

Alternativer Einstieg: Schulbuch Seite 88

Entdecken

K1 ■ Vergleich der Flächeninhalte durch Zerlegen:

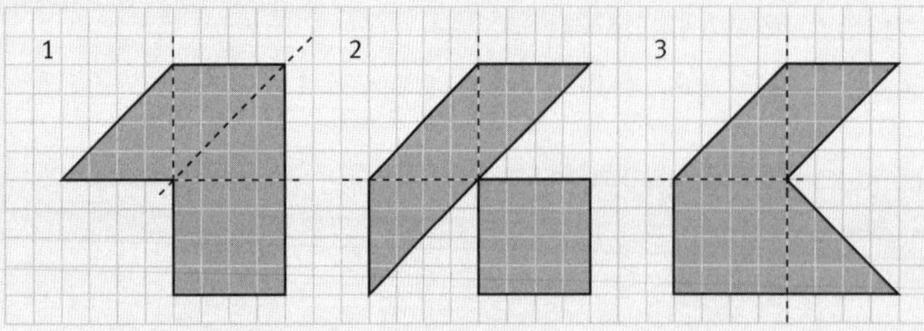

Wenn man die Figuren in drei Dreiecke und ein Quadrat zerlegt, erkennt man, dass jeweils die Dreiecke und das Quadrat in allen Figuren den gleichen Flächeninhalt haben. Deshalb muss auch in allen Figuren der rote Flächeninhalt gleich sein.

K1 ■ Vergleich der Flächeninhalte durch Ergänzen:

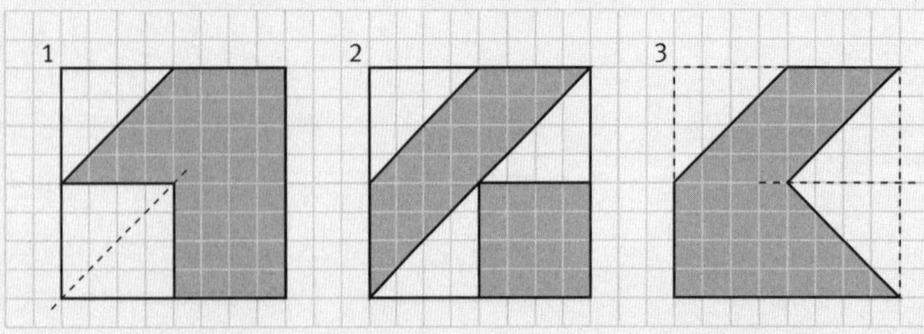

Ergänzt man alle drei Figuren zu einem Quadrat, erkennt man, dass das Quadrat in allen drei Fällen gleich groß ist. In allen drei Fällen muss man jeweils drei flächengleiche Dreiecke ergänzen, um auf das Quadrat zu kommen. Da man in allen Figuren durch Ergänzen von flächengleichen Dreiecken zu flächengleichen Quadraten gelangt, müssen die Ausgangsfiguren gleichen Flächeninhalt haben.

Nachgefragt

K1 ■ Ja, das stimmt. Jedes Quadrat lässt sich in zwei flächengleiche Dreiecke teilen. Dann ist die Anzahl der Dreiecke doppelt so groß wie die der Quadrate.

K1 ■ Dies geht in der Regel nicht so einfach, da sich die Rundungen durch eckige Vielecke nur annähern lassen. Allerdings kann man versuchen, durch entsprechend gewählte Kreisausschnitte die Flächengleichheit von zwei Kreisfiguren nachzuweisen.

Aufgaben

K1/4 **1**

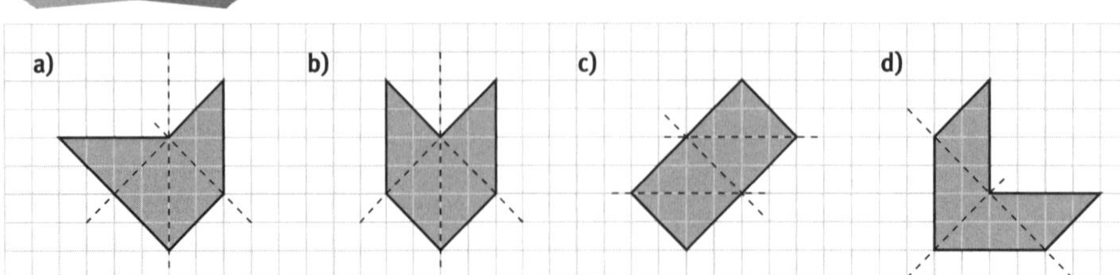

K1/4 **2**

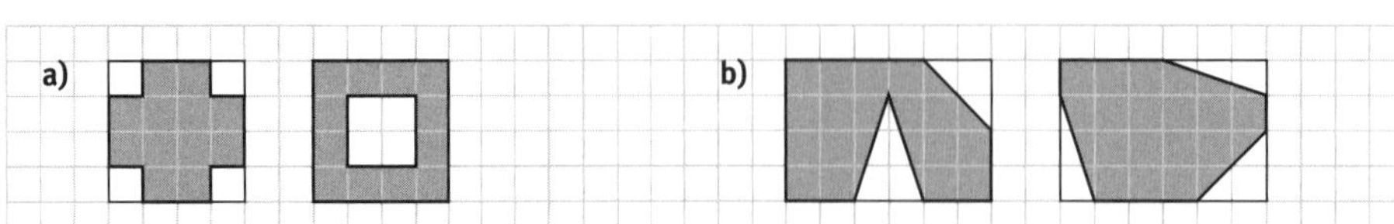

K2 **3**

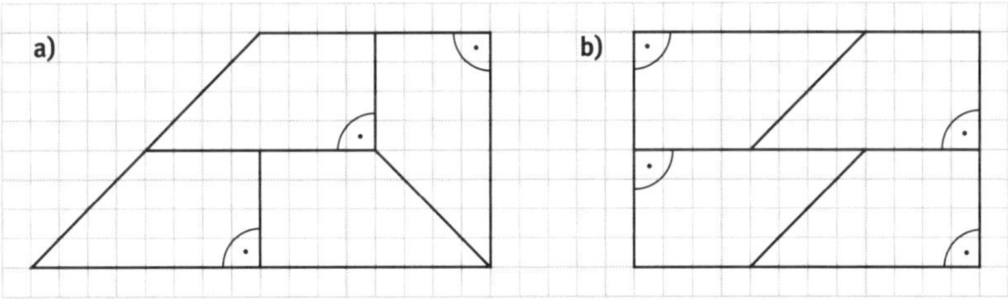

K1 **4** **a)**

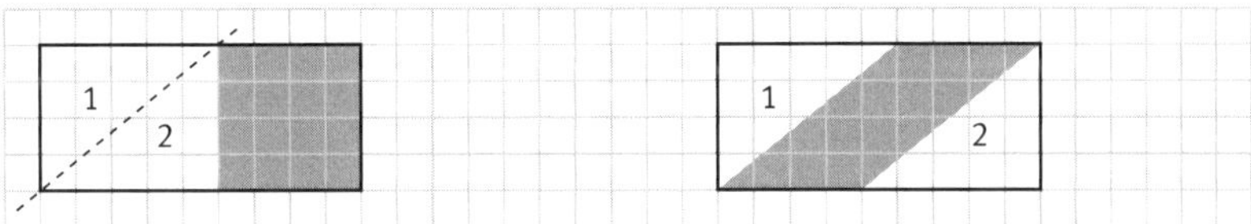

b) Zerlegung in zwei Schritten:

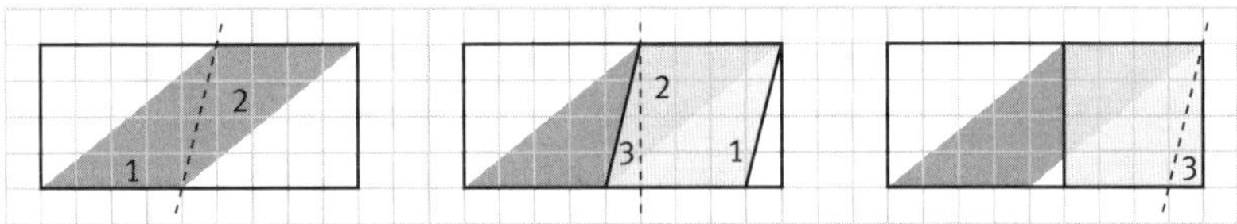

K1 **5** Beispiele für mögliche Aufteilungen:

1. Möglichkeit:

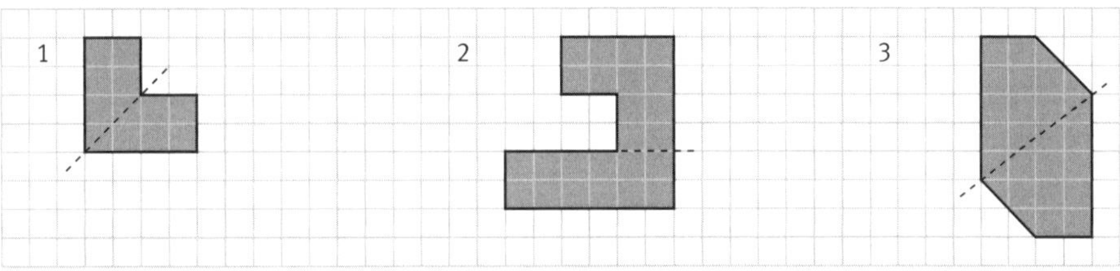

2. Möglichkeit:

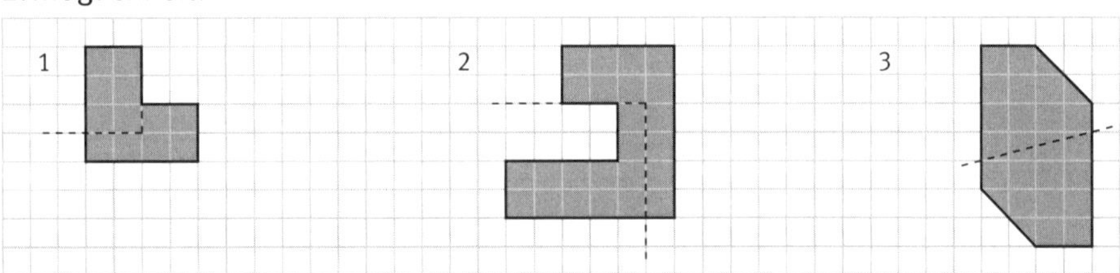

Alternativer Einstieg: Schulbuch Seite 89

Entdecken

K1 ■ 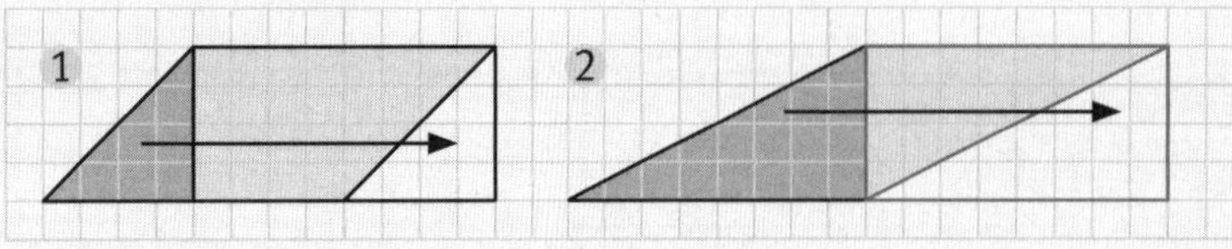

③ Zerlegung in zwei Schritten:

1. Schritt:

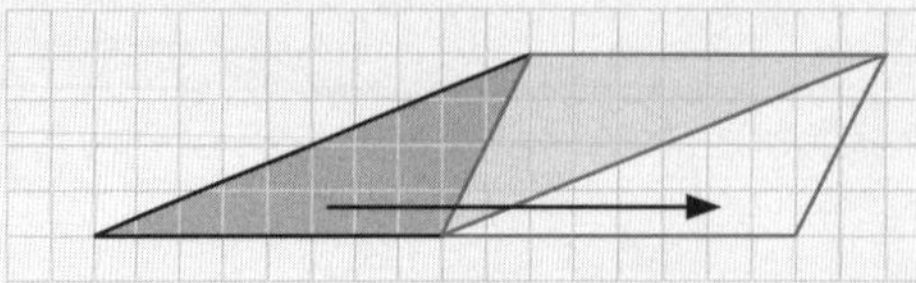

2. Schritt:

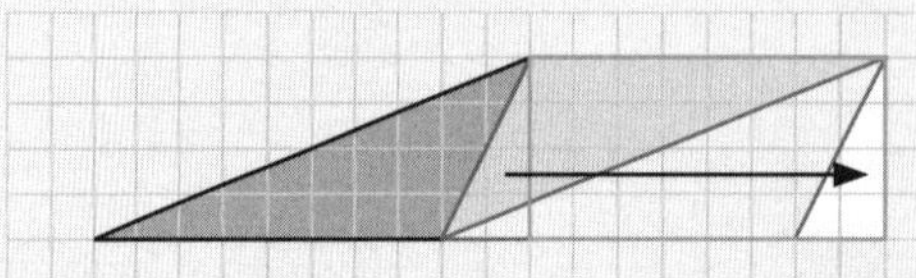

Durch Zerlegung lässt sich also in allen drei Fällen das Parallelogramm auf das Rechteck flächengleich übertragen.

K1 ■ In allen Parallelogrammen sind die Seitenlängen oben und unten jeweils gleich und entsprechen der Länge des Rechtecks. Der Abstand der beiden Seiten (oben und unten) ist bei allen Parallelogrammen gleich und entspricht der Breite des Rechtecks.

Nachgefragt

K1 ■ Die beiden Parallelogramme haben gleichen Flächeninhalt, da Grundseite und Höhe jeweils gleich lang sind, sie müssen aber nicht deckungsgleich sein.

K1 ■ Die Höhe des ersten Parallelogramms ist halb so lang wie die Höhe des zweiten Parallelogramms.

Aufgaben

K4 **1** **a)** $U_p = 2 \cdot (a + b) = 2 \cdot (12{,}4\,cm + 3\,cm) = 30{,}8\,cm$ $\quad A_p = a \cdot h_a = 12{,}4\,cm \cdot 2{,}5\,cm = 31\,cm^2$

b) $U_p = 2 \cdot (a + b) = 2 \cdot (3{,}5\,cm + 2{,}0\,cm) = 11\,cm$ $\quad A_p = a \cdot h_a = 3{,}5\,cm \cdot 1{,}7\,cm = 5{,}95\,cm^2$

c) $U_p = 2 \cdot (a + b) = 2 \cdot (7{,}5\,cm + 2{,}1\,cm) = 19{,}2\,cm$ $\quad A_p = a \cdot h_a = 7{,}5\,cm \cdot 1{,}6\,cm = 12\,cm^2$

d) $U_p = 2 \cdot (a + b) = 2 \cdot (4\,cm + 3\,cm) = 14\,cm$ $\quad A_p = a \cdot h_a = 3\,cm \cdot 3{,}7\,cm = 11{,}1\,cm^2$

K4 **2** **a)** 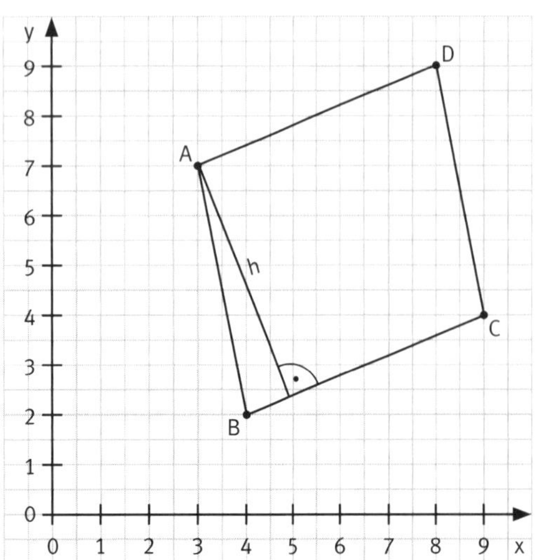

Grundseite: $\overline{BC} = 5{,}4\,cm$ Höhe: $h = 5\,cm$

$A_p = 5{,}4\,cm \cdot 5\,cm = 27\,cm^2$

b)

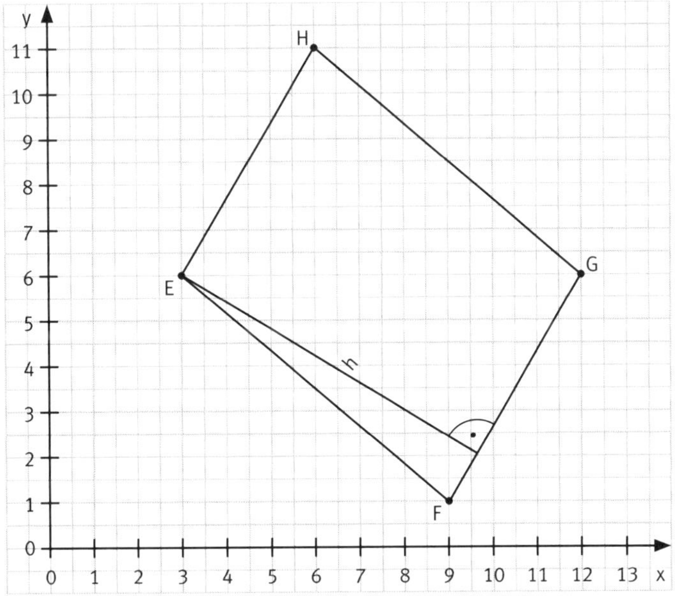

Grundseite: $\overline{FG}$ = 5,8 cm
Höhe: h = 7,7 cm
$A_P = 5{,}8\,\text{cm} \cdot 7{,}7\,\text{cm} \approx 44{,}7\,\text{cm}^2$

c)

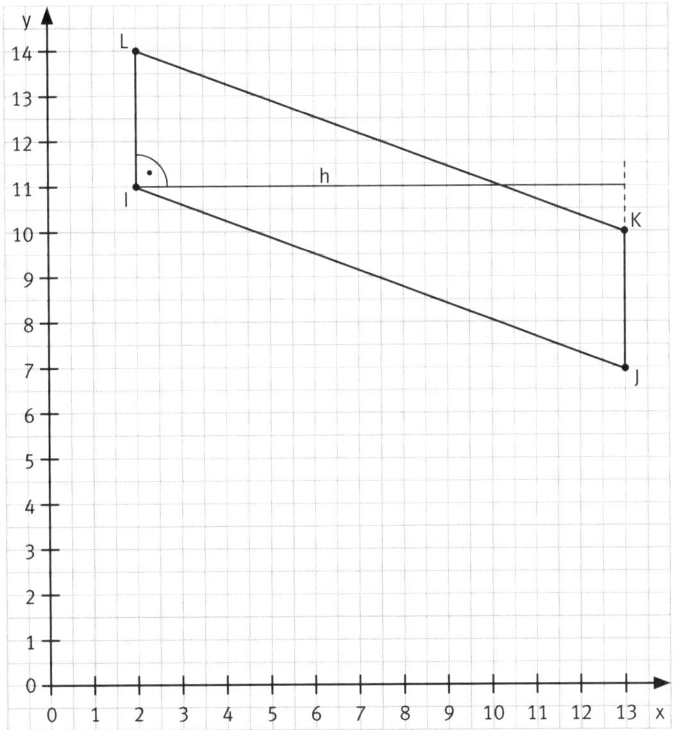

Grundseite: $\overline{JK}$ = 3 cm
Höhe: h = 11 cm
$A_P = 3\,\text{cm} \cdot 11\,\text{cm} = 33\,\text{cm}^2$

d)

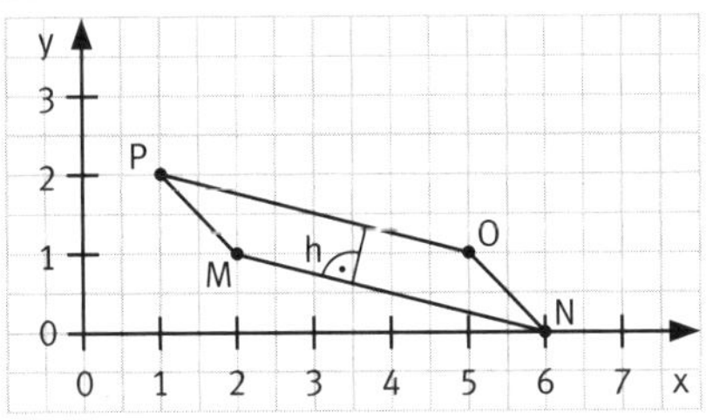

Grundseite: $\overline{MN}$ = 4,1 cm
Höhe: h = 0,7 cm
$A_P = 4{,}1\,\text{cm} \cdot 0{,}7\,\text{cm} \approx 2{,}9\,\text{cm}^2$

e)

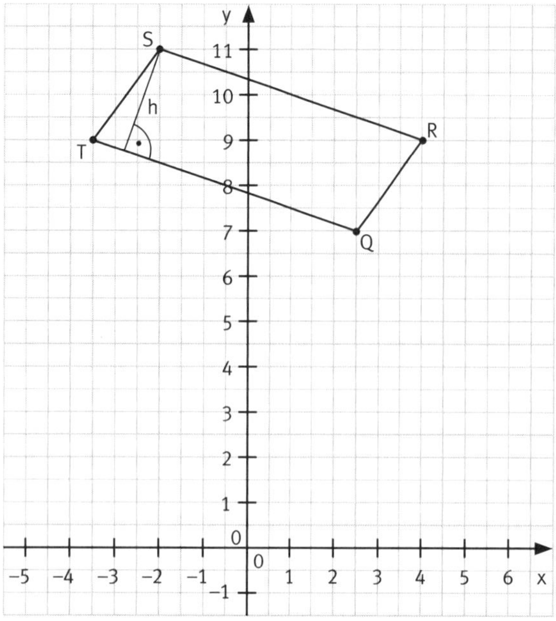

Grundseite: $\overline{TQ} = 6{,}3\,cm$
Höhe: $h = 2{,}4\,cm$
$A_P = 6{,}3\,cm \cdot 2{,}4\,cm \approx 15{,}1\,cm^2$

f)

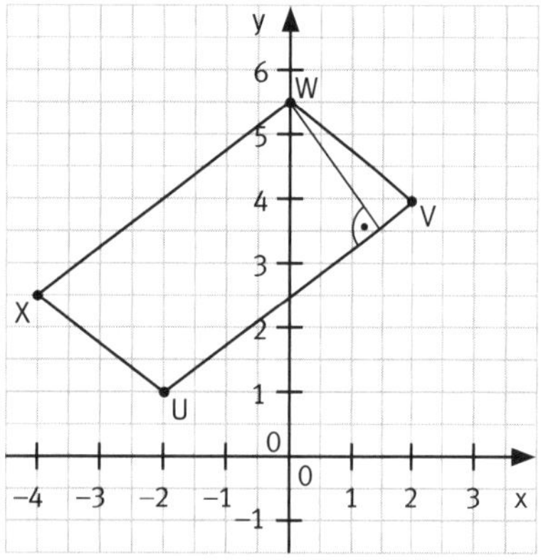

Grundseite: $\overline{UV} = 5\,cm$
Höhe: $h = 2{,}4\,cm$
$A_P = 5\,cm \cdot 2{,}4\,cm = 12\,cm^2$

K4 **3**

Parallelogramm	a)	b)	c)	d)	e)	f)
Seitenlänge g_1	6 cm	10 cm	12 m	8,4 cm	8 cm	15 m
zugehörige Höhe h_1	5 cm	8 cm	7,5 m	5 cm	7,5 cm	11 m
Seitenlänge g_2	7,5 cm	16 cm	9 m	4,2 cm	10 cm	11 m
zugehörige Höhe h_2	4 cm	5 cm	10 m	10 cm	6 cm	15 m
Flächeninhalt	30 cm²	80 m²	90 m²	42 cm²	60 cm²	1,65 a
Umfangslänge	27 cm	52 cm	42 m	25,2 cm	36 cm	52 m

K1/4 **4** Alle vier Figuren haben den gleichen Flächeninhalt. Sie lassen sich durch Zerlegung in das Rechteck flächengleich überführen. Für das Rechteck gilt: $A = 1\,cm \cdot 3\,cm = 3\,cm^2$.

K2 **5** Die Gesamtlänge des Streifens beträgt: $L = 5 \cdot 2\,cm + 4 \cdot 1\,cm + 2 \cdot 0{,}5\,cm = 15\,cm$.
Für den Flächeninhalt gilt: $A = 15\,cm \cdot 2\,cm = 30\,cm^2$.
Für den Flächeninhalt eines gelben Streifens gilt: $A_{gelb} = 2\,cm \cdot 0{,}5\,cm = 1\,cm^2$.
Da es 10 gelbe Streifen sind, gilt für den gesamten Flächeninhalt der gelben Streifen:
$A_{gelb\ gesamt} = 10 \cdot 1\,cm^2 = 10\,cm^2$.
Für den Anteil der Fläche der gelben Streifen an der Gesamtfläche gilt: $\frac{10\,cm^2}{30\,cm^2} = \frac{1}{3}$.

Alternativer Einstieg: Schulbuch Seite 89

Entdecken

K1 ■ Das Rechteck und das Parallelogramm haben gleichen Flächeninhalt. Die beiden linken Dreiecke passen in das untere Parallelogramm und decken die Hälfte der Fläche ab (das obere Dreieck muss an der unteren Seite einmal gespiegelt werden). Die beiden rechten Dreiecke passen in das Rechteck und decken ebenfalls die Hälfte der Fläche ab.

K1 ■ Die Dreiecke haben den halben Flächeninhalt des Rechtecks bzw. Parallelogramms.

K1 ■ Da das Rechteck und das Parallelogramm den Flächeninhalt 8 cm^2 haben, haben alle Dreiecke den Flächeninhalt 4 cm^2.

Hinweis zur unterrichtlichen Umsetzung: Gedacht ist, die Dreiecke auf Folie auszudrucken und auszuschneiden und die Schülerinnen und Schüler durch Probieren die Dreiecke auf das Rechteck und das Parallelogramm legen zu lassen.

Nachgefragt

K1 ■ Ja, das stimmt. Die beiden kurzen Seiten des Geodreiecks bilden einen rechten Winkel. Sie sind deshalb gleichzeitig zwei Höhen des Geodreiecks.

K1 ■ Sina liegt mit ihrer Aussage falsch. Bei gleicher Grundseite und Höhe ist die Fläche des Parallelogramms doppelt so groß wie die eines Dreiecks, da für die Flächenberechnung des Dreiecks nur die halbe Fläche genommen wird.

K1 ■ Nein, diese Aussage ist falsch. Für den Umfang des Dreiecks werden nicht nur die beiden Seitenlängen addiert, sondern auch die Diagonale. Deshalb ist der Umfang bei einem Dreieck nicht halb so groß wie der eines Parallelogramms.

Aufgaben

K4 **1** **a)** $A_D = \frac{1}{2} \cdot 8\,cm \cdot 4\,cm = 16\,cm^2$ **b)** $A_D = \frac{1}{2} \cdot 7{,}5\,cm \cdot 5\,cm = 18{,}75\,cm^2$

c) $A_D = \frac{1}{2} \cdot 6{,}3\,cm \cdot 3{,}7\,cm = 11{,}7\,cm^2$ **d)** $A_D = \frac{1}{2} \cdot 5\,cm \cdot 5\,cm = 12{,}5\,cm^2$

K4 **2** **a)**

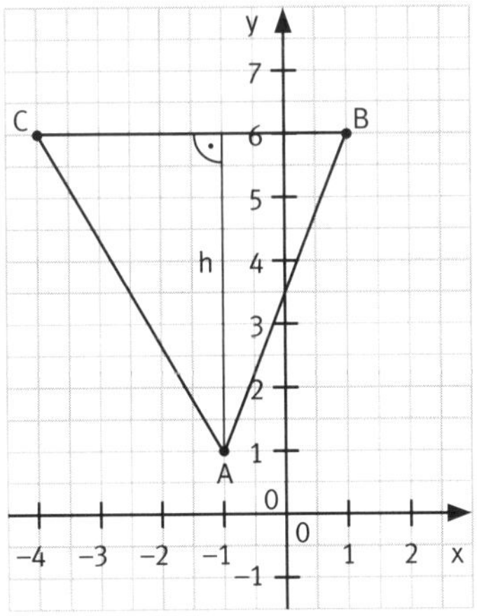

g = 5 cm h = 5 cm $A_D = \frac{1}{2} \cdot 5\,cm \cdot 5\,cm = 12{,}5\,cm^2$ $U_D = 16{,}2\,cm$

b)

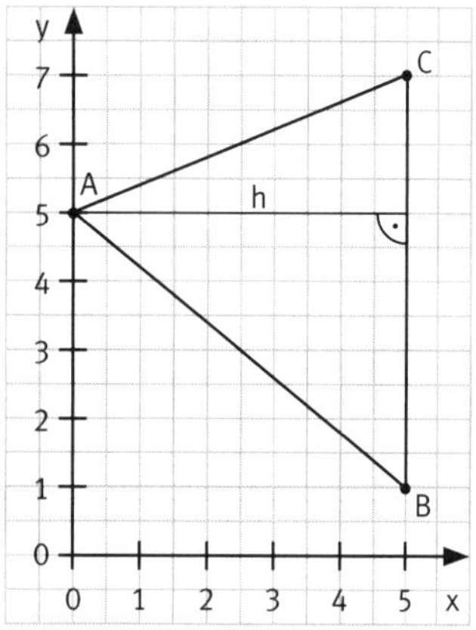

g = 6 cm h = 5 cm $A_D = \frac{1}{2} \cdot 6\,\text{cm} \cdot 5\,\text{cm} = 15\,\text{cm}^2$ $U_D = 17{,}8\,\text{cm}$

c)

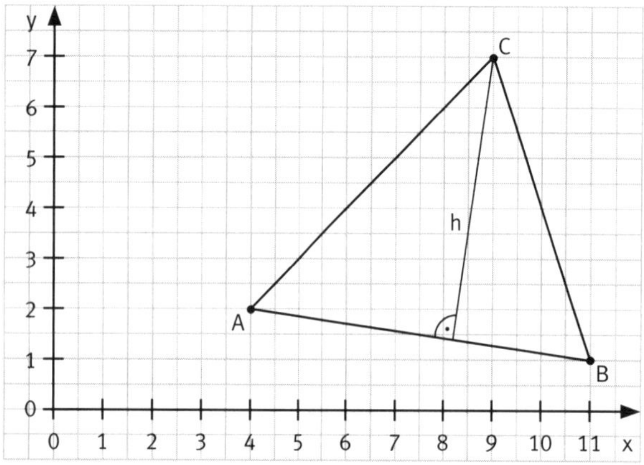

g = 7,1 cm h = 5,7 cm $A_D = \frac{1}{2} \cdot 7{,}1\,\text{cm} \cdot 5{,}7\,\text{cm} = 20{,}2\,\text{cm}^2$ (genau: $20{,}0\,\text{cm}^2$) $U_D = 20{,}5\,\text{cm}$

d)

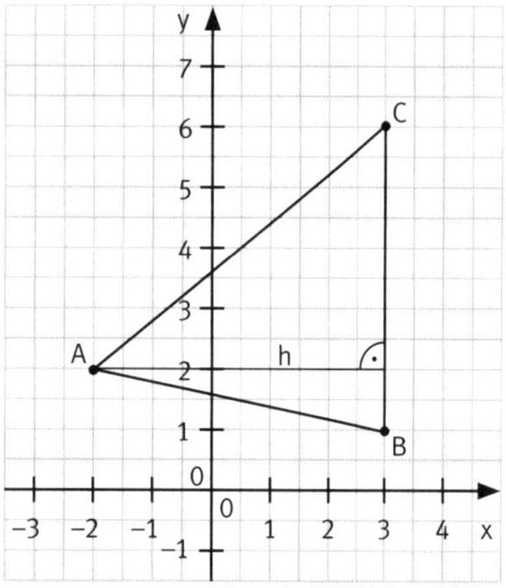

g = 5 cm h = 5 cm $A_D = \frac{1}{2} \cdot 5\,\text{cm} \cdot 5\,\text{cm} = 12{,}5\,\text{cm}^2$ $U_D = 16{,}5\,\text{cm}$

e)

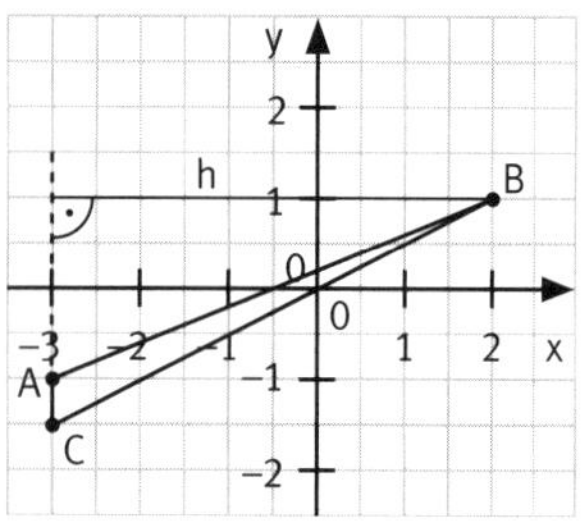

g = 0,5 cm h = 5 cm $A_D = \frac{1}{2} \cdot 0{,}5\,\text{cm} \cdot 5\,\text{cm} = 1{,}25\,\text{cm}^2$ $U_D = 11{,}5\,\text{cm}$

f)

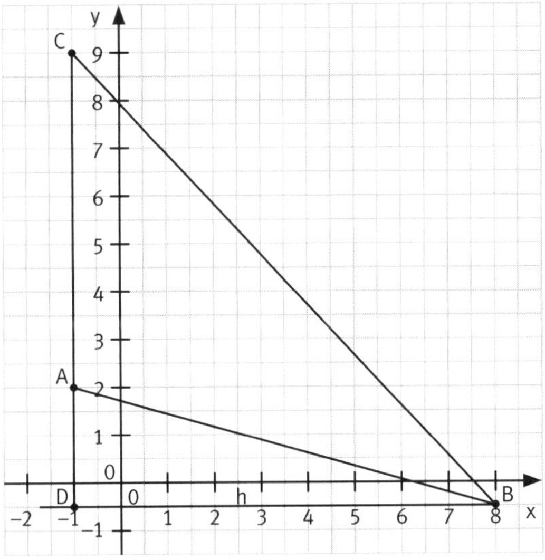

Grundseite AC; g = 7 cm

Höhe DB; h = 9 cm $A_D = 0{,}5 \cdot 7\,\text{cm} \cdot 9\,\text{cm} = 31{,}5\,\text{cm}^2$ $U_D = 29{,}4\,\text{cm}$

K4 **3**

	a)	b)	c)	d)	e)	f)
Grundseite g	5,5 cm	6 m	15 dm	23 m	1,4 m	84 dm
Höhe h	4 cm	8 m	18 dm	12 m	2,8 m	42 dm
Flächeninhalt	11 cm²	24 m²	135 dm²	138 m²	1,96 m²	17,64 m²

K1/4 **4**

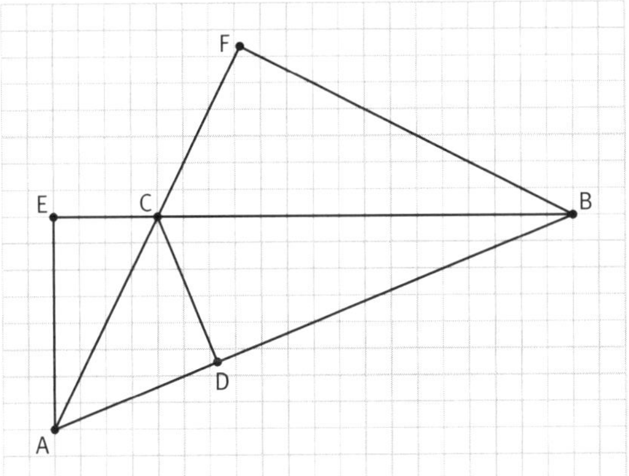

a) Zur Berechnung des Flächeninhalts eignet sich am besten die Seite a mit h_a. Für den Flächeninhalt des Dreiecks gilt: $A_D = 0{,}5 \cdot 4\,\text{cm} \cdot 2\,\text{cm} = 4\,\text{cm}^2$.

b) Zur Berechnung des Flächeninhalts eignet sich am besten die Seite c mit h_c. Für den Flächeninhalt des Dreiecks gilt: $A_{Dreieck} = 0{,}5 \cdot 6\,\text{cm} \cdot 2\,\text{cm} = 6\,\text{cm}^2$.

c) Zur Berechnung des Flächeninhalts eignet sich am besten die Seite a mit h_a (oder c und h_c). Für den Flächeninhalt des Dreiecks gilt: $A_{Dreieck} = 0{,}5 \cdot 4\,\text{cm} \cdot 2\,\text{cm} = 4\,\text{cm}^2$.

K3/4 **5** **a)** mögliche Lösungen:

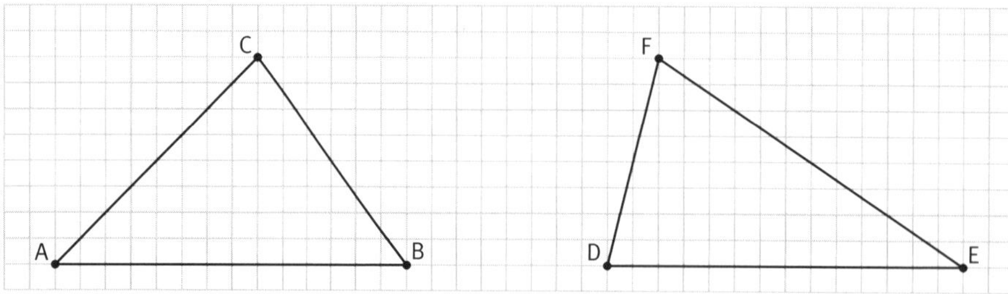

b)

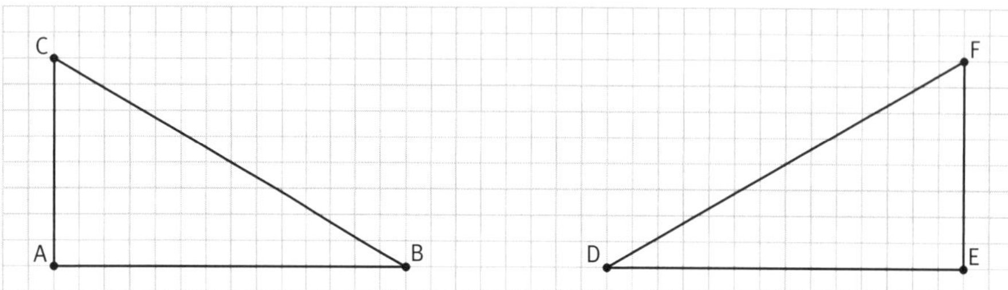

c) mögliche Lösungen:

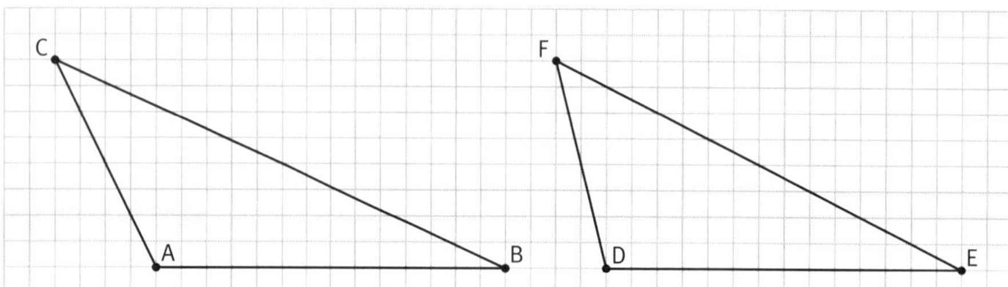

K4 **6** Die beiden Flächeninhalte sind gleich groß: A = (2 cm · 2,5 cm) : 2 = 2,5 cm^2.

K1/5 **7**
- Steffi hat zwei Grundseiten multipliziert, die nicht senkrecht aufeinander stehen.
- Yasemin hat im letzten Schritt nicht durch 2 dividiert, sondern mit 2 multipliziert. Das Ergebnis hätte bei einer Division kleiner werden müssen.
- Leon hat vergessen, dass in der Formel für die Berechnung der Dreiecksfläche der Faktor $\frac{1}{2}$ steht.

K1 **8** Kathrins Aussage ist richtig. Der Flächeninhalt bei Dreiecken wird berechnet aus dem halben Produkt der Grundseite und der dazugehörigen Höhe. Egal, wo der dritte Punkt des Dreiecks auf einer Parallelen im Abstand der Höhe zur Grundseite liegt, haben alle Dreiecke denselben Flächeninhalt (hier: 17,5 cm^2).

K4 **9** **a)** rechtwinklig; z. B. g = 9 cm und h = 4 cm **b)** spitzwinklig: g = 6 cm und h = 6 cm
c) gleichschenklig; z. B. g = 9 cm und h = 4 cm **d)** stumpfwinklig; z. B. g = 12 cm und h = 3 cm

K2/4 **10** **a)** Eine Seite ist die Grundseite mit der Länge 9 cm.
27 cm^2 : 9 cm = 3 cm. Die Höhe beträgt 2 · 3 cm = 6 cm.
Mit diesen Maßen lassen sich mehrere Dreiecke zeichnen.

b) 42 cm^2 : 12 cm = 3,5 cm. Grundseite: 2 · 3,5 cm = 7 cm
Alternativ kann zuerst die Maßzahl des Flächeninhalts verdoppelt und anschließend durch die Maßzahl der Höhe geteilt werden.
Für die Zeichnung gibt es wiederum viele Möglichkeiten.

K4 **11 a)** $A = (225\,m \cdot 75\,m) : 2 = 8437{,}5\,m^2 \approx 0{,}84\,ha$

b) $8437{,}5 \cdot 325\,€ = 2742187{,}5\,€ \approx 2{,}7$ Mio. €

K2/3 **12 a)**

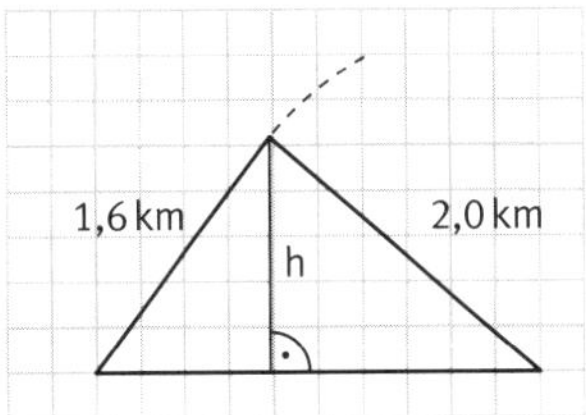

Die Waldfläche ist $160\,ha = 1{,}6\,km^2$ groß.

b) Bei einer berechneten Fläche von 160 ha kostet die Aufforstung 1,28 Millionen €.

K3/4 **13 a)** $A_{gesamt} = 4 \cdot \frac{1}{2} \cdot 35\,m \cdot 27{,}8\,m = 1946\,m^2$

b) Eine dreieckige Seitenfläche besteht aus ungefähr 170 Rauten, gesamt sind das 680 Rauten. Eine Raute hat eine Fläche von ungefähr $2{,}86\,m^2$.

c) Eine Glasraute wiegt dann ungefähr 263 kg. Das gesamte Glas der Pyramide hat ein Gewicht von 178 840 kg = 180 t.

K2 **14 a)** Die beiden blau eingefärbten Dreiecke ergänzen sich zu einem Quadrat der Seitenlänge 4 cm. Der Flächeninhalt ist dann $A = 16\,cm^2$.

b) Bei dieser Figur kann man alle rosa Teilflächen abziehen, um die Fläche der blauen Figur zu ermitteln. Der Flächeninhalt ist dann $A = 50\,cm^2 - 12{,}5\,cm^2 - 18{,}75\,cm^2 - 3{,}125\,cm^2 = 15{,}625\,cm^2$.

c) In dieser Figur kann man die Fläche des großen blauen Dreiecks berechnen:
$A_1 = \frac{1}{2} \cdot 4\,cm \cdot 4\,cm = 8\,cm^2$
Für die Flächenberechnung der kleinen blauen Dreiecke verfährt man wie in Teilaufgabe **b)**, jedoch muss nur eines der Dreiecke betrachtet werden, da sie kongruent sind. Diese Fläche kann man so berechnen:
$A_2 = 16\,cm^2 - 8\,cm^2 - 2\,cm^2 = 6\,cm^2$
Der gesamte Flächeninhalt beträgt somit $A_{gesamt} = 8\,cm^2 + 6\,cm^2 + 6\,cm^2 = 20\,cm^2$.

K1/2 **15**

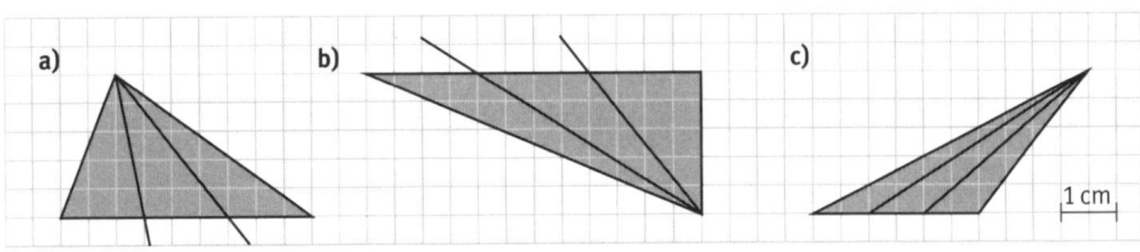

a) $A_D = 0{,}5 \cdot 1{,}5\,cm \cdot 2{,}5\,cm = 1{,}875\,cm^2$

b) $A_D = 0{,}5 \cdot 2\,cm \cdot 2{,}5\,cm = 2{,}5\,cm^2$

c) $A_D = 0{,}5 \cdot 1\,cm \cdot 2{,}5\,cm = 1{,}25\,cm^2$

K1/2 **16 a)** Für den Flächeninhalt des Dreiecks gilt: $A_D = 0{,}5 \cdot 6\,cm \cdot 3\,cm = 9\,cm^2$.
Für die Seitenlängen des Quadrats gilt $a - 3\,cm$.
Für die Seitenlängen eines Rechtecks gilt z. B. $a = 4{,}5\,cm$ und $b = 2\,cm$.
Für die Seitenlänge und die Höhe eines Parallelogramms gilt z. B. $a = 4{,}5\,cm$ und $h_a = 2\,cm$.

b) Der Anteil an der eingefärbten Dreiecksfläche an der ganzen Rechtecksfläche beträgt $\frac{1}{6}$.
Die Diagonale halbiert die Rechtecksfläche, und das gefärbte Dreieck macht ein Drittel dieser Fläche aus.

K2/3 **17** Am einfachsten ist es, das Viereck in zwei rechtwinklige Dreieck aufzuteilen, jeweils deren Fläche zu berechnen und anschließend die Ergebnisse zu addieren.
$A_1 = \frac{1}{2} \cdot 120\,cm \cdot 50\,cm = 3000\,cm^2$ $A_2 = \frac{1}{2} \cdot 120\,cm \cdot 50\,cm = 3000\,cm^2$
$A_{gesamt} = 3000\,cm^2 + 3000\,cm^2 = 6000\,cm^2$

Entdecken

Alternativer Einstieg: Schulbuch Seite 89

K3
- Mögliche Zerlegung:

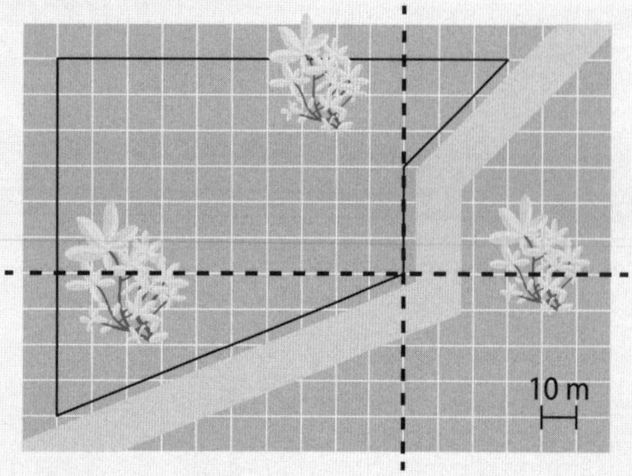

K2
- Fläche des Rechtecks: $A_1 = 100\,m \cdot 60\,m = 6000\,m^2$
  Fläche des großen Dreiecks: $A_2 = 0{,}5 \cdot 40\,m \cdot 100\,m = 2000\,m^2$
  Fläche des kleinen Dreiecks: $A_3 = 0{,}5 \cdot 30\,m \cdot 30\,m = 450\,m^2$
  $A_{gesamt} = A_1 + A_2 + A_3 = 6000\,m^2 + 2000\,m^2 + 450\,m^2 = 8450\,m^2$

K4
- Wert des Grundstücks: 8450 · 20 € = 169 000 €

Nachgefragt

K1
- Paul hat Recht. Wenn man von dem Fünfeck vier Ecken zu einem Viereck verbindet, bleibt eine Ecke übrig. Diese kann man mit den beiden benachbarten Ecken zu einem Dreieck verbinden.

K1
- Petra hat Recht. Eine Teilfigur des Vielecks hat mindestens eine weitere Seite neben den Seiten, die es mit dem Vieleck gemeinsam hat. Entsprechend müssen zwei Teilfiguren, die das Vieleck vollständig abdecken, mindestens zwei Seiten mehr haben. Ihr Umfang ist deshalb immer größer als der Umfang des Vielecks selbst.

K1
- Felix hat Recht. Jedes Vieleck kann in Teildreiecke zerlegt werden. Dieses Verfahren erleichtert die Berechnung des Flächeninhalts der gesamten Fläche des Vielecks.

Aufgaben

K4 **1**

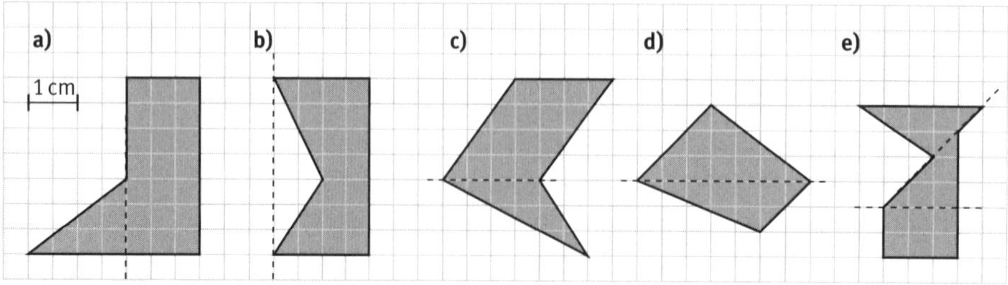

a) $A = 0{,}5 \cdot 2\,cm \cdot 1{,}5\,cm + 1{,}5\,cm \cdot 3{,}5\,cm = 6{,}25\,cm^2$
b) $A = 2\,cm \cdot 3{,}5\,cm - 0{,}5 \cdot 1\,cm \cdot 3{,}5\,cm = 5{,}35\,cm^2$
c) $A = 2\,cm \cdot 2\,cm + 0{,}5 \cdot 2\,cm \cdot 1{,}5\,cm = 5{,}5\,cm^2$
d) $A = 0{,}5 \cdot 3{,}5\,cm \cdot 1{,}5\,cm + 0{,}5 \cdot 3{,}5\,cm \cdot 1\,cm = 4{,}375\,cm^2$
e) $A = 0{,}5 \cdot 2{,}5\,cm \cdot 1\,cm + 0{,}5 \cdot 1{,}5\,cm \cdot 1{,}5\,cm + 1\,cm \cdot 1{,}5\,cm = 3{,}875\,cm^2$

K4 **2** Lösungsmöglichkeiten:

a)

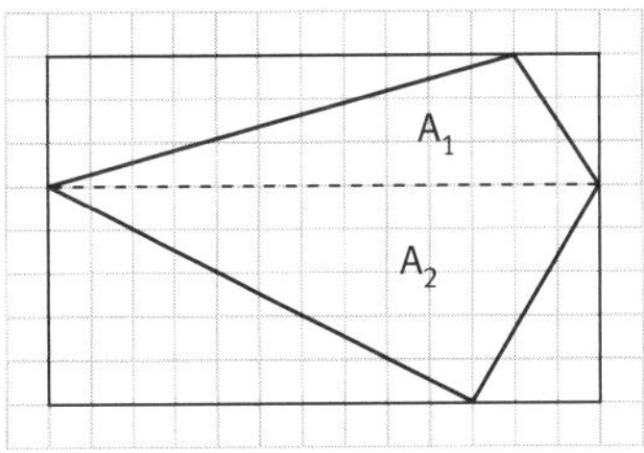

$A_1 = \frac{1}{2} \cdot 6{,}5\,\text{cm} \cdot 1{,}5\,\text{cm} = 4{,}875\,\text{cm}^2$

$A_2 = \frac{1}{2} \cdot 6{,}5\,\text{cm} \cdot 2{,}5\,\text{cm} = 8{,}125\,\text{cm}^2$

$A_{gesamt} = A_1 + A_2 = 13\,\text{cm}^2$

b)

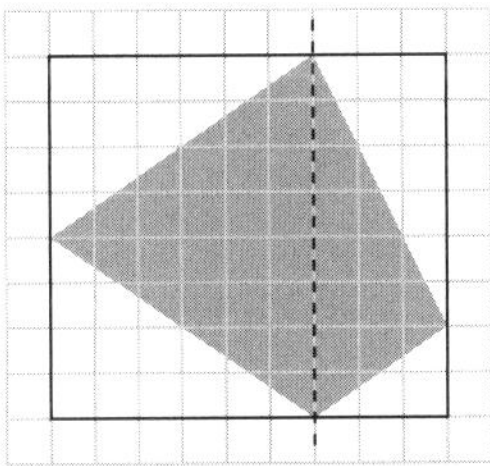

$A = 0{,}5 \cdot 4\,\text{cm} \cdot 3\,\text{cm} + 0{,}5 \cdot 4\,\text{cm} \cdot 1{,}5\,\text{cm} = 9\,\text{cm}^2$

c)

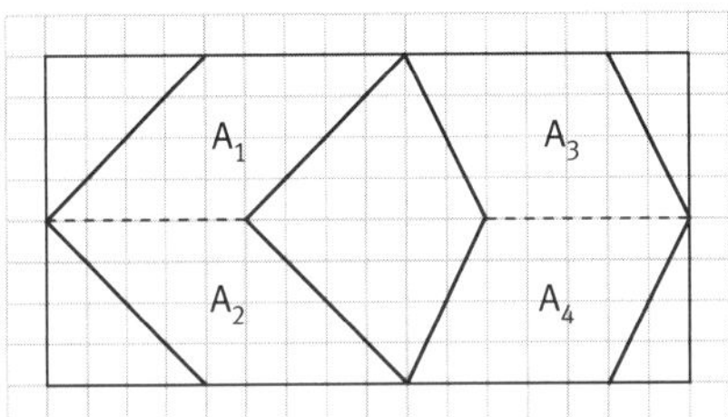

$A_1 = 2{,}5\,\text{cm} \cdot 2\,\text{cm} = 5\,\text{cm}^2$

$A_3 = 2{,}5\,\text{cm} \cdot 2\,\text{cm} = 5\,\text{cm}^2$

$A_{gesamt} = 2 \cdot (A_1 + A_3) = 20\,\text{cm}^2$

Die Flächen A_1 und A_2 sowie die Flächen A_3 und A_4 sind kongruent.

K4 **3** Lösungsmöglichkeiten:

a)

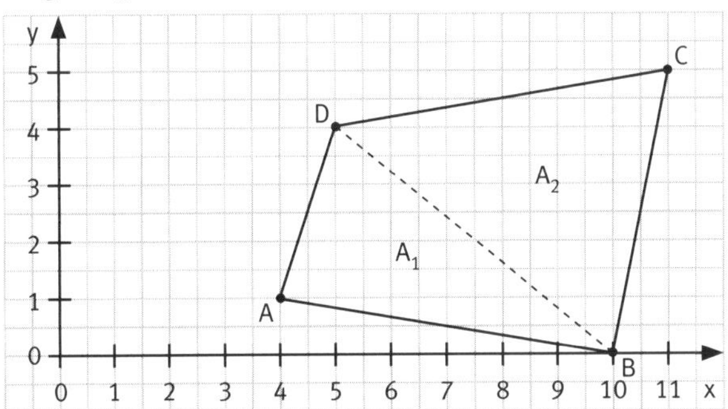

$A_1 = \frac{1}{2} \cdot 6{,}4\,\text{cm} \cdot 3{,}0\,\text{cm} = 9{,}6\,\text{cm}^2$

$A_2 = \frac{1}{2} \cdot 6{,}4\,\text{cm} \cdot 4{,}5\,\text{cm} = 14{,}4\,\text{cm}^2$

$A_{gesamt} = A_1 + A_2 = 24{,}0\,\text{cm}^2$

b)

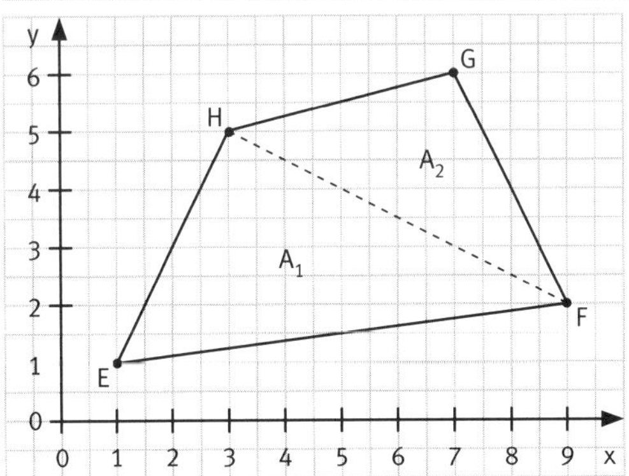

$A_1 = \frac{1}{2} \cdot 6{,}7\,\text{cm} \cdot 4{,}5\,\text{cm} \approx 15{,}1\,\text{cm}^2$

$A_2 = \frac{1}{2} \cdot 6{,}7\,\text{cm} \cdot 2{,}7\,\text{cm} \approx 9{,}0\,\text{cm}^2$

$A_{gesamt} = A_1 + A_2 = 24{,}1\,\text{cm}^2$

(genau: $24{,}0\,\text{cm}^2$)

c)

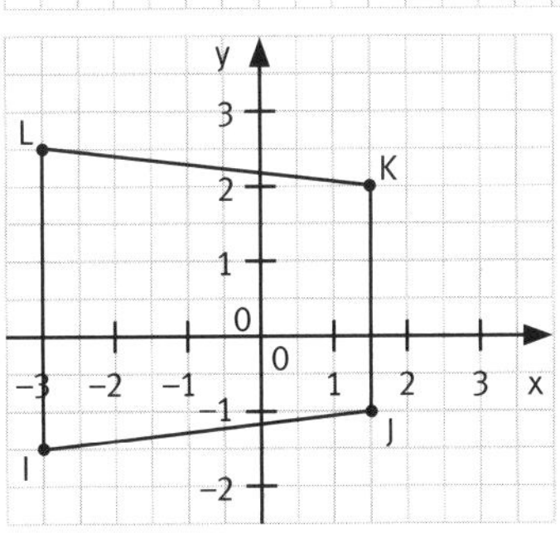

$A_{Tr} = \frac{1}{2} \cdot (4\,\text{cm} + 3\,\text{cm}) \cdot 4{,}5\,\text{cm} = 15{,}75\,\text{cm}^2$

K4 **4 a)** Lösungsmöglichkeit:

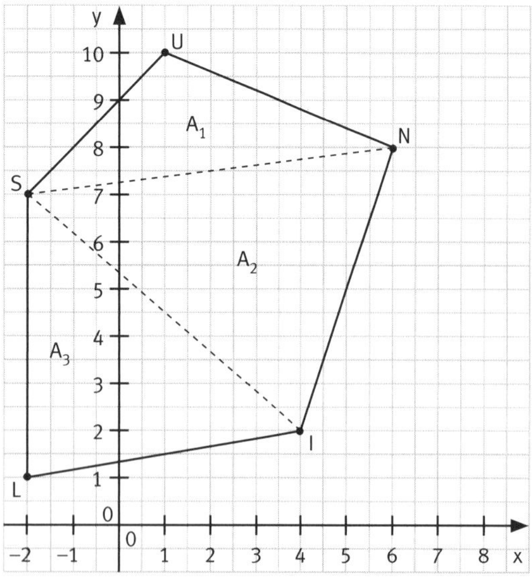

$A_1 = \frac{1}{2} \cdot 8{,}1\,\text{cm} \cdot 2{,}6\,\text{cm} \approx 10{,}5\,\text{cm}^2$

$A_2 = \frac{1}{2} \cdot 8{,}1\,\text{cm} \cdot 5{,}7\,\text{cm} \approx 23{,}1\,\text{cm}^2$

$A_3 = \frac{1}{2} \cdot 7{,}8\,\text{cm} \cdot 4{,}6\,\text{cm} \approx 17{,}9\,\text{cm}^2$

$A_{\text{gesamt}} = A_1 + A_2 + A_3 = 51{,}5\,\text{cm}^2$

b)

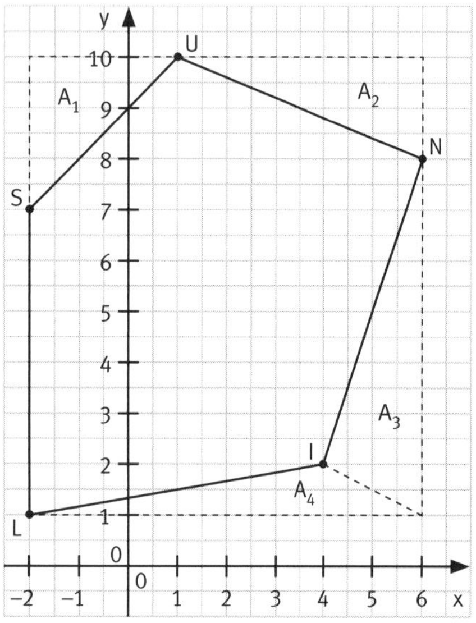

Rechtecksfläche: $A_{\text{Rechteck}} = 8\,\text{cm} \cdot 9\,\text{cm} = 72\,\text{cm}^2$

$A_1 = \frac{1}{2} \cdot 3\,\text{cm} \cdot 3\,\text{cm} = 4{,}5\,\text{cm}^2$

$A_2 = \frac{1}{2} \cdot 5\,\text{cm} \cdot 2\,\text{cm} = 5\,\text{cm}^2$

$A_3 = \frac{1}{2} \cdot 7\,\text{cm} \cdot 2\,\text{cm} = 7\,\text{cm}^2$

$A_4 = \frac{1}{2} \cdot 8\,\text{cm} \cdot 1\,\text{cm} = 4\,\text{cm}^2$

$A_{\text{gesamt}} = 72\,\text{cm}^2 - (A_1 + A_2 + A_3 + A_4) = 51{,}5\,\text{cm}^2$

K3 **5 a)**

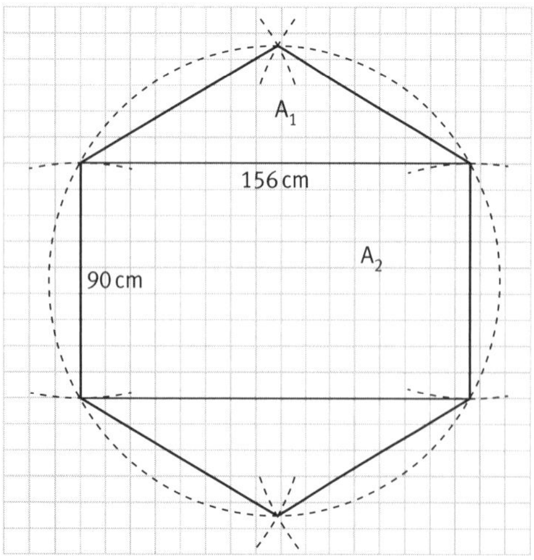

$A_1 = \frac{1}{2} \cdot 156\,\text{cm} \cdot 45\,\text{cm} = 3510\,\text{cm}^2$

$A_2 = 156\,\text{cm} \cdot 90\,\text{cm} = 14\,040\,\text{cm}^2$

$A_{\text{gesamt}} = 2 \cdot A_1 + A_2 = 21\,060\,\text{cm}^2 \approx 2{,}1\,\text{m}^2$

b) Die Fläche der Tankstelle hat eine Fläche von 423 m². Es passen ungefähr 200 sechseckige Platten auf diese Rechteckfläche. Für die Zapfsäulen etc. muss man natürlich ein paar Platten abziehen, aber da dies in den wenigsten Fällen ganze Platten sein werden, reduziert sich die Gesamtzahl der Platten wohl kaum merklich. Für die Ränder des Rechtecks könnten ein paar zusätzliche Platten benötigt werden.

K1 **6** **a)** Im ersten Aufgabenteil individuelle Lösungen.

Für den zweiten Aufgabenteil:

Für den Flächeninhalt des Parallelogramms gilt:

$A_P = c \cdot h.$

Für den Flächeninhalt des Dreiecks gilt:

$A_D = 0{,}5 \cdot (a - c) \cdot h.$

$A_{ges} = A_P + A_D = c \cdot h + 0{,}5 \cdot (a - c) \cdot h$

$= (c + 0{,}5 \cdot (a - c)) \cdot h$

$= (c + 0{,}5 \cdot a - 0{,}5 \cdot c) \cdot h$

$= (0{,}5 \cdot a + 0{,}5 \cdot c) \cdot h$

$= 0{,}5 \cdot (a + c) \cdot h$

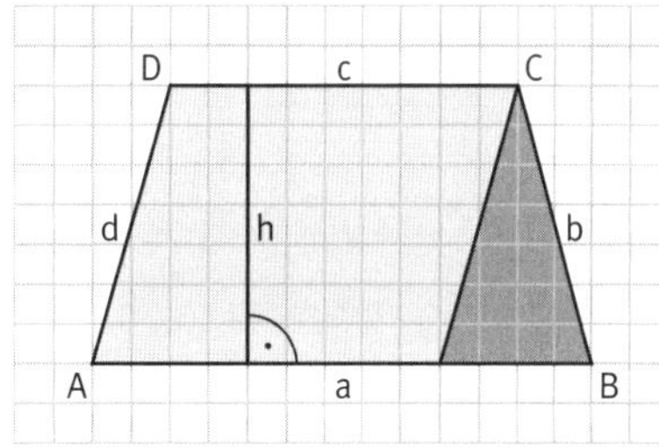

b) Für den Flächeninhalt der beiden Dreiecke gilt:

$A_{D1} = 0{,}5 \cdot (c - d) \cdot h$

$A_{D2} = 0{,}5 \cdot (a - d) \cdot h.$

Für das Rechteck gilt:

$A_R = d \cdot h.$

$A_{ges} = A_R + A_{D1} + A_{D2}$

$= d \cdot h + 0{,}5 \cdot (c - d) \cdot h + 0{,}5 \cdot (a - d) \cdot h$

$= h \cdot (d + 0{,}5 \cdot c - 0{,}5 \cdot d + 0{,}5 \cdot a - 0{,}5 \cdot d)$

$= h \cdot (0{,}5 \cdot c + 0{,}5 \cdot d)$

$= h \cdot (c + d) \cdot 0{,}5$

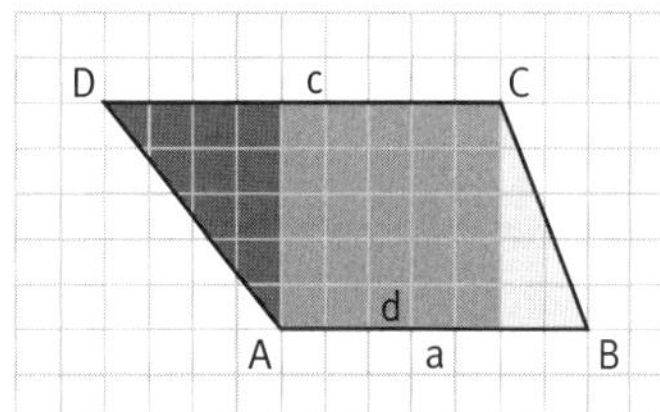

Für die Flächeninhalte der beiden Dreiecke gilt:

$A_{D1} = 0{,}5 \cdot c \cdot h$

$A_{D2} = 0{,}5 \cdot a \cdot h.$

$A_{ges} = A_{D1} + A_{D2}$

$= 0{,}5 \cdot c \cdot h + 0{,}5 \cdot a \cdot h$

$= 0{,}5 \cdot h \cdot (a + c)$

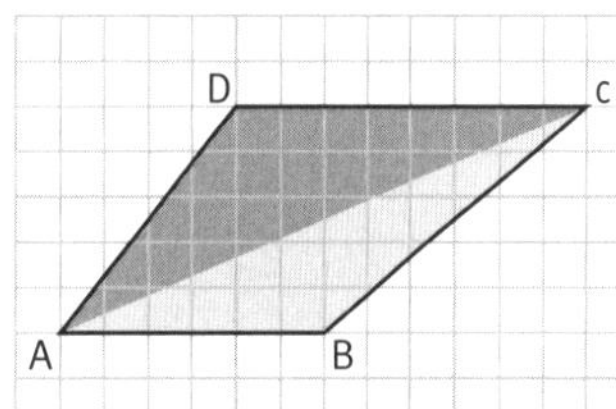

Durch das Aneinanderlegen zweier Trapeze entsteht ein Parallelogramm mit doppeltem Flächeninhalt.

Für den Flächeninhalt des Parallelogramms gilt:

$A_P = (a + c) \cdot h.$

Damit gilt für den Flächeninhalt eines Trapezes:

$A_{Tr} = 0{,}5 \cdot (a + c) \cdot h.$

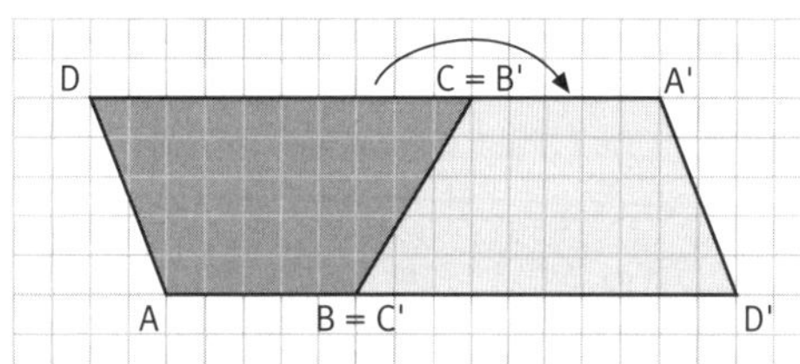

K4 **7** **a)** $A_1 = 0{,}5 \cdot (2\,cm + 5\,cm) \cdot 2\,cm = 7\,cm^2$

$A_2 = 0{,}5 \cdot (2\,cm + 5\,cm) \cdot 2\,cm = 7\,cm^2$

$A_3 = 0{,}5 \cdot (1\,cm + 3\,cm) \cdot 2\,cm = 4\,cm^2$

b) Das Achteck besteht aus zwei Trapezen und einem Rechteck.

Für deren Flächeninhalte gilt:

$A_{Tr} = 0{,}5 \cdot (3{,}5\,cm + 1{,}5\,cm) \cdot 1\,cm = 2{,}5\,cm^2$

$A_R = 1{,}5\,cm \cdot 3{,}5\,cm = 5{,}25\,cm^2$

$A_{ges} = 2 \cdot A_{Tr} + A_R = 2 \cdot 2{,}5\,cm^2 + 5{,}25\,cm^2 = 10{,}25\,cm^2$

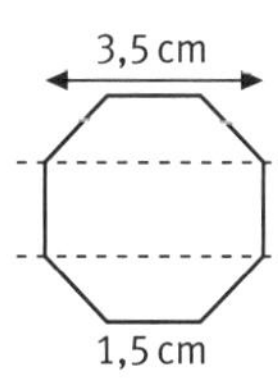

K4 **8 a)** und **b)**

1

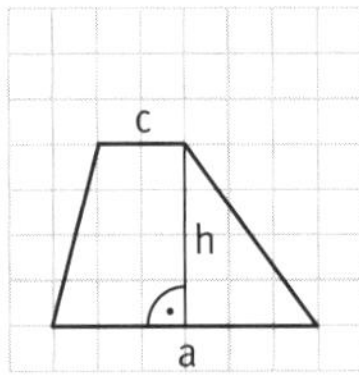

$A_{Tr} = 4\,cm^2$ $U_{Tr} = 8{,}6\,cm$

2

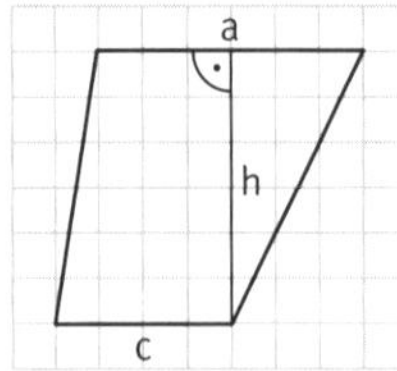

$A_{Tr} = 7{,}5\,cm^2$ $U_{Tr} = 9{,}2\,cm$

3

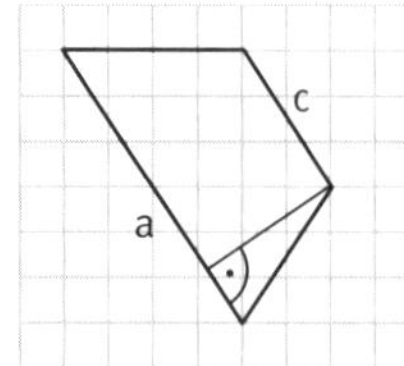

$A_{Tr} = 4{,}5\,cm^2$ $U_{Tr} = 9{,}2\,cm$

4

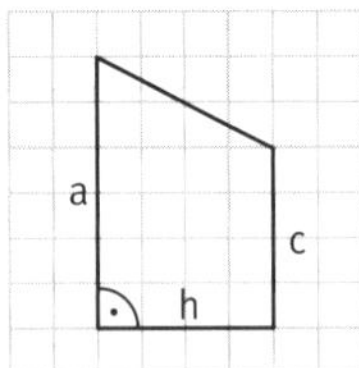

$A_{Tr} = 5\,cm^2$ $U_{Tr} = 9{,}2\,cm$

5

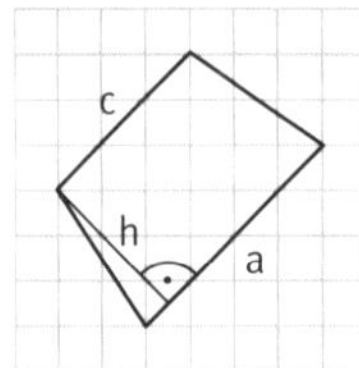

$A_{Tr} = 4{,}5\,cm^2$ $U_{Tr} = 8{,}6\,cm$

Anmerkung zu b):
Alternativ kann das Trapez in Dreiecke und Rechtecke eingeteilt werden.

K2 **9** Die Fläche A_1 ist ein Dreieck mit Grundseite 3 cm. Für die Höhe h gilt:
$h = 2 \cdot A_1 : g = 2 \cdot 7{,}5\,cm^2 : 3\,cm = 5\,cm$.
Zur weiteren Berechnung kann man entweder die rote Fläche in zwei Dreiecke unterteilen oder den Flächeninhalt des zweiten weißen Dreiecks berechnen und dann den Flächeninhalt der beiden weißen Dreiecke von der Gesamtfläche des Rechtecks abziehen.
Für den Flächeninhalt des zweiten weißen Dreiecks gilt: $A_2 = 0{,}5 \cdot 3\,cm \cdot 4\,cm = 6\,cm^2$.
Für die rote Fläche gilt damit:
$A_{rot} = A_R - A_1 - A_2 = 4\,cm \cdot 5\,cm - 7{,}5\,cm^2 - 6\,cm^2 = 20\,cm^2 - 13{,}5\,cm^2 = 6{,}5\,cm^2$.

K3 **10 a)** Neben der folgenden Lösung sind auch noch andere Zerlegungen möglich.
Man kann den Acker näherungsweise in ein Dreieck und ein Trapez zerlegen.

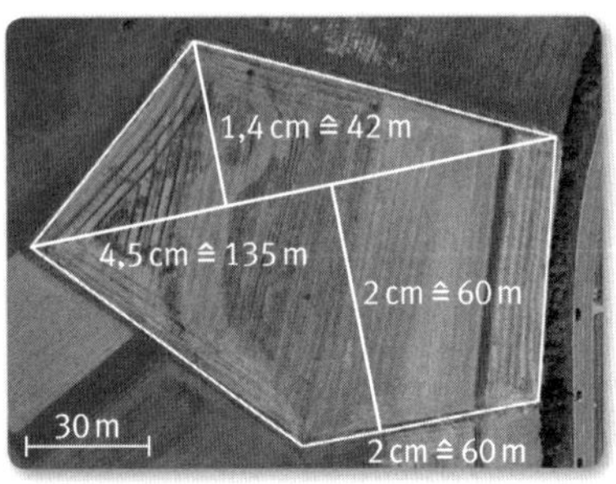

$A_{Acker} = A_D + A_{Tr}$

$A_{Acker} = \frac{1}{2} \cdot 135\,m \cdot 42\,m + \frac{135\,m + 60\,m}{2} \cdot 60\,m$
$= 2835\,m^2 + 5850\,m^2$
$= 8685\,m^2$

Die Fläche des Ackers beträgt $8685\,m^2 = 0{,}8685\,ha$.

b) Jährlich kann man mit einer Ernte von $0{,}8685\,ha \cdot 0{,}6\,t/ha = 0{,}52\,t$ (gerundet) rechnen.

c) Aus dem geernteten Weizen können 12 000 Brötchen gebacken werden.

K3 **11 a)** Da Lote auf die Standlinie gezogen werden, gibt es rechte Winkel, die die Berechnung vereinfachen.

$A = \frac{1}{2} \cdot (2{,}5\,m + 1{,}7\,m) \cdot 1{,}3\,m + \frac{1}{2} \cdot (1{,}3\,m + 4{,}1\,m) \cdot (2{,}2\,m + 1{,}3\,m) + \frac{1}{2} \cdot 3\,m \cdot 4{,}1\,m + \frac{1}{2} \cdot 2{,}5\,m \cdot 2{,}7\,m$
$+ \frac{1}{2} \cdot (2{,}7\,m + 3{,}3\,m) \cdot (1{,}7\,m + 2{,}2\,m) + \frac{1}{2} \cdot (1{,}3\,m + 3\,m) \cdot 3{,}3\,m$
$= 2{,}73\,m^2 + 9{,}45\,m^2 + 6{,}15\,m^2 + 3{,}375\,m^2 + 11{,}7\,m^2 + 7{,}095\,m^2 = 40{,}5\,m^2$

b)

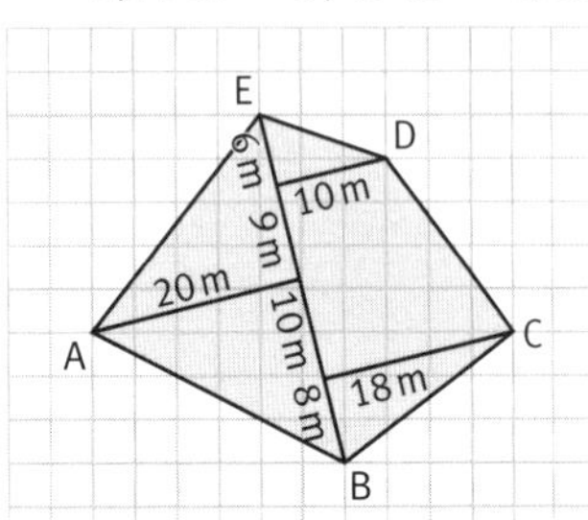

Die aus der Zeichnung abgelesenen Maße wurden mit dem Maßstab in Meter umgerechnet.

$A = \frac{1}{2} \cdot (6\,m + 9\,m + 10\,m + 8\,m) \cdot 20\,m + \frac{1}{2} \cdot 6\,m \cdot 10\,m +$
$\frac{1}{2} \cdot (10\,m + 18\,m) \cdot (9\,m + 10\,m) + \frac{1}{2} \cdot 8\,m \cdot 18\,m$
$= 330\,m^2 + 30\,m^2 + 266\,m^2 + 72\,m^2$
$= 698\,m^2$

Abweichungen können durch Messunterschiede oder die Wahl verschiedener Standlinien entstehen.

K1

Wissen

Drachenviereck

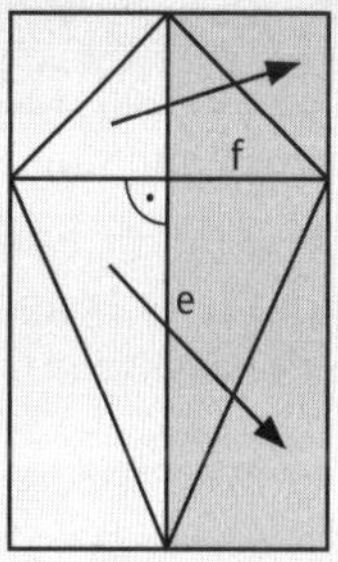

- Verschiebt man die beiden Dreiecke von der linken Seite auf die freien Flächen der rechten Seite, erhält man ein Rechteck, das halb so groß ist, wie das große Rechteck.
  Für seinen Flächeninhalt gilt: $A = \frac{1}{2} \cdot e \cdot f$, was somit auch dem Flächeninhalt des Drachenvierecks entspricht.
- Da jeweils zwei Seiten im Drachenviereck gleich lang sind, müssen die beiden unterschiedlich langen Seitenlängen zuerst addiert und das Ergebnis anschließend verdoppelt werden.
- ①

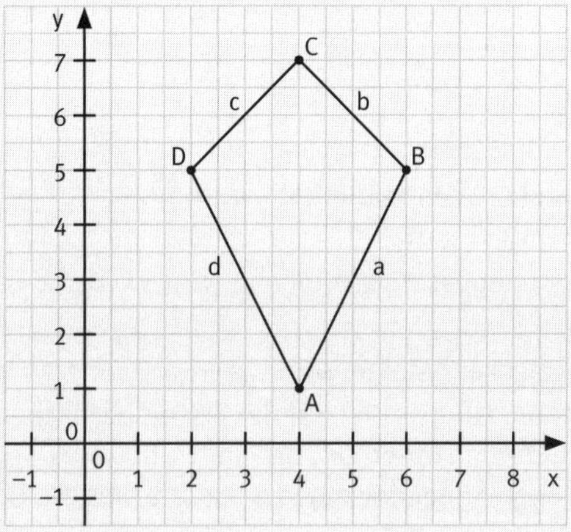

C (4|7)

$A_{DV} = \frac{1}{2} \cdot 6\,\text{cm} \cdot 4\,\text{cm} = 12\,\text{cm}^2$

②

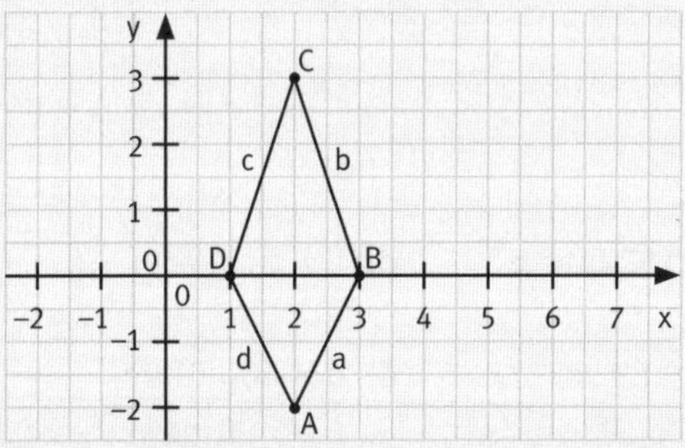

D (1|0)

$A_{DV} = \frac{1}{2} \cdot 5\,\text{cm} \cdot 2\,\text{cm} = 5\,\text{cm}^2$

③

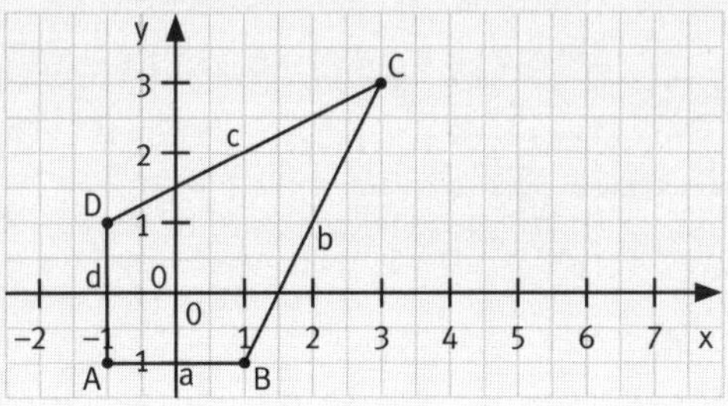

D (–1|1)

Durch Zerlegung oder näherungsweise Rechnung:

$A_{DV} = 8\,\text{cm}^2$

Alternativer Einstieg: Schulbuch Seite 89

Entdecken

K2/3
- Individuelle Messergebnisse.

K3
- Die Schülerinnen und Schüler können eine Tabelle im Heft anlegen oder die Messwerte in ein Tabellenkalkulationsprogramm eintragen.

K4
- Die Schülerinnen und Schüler stellen fest, dass die Quotienten der Maßzahlen von Umfang und Durchmesser alle um den Wert 3 (genauer: etwa 3,14) liegen. Abweichungen sind durch Ungenauigkeiten der Messwerte bzw. durch Rundungen bedingt.

Nachgefragt

K1
- Ursprünglicher Umfang des Kreises: U_K.
  Durchmesser d verdoppelt: $U_{K\,neu} = \pi \cdot (2 \cdot d) = 2 \cdot (\pi \cdot d) = 2 \cdot U_K$
  Der Umfang des Kreises verdoppelt sich, wenn der Durchmesser verdoppelt wird.
  Durchmesser d verdreifacht: $U_{K\,neu} = \pi \cdot (3 \cdot d) = 3 \cdot (\pi \cdot d) = 3 \cdot U_K$
  Der Umfang des Kreises verdreifacht sich, wenn der Durchmesser verdreifacht wird.
  Durchmesser d halbiert: $U_{K\,neu} = \pi \cdot (\frac{1}{2} \cdot d) = \frac{1}{2} \cdot (\pi \cdot d) = \frac{1}{2} \cdot U_K$
  Der Umfang des Kreises halbiert sich, wenn der Durchmesser halbiert wird.

K1
- Die Aussage stimmt, wenn der Umfang einer Kugel als die Länge einer auf der Kugeloberfläche liegenden Randlinie einer Kreisfläche, die den Kugelmittelpunkt enthält, definiert wird. Die Randlinien aller dieser Kreisflächen haben bei einer gegebenen Kugel dieselbe Länge, die man als Umfang der Kugel bezeichnen kann.

Aufgaben

K4 **1** **a)** U = 7,85 m **b)** 1,26 dm **c)** U = 150,80 mm **d)** U = 24,19 cm

K4 **2** **a)** d = 9,14 m, r = 4,57 m **b)** d = 7,96 cm, r = 3,98 cm **c)** d = 0,89 dm, r = 0,45 dm **d)** d = 10,00 mm, r = 5,00 mm

K4 **3**

r	3,8 cm	6,05 cm	10,5 cm	4,62 cm	33 cm
d	7,6 cm	12,10 cm	21 cm	9,23 cm	66 cm
U_g	23,88 cm	38 cm	65,97 cm	29 cm	207,35 cm

K4 **4** Die Ergebnisse sind auf zwei Nachkommastellen gerundet.

a) U = 48 cm, d = 15,28 cm, r = 7,64 cm
b) U = 32 cm, d = 10,19 cm, r = 5,10 cm
c) U = 60 cm, d = 19,10 cm, r = 9,55 cm
d) U = 54 cm, d = 17,19 cm, r = 8,60 cm
e) U = 33 cm, d = 10,50 cm, r = 5,25 cm
f) U = 13,09 cm, d = 4,17 cm, r = 2,09 cm

Anmerkung zu f): Der „Kreisbogen" ist hier mehr als der Kreisumfang.

K1/3 **5** **a)** Umfang der Rolle: U = 12,88 cm
Länge des Bandes: $120 \cdot 12{,}88\,cm = 1545{,}6\,cm \approx 15{,}46\,m$

b) Bei der Rechnung in **a)** wird vorausgesetzt, dass jede Lage des Bandes direkt auf der Rolle aufliegt. In Wirklichkeit ist es i. Allg. so, dass die Lagen des Bandes auch übereinander liegen. Dadurch wird der Durchmesser der einzelnen Lagen immer größer, je weiter außen sie liegen. Deshalb ist das Band in Wirklichkeit länger als in **a)** berechnet.

K1/4 **6** **a)** $U_{Äquator} = 40\,075{,}017\,km$

b) $U_{Pole} = 39\,940{,}651\,km$

c) Die Erde ist nicht exakt kugelförmig.

K3/5 **7** **a)** In der zitierten Bibelstelle wird für die Zahl π der Näherungswert 3 verwendet.

b) Individuelle Rechercheergebnisse. Beispiele:

Babylonier (ca. 2000 v. Chr.)	$\pi \approx 3\frac{1}{8}$
China (1100 v. Chr.); Bibel „Buch der Könige“ (500 v. Chr.)	$\pi \approx 3$
Claudius Ptolomäus (2. Jahrhundert n. Chr.)	$\pi \approx \frac{377}{120}$
John Machin (kannte 1706 bereits 100 Nachkommastellen von π)	$\pi \approx 3{,}14159265...$

3.7 Flächeninhalt des Kreises

Entdecken

K1/3 Durch eine immer feinere Einteilung der Kreisfläche nähert sich die neu angeordnete Form immer mehr einem Rechteck an. Die eine Seite des Rechtecks entspricht dem Radius des Kreises, die andere Seite der Hälfte des Umfangs. Für den Flächeninhalt des Rechtecks gilt deshalb näherungsweise:
$A = r \cdot 0{,}5 \cdot 2\pi \cdot r = \pi r^2$.
Dies entspricht auch dem Flächeninhalt des Kreises.

Nachgefragt

K1 ■ Egon hat Recht: $A_{neu} = \pi \cdot (2 \cdot r)^2 = \pi \cdot 4\,r^2 = 4 \cdot \pi \cdot r^2 = 4 \cdot A_{alt}$.

K1 ■ Für den ersten Zusammenhang gilt:
$A = \pi \cdot r^2 = \pi \cdot \left(\frac{d}{2}\right)^2 = \pi \cdot \frac{d^2}{4}$.
Für den zweiten Zusammenhang gilt: $U = 2 \cdot \pi \cdot r$, also $\frac{U}{2} = \pi \cdot r$.
Setzt man dies in die Formel für den Flächeninhalt des Kreises ein, so erhält man:
$A = \pi \cdot r \cdot r = \frac{U}{2} \cdot r$.

Aufgaben

K4 **1** **a)** $A = 951{,}15\,cm^2$ **b)** $A = 2551{,}76\,m^2$ **c)** $A = 0{,}72\,dm^2$ **d)** $A = 4{,}52\,km^2$

K4 **2** **a)** $12{,}56 : 3{,}14 = 4 = r^2$ 4 ist die Quadratzahl von 2, deshalb gilt: r = 2 m.
b) $3{,}14 : 3{,}14 = 1 = r^2$ 1 ist die Quadratzahl von 1, deshalb gilt: r = 1 cm.
c) $907{,}46 : 3{,}14 = 289 = r^2$ 289 ist die Quadratzahl von 17, deshalb gilt: r = 17 mm.
d) $28{,}26 : 3{,}14 = 9 = r^2$ 9 ist die Quadratzahl von 3, deshalb gilt r = 300 m.

K4 **3**

	a)	b)	c)	d)	e)	f)
r	4,2 cm	27,5 mm	7 m	9 m	0,5 km	1200 m
d	8,4 cm	55 mm	14 m	18 m	1 km	2400 m
A	55,3896 cm²	2374,625 mm²	153,86 m²	254,34 m²	0,785 km²	452,16 ha
U	26,376 cm	172,7 mm	43,96 m	56,52 m	3,14 km	7536 m

Ergänzung zu **f)**: $452{,}16\,ha = 45\,216\,a = 4\,521\,600\,m^2$
$4\,521\,600\,m^2 : 3{,}14 = 1\,440\,000\,m^2$
$1\,440\,000\,m^2 = 1200\,m \cdot 1200\,m$

K4 **4** **a)** $A = \frac{3}{4} \cdot \pi \cdot (2\,cm)^2 = 9{,}42\,cm^2$
b) $A = \frac{1}{4} \cdot \pi \cdot (2\,cm)^2 = 3{,}14\,cm^2$
c) $A = \frac{3}{4} \cdot \pi \cdot (2\,cm)^2 = 9{,}42\,cm^2$
d) $A = \pi \cdot (2\,cm)^2 = 12{,}56\,cm^2$

K3 **5** **a)** Der größtmögliche Radius ist die Hälfte der kürzeren Seite, also r = 25 cm.
b) $A = \pi \cdot (25\,cm)^2 = 1962{,}5\,cm^2$; $U = 2 \cdot \pi \cdot 25\,cm = 157\,cm$
c) $A_{Rest} = A_{Rechteck} - A_{Kreis} = 50\,cm \cdot 80\,cm - 1962{,}5\,cm^2 = 4000\,cm^2 - 1962{,}5\,cm^2 = 2037{,}5\,cm^2$

K3/4 **6** **a)** $A = \pi \cdot (0{,}61\,m)^2 \approx 1{,}17\,m^2$

Der Flächeninhalt der Zielscheibe beträgt ca. $1{,}17\,m^2$

b) Der Flächeninhalt eines Kreisrings ergibt sich aus der Differenz des Flächeninhalts des zugehörigen Kreises und dem Flächeninhalt des nächstkleineren Kreises.

Die Ergebnisse sind tabellarisch dargestellt.

Außenrand	Radius	Flächeninhalt Kreise [cm²]	Flächeninhalt Ringe [cm²]
weißer Ring	61	11683,94	4206,22
schwarzer Ring	48,8	7477,72	3271,50
blauer Ring	36,6	4206,22	2336,79
roter Ring	24,4	1869,43	1402,07
gelber Ring	12,2	467,36	467,36

c) $U = \pi \cdot 24{,}4\,cm = 76{,}616\,cm$

Für die Breiten der Ringe gilt: $(61\,cm - 12{,}2\,cm) : 4 = 12{,}2\,cm$.

Umfang des 2. Ringes: $U = 2 \cdot \pi \cdot (2 \cdot 12{,}2\,cm) = 153{,}23\,cm$

Umfang des 3. Ringes: $U = 2 \cdot \pi \cdot (3 \cdot 12{,}2\,cm) = 229{,}85\,cm$

Umfang des 4. Ringes: $U = 2 \cdot \pi \cdot (4 \cdot 12{,}2\,cm) = 306{,}46\,cm$

Umfang des 5. Ringes: $U = 2 \cdot \pi \cdot (5 \cdot 12{,}2\,cm) = 383{,}08\,cm$

d) Ja, für den Umfang gibt es eine Regelmäßigkeit: Der Unterschied zwischen zwei Kreisringen beträgt 76,62 cm (gerundet).

Auch für die Flächeninhalte gilt eine Regelmäßigkeit. Zwischen zwei Kreisringen ist die Differenz immer $934{,}72\,cm^2$ (gerundet).

K1/3 **7** **a)** Es handelt sich um das Schild „Durchfahrt verboten".

b) Der Durchmesser des Schilds in der Abbildung beträgt (abgemessen) 28 mm. Da der Durchmesser des Schilds in Wirklichkeit 60 cm beträgt, hat die Abbildung den Maßstab 28 : 600 = 1 : 21,43 (gerundet).

Der innere Durchmesser des roten Rings in der Abbildung beträgt etwa 20 mm (abgemessen), in Wirklichkeit ist dieser innere Durchmesser also $20\,mm \cdot 21{,}43 = 42{,}86\,cm$ lang.

Wir haben somit: Radius des Schilds $R = 30\,cm$

Radius des inneren roten Rings: $r = 21{,}43\,cm$

Damit können wir die Inhalte der weißen und der roten Fläche berechnen:

Flächeninhalt der weißen Fläche:

$A_{weiß} = \pi \cdot r^2 = \pi \cdot (21{,}43\,cm)^2 = 1442{,}76\,cm^2$

Flächeninhalt der roten Fläche:

$A_{rot} = \pi \cdot R^2 - A_{weiß} = \pi \cdot (30\,cm)^2 - 1442{,}76\,cm^2 = 2827{,}43\,cm^2 - 1442{,}76\,cm^2 = 1384{,}67\,cm^2$

Andys Überlegung ist somit richtig, es gilt: $A_{weiß} > A_{rot}$.

c) Der Maßstab ist 1 : 21,43 (siehe **b)**).

K2/4 **8** **a)** $A_{ges} = A_{Halbkreis} + A_{Rechteck} = 0{,}5 \cdot \pi\,(1{,}5\,cm)^2 + 1{,}5\,cm \cdot 2\,cm \approx 6{,}53\,cm^2$

b) $A_{ges} = A_{Kreis} + A_{Parallelogramm} = \pi\,(1\,cm)^2 + 2\,cm \cdot 2\,cm = 7{,}14\,cm^2$

c) $A_{ges} = 2 \cdot A_{Quadrat} + 2 \cdot A_{Viertelkreis} = 2 \cdot (1{,}5\,cm)^2 + 2 \cdot \frac{1}{4} \cdot \pi \cdot (1{,}5\,cm)^2 \approx 8{,}03\,cm^2$

K1/3 **9** **a)** 1 $A_1 = 12\,cm \cdot 12\,cm - 3{,}14 \cdot (6\,cm)^2 = 30{,}96\,cm^2$

2 $A_2 = 12\,cm \cdot 12\,cm - 4 \cdot 3{,}14 \cdot (3\,cm)^2 = 30{,}96\,cm^2$

3 $A_3 = 12\,cm \cdot 12\,cm - 9 \cdot 3{,}14 \cdot (1{,}5\,cm)^2 = 30{,}96\,cm^2$

b) Wenn das Quadrat mit 16 Kreisen gefüllt ist, ist der Radius eines Kreises 1,5 cm. Für den roten Flächeninhalt gilt dann:
$A = 12\,cm \cdot 12\,cm - 16 \cdot 3{,}14 \cdot (1{,}5\,cm)^2 = 30{,}96\,cm^2$.

Wenn das Quadrat mit 25 Kreisen gefüllt ist, ist der Radius eines Kreises 1,2 cm (12 cm : 10). Für den roten Flächeninhalt gilt dann:
$A = 12\,cm \cdot 12\,cm - 25 \cdot 3{,}14 \cdot (1{,}2\,cm)^2 = 30{,}96\,cm^2$.

Wenn das Quadrat mit 36 Kreisen gefüllt ist, ist der Radius eines Kreises r = 1 cm. Für den roten Flächeninhalt gilt dann:
$A = 12\,cm \cdot 12\,cm - 36 \cdot 3{,}14 \cdot (1\,cm)^2 = 30{,}96\,cm^2$

c) Die Anzahl der Kreise im Quadrat ändert sich von Schritt zu Schritt von einer Quadratzahl zur nächsten. Der Flächeninhalt zwischen den Kreisen und dem Quadrat bleibt aber unabhängig von der Zahl der Kreise konstant.

Man kann sich das so klar machen, dass bei einem Kreis die Restfläche nur aus 4 „großen" Teilflächen besteht. Je mehr Kreise in das Quadrat gelegt werden, desto mehr steigt auch die Anzahl der Teilflächen. Gleichzeitig verringert sich aber auch die Fläche der einzelnen Teilflächen. Dies gleicht sich so aus, dass der Flächeninhalt jeweils konstant bleibt.

K3

Wissen

Verschiedene Möglichkeiten

Die Schülerinnen und Schüler lernen ein weiteres Verfahren kennen, um den Flächeninhalt eines Kreises näherungsweise zu bestimmen. Dieses Verfahren hat über die Berechnungen am Kreis hinaus grundsätzliche Bedeutung für Näherungsverfahren zur Berechnung krummlinig berandeter Figuren.

K4 **1**

a) 22,7 ha = 0,227 km^2
b) 1,8 dm^2 = 180 cm^2
c) 0,3 m^2 = 0,003 a

a) 2,7 ha = 270 a = 27 000 m^2
b) 1,8 dm^2 = 0,018 m^2
c) 0,3 m^2 = 0,003 a = 0,00003 ha

K4 **2**

a)

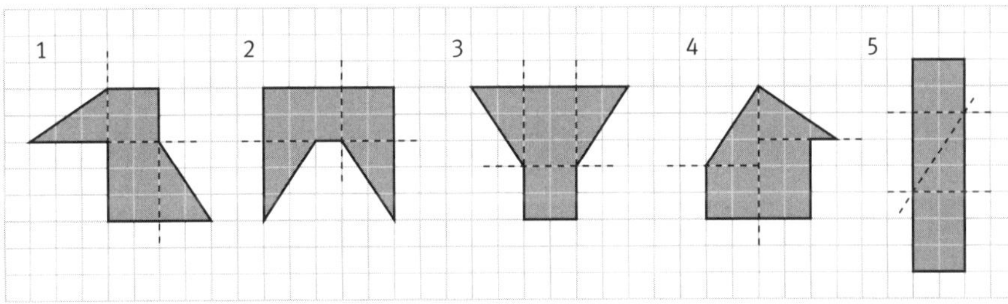

Die Aufteilung der Figuren kann für beide Spalten als Lösung verwendet werden.

b) Da alle Figuren gleichen Flächeninhalt haben und aus jeweils 16 Kästchen bestehen, gilt:

A = 16 · 25 mm^2 = 400 mm^2

Ein Dreieck besteht aus drei Kästchen.
Der Flächeninhalt eines Kästchens ist:
A = 30 cm^2 : 3 = 10 cm^2.
Für die Gesamtfläche einer Figur gilt:
A = 16 · 10 cm^2 = 160 cm^2.

K4 **3**

Parallelogramm	a)	b)
Länge einer Seite	7,8 m	53 cm
Länge der zugehörigen Höhe	1,5 m	1,8 cm
Flächeninhalt des Parallelogramms	11,7 m^2	95,4 cm^2

a) h_b = A : b = 48 cm^2 : 24 cm = 2 cm
a = A : h_a = 48 cm^2 : 12 cm = 4 cm
b) h_a = A : a = 20 m^2 : 80 m = 0,25 m
b = A : h_b = 20 m^2 : 20 m = 1 m
c) h_b = A : b = 36 cm^2 : 12 cm = 3 cm
a = A : h_a = 36 cm^2 : 4 cm = 8 cm

K4 **4**

a) A_{P1} = 4,8 cm · 5 cm = 24 cm^2
A_{P2} = 4 cm · 6 cm = 24 cm^2
b) mögliche Kombinationen:
1 a = 3 cm; h = 8 cm
2 a = 2 cm; h = 12 cm
3 a = 1 cm; h = 24 cm

a) A_P = 18 m · (52 m + 64 m) = 2088 m^2
b) $A_{\text{braunes Grundstück}}$ = 52 m · (108 m – 18 m) = 4680 m^2
$A_{\text{grünes Grundstück}}$ = 64 m · (108 m – 18 m) = 5760 m^2

K4 **5**

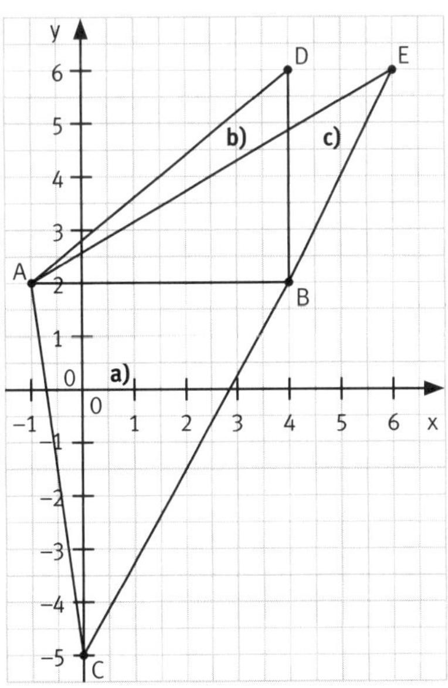

a) A = 0,5 · 5 cm · 7 cm = 17,5 cm^2
b) A = 0,5 · 5 cm · 4 cm = 10 cm^2
c) A = 0,5 · 5 cm · 4 cm = 10 cm^2

Für die Bestimmung der Dreieckshöhen gilt: g = 6 cm.
a) A = 9 cm^2; 9 cm^2 : 6 cm = 1,5 cm; 2 · 1,5 cm = h
Die y-Koordinate beträgt –2 oder 4.
b) A = 18 cm^2; 18 cm^2 : 6 cm = 3 cm; 2 · 3 cm = 6 cm = h
Die y-Koordinate beträgt –5 oder 7.
Mögliche Dreiecke:

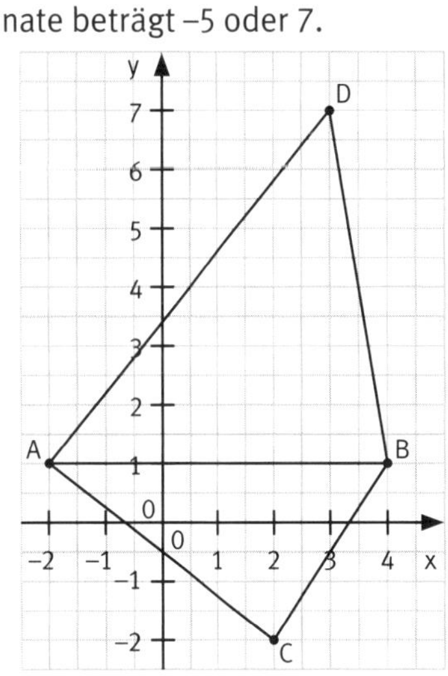

K4 **6**

	a)	b)	c)
c	5 cm	10 cm	8,8 m
h_c	7 cm	12 cm	≈ 5,79 m
A_D	17,5 cm²	60 cm²	25,5 m²

	a)	b)	c)
c	2,2 dm	6,5 m	0,26 m
h_c	3,8 dm	78 dm	78 cm
A_D	4,18 dm²	25,35 m²	1014 cm²

K2 **7** Für den Flächeninhalt gilt:
$A = h \cdot (a + c) = 2{,}5\,cm \cdot (6\,cm + 3\,cm) = 22{,}5\,cm^2$

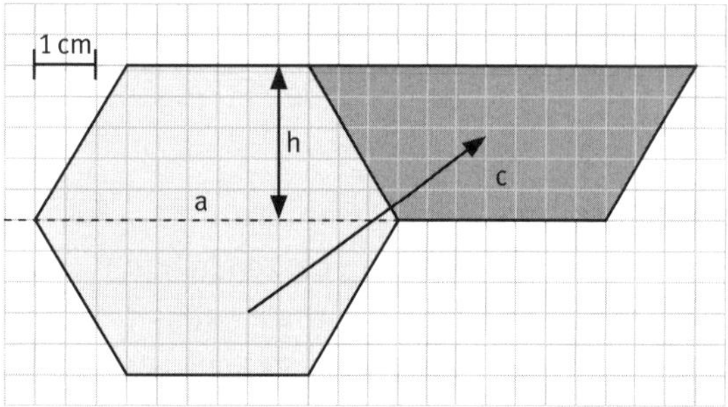

Für die Berechnung eines der Dreiecke eignet sich das blau markierte Dreieck.
Für seine Maße gilt: g = 3 cm, h = 2,5 cm
$A_{Dreieck} = 0{,}5 \cdot 3\,cm \cdot 2{,}5\,cm = 3{,}75\,cm^2$
$A_{ges} = 6 \cdot 3{,}75\,cm^2 = 22{,}5\,cm^2$

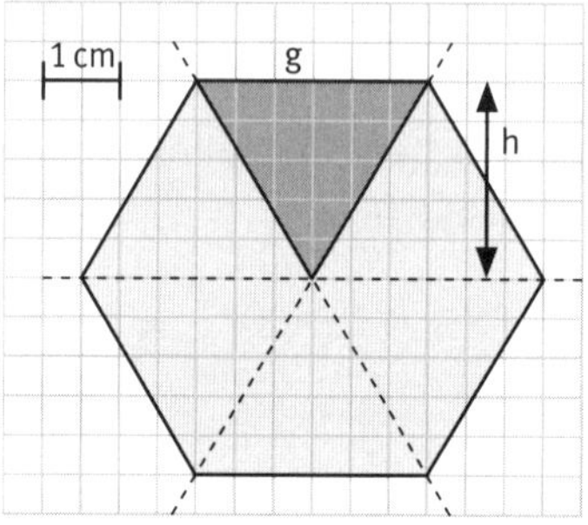

K4 **8**

	a)	b)	c)
r	0,8 mm	12 cm	3,75 cm
d	1,6 mm	24 cm	7,5 cm
U_K	5,024 mm	75,36 cm	23,55 cm
A_K	2,0096 mm²	452,16 mm²	≈ 44,16 cm²

	a)	b)	c)
r	1,1 m	7,5 cm	≈ 15,0032 m
d	2,2 m	15 cm	≈ 30,0064 m
U_K	6,908 m	47,1 cm	100,5 m
A_K	3,7994 m²	176,625 cm²	≈ 706,8014 m²

K2/4 **9**
a) $A = 5\,cm \cdot 4\,cm - 3{,}14 \cdot (2\,cm)^2 = 7{,}44\,cm^2$
b) $A = 3{,}14 \cdot (2\,cm)^2 - 3{,}14 \cdot (1\,cm)^2 = 9{,}42\,cm^2$

a) $A = 0{,}75 \cdot 3{,}14 \cdot (2\,cm)^2 = 9{,}42\,cm^2$
b) $A = 4\,cm \cdot 4\,cm - 0{,}5 \cdot 3{,}14 \cdot (2\,cm)^2 - 3{,}14 \cdot (1\,cm)^2 = 6{,}58\,cm^2$

K4 **1**

	a)	b)	c)	d)	e)
Länge der Seite	6,5 cm	27 m	13,6 m	19,5 cm	2,9 m
Länge der zugehörigen Höhe	1,8 cm	6 m	4,3 m	≈ 8,15 cm	4,8 m
Flächeninhalt des Dreiecks	5,85 cm^2	81 m^2	29,24 m^2	≈ 79,46 cm^2	6,96 m^2
Flächeninhalt des Parallelogramms	11,7 cm^2	162 m^2	58,48 m^2	159 cm^2	13,92 m^2

K4 **2** **a)** $A = 73{,}16\,cm^2$ $U = 40\,cm$ **b)** $A = 11{,}55\,cm^2$ $U = 17{,}3\,cm$
c) $A = 22{,}89\,cm^2$ $U = 6{,}96\,cm$ **d)** $A = 5{,}7\,cm^2$ $U = 10{,}8\,cm$
e) $A = 12{,}92\,cm^2$ $U = 15{,}7\,cm$ **f)** $A = 34{,}5\,cm^2$ $U = 25{,}8\,cm$

K4 **3**

	a)	b)	c)	d)	e)
Radius	4 cm	9 m	6,5 dm	7 dm	32 km
Durchmesser	8 cm	18 m	13 dm	14 dm	64 km
Flächeninhalt	50,24 cm^2	254,34 m^2	132,665 dm^2	153,86 dm^2	3215,36 km^2
Umfang	25,12 cm	56,52 m	40,82 dm	43,96 dm	200,96 km

K3/4 **4** Mögliche Produkte mit dem Produktwert 104 sind:

	Längen der Rechteckseiten:
$26 \cdot 4 = 104$	$2600\,m \cdot 400\,m = 104\,ha$
$52 \cdot 2 = 104$	$5200\,m \cdot 200\,m = 104\,ha$
$13 \cdot 8 = 104$	$1300\,m \cdot 800\,m = 104\,ha$

K3 **5** **a)** Flächeninhalt, wenn die Breite als Durchmesser genommen wird:
$A = 3{,}14 \cdot (180\,m)^2 = 101\,736\,m^2 = 1017{,}36\,a = 10{,}1736\,ha$
Flächeninhalt, wenn die Länge als Durchmesser genommen wird:
$A = 3{,}14 \cdot (175\,m)^2 = 96\,162{,}5\,m^2 = 961{,}625\,a = 9{,}61625\,ha$

b) Die tatsächliche Fläche des Feldsees liegt sehr nahe am Flächeninhalt des Kreises, bei dem die Länge von 350 m als Durchmesser gewählt wurde. Wählt man als neuen Radius 176 m (= Durchmesser von 352 m) kommt man mit 97 264,64 m^2 schon sehr nahe. Mit dem Radius 176,212 m (= Durchmesser 352,424 m) kommt man auf einen Flächeninhalt von 97 499,1 m^2 (jeweils mit $\pi = 3{,}14$ gerechnet).

K4 **6** **a)** $A_{ges} = A_{Rechteck} + A_{Parallelogramm} = 8\,cm \cdot 3\,cm + 8\,cm \cdot 2\,cm = 40\,cm^2$
b) $A_{ges} = A_{Trapez} + A_{Dreieck} = 0{,}5 \cdot (7{,}3\,cm + 4\,cm) \cdot 2{,}5\,cm + 0{,}5 \cdot 4\,cm \cdot 1{,}5\,cm = 17{,}125\,cm^2$
c) $A_{ges} = A_{Rechteck} + A_{Halbkreis} = 6\,cm \cdot 4\,cm + 0{,}5 \cdot 3{,}14 \cdot (3\,cm)^2 = 38{,}13\,cm^2$
d) $A_{ges} = A_{Halbkreis} + A_{Dreieck} = 0{,}5 \cdot 3{,}14 \cdot (1{,}5\,cm)^2 + 0{,}5 \cdot 3\,cm \cdot 3\,cm = 8{,}0325\,cm^2$
e) $A_{ges} = A_{Dreieck} + A_{Trapez} + A_{Quadrat} = 0{,}5 \cdot 5\,cm \cdot 2\,cm + 0{,}5 \cdot (5\,cm + 2\,cm) \cdot 2\,cm + 2\,cm \cdot 2\,cm = 16\,cm^2$
f) $A_{ges} = 2 \cdot A_{Halbkreis} + A_{Dreieck} = 2 \cdot 0{,}5 \cdot 3{,}14 \cdot (2{,}5\,cm)^2 + 0{,}5 \cdot 6\,cm \cdot 4\,cm = 31{,}625\,cm^2$

K3/4 **7** **a)** Länge des Weges um den äußeren Steinkreis:
$U = 3{,}14 \cdot 30\,m = 94{,}2\,m$

b) Fläche des Steinrings mit der Breite 1 m:
$A = 3{,}14 \cdot (15\,m)^2 - 3{,}14 \cdot (14\,m)^2 = 91{,}06\,m^2$
Für die Zeichnung im Heft bietet sich der Maßstab 1 : 200 an. Dann beträgt der Radius für den äußeren Kreis 7,5 cm und für den inneren Kreis 7 cm.
Geht man weiter davon aus, dass alle Steine auf dem Ring gleich groß sind, muss man alle 12° (360° : 30 = 12°) eine Unterteilung für die Steine zeichnen.

K3 **8** **a)** $A_{Außenwand} = 2 \cdot A_{Vorderfläche} + 2 \cdot A_{Seitenfläche} + 2 \cdot A_{Giebel}$

$A_{Außenwand} = 2 \cdot 6\,m \cdot 6\,m + 2 \cdot 6\,m \cdot 11\,m + 2 \cdot \frac{1}{2} \cdot 5{,}2\,m \cdot 6\,m = 235{,}2\,m^2$

b) Anzahl Farbeimer: $235{,}2\,m^2 : 25\,m^2 \approx 9{,}41$
Menge Farbe: $9{,}41 \cdot 15\,l = 141{,}15\,l$
Man benötigt ungefähr 141,15 Liter Farbe.

c) $A_{Dachfläche} = 2 \cdot A_D + 2 \cdot A_{Tr}$

$A_{Dachfläche} = 2 \cdot \frac{1}{2} \cdot 6\,m \cdot 5{,}2\,m + 2 \cdot \frac{1}{2}\,(10\,m + 11\,m) \cdot 6\,m$
$= 31{,}2\,m^2 + 126\,m^2 = 157{,}2\,m^2$

d) Kosten für die Neudeckung des Dachs: $157{,}2\,m^2 \cdot 55\,€ = 8646\,€$

K2/5 **9** Mögliche Rechenwege sind z. B.

1 $A = 6\,cm \cdot 5\,cm = 30\,cm^2$

2 $A = 2 \cdot \left(\frac{1}{2} \cdot 6\,cm \cdot 5\,cm\right) = 30\,cm^2$

3 $A = 2 \cdot \left(\frac{1}{2} \cdot 10\,cm \cdot 3\,cm\right) = 30\,cm^2$

4 $A = 4 \cdot \left(\frac{1}{2} \cdot 3\,cm \cdot 5\,cm\right) = 30\,cm^2$

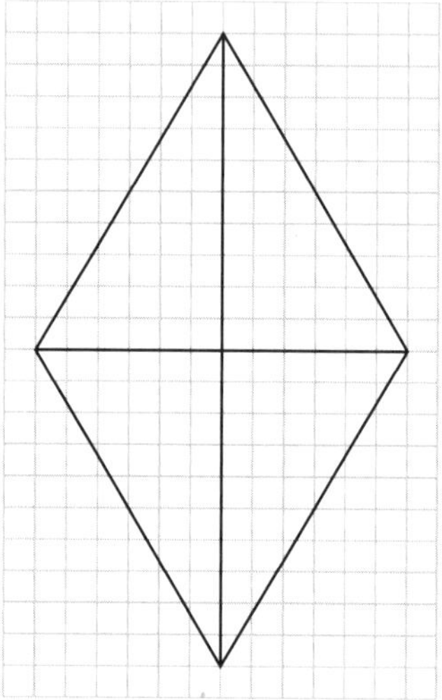

Gedankengang:

1 Die vier deckungsgleichen rechtwinkligen Teildreiecke lassen sich zu einem Rechteck mit den Seitenlängen 5 cm und 6 cm zusammenlegen.

2 Die Raute besteht aus zwei deckungsgleichen Dreiecken (jeweils mit Grundlinie der Länge 6 cm und zugehöriger Höhe der Länge 5 cm).

3 Die Raute besteht aus zwei deckungsgleichen Dreiecken (jeweils mit Grundlinie der Länge 10 cm und zugehöriger Höhe der Länge 3 cm).

4 Die Raute besteht aus vier deckungsgleichen rechtwinkligen Dreiecken (jeweils mit Grundlinie der Länge 3 cm und zugehöriger Höhe der Länge 5 cm).

K1 **10** Zu Lauras Rechnung passt die Zeichnung 1, zu Lucas' Rechnung die Zeichnung 2.

K4 **11** 1 $A_{ges} = A_{Rechteck} - A_{Halbkreis} = 5\,cm \cdot 2\,cm - 0{,}5 \cdot 3{,}14 \cdot (2\,cm)^2 = 3{,}72\,cm^2$

2 $A_{ges} = A_{Quadrat} - A_{Kreis} = 4\,cm \cdot 4\,cm - 3{,}14 \cdot (2\,cm)^2 = 3{,}44\,cm^2$

3 $A_{ges} = 2 \cdot (A_{Viertelkreis} - A_{Dreieck}) = 2 \cdot (0{,}25 \cdot 3{,}14 \cdot (2\,cm)^2 - 0{,}5 \cdot 2\,cm \cdot 2\,cm) = 2{,}28\,cm^2$

K4 **12** (Abb. verkleinert)

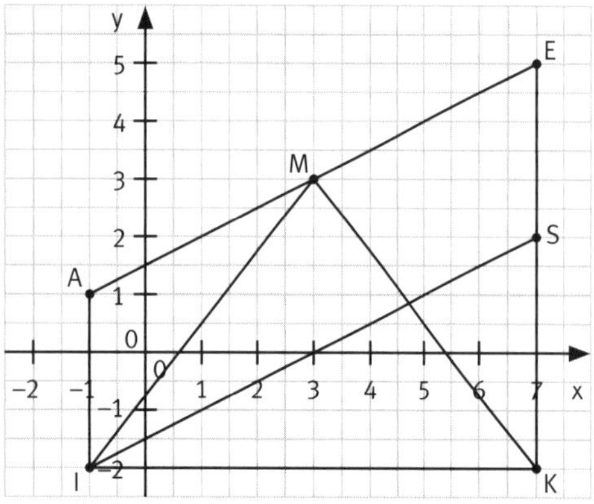

a) $A_{Viereck\ AISE} = 3\,cm \cdot 8\,cm = 24\,cm^2$

b) $A_{Dreieck\ AIM} = \frac{1}{2} \cdot 3\,cm \cdot 4\,cm = 6\,cm^2$

c) $A_{Dreieck\ MIK} = \frac{1}{2} \cdot 8\,cm \cdot 5\,cm = 20\,cm^2$

d) $A_{Dreieck\ KEM} = \frac{1}{2} \cdot 7\,cm \cdot 4\,cm = 14\,cm^2$

e) $\overline{IK} = 8\,cm$; $r = 4\,cm$;

$A_{Kreis} = r^2 \cdot \pi \approx 16\,cm^2 \cdot 3{,}14 = 50{,}24\,cm^2 \approx 50\,cm^2$

K1 **13** Die beiden Dreiecke RUG und SAG stimmen miteinander (in ihrer Form und) in ihrem Flächeninhalt überein, die beiden Dreiecke LAZ und BUZ ebenfalls.
Das Achteck SALZBURG und das Quadrat ZUGA sind also zerlegungsgleich und somit inhaltsgleich.

K2 **14** 1 Quadrat: Seitenlänge: 48 cm : 4 = 12 cm
$A = 12\,cm \cdot 12\,cm = 144\,cm^2$

2 Kreis: Durchmesser: 48 cm : 3,14 ≈ 15,29 cm
Radius: 15,29 cm : 2 ≈ 7,64 cm
$A = 3{,}14 \cdot (7{,}64\,cm)^2 \approx 183{,}28\,cm^2$

3 Rechteck: Summe zweier angrenzender Seiten: 48 cm : 2 = 24 cm
Seiten: 24 cm : 4 = 6 cm; 1. Seite a = 6 cm; b = 18 cm
$A = 6\,cm \cdot 18\,cm = 108\,cm^2$

Anordnung von groß nach klein: Kreis > Quadrat > Rechteck

K2/4 **15** **a)** $A_{ges} = A_{Halbkreis} = 0{,}5 \cdot 3{,}14 \cdot (4\,cm)^2 = 25{,}12\,cm^2$
b) $A_{ges} = A_{Halbkreis} - A_{Kreis} = 0{,}5 \cdot 3{,}14 \cdot (2\,cm)^2 - 3{,}14 \cdot (1\,cm)^2 = 3{,}14\,cm^2$

K2/4 **16** **a)**

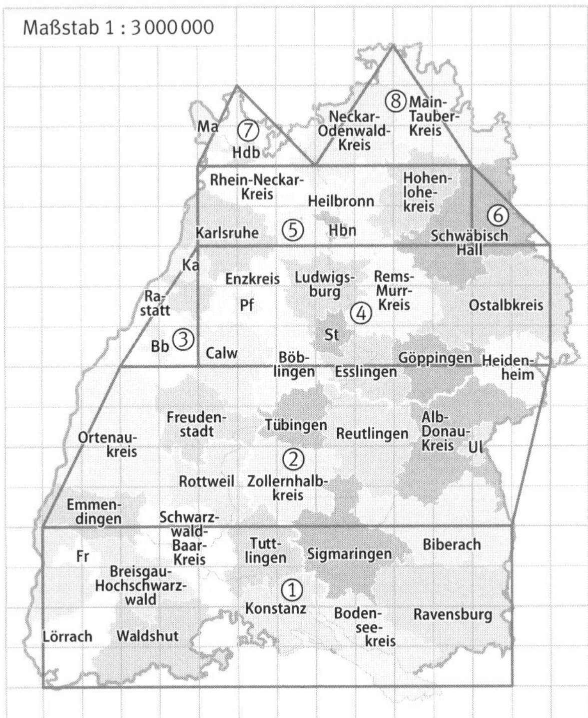

Unter Beachtung des angegebenen Maßstabs erhält man folgende Flächeninhalte der eingezeichneten Vielecke:

① $A_1 = 195\,km \cdot 60\,km = 11\,700\,km^2$
② $A_2 = 195\,km \cdot 60\,km = 11\,700\,km^2$
③ $A_3 = 0{,}5 \cdot 30\,km \cdot 45\,km = 675\,km^2$
④ $A_4 = 135\,km \cdot 45\,km = 6075\,km^2$
⑤ $A_5 = 105\,km \cdot 30\,km = 3150\,km^2$
⑥ $A_6 = 0{,}5 \cdot 30\,km \cdot 30\,km = 450\,km^2$
⑦ $A_7 = 0{,}5 \cdot 45\,km \cdot 30\,km = 675\,km^2$
⑧ $A_8 = 0{,}5 \cdot 60\,km \cdot 45\,km = 1350\,km^2$

Näherungswert für den Flächeninhalt von Baden-Württemberg: $A_{B\text{-}W} \approx A_1 + \ldots + A_8 = 35\,775\,km^2$

b) Im Internet findet man für den Flächeninhalt von Baden-Württemberg z. B. den Wert 35 751 km². Der in **a)** ermittelte Wert weicht um 24 km², das sind etwa 0,07 %, von diesem Wert ab.

K2/4 **17 a)** Umfang blaue Markierung:
$U = 2 \cdot 84{,}4\,m + 3{,}14 \cdot (2 \cdot 36{,}5\,m) = 398{,}02\,m$

b) Länge auf der Ideallinie:
$U = 2 \cdot 84{,}4\,m + 3{,}14 \cdot (2 \cdot 36{,}8\,m) = 399{,}904\,m$
Es fehlen 10 cm zu den 400 m.

c) Länge der Bahnlinie auf der 2. Bahn:
$U = 2 \cdot 84{,}4\,m + 3{,}14 \cdot (2 \cdot 37{,}77\,m) = 405{,}681\,m$

d) Länge der Ideallinie auf der 2. Bahn:
$U = 2 \cdot 84{,}4\,m + 3{,}14 \cdot (2 \cdot (37{,}77\,m + 0{,}2\,m)) = 406{,}9376\,m$
Der Abstand der Läufer beträgt daher etwa 6,94 m.

Anmerkung: Bei Teil **b)** bietet es sich an, über die Genauigkeit der Rechenergebnisse zu sprechen. Die leichte Ungenauigkeit zu 400 m kommt dadurch zustande, dass hier mit 3,14 für π gerechnet wird. Rechnet man mit π auf vier Stellen nach dem Komma genau, so kommt man auf 400,01 m, was den tatsächlichen 400 m sehr nahe kommt.
Dennoch stellt sich hier die Frage der Genauigkeit, da ja beim 400-m-Lauf mit Hundertstelsekunden gemessen wird. Dass 1 cm hier vernachlässigbar ist, macht folgende Rechnung deutlich:
Der aktuelle Weltrekord über 400 m wird seit den Olympischen Spielen von Rio 2016 mit 43,03 s von Wayde van Niekerk aus Südafrika gehalten. Dies entspricht einer durchschnittlichen Geschwindigkeit von etwa 9,29 m/s und damit 9,29 cm pro Hundertstelsekunde. Eine 1 cm kürzere oder längere Bahn wirkt sich also nicht signifikant auf die Rundenzeit aus.

Vermessung im Alltag

a) **G**lobal **P**ositioning **S**ystem

b) Individuelle Antworten.

c) Individuelle Antworten.

Ein Blick in die Geschichte

a) Die wegen der Gewichte senkrecht herabhängenden Schnüre dienen zum Visieren.

b) Individuelle Rechercheergebnisse. Beispiele: Chorobates (Messbalken), Dioptra (Vorgänger des Theodoliten).

Ein einfaches Vermessungsgerät selbst herstellen

Durch den Bau einfacher Messgeräte soll 1 die Vermessungsaufgabe vorbereitet und 2 das Messprinzip an einfachen Werkzeugen erfahren werden.

Wir vermessen ein Grundstück

Die Vermessung soll an einem Beispiel schrittweise veranschaulicht werden, so dass ein solches Vorgehen auch an einem beliebigen Flächenstück selbst erprobt werden kann.

K4 **1** 1 , 3 und 4 besitzen mit 36 Kästchen denselben Flächeninhalt. 2 ist 40 Kästchen groß.

K4 **2** **a)**

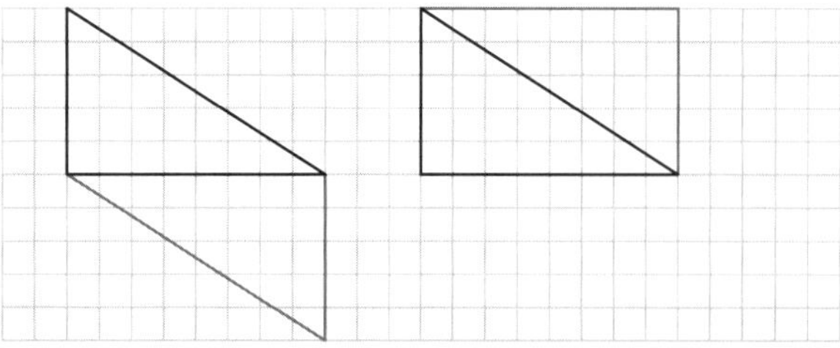

b)

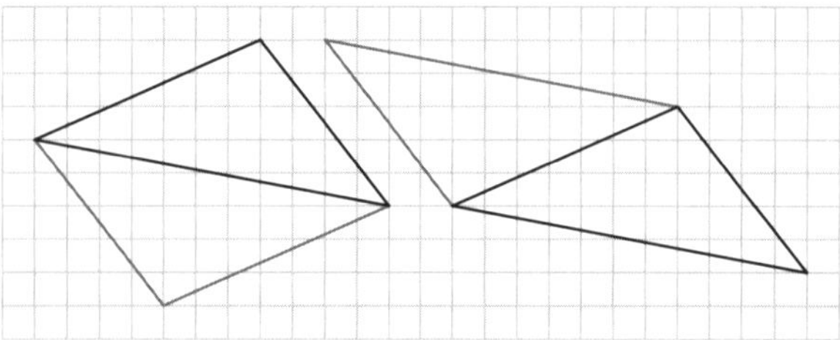

K4 **3**

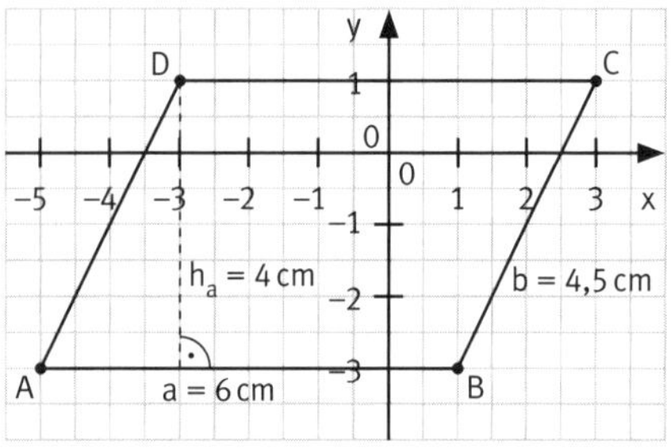

$U_P = 2 \cdot (a + b)$ $\quad$ $U_P = 2 \cdot (6\,cm + 4{,}5\,cm) = 21\,cm$

$A_P = a \cdot h_a$ $\quad$ $A_P = 6\,cm \cdot 4\,cm = 24\,cm^2$

K4 **4** $A_D = \frac{1}{2} \cdot g \cdot h$

a) $A_D = \frac{1}{2} \cdot 5{,}6\,cm \cdot 4{,}5\,cm = 12{,}6\,cm^2$ **b)** $A_D = \frac{1}{2} \cdot 7{,}9\,cm \cdot 3\,cm = 11{,}85\,cm^2$

c) $A_D = \frac{1}{2} \cdot 5{,}6\,cm \cdot 2{,}5\,cm = 7\,cm^2$ **d)** $A_D = \frac{1}{2} \cdot 4{,}4\,cm \cdot 2{,}2\,cm = 4{,}84\,cm^2$

K4 **5** $A = \frac{1}{2} \cdot g \cdot h$ Beachte gleiche Einheiten.

	a)	b)	c)
Grundseite g	40 mm	3,8 cm	1,3 cm
Höhe h	12 cm	4,1 cm	17 mm
Fächeninhalt A	24 cm²	7,79 cm²	110,5 mm²

K4 **6** Es sind verschiedene Zerlegungen (oder auch Ergänzungen) möglich. Lösungsmöglichkeit:

a) Zerlegung in Trapez (A_1) und Dreieck (A_2):

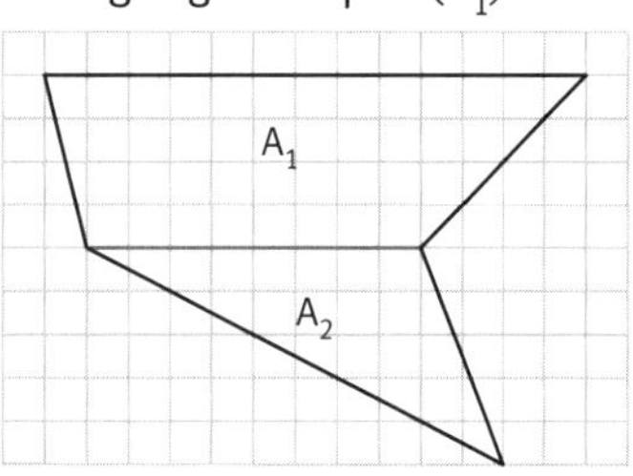

$A = A_1 + A_2$

$A_1 = \frac{4\,cm + 6{,}5\,cm}{2} \cdot 2\,cm = 10{,}5\,cm^2$

$A_2 = \frac{1}{2} \cdot 4\,cm \cdot 2{,}5\,cm = 5\,cm^2$

$A = 10{,}5\,cm^2 + 5\,cm^2 = 15{,}5\,cm^2$

b) Zerlegung in Dreiecke (A_1, A_3) und Trapez (A_2):

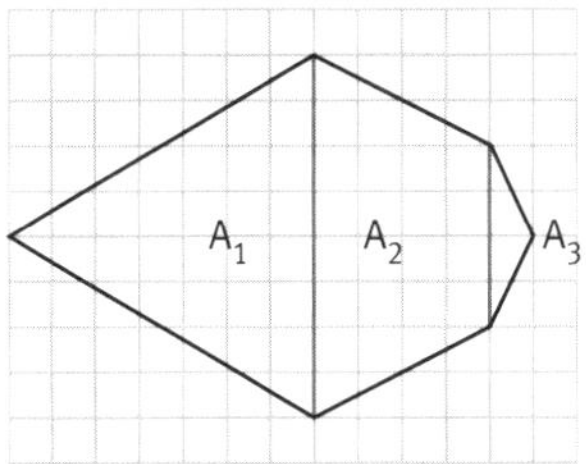

$A = A_1 + A_2 + A_3$

$A_1 = \frac{1}{2} \cdot 4\,\text{cm} \cdot 3{,}5\,\text{cm} = 7\,\text{cm}^2$

$A_2 = \frac{4\,\text{cm} + 2\,\text{cm}}{2} \cdot 2\,\text{cm} = 6\,\text{cm}^2$

$A_3 = \frac{1}{2} \cdot 2\,\text{cm} \cdot 0{,}5\,\text{cm} = 0{,}5\,\text{cm}^2$

$A = 7\,\text{cm}^2 + 6\,\text{cm}^2 + 0{,}5\,\text{cm}^2 = 13{,}5\,\text{cm}^2$

K4 **7** Lösungsmöglichkeit:

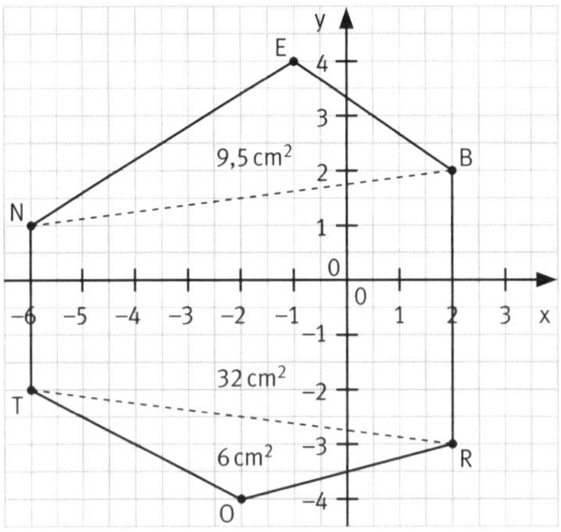

$A = 6\,\text{cm}^2 + 32\,\text{cm}^2 + 9{,}5\,\text{cm}^2 = 47{,}5\,\text{cm}^2$

K4 **8** **a)** $U_K \approx 35{,}8\,\text{cm}$; $A_K \approx 102{,}0\,\text{cm}^2$
b) $U_K \approx 15{,}7\,\text{cm}$; $A_K \approx 19{,}6\,\text{cm}^2$
c) $U_K \approx 113{,}0\,\text{mm}$; $A_K \approx 1017{,}4\,\text{mm}^2$
d) $U_K \approx 942\,\text{m}$; $A_K \approx 7{,}1\,\text{ha}$
e) $U_K \approx 19{,}5\,\text{cm}$; $A_K \approx 30{,}2\,\text{cm}^2$
f) $U_K \approx 6{,}0\,\text{km}$; $A_K \approx 2{,}9\,\text{km}^2$

K4 **9** $d \approx 29{,}9\,\text{cm}$; $A_K \approx 702\,\text{cm}^2$
($d \approx 6{,}5\,\text{dm}$; $A_K \approx 33{,}2\,\text{dm}^2$)
($d \approx 1{,}20\,\text{m}$; $A_K \approx 1{,}1\,\text{m}^2$)

K4 **10** $d \approx 1{,}13\,\text{cm}$ ($d \approx 10{,}1\,\text{mm}$; $d \approx 6{,}6\,\text{mm}$)

K4 **11** $A_{\text{Kreisring}} = A_{\text{großer Kreis}} - A_{\text{kleiner Kreis}}$
$A_{\text{Kreisring}} = 3{,}14 \cdot (7{,}5\,\text{cm})^2 - 3{,}14 \cdot (5{,}8\,\text{cm})^2$
$\approx 176{,}6\,\text{cm}^2 - 105{,}6\,\text{cm}^2 \approx 71{,}0\,\text{cm}^2$
Der Kreisring hat einen Flächeninhalt von etwa $71\,\text{cm}^2$.

Aufgaben für Lernpartner

K1/5 **A** Die Aussage ist richtig. Wenn man das Parallelogramm entlang der Diagonalen aufteilt, entstehen zwei deckungsgleiche Dreiecke. Es gibt aber noch weitere Zerlegungsmöglichkeiten für ein Parallelogramm.

K1/5 **B** Die Aussage ist falsch. Wenn man eine der Seitenlängen verdoppelt, dann verdoppelt sich auch der Flächeninhalt. Wenn man beide Seitenlängen verdoppelt, dann vervierfacht sich der Flächeninhalt. Dieses kann man an Zahlenbeispielen ausprobieren oder sich allgemein folgendermaßen überlegen.
$A_1 = g \cdot h$
$A_2 = 2 \cdot g \cdot 2 \cdot h = 2 \cdot 2 \cdot g \cdot h = 4 \cdot g \cdot h = 4 \cdot A_1$

K1/5 **C** Die Aussage ist richtig, wie man an Zahlenbeispielen ausprobieren oder sich allgemein überlegen kann:

$A_1 = \frac{1}{2} \cdot g \cdot h$

$A_2 = \frac{1}{2} \cdot 2 \cdot g \cdot \frac{1}{2} \cdot h = \frac{1}{2} \cdot 2 \cdot \frac{1}{2} \cdot g \cdot h = \frac{1}{2} \cdot g \cdot h = A_1$

K1/5 **D** Die Aussage ist richtig.

K1/5 **E** Die Aussage ist falsch. Beispiel:

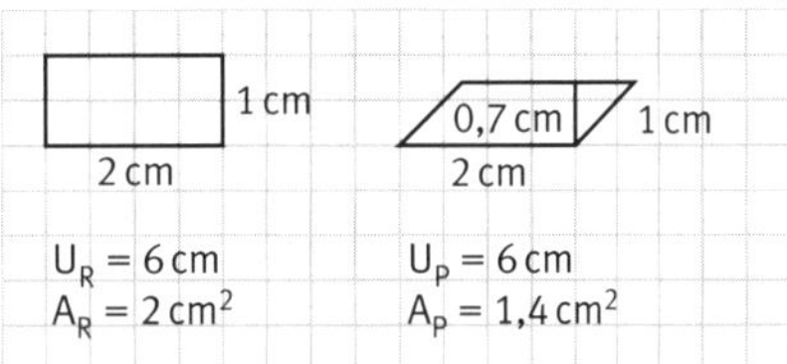

K1/5 **F** Die Aussage ist richtig, da $U_K = \pi \cdot d$. Bei doppeltem (dreifachem, ...) Durchmesser erhält man den doppelten (dreifachen, ...) Umfang.

K1/5 **G** Die Aussage ist richtig. Haben zwei Kreise denselben Umfang, dann haben sie auch denselben Radius bzw. Durchmesser und somit auch denselben Flächeninhalt.

K1/5 **H** Die Aussage ist richtig.

K1/5 **I** Die Aussage ist richtig.

K1/5 **J** Die Aussage ist falsch. Die Summe der Umfänge der einzelnen Teilfiguren ist größer als der Umfang des Vielecks, da die ganzen Seitenlängen der Teilfiguren, die im Vieleck aneinander stoßen, nicht zum Umfang des Vielecks gehören. Beispiel:

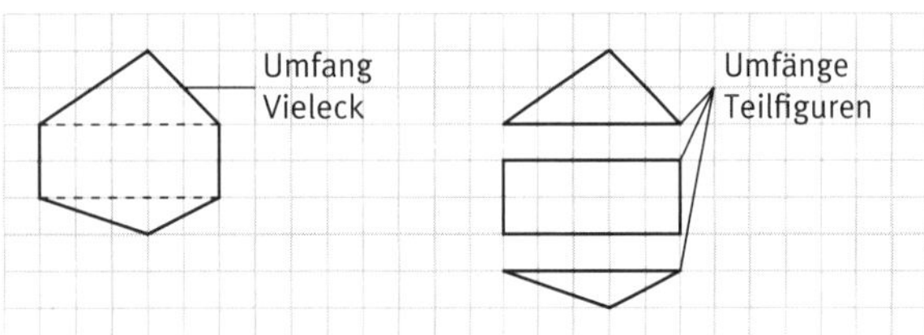

K1/5 **K** Die Aussage ist falsch. Der Umfang eines Halbkreises ist der halbe Kreisbogen mit der Länge $\pi \cdot r$ und dem Durchmesser d, also $U_{Halbkreis} = \pi \cdot r + d$.

K1/5 **L** Die Aussage ist zwar richtig. Bei einem Dreieck bietet sich die Flächeninhaltsformel für Trapeze nicht unbedingt an, es sei denn man setzt eine der parallelen Seiten mit der Länge 0 LE an. Bei Parallelogrammen klappt es aber, denn Parallelogramme sind spezielle Trapeze.

K1/5 **M** Die Aussage ist richtig.

K1/5 **N** Die Aussage ist falsch. $A_{Kreis} = \frac{\pi}{4} \cdot d^2 < d^2 = A_{Quadrat}$

4 Startklar!

K4 **1** **a)** $\frac{1}{10} = \frac{10}{100} = 10\,\%$ **b)** $\frac{2}{5} = \frac{40}{100} = 40\,\%$ **c)** $\frac{7}{50} = \frac{14}{100} = 14\,\%$

d) $\frac{17}{25} = \frac{68}{100} = 68\,\%$ **e)** $\frac{45}{60} = \frac{3}{4} = \frac{75}{100} = 75\,\%$ **f)** $\frac{15}{75} = \frac{5}{25} = \frac{20}{100} = 20\,\%$

2 **a)** 1 $\frac{6}{12} + \frac{3}{12} = \frac{9}{12} = \frac{3}{4}$ 2 $\frac{2}{5} + \frac{2}{5} = \frac{4}{5}$ 3 $\frac{3}{10} + \frac{4}{10} = \frac{7}{10}$

b) 1

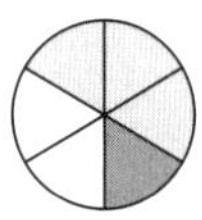

$\frac{1}{2} + \frac{1}{6} = \frac{3}{6} + \frac{1}{6} = \frac{4}{6}$

2

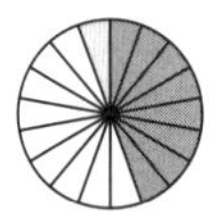

$\frac{1}{18} + \frac{4}{9} = \frac{1}{18} + \frac{8}{18} = \frac{9}{18} = \frac{1}{2}$

3

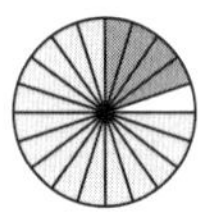

$\frac{3}{4} + \frac{1}{5} = \frac{15}{20} + \frac{4}{20} = \frac{19}{20}$

4

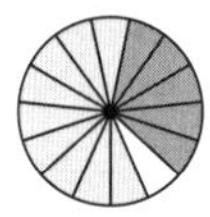

$\frac{3}{5} + \frac{1}{3} = \frac{9}{15} + \frac{5}{15} = \frac{14}{15}$

K4 **3** **a)** 54° **b)** 100° **c)** 145°

K4 **4**

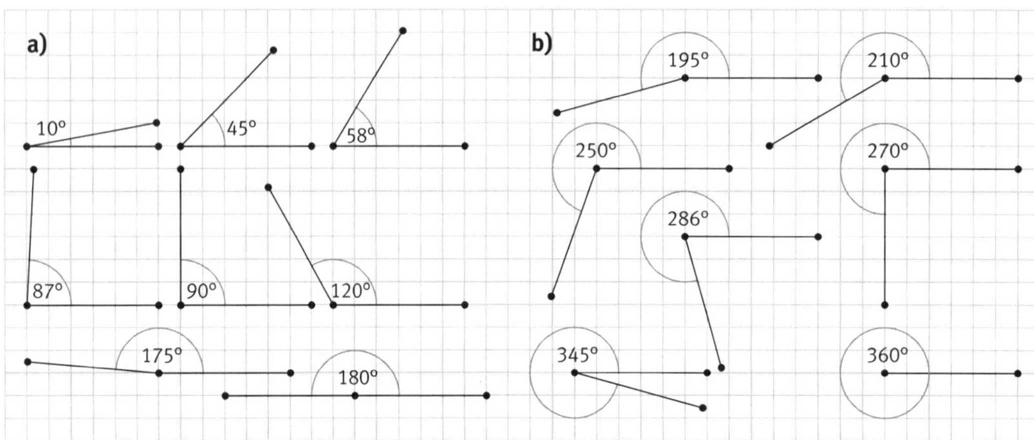

K4 **5** **a)** Elefant: 70 Jahre; Kamel: 40 Jahre; Riesenschildkröte: 180 Jahre; Ziege: 20 Jahre; Karpfen: 100 Jahre; Adler: 80 Jahre.

b)

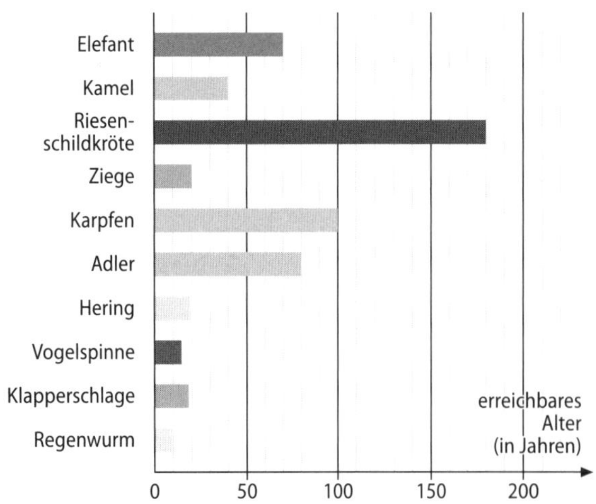

4 Mathematik im Alltag: Daten auswerten und Zusammenhänge beschreiben

Einstieg

Die Auftaktseite eines Kapitels enthält zwei verschiedene Elemente:
Zunächst werden die Schüler mit einem offenen Einstiegsbeispiel an das neue Kapitel herangeführt. Zentral ist dabei immer der Anwendungsbezug: Kein Lehrplaninhalt ist rein innermathematisch, sodass den Schülern von Beginn an gezeigt werden sollte, dass Mathematik nichts Abstraktes ist, sondern oft im Leben der Schüler vorkommt. In einem Unterrichtsgespräch zur Auftaktseite können viele der kommenden Lerninhalte schon heuristisch erarbeitet, Vermutungen geäußert und Zusammenhänge erschlossen werden.

- Es gibt verschiedene Darstellungsformen. Oftmals werden die Stimmzahlen für eine Partei als Säulendiagramm präsentiert, Sitzverteilungen wiederum in einem Kreis- oder Halbkreisdiagramm.
- Die Wahlergebnisse für die einzelnen Parteien werden üblicherweise als Prozentwerte der für die jeweiligen Parteien abgegebenen gültigen Stimmen in Bezug auf die insgesamt abgegebenen gültigen Stimmen angegeben.

Ausblick

Die Aufzählung am Ende der Seite bietet einen Ausblick auf die wesentlichen Lernziele des Kapitels und schafft so eine hohe Transparenz für Schüler und Lehrer. Durch einen informierenden Unterrichtseinstieg können sich Schüler und Lehrer auf das Kommende einstellen.
Idealerweise wird im Unterricht der Bezug hergestellt zwischen der Einstiegssituation und den im Ausblick angegebenen Lernzielen.

Kap. 4.1

Wer ist der „meisterlichste" Meister?

K4/5

- Anhand des Zahlenmaterials der Tabellen lassen sich unterschiedliche Kriterien für den Vergleich der beiden Landesmeister (FC Bayern München und Atlético Madrid) angeben. Beispiele:
  Beide Mannschaften haben insgesamt 90 Punkt erreicht, der FC Bayern München hat dafür aber weniger Spiele als Atlético Madrid benötigt. Im Durchschnitt hat der FC Bayern München etwa 2,65 Punkte pro Spiel erreicht, bei Atlético Madrid waren es etwa 2,37. Der FC Bayern München hat also besser abgeschnitten.
  Man kann auch die Anzahl der Siege als Vergleichskriterium heranziehen. Da in der Bundesliga weniger Spiele gespielt wurden als in der Primera División, bietet sich ein Vergleich der Siegesquoten, d. h. der Siege pro Spiel, an. Der FC Bayern München erreichte im Durchschnitt etwa 0,85 Siege pro Spiel, bei Atlético Madrid waren es etwa 0,74. Der FC Bayern München hat also auch bei diesem Kriterium besser abgeschnitten.

Kap. 4.2

Mit dem Fuußball durch Deutschland rollen ...

K4/5

Bundesland	Vereine	Anzahl
Baden-Württemberg	TSG 1899 Hoffenheim VfB Stuttgart	2
Bayern	FC Augsburg FC Ingolstadt FC Bayern München	3
Berlin	Hertha BSC	1
Brandenburg	–	0
Bremen	Werder Bremen	1
Hamburg	Hamburger SV	1
Hessen	SV Darmstadt Eintracht Frankfurt	2
Mecklenburg-Vorpommern	–	0
Niedersachsen	Hannover 96 VfL Wolfsburg	2
Nordrhein-Westfalen	Borussia Dortmund 1. FC Köln Bayer 04 Leverkusen Borussia Mönchengladbach FC Schalke 04	5
Rheinland-Pfalz	1. FC Mainz 05	1
Saarland	–	0
Sachsen	–	0
Sachsen-Anhalt	–	0
Schleswig-Holstein	–	0
Thüringen	–	0

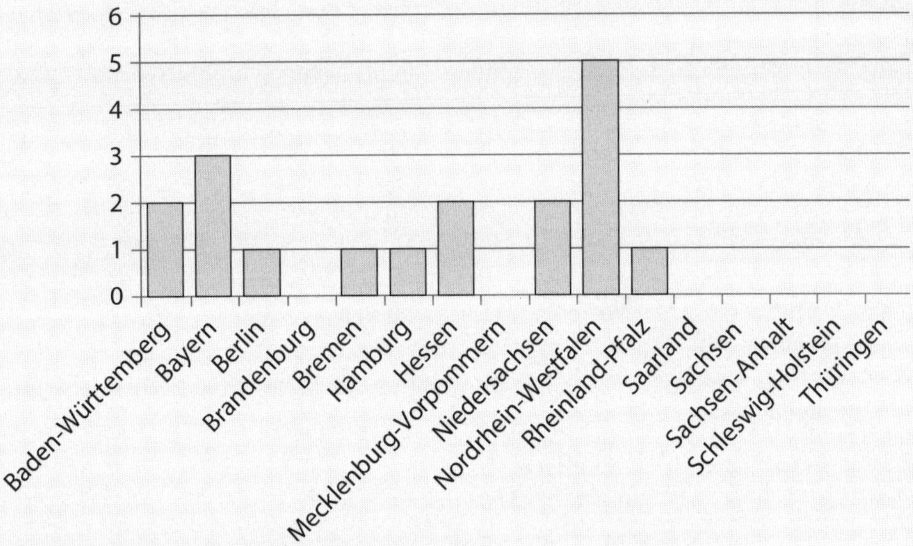

- Individuelle Ergebnisse und Darstellungen.

Kap. 4.3

Mannschafts-Check

K4 - Individuelle Auswertungen und Darstellungen. Beispiele: Durchschnittsalter (oder häufigstes Alter) der Spieler einer Mannschaft bestimmen. Darstellung des Alters der einzelnen Spieler oder der zugehörigen Anzahlen in Säulendiagrammen.

K1 - Der Durchschnittswert kann durch „Ausreißer" verfälscht sein.

Kap. 4.6

Wie man zum Kopfballungeheuer wird

K4 - Die für die jeweiligen Schwingungsanzahlen gemessenen Zeiten werden in eine Tabelle eingetragen.

K4 - Die Punkte liegen (annähernd) auf einer Geraden.

4.1 Daten auswerten: relative Häufigkeit

Alternativer Einstieg: Schulbuch Seite 122

Entdecken

K5
- Der Text stammt aus der Einleitung zu den Asterix-Bänden. Die Sprachen sind Deutsch, Französisch und Englisch.

K4
-

	Deutsch	Französisch	Englisch
Wörter	55	52	47
Buchstaben	290	258	232
Vokale	111	113	93

Das Englische kommt mit den wenigsten Wörtern und Buchstaben aus.

K4
- Das Französische enthält die meisten Vokale.
Anzahlen und Anteile der Vokale (gerundet) an allen Buchstaben der Texte (ohne Berücksichtigung von Groß- und Kleinschreibung):

	Deutsch		**Französisch**		**Englisch**	
	Anzahl	Anteil	Anzahl	Anteil	Anzahl	Anteil
a	19	6,6 %	23	8,9 %	21	9,1 %
á	0	0	0	0	0	0
à	0	0	1	0,4 %	0	0
e	39	13,4 %	29	11,2 %	22	9,5 %
é	0	0	7	2,7 %	0	0
è	0	0	0	0	0	0
i	27	9,3 %	16	6,2 %	20	8,6 %
o	5	1,7 %	17	6,6 %	19	8,2 %
u	13	4,5 %	18	7,0 %	10	4,3 %
ä	1	0,3 %	0	0	0	0
ö	4	1,4 %	0	0	0	0
ü	1	0,3 %	0	0	0	0

Nachgefragt

K1/5
- Der höchste Wert, den die relative Häufigkeit annehmen kann, ist 1. Die relative Häufigkeit 1 entspricht der Gesamtzahl aller Ergebnisse.
Der kleinste Wert, den die relative Häufigkeit annehmen kann, ist 0. Dieser Wert tritt auf, wenn ein Ergebnis nicht vorkommt.

K1/5
- Nein, zu gleichen relativen Häufigkeiten können je nach Gesamtzahl der Ergebnisse verschiedene absolute Häufigkeiten gehören. Beispiel:
Die Klasse 6a besteht aus 28 Kindern, die Klasse 6b aus 26 Kindern. In der Klasse 6a sind 14 Jungen, in der Klasse 6b sind 13 Jungen. Die absoluten Häufigkeiten der Jungen in den beiden Klassen sind verschieden, die relative Häufigkeit der Jungen ist in beiden Klassen aber 50 %.

Aufgaben

K4

1

	6a	6b	6c
relative Häufigkeit (gerundet) der Jungen	$\frac{17}{25} = 68{,}0\,\%$	$\frac{8}{28} = 28{,}6\,\%$	$\frac{9}{26} = 34{,}6\,\%$

In der Klasse 6a ist die relative Häufigkeit der Jungen am größten, in der Klasse 6b am kleinsten.

K4 **2**

	6a	6b
Anzahl der Treffer	12	10
Gesamtzahl der Würfe	26	23
relative Häufigkeit der Treffer	$\frac{12}{26}$ = 46,2 %	$\frac{10}{23}$ = 43,5 %

Bei der Klasse 6a ist die relative Häufigkeit der Treffer größer als bei der Klasse 6b.
Die Klasse 6a ist also treffsicherer.

K4 **3** Insgesamt wurden 32 Stimmen abgegeben. Relative Häufigkeiten (gerundet) für die einzelnen Sportarten:

Fußball	Basketball	Turnen	Schwimmen
$\frac{11}{32}$ = 34,4 %	$\frac{7}{12}$ = 21,9 %	$\frac{6}{32}$ = 18,8 %	$\frac{8}{32}$ = 25 %

In der nächsten Stunde können Fußball, Basketball und Schwimmen gemacht werden. Turnen scheidet aus.

K5 **4** Beispiele für mögliche Fragstellungen und Lösungen:

- Wer hat das bessere Wahlergebnis erreicht?
  Lösung: Für den Vergleich der Wahlergebnisse werden die relativen Häufigkeiten der für Katrin bzw. Niko in ihren jeweiligen Klassen abgegebenen Stimmen verglichen.
  Katrin: 80 % Niko: $\frac{24}{32}$ = 75 %
  Katrin hat das bessere Wahlergebnis erreicht.
- Wer hat mehr Stimmen erhalten?
  Lösung: Dafür müssen die absoluten Häufigkeiten der für Katrin bzw. Niko in ihren jeweiligen Klassen abgegebenen Stimmen verglichen werden.
  Katrin: 80 % von 30 Stimmen sind 24 Stimmen.
  Niko hat 24 Stimmen erhalten.
  Katrin und Niko haben gleich viele Stimmen erhalten.

K1 **5** Um zu entscheiden, wer am besten abgeschnitten hat, werden die relativen Häufigkeiten der richtigen Antworten (Punkte) verglichen.
Helene: $\frac{63}{80}$ = 78,75 % Joschka: 67 % Tizian: $\frac{1}{5}$ = 20 % falsch, also 80 % richtig
Helene hat nicht Recht, Tizian hat am besten abgeschnitten.

Verschlüsselung

Relative Häufigkeit und die Cäsar-Verschlüsselung

K1/4

- Individuell ermittelte Häufigkeiten. In deutschen Texten kommen die Buchstaben E (17 %), N (10 %) und I (8 %) am häufigsten vor. Am seltensten sind Y (0,04 %), X (0,03 %) und Q (0,02 %).
- Individuelle Verschlüsselungen.
- Bei längeren verschlüsselten Texten kann anhand der durchschnittlichen Buchstabenhäufigkeit der zugrunde liegenden Sprache, wenn diese bekannt ist, auf die verschlüsselten Buchstaben geschlossen werden. So z. B. wird bei einem verschlüsselten deutschen Text der am häufigsten vorkommende Buchstabe mit hoher Wahrscheinlichkeit dem E entsprechen, der am zweithäufigsten vorkommende Buchstabe am ehesten dem N oder dem I usw. Wenn einige Buchstaben entschlüsselt sind, ergibt sich der Text dann meist leicht durch Ergänzen der für die übrigen Stellen in Frage kommenden Buchstaben.

Alternativer Einstieg: Schulbuch Seite 122

Entdecken

K5 ■ Die Schülerinnen und Schüler kennen die Kontinente aus dem Geographie-Unterricht.

K4 ■ Beispiele für mögliche Darstellungen:

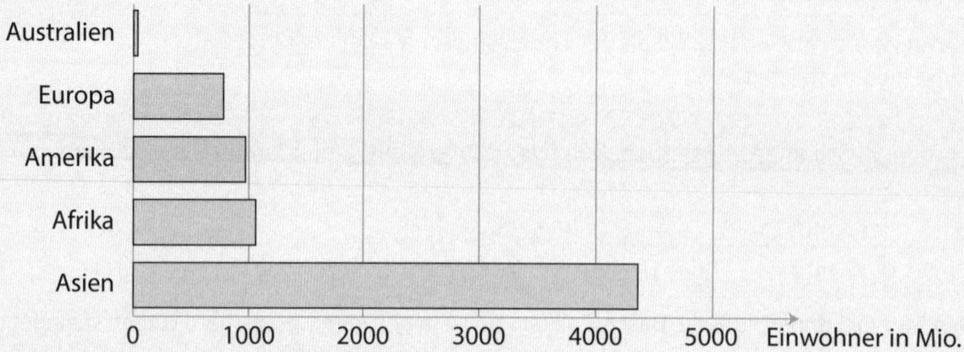

Anteil der Einwohner an der Weltbevölkerung in %

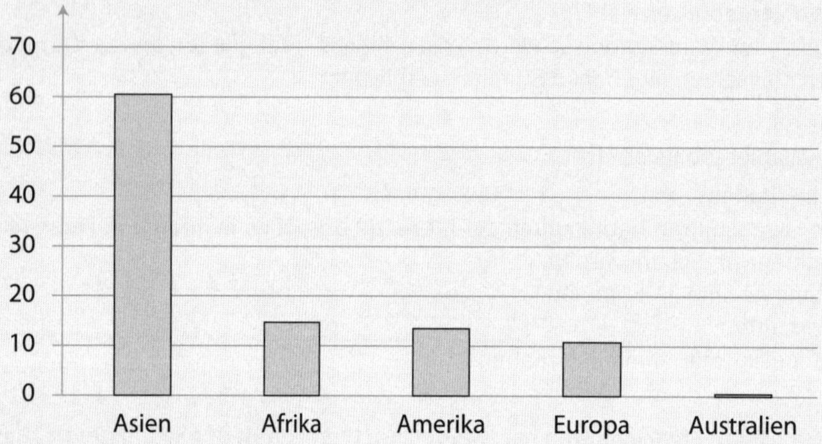

Nachgefragt

K1/5 ■ 360° entsprechen einem Vollwinkel, also einem vollen Kreis im Kreisdiagramm. Dies wiederum entspricht 100 %, also auch 100 % im Streifendiagramm.

K1/5 ■ Ein Streifendiagramm entsteht aus einem Balkendiagramm, wenn man die einzelnen Balken hintereinander legt. Bei beiden Diagrammarten „liegt“ der Streifen bzw. „liegen“ die Balken.

Aufgaben

K4 **1 a)** Es sind individuelle Lösungen möglich.

b)

Hobby	Freunde treffen	Fußball	Tennis	Musik	Sonstiges
Winkel	80°	120°	60°	90°	10°
Anteil	$\frac{80}{360} = \frac{2}{9}$	$\frac{120}{360} = \frac{1}{3}$	$\frac{60}{360} = \frac{1}{6}$	$\frac{90}{360} = \frac{1}{4}$	$\frac{10}{360} = \frac{1}{36}$

K4 **2**

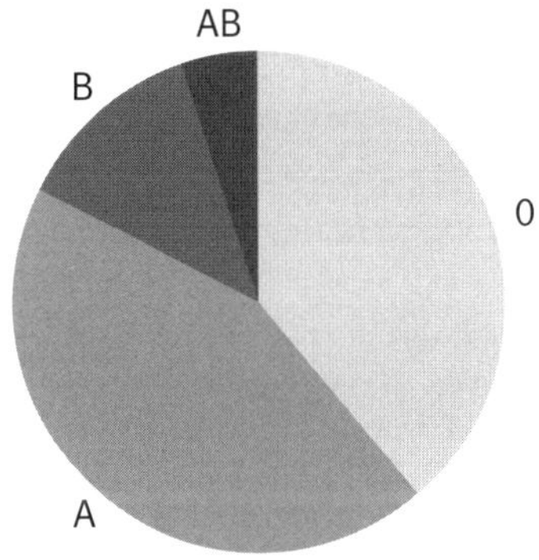

K4 **3** **a)** Stimmenanteil 2011

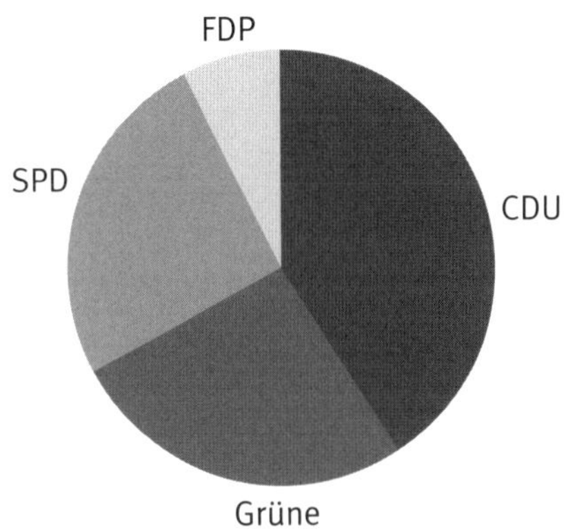

Stimmenanteil 2006

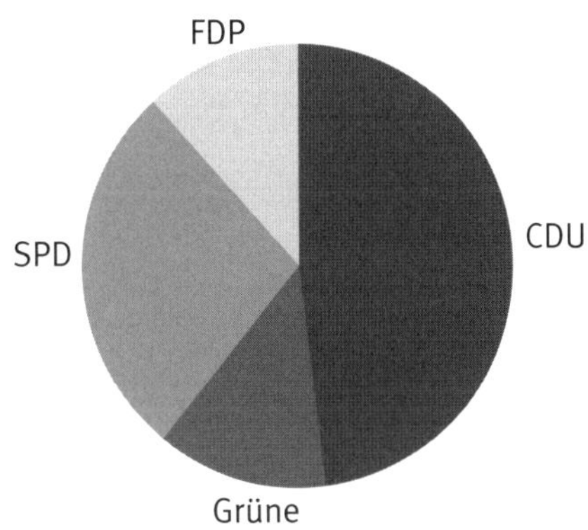

b)

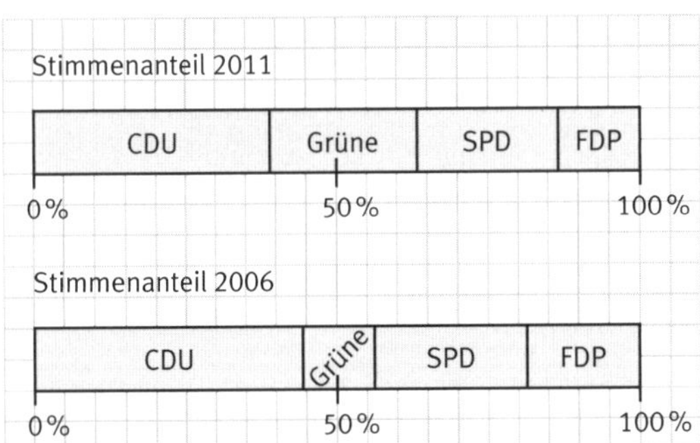

c)

Partei	CDU	Grüne	SPD	FDP
Gewinn (+)/Verlust (–) in Prozentpunkten	–5,2	+12,5	–2,1	–5,4

Beispiel für die Darstellung in einem Säulendiagramm:

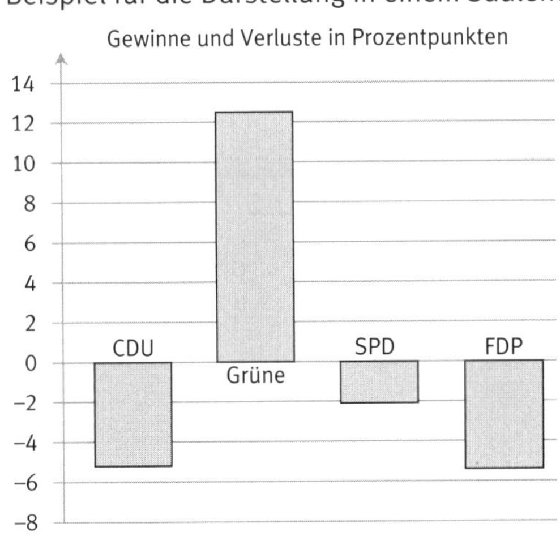

K4 **4** **a)**

	Braunkohle	Erneuerbare Energien	Steinkohle	Kernenergie	Erdgas	Sonstiges
Mrd. kWh	164,06	151,44	119,89	94,65	69,41	31,55
relativer Anteil	26 %	24 %	19 %	15 %	11 %	5 %

b) Anteile auf Prozent gerundet:

	Windenergie	Biomasse	Photovoltaik	Wasserkraft	Siedlungs-abfälle
Anteil an den erneuerbaren Energien	35 %	28 %	20 %	14 %	3 %

c) Anteile aus **b)** in einem Streifendiagramm:

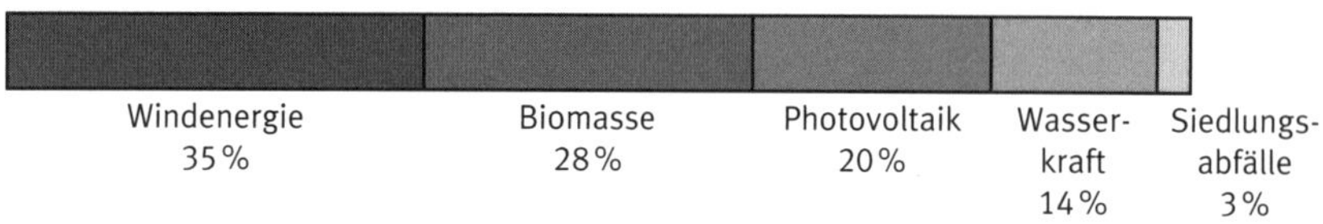

Alternativer Einstieg: Schulbuch Seite 123

Entdecken

K 1/4

- Individuelle Antworten. Wird der Notendurchschnitt der beiden Klassen wie üblich als arithmetisches Mittel gebildet, so hat die Klasse 6d mit der Durchschnittsnote 3,3 besser abgeschnitten als die Klasse 6c mit der Durchschnittsnote 3,6.

Nachgefragt

K 1/4
- Beispiele: 12; 13; 14 und 11; 13; 15

K 1
- Gegenbeispiel: Das arithmetische Mittel der natürlichen Zahlen 2 und 3 ist 2,5, also keine natürliche Zahl.

Aufgaben

K 4 **1** **a)** 1 $\bar{x} = 6$ 2 $\bar{x} = 5$ 3 $\bar{x} = 30$ 4 $\bar{x} = 5$ 5 5 6 6

b)

Daten								$\bar{x}$
2€	3€	5€	1€	9€	350 ct	7,50€	1€	4€
100 m	250 m	75 m	0,3 km	125 m	50 m	500 m	200 m	200 m
14 kg	26 kg	83 kg	42 kg	9 kg	52 kg	18 kg	0,044 t	36 kg
50 m^2	420 m^2	100 m^2	170 m^2	60 m^2	350 m^2	200 m^2	250 m^2	200 m^2
4 l	6 l	9 l	2 l	4 l	5 l	3 l	7 l	5 l

In der letzten Zeile sind mehrere Lösungen möglich. Die Summe beider zu wählenden Werte muss 7 l ergeben.

K 4 **2** Er fährt täglich im Schnitt $\frac{75\,\text{km} + 69\,\text{km} + 81\,\text{km} + 64\,\text{km} + 73\,\text{km} + 54\,\text{km}}{6} = \frac{416\,\text{km}}{6} = 69\frac{1}{3}\,\text{km}$.

K 1 **3** **a)** In den Klassenzimmern der Klassen 5a, 5b, 6b oder 10a. In den übrigen Räumen ist es entweder zu warm oder zu kalt. Dabei wird Bezug genommen auf das Diagramm in der Randspalte. Im Klassenzimmer sollte die Temperatur etwa so hoch sein wie in einem Kinderzimmer.

b) Bruno hat Recht in Bezug auf die mittlere Temperatur. Allerdings ist dieser Wert nicht sehr aussagekräftig, da die Temperatur in jedem Klassenzimmer möglichst zwischen 20 °C und 23 °C liegen sollte. Zumindest wäre es wünschenswert, wenn die Temperaturen der einzelnen Klassenzimmer möglichst wenig von der Idealtemperatur abweichen, d. h. die Spannweite sollte gering sein. Das ist sie bei dieser Messung jedoch nicht: Die Klasse 7a wird bei nur 17 °C frieren, der Klasse 9a hingegen ist es bei 24 °C zu warm.

K 4 **4** **a)** vor der Streichung: $\bar{x} = \frac{44}{7} \approx 6{,}3$

nach der Streichung: $\bar{x} = \frac{13}{2} = 6{,}5$

b) Gründe: Ausreißer können das arithmetische Mittel erheblich beeinflussen, auch wenn sich die Mehrzahl der Kampfrichter über eine Tendenz einig ist. Streicht man jedoch die extremen Werte, so kann ein einzelnes Jurymitglied die Gesamtwertung weder extrem nach oben noch nach unten beeinflussen. Bei Sportarten, bei denen objektive Maßstäbe (Geschwindigkeiten oder Längenmessungen, etc.) anliegen, muss dieses nicht geschehen.

Entdecken

K5 ■ Die beiden Säulendiagramme stellen die Entwicklung des Kundenstammes im Zeitraum von 2011 bis 2015 dar. Beim linken Diagramm beginnt die Beschriftung der senkrechten Achse bei 0, beim rechten Diagramm erst bei 70; hier ist nur der Bereich über 70 dargestellt.

K5 ■ Das linke Diagramm lässt einen leichten Anstieg der Kundenzahlen von etwa 70 bis etwa 75 im betrachteten Zeitraum erkennen. Das rechte Diagramm erweckt den Eindruck eines starken Anstiegs der Kundenzahlen, weil hier nur der Bereich ab 70 vergrößert dargestellt ist.

K1/5 ■ Die Entscheidung für eines der beiden Diagramme hängt davon ab, welche Wirkung die Firma damit erzielen möchte. Gegenüber z. B. Kunden oder Banken wird die Firma eher das rechte Diagramm wählen, um den Eindruck einer sehr positiven Entwicklung zu erwecken. Bei Preisverhandlungen mit Lieferanten oder bei Gehaltsverhandlungen mit den eigenen Mitarbeitern wird die Firma eher das linke Diagramm wählen, um den Eindruck einer zwar günstigen, aber nur geringfügig positiven Entwicklung zu erwecken.

Nachgefragt

K5 ■ Lösungsmöglichkeiten:
In der Werbung: Die Absicht dabei ist, größere Mengen des Produkts zu verkaufen.
Bei Statistiken: Die Absicht dabei ist, die Unterschiede der Daten drastischer aussehen zu lassen.

K1/5 ■ Lösungsmöglichkeiten:
- Unterschiede bei den Säulen sonst zu gering, um etwas zu erkennen
- nur Tendenzen aufzeigen
- einheitliche Abstände auf der x-Achse.

Aufgaben

K5 **1** **a)** Sie möchte dem Direktor zeigen, wie enorm die Teilnahme der Schüler an Aktionen der SMV zugenommen hat. Damit der Unterschied zwischen den verschiedenen Jahren extremer heraussticht, hat sie nur die oberen Bereiche der Säulen dargestellt.

b)

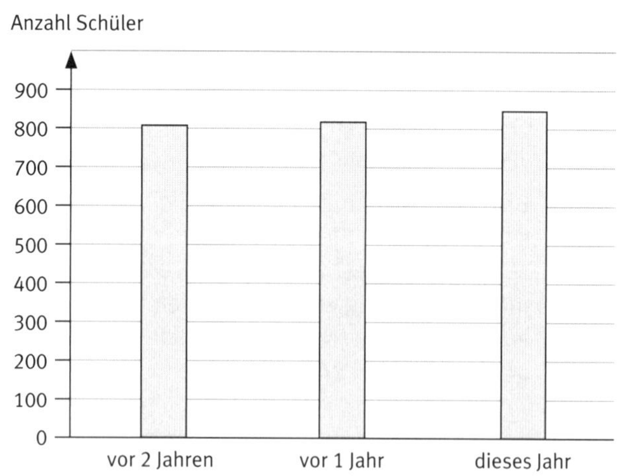

K4/5 **2** Im neuen Fitnessriegel ist der Milchanteil doppelt so hoch (20 %) wie früher (10 %). Die Milchkanne rechts erweckt aber durch ihr achtfaches Volumen den Eindruck eines wesentlich höheren Milchanteils als nur des Doppelten von 10 % (veranschaulicht durch die Milchkanne links).

K4/5 **3** **a)** Die Seitenlängen des kleineren Geldscheins sind nur halb so lang wie die des größeren. Demnach haben sich die Preise von 1980 bis 2010 verdoppelt.

b) Die Fläche des kleineren Geldscheins ist nur ein Viertel der Fläche des größeren. Demnach haben sich die Preise von 1980 bis 2010 vervierfacht.

c) Bei der Darstellung liegt wahrscheinlich die Manipulation vor, dass die Preise seit 1980 auf das Doppelte gestiegen sind, jedoch die vierfache Fläche dargestellt wird.

K4 **4** **a)**

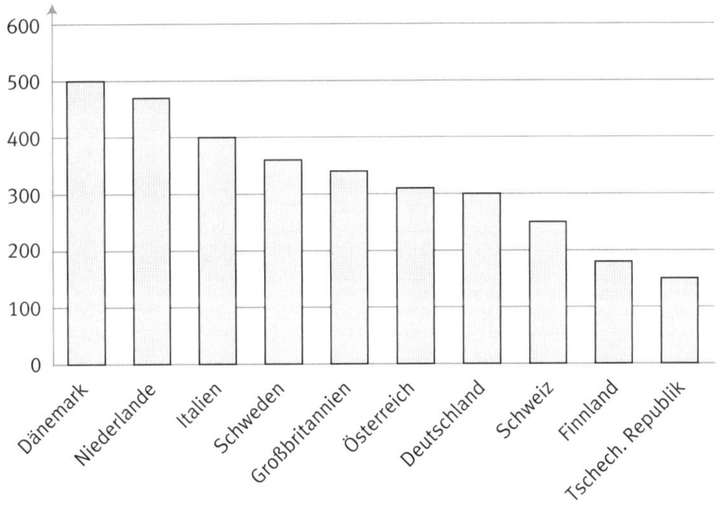

b) Die Grafik kann mit der Absicht, die Müllmengen einzelner Länder besonders groß (z. B. Dänemark, Niederlande) oder besonders klein (z. B. Finnland, Tschechische Republik) erscheinen zu lassen.

c) Individuelle Ergebnisse.

d) Individuelle Antworten. Beispiele: Müllvermeidung (z. B. bei Verpackungen), konsequente Mülltrennung, Nutzung der vorhandenen Recycling-Systeme

K5 **5** **a)** Die unterschiedlichen Darstellungen entstehen durch

- unterschiedliche Zeiträume und Skalierungen auf der waagrechten Achse; bei (E) sind die Intervalle auf der waagrechten Achse zudem nicht gleichmäßig.
- unterschiedliche Skalierungen der senkrechten Achse

b) A Dieses Diagramm kann insgesamt einen realistischen Eindruck von der Entwicklung der Mitgliederzahlen im Zeitraum von September 2006 bis Mai 2012 vermitteln.

B Durch die Wahl eines kürzeren Zeitraums auf der waagrechten Achse fehlt in diesem Diagramm der Anstieg der Mitgliederzahl ab etwa Januar 2012. Darüber hinaus wird durch die Skalierung der senkrechten Achse in Schritten von 10 000 der Eindruck erweckt, dass die Mitgliederzahl im betrachteten Zeitraum zwar einen einmaligen Anstieg erfahren hat, sich insgesamt aber auf niedrigem Niveau bewegt und keine weitere positive Entwicklung zeigt.
Dieses Diagramm könnte von politischen Gegnern der Partei bzw. der Parteiführung verwendet werden.

C Durch die Skalierung der senkrechten Achse in Schritten von 2000 wird der Eindruck eines sprunghaften Anstiegs der Mitgliederzahl erweckt.
Dieses Diagramm könnte von Anhängern der Partei verwendet werden.

D Durch die Wahl eines kürzeren Zeitraums auf der waagrechten Achse fehlt in diesem Diagramm der Anstieg der Mitgliederzahl ab etwa Januar 2012. Es entsteht der Eindruck, dass die Mitgliederzahl im betrachteten Zeitraum zwar einen einmaligen Anstieg erfahren hat, danach aber keine weitere positive Entwicklung zeigt.
Dieses Diagramm könnte von politischen Gegnern der Partei bzw. der Parteiführung verwendet werden.

E Dieses Diagramm zeigt wie A die Entwicklung der Mitgliederzahlen im Zeitraum von September 2006 bis Mai 2012. Anders als bei A wird durch die Verwendung nicht gleichmäßiger Zeitintervalle auf der waagrechten Achse eher der Eindruck eines im ganzen Zeitraum anhaltenden Anstiegs der Mitgliederzahl vermittelt.
Dieses Diagramm könnte von Anhängern der Partei verwendet werden.

K4/5 **6** **a)**

Monat	Januar	Februar	März	April	Mai	Juni
Anzahl der seit Jahresbeginn verkauften Autos	41	41 + 41 = 82	82 + 43 = 125	125 + 45 = 170	170 + 50 = 220	220 + 60 = 280

b) Das linke Diagramm erweckt den Eindruck, dass Herr Nagel z. B. im Juni fast 20-mal so erfolgreich gewesen wäre wie im Januar; in Wirklichkeit hat er im Juni nur etwa eineinhalbmal so viele Autos verkauft wie im Januar.

K4/5 **7** **a)** Die positive y-Achse (Gewinnachse) beginnt nicht mit 0 g, sondern erst mit 5700 g; dadurch erscheint die Zunahme des Geschäftsgewinns stärker als bei einer korrekten Darstellung.

b) Wenn er die Einheit auf der Zeitachse (1 Monat) kleiner darstellt, erscheint es so, als ob der Geschäftsgewinn noch rascher zugenommen hätte.

c) Wenn er die Einheit auf der Zeitachse (1 Monat) größer darstellt, erscheint es so, als ob der Geschäftsgewinn langsamer zugenommen hätte.

d)

Monat	Juli	August	September	Oktober	November	Dezember
Gewinn in €	6000	6200	6400	6300	6500	6500

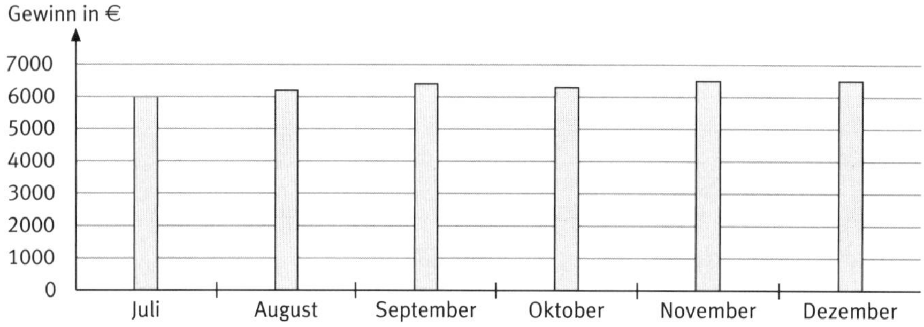

K5 **8** **a)** Das linke Diagramm stellt den prozentualen Anteil der mittelgroßen landwirtschaftlichen Betriebe mit einer bewirtschafteten Fläche zwischen 20 ha und 50 ha an der Gesamtzahl aller landwirtschaftlichen Betriebe im Zeitraum von 1949 bis 2013 dar.

Das rechte Diagramm stellt die absolute Anzahl der mittelgroßen landwirtschaftlichen Betriebe mit einer bewirtschafteten Fläche zwischen 20 ha und 50 ha im Zeitraum von 1949 bis 2013 dar.

Die Zeiteinteilung auf der waagrechten Achse ist bei beiden Diagrammen nicht gleichmäßig, aber identisch.

b) Das linke Diagramm kann mit der Absicht erstellt worden sein, zu belegen, dass es im Bereich der mittelgroßen landwirtschaftlichen Betriebe im betrachteten Zeitraum eine insgesamt positive Entwicklung gegeben hat. Das rechte Diagramm kann verwendet werden, um zu zeigen, dass es nach einer positiven Entwicklung etwa zwischen 1960 und 1990 zu einem anhaltenden Rückgang im Bereich der mittelgroßen landwirtschaftlichen Betriebe gekommen ist.

Entdecken

K4
- Beispiel für die Darstellung in einer Tabelle:

Meilen	1	10	20	30	40	50	60	70	80
km	1,6	16	32	48	64	80	96	112	128

K4/5
- 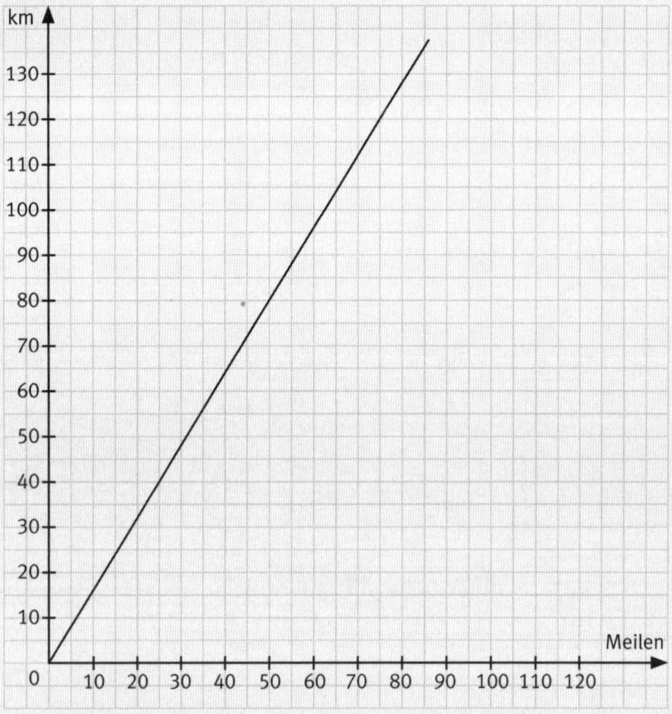

Wertepaare, die nicht in der Tabelle stehen, lassen sich anhand der Koordinaten der auf der gezeichneten Geraden liegenden Punkte entnehmen, weil auch für diese Punkte derselbe gesetzmäßige Zusammenhang wie für die in der Tabelle und im Graphen erfassten Wertepaare gilt.

Nachgefragt

K5
- Individuelle Beispiele.

K1/5
- Man könnte die in bestimmten Zeiten gelaufenen Strecken anhand von Messwerten wie den angegebenen in einer Tabelle darstellen. Weil der Sprinter aber nicht gleichmäßig schnell läuft, sind Rückschlüsse auf nicht erfasste Zwischenwerte nur als Näherung möglich, und Wertepaare außerhalb des Bereichs der Tabelle (z. B. die Zeiten für 200 m, 400 m, ...) sind nicht sinnvoll möglich, weil die Geschwindigkeit des Läufers bei längeren Strecken nicht bekannt ist.

K1/5
- Der Grund für die Bezeichnung „linearer Graph“ ist, dass dessen Punkte auf einer (geraden) Linie (von lat. „linea“) liegen.

Aufgaben

K4 **1** **a)** 1 Einer Stadt wird ihre Einwohnerzahl zugeordnet.
Die Einwohnerzahl hängt von der Stadt ab.

2 Einer Zeitspanne in Sekunden wird eine Strecke in Metern zugeordnet.
Die Strecke hängt von der Zeitspanne ab.

3 Einer Anzahl Personen wird ein Preis zugeordnet.
Der Preis hängt von der Personenanzahl ab.

4 Einem Wochentag wird die Höhe des Flusspegels zugeordnet.
Die Höhe des Flusspegels hängt vom Wochentag ab.

b) Beispiele für mögliche Wertepaare:

1 Städte in Baden-Württemberg:

Stadt	Freiburg	Karlsruhe	Stuttgart	Ulm
Einwohnerzahl	230 000	296 000	598 000	118 000

2 Fahrradfahrer:

Zeit in s	1	10	30	60
Strecke in m	7	70	210	420

3 Fahrkarten

Anzahl Personen	1	2	3	4
Preis in €	2,50	5	7,50	10

4 Hochwasser

Tag der Woche	Montag	Dienstag	Mittwoch	Donnerstag
Flusspegel	2,55 m	2,93 m	3,09 m	3,61 m

c) 1

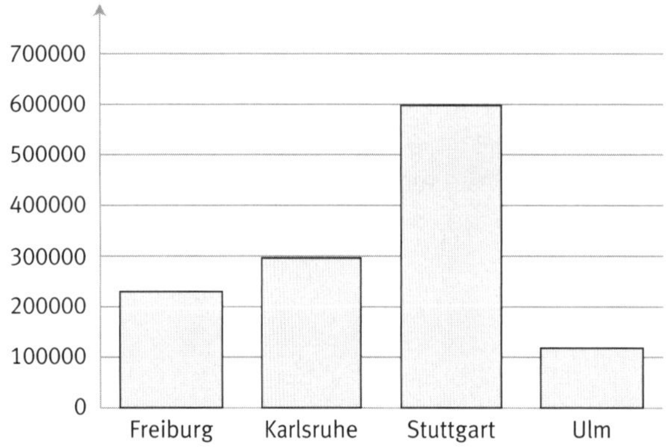

Die Wertepaare können nicht miteinander verbunden werden.

2

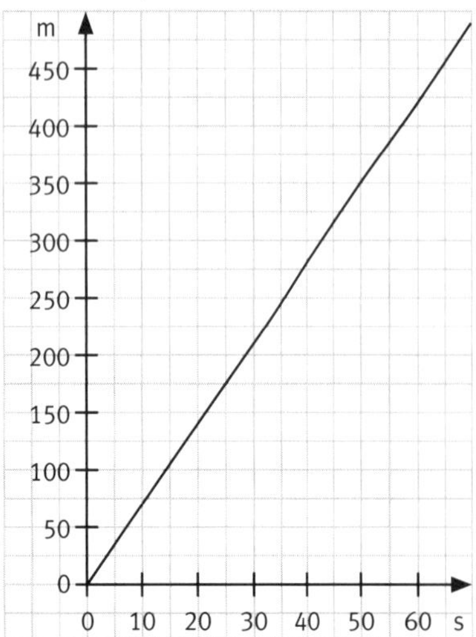

Die Wertepaare können sinnvoll verbunden werden.

3

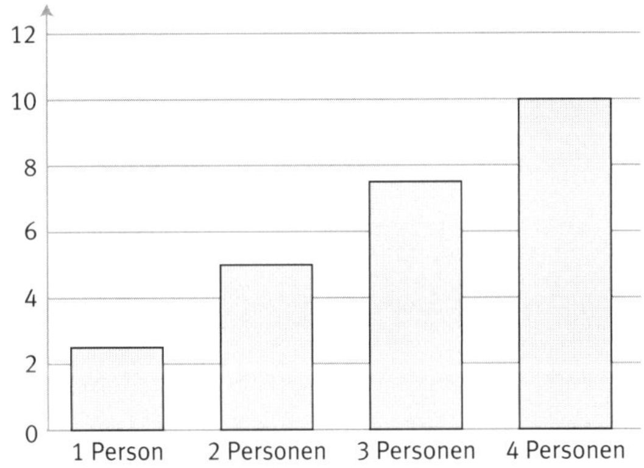

Die Wertepaare können nicht miteinander verbunden werden.

4

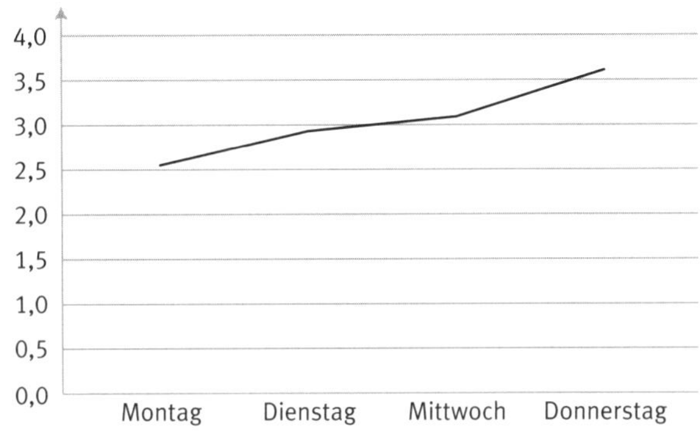

Die Wertepaare können miteinander verbunden werden, um einen Eindruck von der Entwicklung zu erhalten. Da die Zwischenwerte nicht genau bekannt sind, handelt es sich bei den durch die Verbindung entstehenden Wertepaaren um Schätzungen.

K4 **2** **a)** Uhrzeit $\mapsto$ Körpertemperatur in °C

b) Lösungsmöglichkeit:

Am ersten Tag ist die Temperatur von 38,0 °C auf 40,3 °C im Zeitraum von 8.00 Uhr bis 20.00 Uhr angestiegen. In der Nacht zum zweiten Tag hat sich die Temperatur bis 8.00 Uhr morgens auf 39,2 °C gesenkt, am Abend dieses Tages (20.00 Uhr) hat diese aber mit 40,5 °C ihren Höchststand erreicht. Von da an fällt die Körpertemperatur am dritten Tag auf 38,4 °C. Während des Tagesverlaufs bis hin zum Abend um 20.00 Uhr erhöht sie sich nochmals auf 39,0 °C, sinkt aber zum Abend auf 37,4 °C ab. Im Verlauf des vierten Tages steigt die Körpertemperatur auf 38,2 °C und fällt bis zum Morgen des fünften Tages auf 37,0 °C ab. Am fünften Tag wird zum Zeitpunkt 20.00 Uhr eine Körpertemperatur von 37,6 °C gemessen.

c) 1 höchste Temperatur: 2. Tag um 20.00 Uhr (40,3 °C)
niedrigste Temperatur: 5. Tag um 8.00 Uhr (37,0 °C)

2 Körpertemperatur 39,0 °C: 3. Tag um 20.00 Uhr
Körpertemperatur 38,2 °C: 4. Tag um 20.00 Uhr

Geht man davon aus, dass sich die Körpertemperatur zwischen den Messwerten linear verändert, so kann man auch „Zwischenzeitpunkte" in Betracht ziehen:
Körpertemperatur 39,0 °C: 1. Tag um ca. 13 Uhr; 2. Tag um ca. 4 Uhr
Körpertemperatur 38,2 °C: 1. Tag um ca. 9 Uhr; 2. Tag um ca. 2 Uhr

d) Am vierten Tag kann die höchste Temperatur auch größer als 38,2 °C gewesen sein, da diese Temperatur punktuell um 20.00 Uhr gemessen wurde. Über die Temperatur zwischen 8.00 Uhr und 20.00 Uhr macht das Diagramm keine Angaben.

K4 **3** **a)** Ausgangsgröße: Alter in Jahren ↦ zugeordnete Größe: Größe in cm

b)

Alter in Jahren	1	2	3	4	5	6	7	8	9	10	11	12
Größe in cm	50	76	89	104	107	111	116	120	125	128	132	136
Zuwachs in cm		26	13	15	3	4	5	4	5	3	4	4

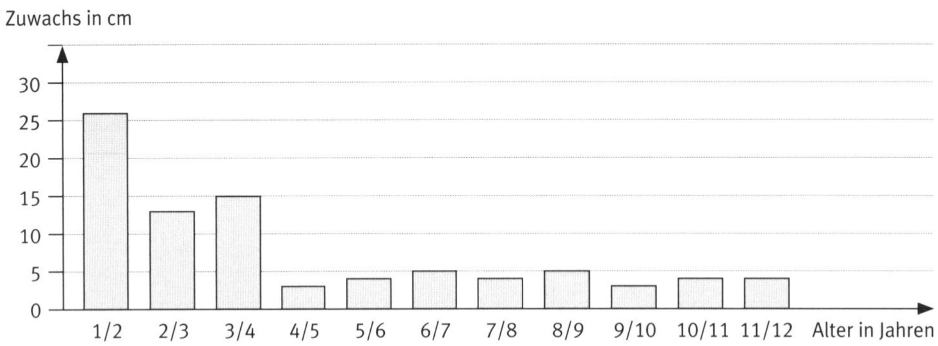

c) Im Alter von 13 Jahren wird Massimo wahrscheinlich genauso viel wachsen wie in den acht vergangenen Jahren, also zwischen 3 cm und 5 cm. Ab dem 14. Lebensjahr wird wohl die Pubertät einsetzen und Massimo wird an Körpergröße rasant zulegen.
Mögliche Werte:
13. Lebensjahr ↦ 140 cm (Zuwachs von 4 cm)
14. Lebensjahr ↦ 148 cm (Zuwachs von 8 cm)
15. Lebensjahr ↦ 156 cm (Zuwachs von 8 cm)
16. Lebensjahr ↦ 167 cm (Zuwachs von 11 cm)

d) Es sind individuelle Lösungen möglich.

K4 **4** **a)**

Strecke in km	1	3	15	**21**	30	**36**	**45**	**50**
Verbrauch in kcal	25	75	375	**525**	750	**900**	**1125**	**1250**

Abgelesen: 21 km ↦ 525 kcal 36 km ↦ 900 kcal 45 km ↦ 1125 kcal 50 km ↦ 1250 kcal
Bei dieser Berechnung nimmt man an, dass der Mann ständig mit der gleichen (Durchschnitts-) Geschwindigkeit fährt.

b) Um 1240 kcal zu verbrauchen, muss er gut 49 km (genau: 49,6) fahren. Diese Angabe weist aber eine in der Realität zu hohe Genauigkeit auf, denn Faktoren wie Berge, Rücken- oder Gegenwind, Gewicht des Fahrrads, persönlicher Kalorienverbrauch, ... spielen eine wichtige Rolle.

c) Verglichen mit 30 Minuten Radfahren müsste man zum gleichen Energieverbrauch ca. ...
- 35 Minuten schnell schwimmen.
- 40 Minuten Joggen oder Fußball spielen.
- 45 Minuten Aerobic machen.
- 90 Minuten Spazierengehen.

Eine Tafel Vollmilchschokolade enthält ca. 570 kcal, eine Tafel Halbbitterschokolade nur 520 kcal.
Es sind individuelle Lösungen zu dieser Aufgabe möglich.

K4/5 **5** **a)** roter Graph: Syriana grüner Graph: Michelle

b)

Läuferin	10 m	20 m	30 m
Syriana	2,4 s	4,8 s	7,2 s
Michelle	1,8 s	3,6 s	5,4 s

c) An dieser Stelle holt Michelle Syriana ein.

d) Individuelle Antworten. Es fällt auf, dass beide Graphen eine über die ganze Zeit der Läufe hinweg gleichmäßige Geschwindigkeit zugrunde legen. Das ist nicht realistisch, weil z. B. die Beschleunigungsphase zu Beginn damit ausgeblendet wird.

K4 **6 a)** Der Graph hat immer nach 8 Batterien auf der x-Achse einen waagrechten Knick über 4 Batterien. Dieser Verlauf wiederholt sich ständig.

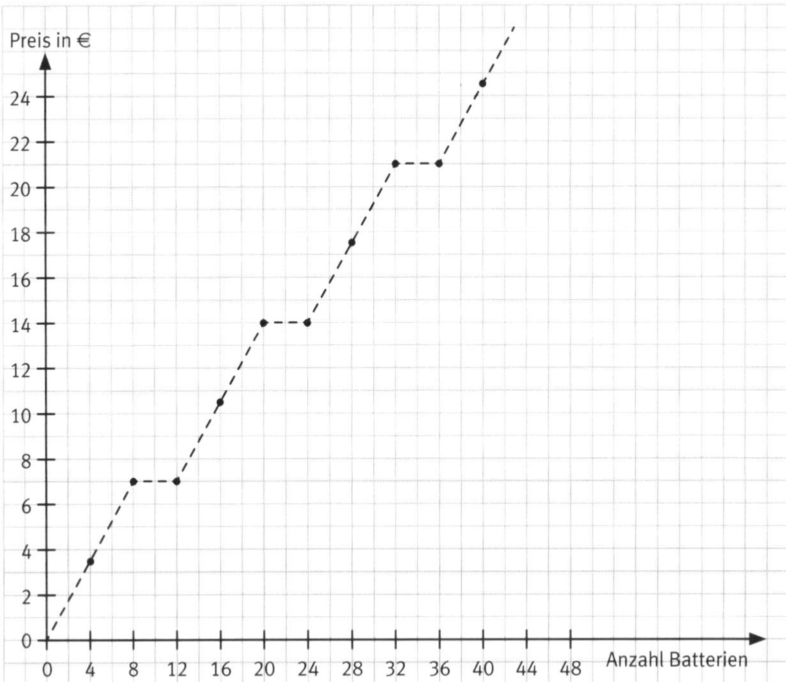

Anmerkung: Es sind nur ganzzahlige Lösungen möglich.

b) Die teuerste Variante ist, 2 Packungen Mono-Batterien zu kaufen und dann eine beliebige andere Packung dazu zu nehmen (3 × Mono kosten regulär 11,85 €, 2 × Mono und 1 × Mignon kosten regulär 11,40 €, 2 × Mono und 1 × Micro kosten regulär 11,65 €). Alle Varianten kosten dann 7,90 €.

Die günstigste Variante ist, 3 Packungen Mignon-Batterien zu kaufen und davon eine nicht zu bezahlen. Das Angebot kostet dann 7 € statt 10,50 €.

K5 **7 a)** Laut Grafik sind die Leistungshöhepunkte gegen 11 Uhr und 18 Uhr. Früh morgens (bis 8 Uhr) und spät abends (ab 20 Uhr) ist man eher „schlapp“ und am Nachmittag gegen 16 Uhr findet man ein weiteres Leistungstief, in dem man „weder schlapp noch fit“ ist.

b) Es sind individuelle Lösungen möglich.

c) Lösungsmöglichkeit:

Zeitspanne	8–13 Uhr	13–15 Uhr	15–16 Uhr	16–17 Uhr	17–19 Uhr	19–21 Uhr
Tätigkeit	Schule	Freizeit	Ruhephase	Freizeit	Lernzeit	Freizeit

K5 **8 a)** 1 Lösungsmöglichkeit: Jakob läuft los zur Schule. An einer Fußgängerampel bleibt er bei Rot stehen. Bei Grün läuft er weiter. Da Annika, die er unterwegs abholt, noch nicht ganz fertig ist, wartet er fünf Minuten auf sie, bevor sie zusammen weitergehen. Nach insgesamt 1500 m sind sie an der Schule angekommen.

2 Lösungsmöglichkeit: Jakob läuft los zur Schule. Nach 750 m bemerkt er, dass er sein Mäppchen daheim vergessen hatte. Schnell läuft er wieder zurück, um es zu holen. Nun läuft er schneller als gewöhnlich wieder Richtung Schule. Wie gewohnt muss er an der roten Fußgängerampel warten. Nach 1000 m Entfernung von daheim kommt er an Annikas Haus vorbei, wo er fünf Minuten auf sie warten muss. Anschließend laufen beide gemeinsam zur Schule, die Jakob nach insgesamt 35 Minuten erreicht.

b)
- Aus dem Graphen 1 kann man die Entfernung von Jakobs Zuhause in Metern entnehmen, ebenso ist ersichtlich, dass die Schule 1500 m von Jakobs Zuhause entfernt ist. Dabei handelt es sich vermutlich um die Luftlinienentfernung zur Schule. Am Graphenverlauf sieht man, dass Jakob einen Teil der Strecke dreifach läuft, vielleicht hat sie unterwegs etwas verloren.
- Aus beiden Graphen geht hervor, dass Jakob für die Strecke zur Schule an diesem Tag 45 Minuten braucht.
- Graph 2 veranschaulicht die von Jakob insgesamt gelaufene Strecke in Metern. Insgesamt läuft sie 2500 m zur Schule, obwohl die Schule nur 1500 m entfernt liegt. Daraus lässt sich errechnen, dass sie 1000 m zuviel gelaufen ist, was man allerdings auch schon aus Graph 1 entnehmen könnte.

c) Es sind individuelle Lösungen möglich.

K4/5 **9 a)** Uhrzeit $\mapsto$ Temperatur in °C

b) Höchstwert: 15.50 Uhr $\mapsto$ 24 °C   Tiefstwert: 2.00 Uhr $\mapsto$ 2 °C

c)

8.00 Uhr $\mapsto$ 12 °C	21.20 Uhr $\mapsto$ 12 °C
13.40 Uhr $\mapsto$ 19 °C	18.20 Uhr $\mapsto$ 19 °C
6.00 Uhr $\mapsto$ 6 °C	24.00 Uhr $\mapsto$ 6 °C

d) Es sind individuelle Lösungen möglich.

K2 **10 a)** Fläche nach 20 (40) Tagen: 48 m^2 (768 m^2)

b) Nach 45 Tagen beträgt die Fläche der Alge 1536 m^2, nach 50 Tagen würde sie bereits 3072 m^2 betragen. Da die Fläche des Sees 1600 m^2 beträgt, bedeckt die Alge den See zwischen dem 45. und dem 50. Tag vollständig.

Medizin

Atemzüge untersuchen (Partnerübung)

K4 ■ Individuelle Ergebnisse. Die Anzahl der Atemzüge ist in den jeweils gleich langen Zeitintervallen ungefähr gleich.

K4 ■ Individuelle Ergebnisse. Die Anzahl der Atemzüge wird zu Beginn höher als bei der ersten Messung sein und danach über einen längeren Zeitraum bis auf etwa das „Ruheniveau“ absinken.

Alternativer Einstieg: Schulbuch Seite 123

Entdecken

K4/5 ■ Anhand der Arbeitsaufträge entdecken die Schülerinnen und Schüler das Grundprinzip proportionaler Zusammenhänge.

Nachgefragt

K1/5 ■ Lösungsmöglichkeiten:
Anzahl Personen ↦ Fahrpreis in €
Anzahl Tafeln Schokolade ↦ Preis in €
Länge Stoff in m ↦ Preis in €

K1/5 ■ Individuelle Beispiele.

K1/5 ■ Bei vielen Zuordnungen sind Zwischenwerte nicht sinnvoll. Wenn eine CD beispielsweise 5 € kostet, dann kosten zwei CDs 10 €, drei CDs 15 €, usw. Man darf die Punkte dieses Graphen nicht miteinander verbinden, da es keine halben CDs gibt. Um trotzdem einen anschaulicheren Graphen zu erhalten, bietet es sich hier an, die Punkte durch eine gestrichelte Linie zu verbinden.

Aufgaben

K4 **1**

	proportional?	Beispiele
a)	nein	50 kg ↦ 15 Jahre; 100 kg ↦ 30 Jahre Die Zuordnung ist nicht proportional, denn das Körpergewicht ist im Allgemeinen nicht proportional vom Alter abhängig.
b)	ja	1 CHF ↦ 0,82 €; 2 CHF ↦ 1,64 € Diese Zuordnung ist proportional.
c)	nein	Ob die Zuordnung Preis in € ↦ Anzahl SMS pro Monat proportional ist oder nicht, hängt vom Handy-Tarif ab. Wird für jede einzelne SMS ein fester Betrag gezahlt, ist die Zuordnung proportional. Bei einer Flatrate hingegen, bei der ein fester Betrag pro Monat für eine größere Anzahl SMS gezahlt wird, ist die Zuordnung nicht proportional.
d)	ja	100 g ↦ 2,30 €; 200 g ↦ 4,60 € Diese Zuordnung ist proportional.
e)	nein	1 Bauarbeiter ↦ 10 h; 2 Bauarbeiter ↦ 5 h Diese Zuordnung ist keinesfalls proportional. Eher ist sie antiproportional, denn mit doppelter Arbeitskraft halbiert sich in manchen Fällen die Arbeitszeit. Allerdings steigt mit der Zahl der Mitarbeiter der Koordinationsbedarf, und manche Gewerke können nicht gleichzeitig, sondern nur nacheinander ausgeführt werden. Also wird die Zuordnung (wenn überhaupt) nur annähernd antiproportional sein.

K4 **2** **a)** und **b)**

1 Lösungsmöglichkeit: Preis für Käseaufschnitt

(Gewicht: 300 → 900: $\cdot 3$; 900 → 600: $\cdot \frac{2}{3}$; Preis: 3,45 → 10,35: $\cdot 3$; 10,35 → 6,90: $\cdot \frac{2}{3}$)

Gewicht in g	300	900	600
Preis in €	3,45	10,35	6,90

$\frac{300\,g}{3{,}45\,€} = \frac{900\,g}{10{,}35\,€} = \frac{600\,g}{6{,}90\,€} \approx 87\frac{g}{€}$

Die Zuordnung ist proportional.

2 Lösungsmöglichkeit: Preis für Bindfaden

(Länge: 7 → 2: $: 3{,}5$; 2 → 4: $\cdot 2$; Preis: 14,70 → 4,20: $: 3{,}5$; 4,20 → 8,40: $\approx \cdot 2$)

Länge in m	7	2	4
Preis in €	14,70	4,20	8,40

$\frac{7\,m}{14{,}70\,€} = \frac{2\,m}{4{,}20\,€} = \frac{4\,m}{8{,}40\,€}$

Die Zuordnung ist proportional.

3 Lösungsmöglichkeit: Preis für eine Kette

(Länge: 5 → 7: $\cdot 1{,}4$; 7 → 4: $: 1{,}75$; Preis: 2 → 2,80: $\cdot 1{,}4$; 2,80 → 1,60: $: 1{,}75$)

Länge in cm	5	7	4
Preis in €	2	2,80	1,60

$\frac{5\,cm}{2\,€} = \frac{7\,cm}{2{,}80\,€} = \frac{4\,cm}{1{,}60\,€} = 2{,}5\frac{cm}{€}$

Die Zuordnung ist proportional.

4 Lösungsmöglichkeit: Zeit für eine Wanderung

(Weg: 3 → 4: $\cdot \frac{4}{3}$; 4 → 6: $\cdot 1{,}5$; Zeit: 39 → 52: $\cdot \frac{4}{3}$; 52 → 78: $\cdot 1{,}5$)

Weg in km	3	4	6
Zeit in min	39	52	78

$\frac{3\,km}{39\,min} = \frac{4\,km}{52\,min} = \frac{6\,km}{78\,min}$

Die Zuordnung ist proportional.

K1/4 **3** Der Graph b) gehört zu einer proportionalen Zuordnung. Hier verändert sich der x-Wert proportional zum y-Wert. In den Graphen a) und c) hingegen verändern sich die x- und y-Werte nicht im gleichen Verhältnis. Graph b) ist zudem der einzige Graph, der als Halbgerade dargestellt ist, die im Ursprung des Koordinatensystems beginnt.

K4 **4** **a)**

Äpfel in kg	Preis in €
2	4,30
1	2,15
9	19,35

b)

Anzahl Hefte	Masse in g
3	225
1	75
8	600

c)

Erdbeeren in g	Preis in €
250	1,50
50	0,30
800	4,80

d)

Euro	US-Dollar
120	180
60	90
180	270

e)

Anzahl Bausteine	Turmhöhe in cm
7	10,5
1	1,5
15	22,5

f)

Anzahl Kopien	Preis in €
450	13,50
100	3,00
800	24,00

K4 **5** **a)**

Benzin in l	18	36	54	9
Preis in €	21,60	43,20	64,8	10,8

b)

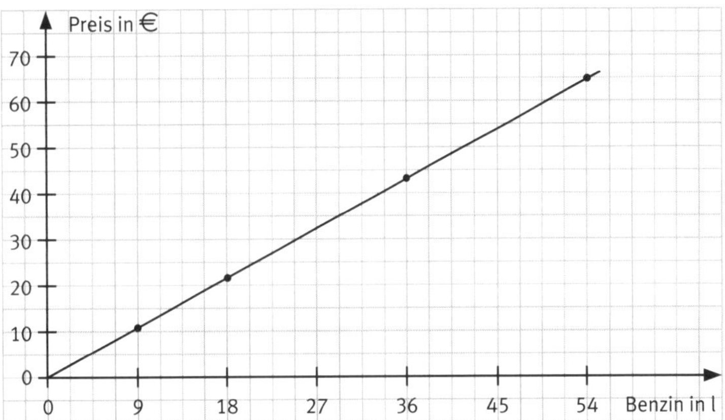

c) 20 l ↦ 24,00 € 30 l ↦ 36,00 € 42 l ↦ 50,40 €

d) Die Anzeige gibt den Preis für einen Liter Kraftstoff an, also den Proportionalitätsfaktor für den Zusammenhang Kraftstoffmenge (in l) ↦ Preis.

K4 **6** Individuelle Bearbeitungen.

K1/5 **7** **a)** Der Graph stellt dar, welche Strecke ein Fahrradfahrer bzw. ein Motorradfahrer in einer bestimmten Zeit zurücklegt. Dabei haben die beiden Fahrer unterschiedliche Startzeiten.

b)

Uhrzeit	8.00	9.00	10.00	11.00	12.00
Motorradfahrer Weg in km	0	0	40	80	120
Fahrradfahrer Weg in km	0	20	40	60	80

c) Motorradfahrer: 40 km/h Fahrradfahrer: 20 km/h

d) Auch die Zeit-Weg-Zuordnung des Motorradfahrers ist proportional, allerdings muss man dafür den Nullpunkt verschieben, da die Fahrt des Motorradfahrers nicht um 8:00 h, sondern erst um 9:00 h beginnt. Ab 9:00 h fährt der Motorradfahrer konstant 40 km/h, bei doppelter/dreifacher ... Zeit verdoppelt/verdreifacht ... sich der zurückgelegte Weg.

e) Es gibt individuelle Lösungsmöglichkeiten.

K2/4 **8** Unter der Voraussetzung, dass alle Blätter etwa gleich dick sind, könnte Conny die Höhe des ganzen Papierstapels messen und diesen dann durch die Anzahl der Blätter, die auf der Verpackung angegeben ist, dividieren.

K5 **9** Individuelle Stellungnahmen. Es kann auf die Art der Zuordnung eingegangen werden, z. B.:

- Frau Cooper betrachtet den Zusammenhang Benzinmenge in l $\mapsto$ Preis in €. Es handelt sich um einen proportionalen Zusammenhang, wenn der Preis eines Liters konstant ist.
- Herr Horch betrachtet den umgekehrten Zusammenhang Preis in € $\mapsto$ Benzinmenge in l. Es handelt sich auch hier um einen proportionalen Zusammenhang, wenn der Preis eines Liters konstant ist.

K4 **10** Individuelle Bearbeitungen.

K2/4 **11** **a)** Das 30 cm hohe Modell des Eiffelturms ist im Maßstab 1 : 1080 gebaut.
Wenn dieses Modell aus demselben Material wie der Eiffelturm gebaut ist, beträgt seine Masse $10\,000\,\text{t} : 1080^3 \approx 7{,}94\,\text{g} \approx 8\,\text{g}$. Die Angabe in dem Artikel stimmt also.

b) Das 30 cm hohe Modell des Burj Khalifa ist im Maßstab 1 : 2760 gebaut.
Wenn dieses Modell aus demselben Material wie der Burj Khalifa gebaut ist, beträgt seine Masse $500\,000\,\text{t} : 2760^3 \approx 23{,}78\,\text{g} \approx 24\,\text{g}$.
Anmerkung: In dieser Aufgabe ist es möglich, den Volumenbegriff aus der Grundschule zu nutzen. Die Aufgabe bietet sich ebenso als Anwendung in Kapitel 6 an.

K2/4 **12** **a)** Proportionalitätsfaktor: $\frac{0{,}40\,€}{1\ \text{Kleidungsstück}}$
Für 18 € muss Sophia 45 Kleidungsstücke bügeln.

b) Anzahl Kleidungsstücke: $4 \cdot 7 = 28$
$28 \cdot 0{,}40\,€ = 11{,}20\,€$
Sophia verdient 11,20 €.

c)

Anzahl Kleidungsstücke	0	1	2	3	4	5	6	7	8	9	10	11	12
Lohn in €	0,00	0,40	0,80	1,20	1,60	2,00	2,40	2,80	3,20	3,60	4,00	4,40	4,80
Arbeitszeit in min	0	5	10	15	20	25	30	35	40	45	50	55	60

d)

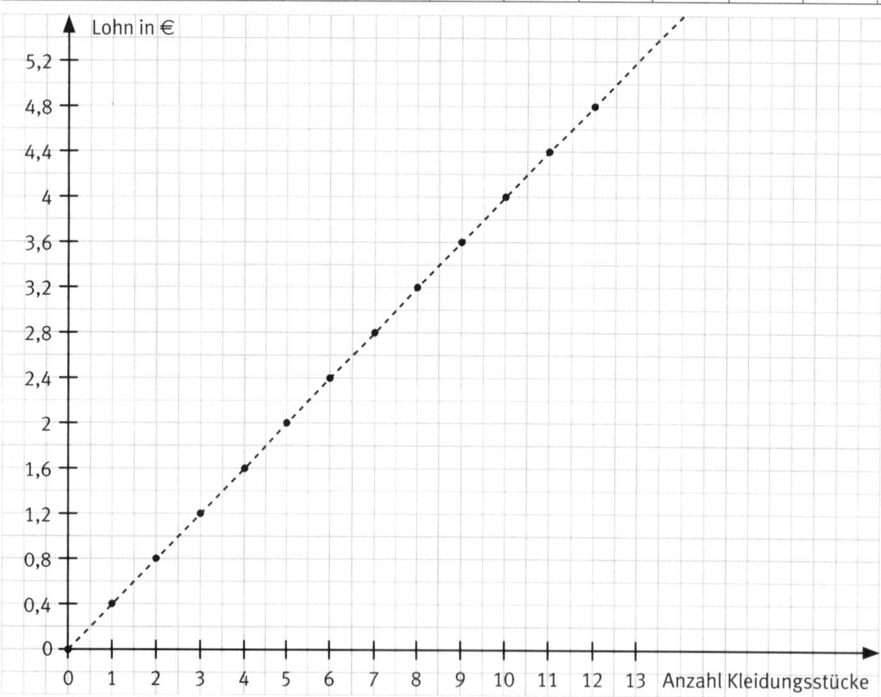

Die Zwischenwerte haben keine sinnvolle Bedeutung. Sophia wird nur für jedes ganz gebügelte Kleidungsstück den Geldbetrag erhalten.

Entdecken

K4
■

Länge	1	2	3	4	6	9	12	18	36
Breite	36	18	12	9	6	4	3	2	1

K4
■ Wenn sich die Länge des Rechtecks verdoppelt (verdreifacht, versechsfacht, halbiert), dann halbiert (drittelt, sechstelt, verdoppelt) sich die Breite.

K4/5
■

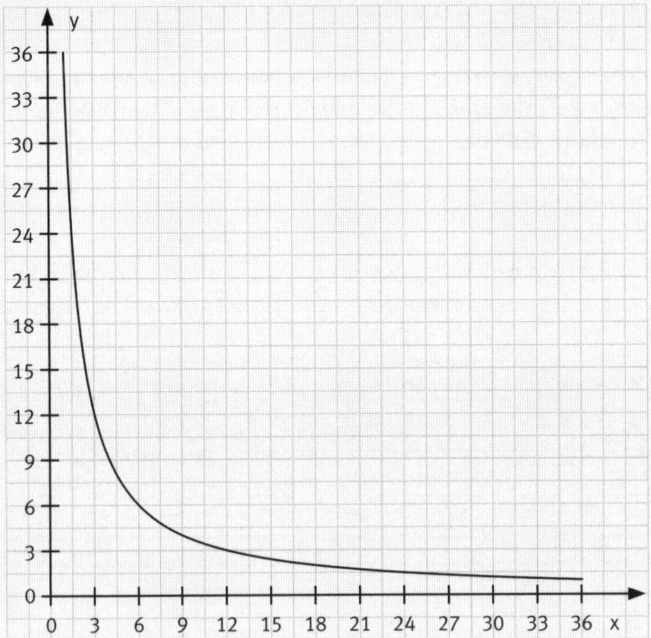

Nachgefragt

K1/5
■ Mögliche Beispiele:
- Eine feste Anzahl Bonbons wird unter mehreren Personen verteilt.
- Ein Lottogewinn wird unter den Mitgliedern einer Tippgemeinschaft verteilt.
- Die Kosten für ein Geburtstagsgeschenk werden auf mehrere Kinder verteilt.

K1/5
■ Individuelle Erklärungen. Es kann auch darauf eingegangen werden, dass proportionale Zuordnungen Zusammenhänge der Art „je mehr, desto mehr“ beschreiben, während antiproportionale Zuordnungen Zusammenhänge der Art „je mehr, desto weniger“ beschreiben.

K5
■ Der Graph einer antiproportionalen Zuordnung ist eine mit zunehmenden x-Werten fallende Kurve.

Aufgaben

K4 **1** **a)** 1

Anzahl der Arbeiter	6	3	2	12	18	54	36	4
Arbeitszeit in Tagen	18	36	54	9	6	2	3	27

2

Schrittlänge in cm	50	100	10	25	80	$33\frac{1}{3}$	$26\frac{2}{3}$	200
Gesamtzahl Schritte	40	20	200	80	25	60	75	10

b) 1 Damit die Ergebnisse, wie in der Tabelle dargestellt, richtig sind, müssen gewisse Arbeitsbedingungen gegeben sein, wie z. B. die Wetterlage, jeweils einheitliche Arbeitsstunden am Tag, d. h. es dürfen keine Überstunden gezählt werden. Zudem muss man annehmen, dass jeder Arbeiter gleich viel schafft und auch die gleiche Arbeitskraft aufweist. Es ist eher unwahrscheinlich, dass all diese Kriterien erfüllt werden können. Meist besteht bei steigender Zahl der Arbeiter auch ein erhöhter Koordinationsbedarf, sodass die vorliegende Antiproportionalität meist schon aus logistischen Gründen nicht realistisch ist.

2 Die Werte sind teils recht unrealistisch, denn es werden wohl kaum Schrittlängen von beispielsweise 2 m vorkommen.

K4 **2** **a)** und **c)**

Länge in m	1	2	3	6	9	18	4	5	15
Breite in m	18	9	6	3	2	1	4,5	3,6	1,2

b)

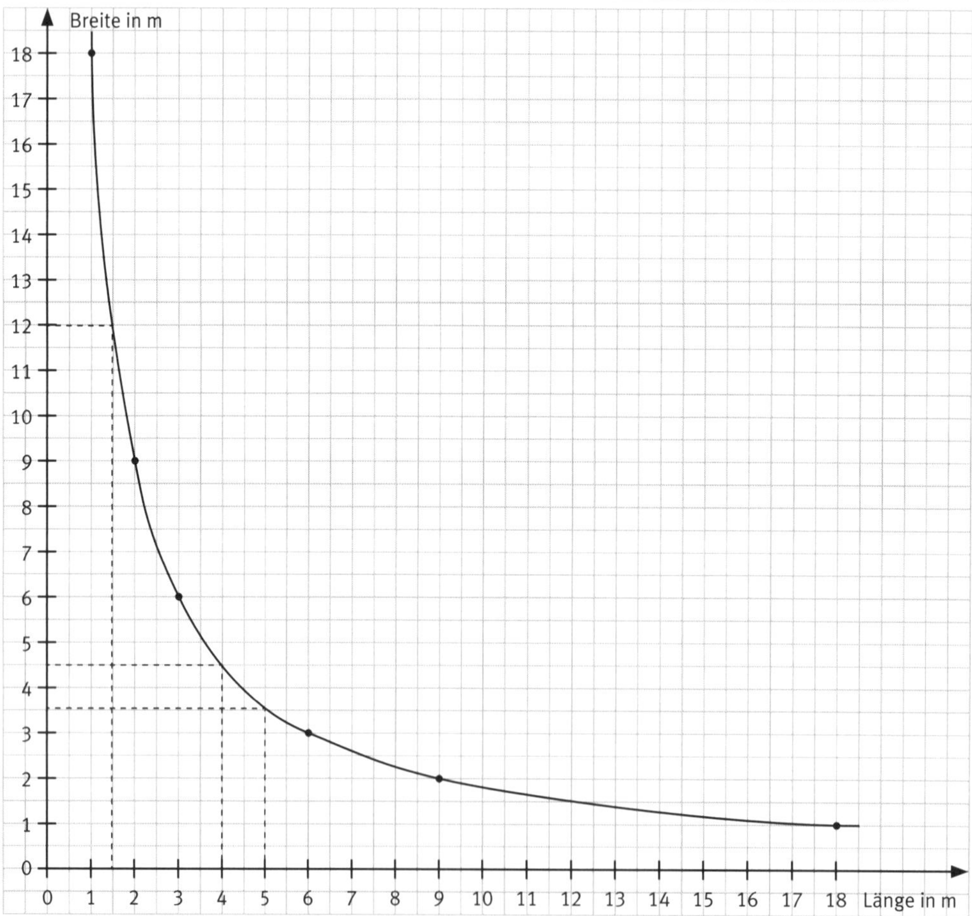

K1/4 **3** Der Graph 3 kann zu einer antiproportionalen Zuordnung gehören, da er die Form einer Hyperbel hat. Unterschiede können aus verschiedenen Einteilungen der Achsen resultieren.

Die Graphen 1 und 4 gehören zu einer proportionalen Zuordnung: Die Graphen sind Halbgeraden, die im Ursprung beginnen.

K4 **4** **a)**

Anzahl Personen	Beitrag
12	140
4	420
8	210

b)

Anzahl an Pumpen	Füllzeit in h
5	93
15	31
3	155

c)

Anzahl Lkw	Fahrten pro Lkw
6	12
3	24
9	8

K4 **5**

	proportional?	antiproportional?	weder noch
a)	×		
b)		×	
c)			×
d)		×	
e)			×
f)			×

K2/4 **6** **a)** 850 € : (24 + 2) = 850 € : 26 ≈ 32,70 €
Jede Person muss ungefähr 32,70 € bezahlen.

b) Es kommt nur die Klasse 7d mit 25 Schülern in Frage: Zusammen sind es dann 49 Schüler, hinzu kommen noch drei Begleitpersonen, sodass der Bus mit 52 Plätzen genau voll besetzt ist.

c) 850 € : 17,35 € ≈ 49
Es sind 49 Personen mitgefahren.

K2/4 **7** **a)**

Anzahl Brote	5	15	30	45	60	75	150	225	375
Masse eines Brotes in kg	22,5	7,5	3,75	2,5	1,875	1,5	0,75	0,5	0,3

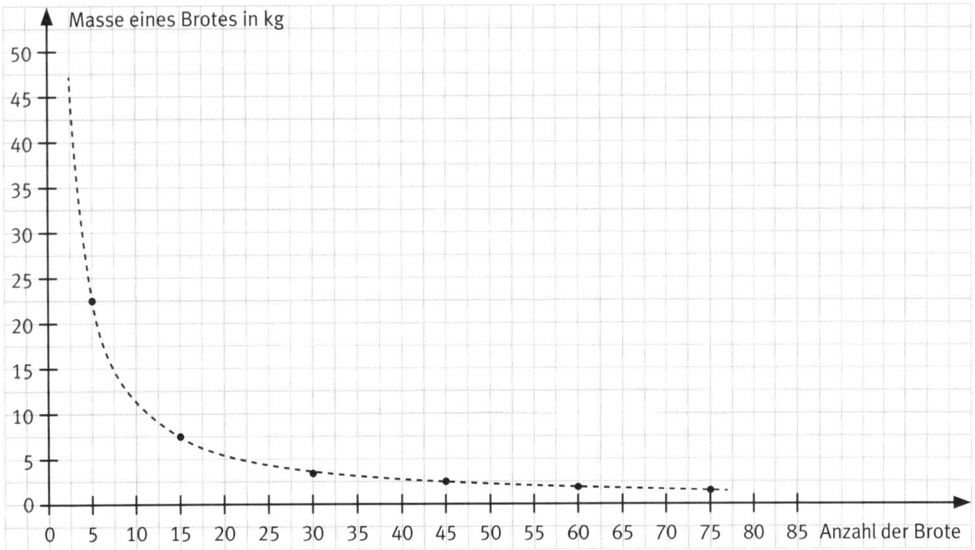

b) siehe Tabelle in a)

c) Grundsätzlich gibt es individuelle Lösungsmöglichkeiten. Weil Herr Schmittel kleinere Brote machen möchte, würden sich die in der Tabelle von a) letzten drei genannten Anzahlen anbieten.

K4 **8** Zur Lösung dieser Aufgabe nehmen wir an, dass die Arbeitsleistung eines Kindes der Arbeitsleistung eines Erwachsenen entspricht und eine strenge umgekehrte Proportionalität vorliegt.

			a) 5 – 2 Personen	**b)** 5 + 2 Personen
Anzahl der Erntehelfer	5	1	3	7
Dauer der Ernte in Tagen	24	120	40	$17\frac{1}{7}$

c)

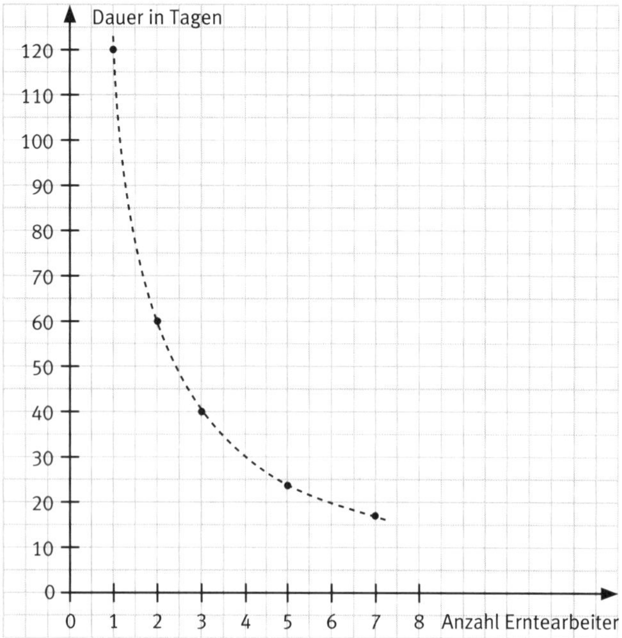

K4 **9** **a)** Rolle mit 12 m Länge:

Stück pro Schüler	1	2	3	4	5	6
Gesamtzahl Stücke	18	36	54	72	90	108
Länge der Stücke in mm	667	333	222	167	133	111

Rolle mit 8 m Länge:

Stück pro Schüler	1	2	3	4	5	6
Gesamtzahl Stücke	18	36	54	72	90	108
Länge der Stücke in mm	444	222	148	111	89	74

b)

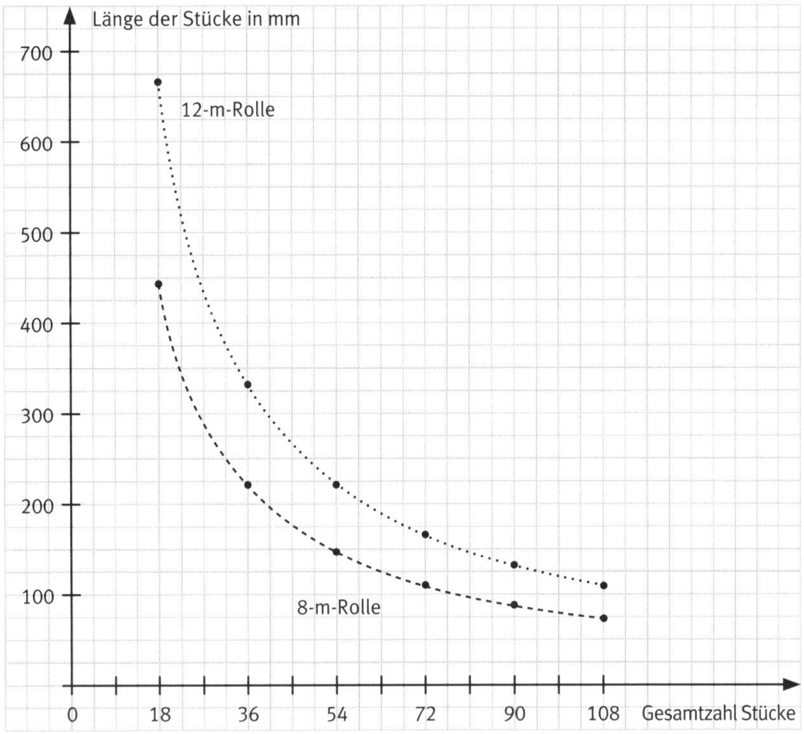

c) Beide Graphen aus b) sind Hyperbeln. Innerhalb einer Zuordnung liegt jeweils Produktgleichheit vor. Da die Produkte aber unterschiedlich groß sind, verlaufen die beiden Graphen unterschiedlich. Beiden Graphen gemeinsam ist, dass sie sich für kleine x-Werte (nahe 0) der y-Achse nähern und für große x-Werte der x-Achse beliebig nahe kommen.

K4 **1** **a)**

Tag	Tag 1	Tag 2	Tag 3
relative Häufigkeit der Tore	$\frac{15}{20} = 75\,\%$	$\frac{14}{18} = 77{,}8\,\%$	$\frac{17}{21} = 81\,\%$

Tag	Tag 4	Tag 5	Tag 6
relative Häufigkeit der Tore	$\frac{11}{15} = 73{,}3\,\%$	$\frac{10}{14} = 71{,}4\,\%$	$\frac{6}{8} = 75\,\%$

b) $28 \cdot 0{,}75 = 21$. Er würde 21 Tore erzielen.

a) An Tag 3 lag die Trefferquote mit 81 % über 80 % (siehe die relativen Häufigkeiten der Tore).

b) Er müsste $27 : 0{,}9 = 30$ Elfmeter schießen.

K4 **2** **a)**

Quartal	1	2	3	4
Prozentwert	30 %	23 %	27 %	20 %

b) Die Größen der Kreisteile stehen in demselben Verhältnis wie die Höhen der zugehörigen Säulen. Die Zahlen entsprechen den Quartalen.

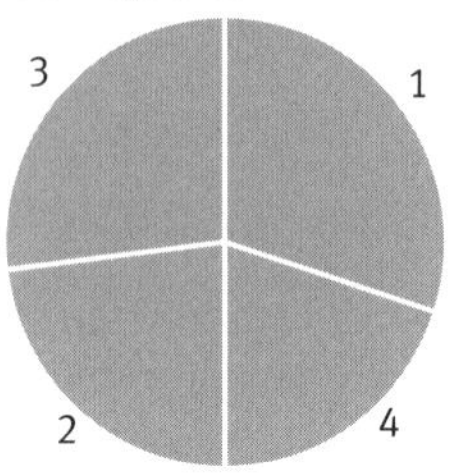

a)

Quartal	1	2	3	4
Prozentwert	30 %	23 %	27 %	20 %
gekürzter Bruch	$\frac{3}{10}$	$\frac{23}{100}$	$\frac{27}{100}$	$\frac{1}{5}$

b) Zuordnung der Kreisteile zu den Säulen: siehe Kreisdiagramm links.

Quartal	1	2	3	4
Prozentwert	30 %	23 %	27 %	20 %
Grad	108°	82,8°	97,2°	72°

K4 **3** **a)**

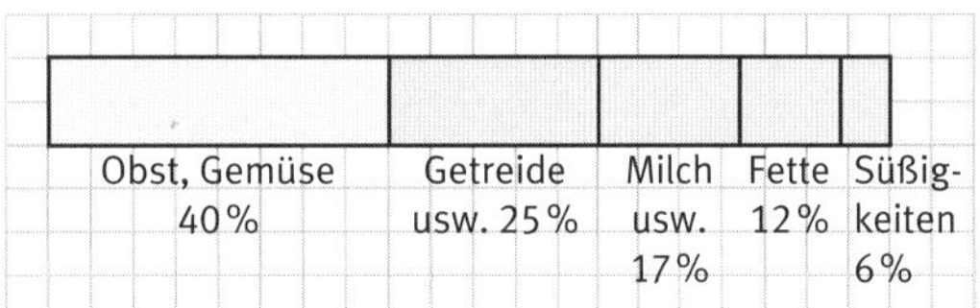

b) Individuelle Lösungen.

a)

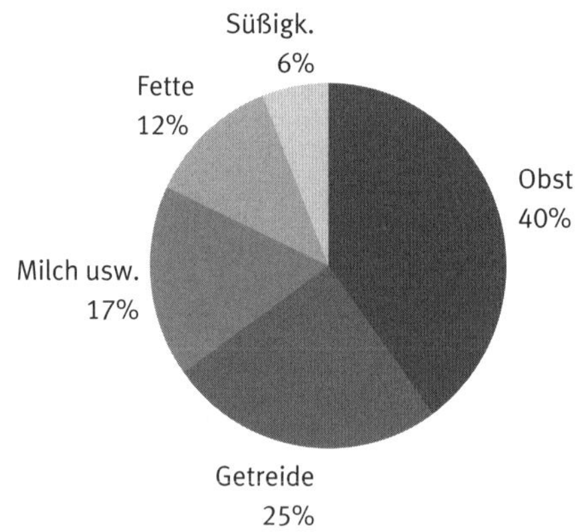

b) Individuelle Lösungen.

K4 **4** **a)** Der Durchschnitt liegt bei 349,5 Punkten.

b) Mögliche Beschreibungen: Das Maximum beträgt 356 Punkte, das Minimum 345 Punkte. Der häufigste Wert ist die Punktzahl 348.

a) Der achte Teilnehmer muss 344 Punkte erreichen.

b) Das arithmetische Mittel der Punktzahlen der ersten sieben Teilnehmer liegt bei 349,71 Punkten. Wenn der achte Teilnehmer maximal 349 Punkte erreicht, verringert sich der Durchschnittswert, wenn er mindestens 350 Punkte erreicht, erhöht sich der Durchschnittswert.

K5 **5** **a)** Individuelle Beschreibung der Graphen möglich.

b) 1 z. B. Ebbe und Flut (individuelle Umschreibung)

2 z. B. Geschwindigkeit eines Fahrradfahrers auf einer Radtour (s. o.)

c) 1 Zeit ↦ Wasserstand

2 Zeit ↦ Geschwindigkeit

a) Individuelle Beschreibung der Graphen möglich.

b) 1 z. B. Beschleunigung mit der Zeit und Einstellen eines Tempomats zum Zeitpunkt t (s. o.)

2 z. B. Flughöhe eines elektrisch betriebenen Spielzeugfliegers (mit Sturz- und Höhenflügen) mit der Zeit t

c) 1 Zeit ↦ Geschwindigkeit

2 Zeit ↦ Flughöhe

K4 **6** **a)**

Gewicht	Preis
2 kg	2,80 €
5 kg	7,00 €
8 kg	11,20 €
12 kg	16,80 €

b)

Benzin	Preis
5 l	7,75 €
25 l	38,75 €
40 l	62,00 €
4,8 l	7,44 €

K4 **7** **a)**
- $16 \cdot 45 = 720$, $8 \cdot 90 = 720$, $2 \cdot 360 = 720$, $12 \cdot 60 = 720$; damit liegt eine antiproportionale Zuordnung vor.
- grafisch:

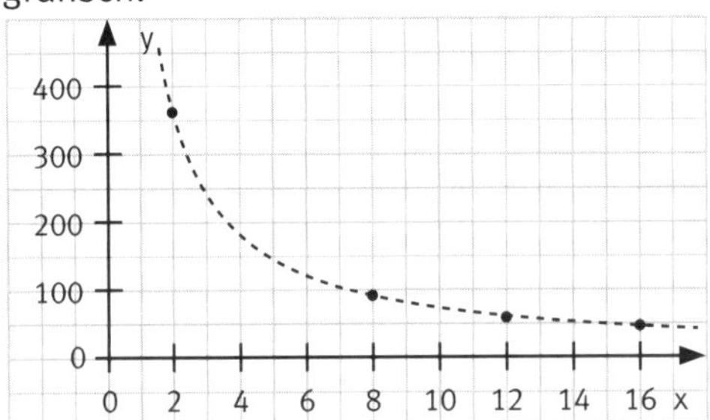

Die Punkte liegen alle auf einer Hyperbel.

b)
- $1{,}5 \cdot 750 = 1125$, $2{,}5 \cdot 450 = 1125$, $4 \cdot 280 =$ (1120), $10 \cdot 112{,}5 = 1125$
  Die Produkte sind nicht gleich, damit liegt keine antiproportionale Zuordnung vor.
- grafisch: nicht gewinnbringend, da die Abweichung zu klein ist (grafisch kaum erkennbar)
- andere Möglichkeit: Betrachtung der Veränderung auf beiden Seiten

	x	y	
$\cdot 1\frac{2}{3}$	1,5	750	$: 1\frac{2}{3}$
$\cdot 1{,}6$	2,5	450	$: 1{,}6$
$\cdot 2{,}5$	4	(281,25) (stimmt nicht)	$: 2{,}5$
	10	112,5	

K5 **8** Mögliche Vorgehensweise: Der Anteil der markierten Fische in der Stichprobe $\left(\frac{12}{50} = 24\,\%\right)$ wird als Schätzwert für den Anteil der insgesamt markierten Fische (50) an der Gesamtzahl der Fische im See angenommen. Damit ergibt sich als Schätzwert für die Gesamtzahl der Fische: $50 : 0{,}24 = 208{,}33... \approx 208$.

a)

Gewicht	Preis
300 g	75 ct
1 kg	2,50 €
800 g	2,00 €
1,8 kg	4,50 €

b)

Zeit	Weg
2 s	660 m
5 s	1665 m
8 s	2664 m
24 s	7992 m

a)
- $2{,}5 \cdot 960 = 2400$, $6{,}4 \cdot 375 = 2400$, $9{,}6 \cdot 250 = 2400$, $\frac{3}{4} \cdot 3125 =$ (2343,75)
  Es liegt keine antiproportionale Zuordnung vor.
- über die Veränderung auf beiden Seiten

	x	y	
$\cdot 2{,}56$	2,5	960	$: 2{,}56$
$\cdot 1{,}5$	6,4	375	$: 1{,}5$
$: 12{,}8$	9,6	250	$\cdot 12{,}8$
	$\frac{3}{4}$	(3200) (stimmt nicht)	

b)
- $1\frac{1}{3} \cdot 533\frac{1}{3} =$ $\left(711\frac{1}{9}\right)$, $2\frac{1}{2} \cdot 256 = 640$, $2\frac{2}{3} \cdot 240 = 640$
  Es liegt keine antiproportionale Zuordnung vor.
- grafisch:

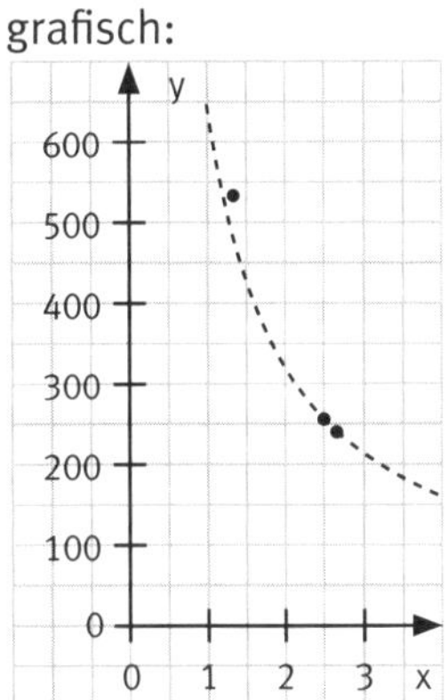

Aus dem Graphen könnte geschlussfolgert werden, dass der erste Punkt weiter links liegen müsste, aber das ist keine sichere Annahme, daher sollte die Proportionalität rechnerisch ermittelt werden.

Mögliche Vorgehensweise: Der Anteil der markierten Fische in der Stichprobe $\left(\frac{16}{80} = 20\,\%\right)$ wird als Schätzwert für den Anteil der insgesamt markierten Fische (50) an der Gesamtzahl der Fische im See angenommen. Damit ergibt sich als Schätzwert für die Gesamtzahl der Fische: $50 : 0{,}20 = 250$.

K4 **1** Individuelle Entscheidungen. Beispiele für mögliche Argumente:

1 arithmetisches Mittel als Kriterium:
Durchschnittswert der Klasse 6a: 338,89 Punkte
Durchschnittswert der Klasse 6d: 338,56 Punkte
Bei diesem Kriterium ist die Klasse 6a Sieger.

2 arithmetisches Mittel jeweils nach Streichen des höchsten und des niedrigsten Werts (Ausschluss von „Ausreißern“) als Kriterium:
Durchschnittswert der Klasse 6a: 339,29 Punkte
Durchschnittswert der Klasse 6d: 341,86 Punkte
Bei diesem Kriterium ist die Klasse 6d Sieger.

3 Höchster erzielter Wert als Kriterium:
Klasse 6a: 348 Punkte
Klasse 6d: 362 Punkte
Bei diesem Kriterium ist die Klasse 6d Sieger.

K4 **2** Individuelle Argumente.
Beispiele für mögliche Argumente, die Pauls Meinung bestätigen:

1 Pauls beste Noten sind 1,5; 2 und 2,25. Peter hat keine bessere Note als 3 erreicht.
2 Werden bei Peter und bei Paul jeweils die beste und die schlechteste Note gestrichen (Ausschluss von „Ausreißern“), so liegt Peters Notendurchschnitt bei 3, jener von Paul aber bei 2,875.

Beispiele für mögliche Argumente, die gegen Pauls Meinung sprechen:

1 Peters schlechteste Note ist 3,25, Paul hat zwei schlechtere Noten (3,5 und 5).
2 Peters Leistungen sind deutlich beständiger als jene von Paul. Peters Noten sind 3 oder liegen alle sehr nahe bei 3, während Pauls Noten zwischen 1,5 und 5 wesentlich stärker schwanken.

K4 **3** **a)** arithmetisches Mittel: 82€

b)

	zwei Geschäfte	drei Geschäfte	vier Geschäfte
kleinstes arithmetisches Mittel	77,50€	78,67€	79,75€
größtes arithmetisches Mittel	87€	85€	83,50€

c) arithmetisches Mittel $= \frac{\text{Summe der Preise}}{\text{Anzahl der Preise}}$
Summe der Preise bei fünf Geschäften: $5 \cdot 82€ = 410€$
Summe der Preise bei sechs Geschäften: $6 \cdot 80€ = 480€$
Preis im sechsten Geschäft: $480€ - 410€ = 70€$

K4 **4** **a)** Zucker: 169° Kakaobutter: 82° Kakaomasse: 43° Milchpulver: 66°
b) Zucker: 46,95% Kakaobutter: 22,78% Kakaomasse: 11,94% Milchpulver: 18,33%
c) Zucker: 46,95g Kakaobutter: 22,78g Kakaomasse: 11,94g Milchpulver: 18,33g

K4 **5** **a)** Durchschnittsgeschwindigkeit: 56,84 km/h $\mapsto$ Strafe: 15€
b) durchschnittliches Strafmaß: $\frac{20 \cdot 0€ + 20 \cdot 15€ + 7 \cdot 35€ + 3 \cdot 50€}{50} = 13{,}90€$
Unterschied zu a): Das Strafmaß für einen Fahrer mit der mittleren gemessenen Geschwindigkeit ist zwangsläufig einer der Beträge 0€, 15€, 35€ und 50€. Andere Beträge sind als Strafmaß nicht vorgesehen. Berechnet man allerdings das durchschnittliche Strafmaß, so erhält man in der Regel einen Wert, der zwischen den Beträgen für das Strafmaß liegt.
c) häufigster Wert: 56km/h $\mapsto$ Strafe: 15€

K2 **6** 1 – B; 2 – A; 3 – C

Vase 1 entspricht einem Quader, der sich gleichmäßig füllt, weshalb der proportionale Graph dazu passt. Bei Vase 2 verlangsamt sich die Füllhöhe bis zur Hälfte, danach steigt sie wieder schneller an, es ist also Graph A. Bei Vase 3 gilt der umgekehrte Fall, weswegen Graph C zutrifft.

K5 **7** **a)** Die Darstellung gibt die Anzahl der Männer bzw. der Frauen in den einzelnen Altersgruppen an.

b) Der Altersaufbau zeigt deutlich geringere Personenzahlen in den jüngeren Altersgruppen (etwa bis 25 Jahre) im Vergleich zu den Personenzahlen in den Altersgruppen ab etwa 40 Jahren. Daraus ergibt sich das Problem, dass in etwa 25 Jahren die dann mittleren Altersgruppen für den Unterhalt einer deutlich größeren Personengruppe, die dann im Ruhestand ist, aufkommen muss.

K2 **8** **a)** A Die Beurteilung dieser Aussage ist nicht sicher möglich.

B Die Beurteilung dieser Aussage ist nicht sicher möglich.

C Diese Aussage ist richtig.

D Die Beurteilung dieser Aussage ist nicht sicher möglich.

b) 1 Die Summe der beiden einzusetzenden Noten muss 8 betragen. Ohne Berücksichtigung der Reihenfolge innerhalb der Datenreihe können folgende Notenpaare eingesetzt werden: 2 und 6; 3 und 5; 4 und 4.

2 Die Summe der drei einzusetzenden Noten muss 12 betragen. Ohne Berücksichtigung der Reihenfolge innerhalb der Datenreihe können folgende Noten eingesetzt werden:

1	5	6
2	4	6
2	5	5
3	3	6
3	4	5
4	4	4

K4 **9**

	Farbe	Gelb	Orange	Rot	Grün	Weiß
a)	absolute Häufigkeit	16	11	22	11	10
b)	relative Häufigkeit	$\frac{16}{70} \approx 0{,}23$	$\frac{11}{70} \approx 0{,}16$	$\frac{22}{70} \approx 0{,}31$	$\frac{11}{70} \approx 0{,}16$	$\frac{10}{70} \approx 0{,}14$

c)

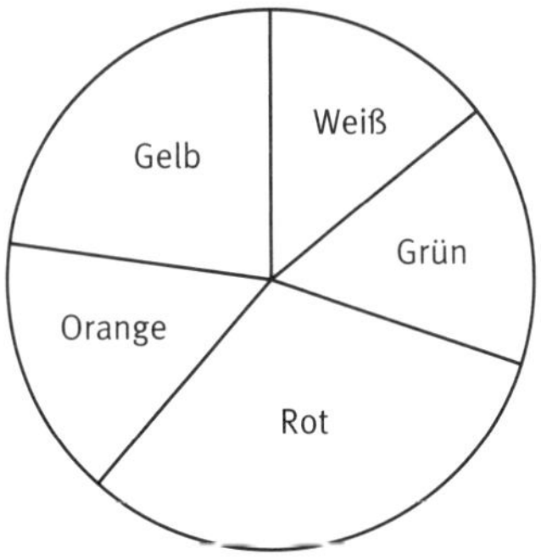

K4 **10 a)** Daten, die man dem Diagramm entnehmen kann:
- Wo geht es bergauf und bergab?
- Wie groß sind die einzelnen Höhenunterschiede?
- Nach wie vielen Kilometern erreichen die Fahrradfahrer den höchsten Punkt der Tour?
- Wie hoch liegt der höchste (der niedrigste) Punkt der Tour?
- ...

Daten, die man dem Diagramm nicht entnehmen kann:
- Wie ist der Straßenverlauf (Kurven etc.)
- Auf welcher Art von Straße wird gefahren (Schotter, Teer, ...)?
- An welchen Stellen führt die Straße durch den Wald?
- ...

b) Anstieg 1: 80 m (von 120 m auf 200 m) Anstieg 2: 70 m (von 130 m auf 200 m)
Anstieg 3: 130 m (von 150 m auf 280 m) Anstieg 4: 30 m (von 160 m auf 190 m)
Anstieg 5: 230 m (von 140 m auf 370 m) Anstieg 6: 20 m (von 160 m auf 180 m)

c) durchschnittlicher Höhenunterschied: ca. 90 m

K5 **11** Individuelle Begründungen. Die Schülerinnen und Schüler könnten z. B. die Skalierung und die Einbeziehung der Lehrerin thematisieren.

K2/4 **12 a)** Je nach Materialien und Versuchsdurchführung gibt es unterschiedliche Werte.
b) Je nach vorgenommenen Messungen gibt es unterschiedliche Graphen.

K2 **13 a)** 1 – C; 2 – A; 3 – B
b)
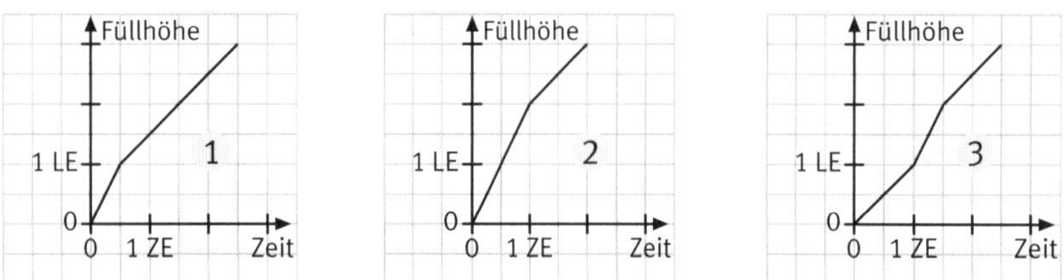

c) Es sind individuelle Lösungen möglich.

K2/4 **14 a)** Deutschland kann man in diesem Maßstab durch ein Rechteck der Breite 5 cm und der Höhe 7 cm annähern.
Das entspricht einem Flächeninhalt von 35 cm^2.
Jeder Quadratzentimeter entspricht in Wirklichkeit einer Fläche von 100 km · 100 km = 10 000 km^2.
Die Fläche Deutschlands beträgt also rund 350 000 km^2 (genauer Wert: 357 112 km^2).

b) 230 Menschen pro km^2
Also leben in Deutschland ca. 350 000 · 230 = 80 500 000 Menschen.
(genauerer Wert Stand Juni 2010: 81 751 000 Menschen)

c) 1 $1{,}25 \cdot 350\,000\,km^2 = 437\,500\,km^2$

2 $\frac{1}{10} \cdot 80\,500\,000 = 8\,050\,000$

3 $\frac{80\,050\,000}{437\,500} = 18{,}4$ Menschen pro km^2

K4/5

Smartphones als Multimedia-Geräte

a) Individuelle Beschreibungen.

b) Hier sind unterschiedliche Ergebnisse möglich.

c) Hier sind unterschiedliche Ergebnisse möglich.

d) Individuelle Rechercheergebnisse und Vergleiche.

K4

SMS

a) Beispiele für mögliche Fragen und Auswertungen:

1 An welchem Tag hat Lysanne die meisten SMS erhalten?
Am Sonntag hat Lysanne die meisten SMS erhalten.

2 An welchem Tag hat Lysanne die meisten SMS versendet?
Am Samstag hat Lysanne die meisten SMS versendet.

3 Wie viele SMS hat Lysanne durchschnittlich an einem Tag erhalten?
Lysanne hat durchschnittlich 6 SMS an einem Tag erhalten.

4 Wie viele SMS hat Lysanne durchschnittlich an einem Tag versendet?
Lysanne hat durchschnittlich 5,86 SMS an einem Tag versendet.

b) Individuelle Darstellungen (je nach Auswertungen in a)).

c) Individuelle Ergebnisse und Darstellungen.

d) Individuelle Ergebnisse.

K4

Smartphone-Modelle

a) bis **d)** Individuelle Ergebnisse.

K4/5

Recherchieren im Netz

a) Die Grafik zeigt, wie viel Vertrauen Jugendliche einzelnen Medien entgegenbringen. Neben der Gesamtdarstellung ist die Darstellung auch nach Geschlecht, Alter und besuchter Schulart aufgeschlüsselt.

b)

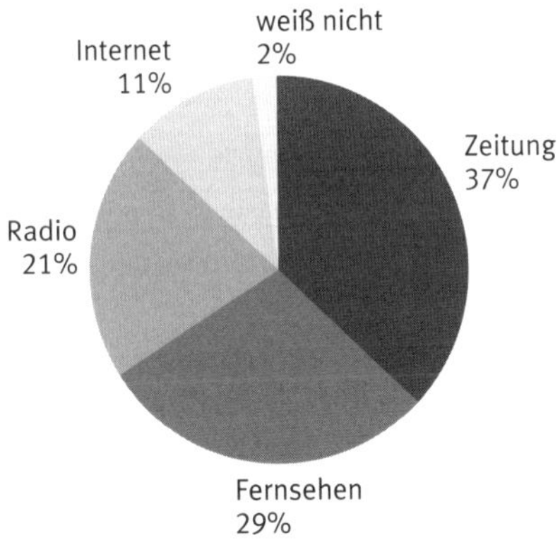

c) Individuelle Ergebnisse.

K4 **1** **a)** Absolute Häufigkeiten: 22 · Z, 28 · K; relative Häufigkeiten: $\frac{22}{50}$ für Z, $\frac{28}{50}$ für K.

b) Absolute Häufigkeiten: Säulen- oder Balkendiagramm

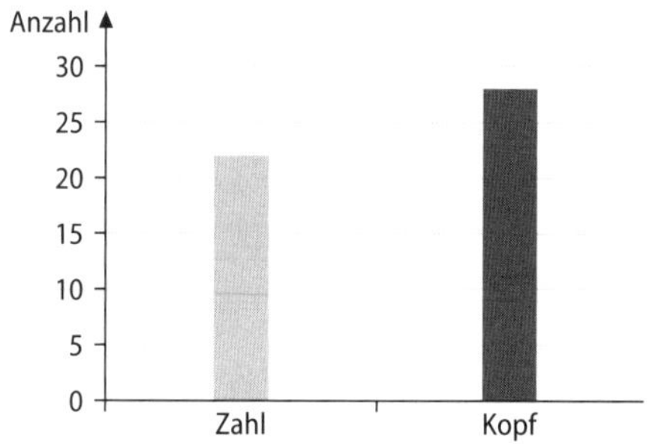

Relative Häufigkeiten: Kreis- oder Streifendiagramm

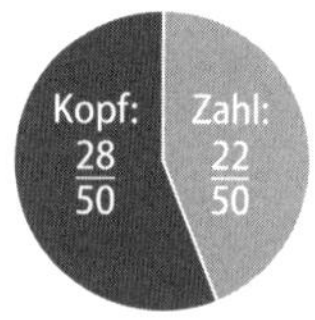

K4 **2** **a)**

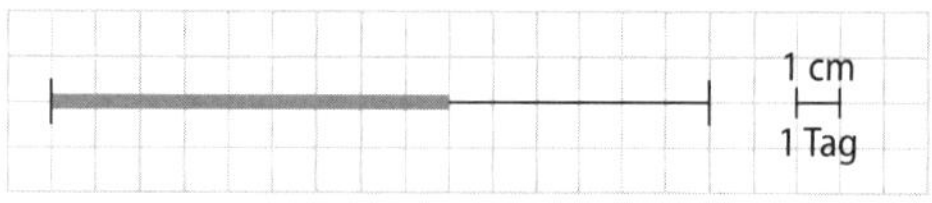

b) Der April hat 30 Tage, also entsprechen 0,5 cm einem Tag; zwölf Tage entsprechen demnach 6 cm.

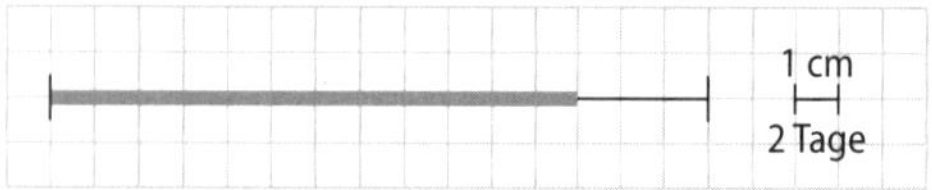

K4 **3** **a)** Für diesen Zweck könnte man die Skala der y-Achse z. B. erst bei 300 anfangen lassen, so dass der Unterschied zwischen den Anzahlen der Gegner und der Befürworter möglichst groß wirkt:

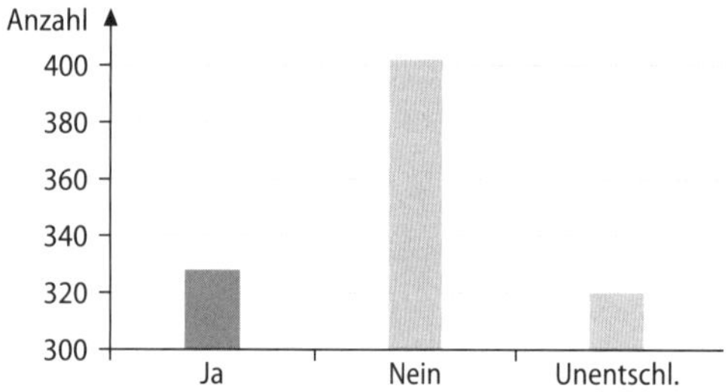

b) Die Cola-Befürworter würden genau das Gegenteil tun: Sie würden die Skala der y-Achse bei 0 beginnen lassen und möglichst groß machen, so dass der Unterschied zwischen den Anzahlen der Gegner und der Befürworter möglichst klein wirkt:

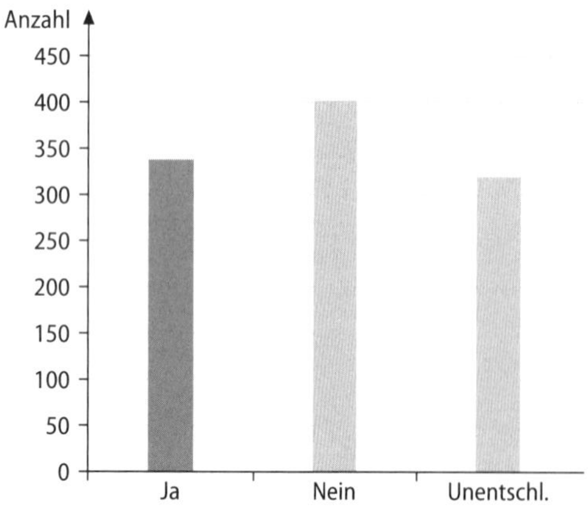

K4 **4** **a)** Leon hat vergessen, eine Klammer zu setzen; deshalb beachtet er Punkt-vor-Strich, berechnet 20 : 4 und addiert die ersten drei Zahlen dazu.

b) Jona macht es richtig: Er setzt die Zahlen in Klammern, berechnet diese und dividiert dann durch 4.

c) Maja hat nicht Recht. Der häufigste Wert ist in der Regel nicht gleich dem Mittelwert. 15 wäre der Mittelwert und man könnte ihn sofort ablesen, wenn 6 und 20 denselben Abstand zur 15 hätten.

K4 **5** **a)** Die exakten Werte lauten: Kunst: 90°; Musik: 30°; Sport: 60°; BNT: 60°; Mathe: 120°

b) $\frac{1}{4}$ von 24 Schülern, also 6 Schüler, haben Kunst als Lieblingsfach, 2 Schüler Musik, jeweils 4 Schüler Sport und BNT, $\frac{1}{3}$ von 24 Schülern, also 8 Schüler, Mathe.

K4 **6** Die Zuordnung ist ...

a) antiproportional
b) proportional
c) antiproportional
d) weder antiproportional noch proportional

K4 **7** **a)**

Menge	100 g	600 g	375 g	$1\frac{1}{2}$ kg	$\frac{3}{4}$ kg
Preis	0,88 €	5,28 €	3,30 €	13,20 €	6,60 €

b)

Menge	150 g	100 g	$\frac{3}{4}$ kg	75 g	125 g
Preis	1,69 €	1,13 €	8,45 €	0,85 €	1,41 €

K4 **8** **a)**

Anzahl TN	5	8	12	15	18
Preis pro TN in €	25,20	15,75	10,50	8,40	7,00

b) Das Produkt hat die Bedeutung der Gesamtkosten des Ausflugs.

Aufgaben für Lernpartner

K1/5 **A** Die Aussage ist falsch. Aus einer Strichliste kann man nur die absoluten Häufigkeiten sofort ablesen, wenn man die Striche pro Merkmalsausprägung zusammenzählt. Die relativen Häufigkeiten erhält man, indem man die absoluten Häufigkeiten durch die Gesamtzahl dividiert.

K1/5 **B** Die Aussage ist richtig.

K1/5 **C** Die Aussage ist richtig.

K1/5 **D** Die Aussage ist richtig.

K1/5 **E** Die Aussage ist falsch. Das arithmetische Mittel einer Zahlenreihe muss nicht Teil dieser Zahlenreihe sein.

K1/5 **F** Die Aussage ist richtig.

K1/5 **G** Die Aussage ist richtig.

K1/5 **H** Die Aussage ist falsch. Das muss nicht der Fall sein, denn in den beiden Streifendiagrammen kann eine Längeneinheit für unterschiedliche absolute Häufigkeiten stehen.

K1/5 **I** Die Aussage ist falsch. Häufig beginnt die y-Achse nicht bei null, wenn der Zuschauer mit der Darstellung manipuliert werden soll, dies muss aber nicht immer zur Manipulation des Betrachters führen.

K1/5 **J** Die Aussage ist richtig.

K1/5 **K** Die Aussage ist i. Allg. falsch. Bei einer antiproportionalen Zuordnung gilt dieser Zusammenhang nur in der bekannten Weise (zum Doppelten, Dreifachen ... der Ausgangsgröße gehört die Hälfte, ein Drittel, ... der zugeordneten Größe), aber es gibt auch Zuordnungen, bei denen die Aussage aus K zutrifft.

K1/5 **L** Die Aussage ist falsch. Der Graph einer antiproportionalen Zuordnung ist eine Hyperbel, die nicht durch den Ursprung des Koordinatensystems verläuft.

K4 **1** **a)** 17,8 + 24,86 + 0,05 = 42,71
20,15 + 14 + 6,8 = 40,95
88,2 + 0,882 + 8,82 = 97,902
b) 27,1 − 13,76 − 4,1 = 9,24
67 − 32,01 + 4,832 = 39,822
123 − 12,3 − 1,23 = 109,47
c) 7,26 · 4,5 = 32,67
12,61 · 2,93 = 36,9473
6,39 · 0,06 = 0,3834
d) 58,4 : 8 = 7,3
36,12 : 1,4 = 25,8
187,5 : 0,25 = 750

K1/4 **2** **a)** Lösungsmöglichkeit: 1,26 · 0,1 = 0,126
(mindestens ein Faktor muss kleiner als 1 sein)
b) Lösungsmöglichkeiten: 1,26 · 1,84 = 2,3184
(beide Faktoren müssen größer als 1 sein)
c) 0,1 + 0,02 = 0,12 **d)** 1,84 − 0,02 = 1,82

K4 **3** **a)** 14,05491 ≈ 14,05 (14,1) 5,0043 ≈ 5,00 (5,0)
0,0099 ≈ 0,01 (0,0)
b) 1,3364 ≈ 1,34 (1,3) 12,59264 ≈ 12,59 (12,6)
0,98765 ≈ 0,99 (1,0)
c) 1,01010 ≈ 1,01 (1,0) 0,90000 ≈ 0,90 (0,9)
5,55555 ≈ 5,56 (5,6)
d) 0,0001 ≈ 0,00 (0,0) 4,010917 ≈ 4,01 (4,0)
34,09999 ≈ 34,10 (34,1)

K4 **4** **a)** 5,0; 5,1; 5,2 7,10; 7,11; 7,12; 7,13
b) 0,082; 0,182; 0,282; 0,382; 0,482
7,162; 7,262; 7,362; ...; 7,962
c) 0,618; 0,718; 0,818; 0,918
0,050; 0,051; ...; 0,059; 0,150; 0,151; ...; 0,659
(beim ersten Klecks die Ziffern 0 bis 6, beim zweiten Klecks jeweils die Ziffern 0 bis 9)

K4 **5**

x	y	z	(x + y) · z	x + y · z	x · y + z	x · y − x · z
14	27	35	1435	959	413	−112
2,4	7,9	5,6	57,68	46,64	24,56	5,52
$\frac{7}{8}$	$\frac{4}{5}$	$\frac{1}{2}$	$\frac{67}{80}$	$\frac{51}{40}$	$\frac{6}{5}$	$\frac{21}{80}$
5	3,9	2,4	21,36	14,36	21,9	7,5

K4 **6** **a)** 9,7 · 1,9 + 1,9 · 3,3 = 1,9 · (9,7 + 3,3) = 1,9 · 13 = 24,7
b) (12,7 − 3,45) − (7,7 + 1,55) = 12,7 − 3,45 − 7,7 − 1,55 = 12,7 − 7,7 − 3,45 − 1,55 = 0
c) 169 : 13 − 12,2 : 2 + 153 : 17 = 13 − 6,1 + 9 = 15,9
d) $\frac{3}{{}_1\cancel{5}} \cdot \frac{{}^1\cancel{5}}{7} + \frac{2}{{}_1\cancel{3}} \cdot \frac{{}^1\cancel{3}}{7} - \frac{1}{{}_1\cancel{4}} \cdot \frac{{}^1\cancel{4}}{7} = \frac{4}{7}$

5 Rechnen mit rationalen Zahlen

Einstieg

Die Auftaktseite eines Kapitels enthält zwei verschiedene Elemente:
Zunächst werden die Schüler mit einem offenen Einstiegsbeispiel an das neue Kapitel herangeführt. Zentral ist dabei immer der Anwendungsbezug: Kein Lehrplaninhalt ist rein innermathematisch, sodass den Schülern von Beginn an gezeigt werden sollte, dass Mathematik nichts Abstraktes ist, sondern oft im Leben der Schüler vorkommt. In einem Unterrichtsgespräch zur Auftaktseite können viele der kommenden Lerninhalte schon heuristisch erarbeitet, Vermutungen geäußert und Zusammenhänge erschlossen werden.

- Aus dem Englischen übersetzt heißt Countdown „herunter zählen“. Beim Start eines Raumschiffs wird die Zeit herunter gezählt, bis der Start ins All erfolgt.
- Das „Minuszeichen“ vor der Zeitangabe sagt aus, dass noch Zeit vergehen muss, bevor der Start erfolgen kann.
- Ein weiteres Beispiel sind die Temperaturen im Winter, z. B. –7 °C heißt, dass es kälter ist als der Gefrierpunkt. Die Temperatur liegt unter 0 °C.
- Die Zeitangabe kann man wir folgt lesen: 03:35:17 bedeutet 3 min 35 s und 17 Hundertstel-Sekunden.
- Zwischen der ersten und der zweiten Zeitangabe sind 37 Sekunden und 11 Hundertstel-Sekunden vergangen.
- Zwischen der zweiten und der dritten Zeitangabe liegen 2 Minuten 29 Sekunden und 10 Hundertstel-Sekunden.

Ausblick

Die Aufzählung am Ende der Seite bietet einen Ausblick auf die wesentlichen Lernziele des Kapitels und schafft so eine hohe Transparenz für Schüler und Lehrer. Durch einen informierenden Unterrichtseinstieg können sich Schüler und Lehrer auf das Kommende einstellen.
Idealerweise wird im Unterricht der Bezug hergestellt zwischen der Einstiegssituation und den im Ausblick angegebenen Lernzielen.

Kap. 5.1

K1

Eisige Höhen

a)

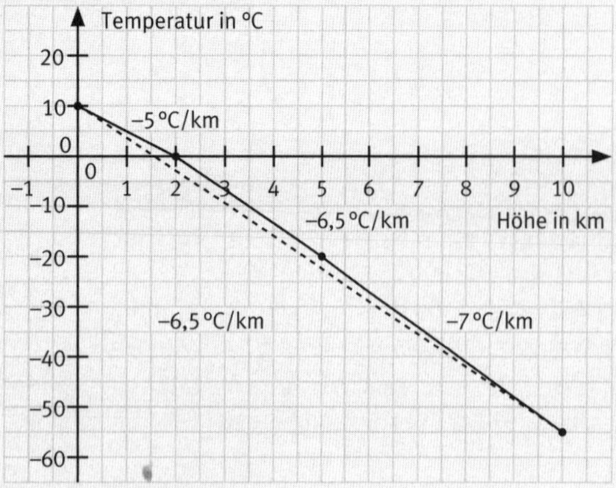

b) Die Abnahme zwischen den Daten pro Kilometer ist im Graphen von a) angegeben. Bei einem Anstieg um 10 km wird es durchschnittlich um 6,5° (= −65°/10) kühler.

Kap. 5.2

K3

Bergiges Rätsel

a) 0,1 mg = 0,0001 g. Es sind 10 g : 0,0001 g = 100 000 Flüge nötig. Folglich dauert es 100 000 · 100 Jahre = 10 000 000 Jahre. Beim Körpergewicht sind individuelle Ergebnisse möglich.

b) Es wird angenommen, dass der Vogel alle 100 Jahre ein Zehntel Milligramm von dem Fernsehturm abträgt.

Der Turm wiegt $18 \cdot 10^{12}$ mg. Wenn davon alle 100 Jahre ein Zehntel Milligramm abgetragen wird, ist der Turm nach $1000 \cdot 18 \cdot 10^{12} = 18 \cdot 10^{15}$ Jahren verschwunden.
Dies sind 18 Billiarden Jahre.

Kap. 5.4, 5.6

K2

Höhenrekord

a) Der Aufstieg erfolgt mit einer Geschwindigkeit von etwa 34,6 m/min. Der Sinkflug erfolgt mit einer Geschwindigkeit von etwa 69,2 m/min.

b) Der Sauerstoffgehalt bei 10 000 m beträgt etwa $21\,\% \cdot 0{,}9^{10} \approx 7{,}3\,\%$. Bei der maximalen Flughöhe der beiden Ballonfahrer betrug der Sauerstoffgehalt etwa 7 %.

Kap. 5.5

Luftige Sprünge

K5 ■ Die 60,0 Punkte sind der Ausgangswert bei jedem Sprung. Der Klammerterm ist die (hier positive) Abweichung vom K-Punkt; 1,8 ist der Faktor für die Gewichtung der Abweichung.

K4 ■

Name	Weitenpunkte 1. Durchgang	Weitenpunkte 2. Durchgang
Freund	78,9	73,5
Morgenstern	81,6	86,1
Amann	94,2	83,4
Kasai	83,4	78,9
Bardel	83,4	84,3

K4 ■

Name	1. Durchgang	2. Durchgang	Gesamt	Platzierung
Freund	143,9	135,4	279,3	5
Morgenstern	145	151,8	296,8	3
Amann	154,5	147,4	301,9	1
Kasai	150,2	144,3	294,5	4
Bardel	148,3	149,6	297,9	2

Alternativer Einstieg: Schulbuch Seite 158

Entdecken

K4 ■ Meereshöhe bei 0 m etwa um die Jahre −400; −200; 0; 850
Meereshöhe bei −0,5 m etwa um die Jahre −420; −175; −25

K5 ■ Die negativen Zahlen zeigen eine Meereshöhe unter 0 m NN an.

K3 ■ In den letzten 3000 Jahren schwankte die Meereshöhe zwischen etwa −1,45 m und +1,35 m, insgesamt also um 2,80 m.

K3 ■ Der Wert 0 NN wird durch Konvention festgelegt. Es gibt dabei historisch bedingt regional unterschiedliche Definitionen.

Nachgefragt

K5 ■ Beispiele: Temperatur unter 0 °C, Pegelstand eines Flusses bei Dürre, Kontostand bei Überziehung des Kontos

K4 ■ Beispiele: $-\frac{5}{2}; -\frac{8}{3}; -\frac{9}{4}; -\frac{27}{12}$

K1 ■ Es gibt genauso viele positive wie negative rationale Zahlen, weil jeder positiven rationalen Zahl eindeutig ihre negative Gegenzahl zugeordnet werden kann und umgekehrt.

Aufgaben

K4 **1** **a)** A: $-1{,}1 = -1\frac{1}{10}$ B: $-0{,}8 = -\frac{4}{5}$ C: $-0{,}5 = -\frac{1}{2}$ D: $-0{,}25 = -\frac{1}{4}$
E: $0 = \frac{0}{1}$ F: $0{,}4 = \frac{2}{5}$ G: $0{,}8 = \frac{4}{5}$ H: $1 = \frac{1}{1}$

b) A: $-3 = -\frac{3}{1}$ B: $-2{,}5 = -2\frac{1}{2}$ C: $-1{,}75 = -1\frac{3}{4}$ D: $-1 = -\frac{1}{1}$
E: $-0{,}75 = -\frac{3}{4}$ F: $0{,}25 = \frac{1}{4}$ G: $1{,}5 = 1\frac{1}{2}$ H: $2 = \frac{2}{1}$

c) A: $-2{,}6 = -2\frac{3}{5}$ B: $-2 = -\frac{2}{1}$ C: $-1{,}4 = -1\frac{2}{5}$ D: $-0{,}8 = -\frac{4}{5}$
E: $-0{,}4 = -\frac{2}{5}$ F: $0{,}2 = \frac{1}{5}$ G: $1{,}2 = 1\frac{1}{6}$ H: $1{,}8 = 1\frac{4}{5}$

K4 **2** **a)** Heilbronn: −0,4 °C Pforzheim: 1,2 °C Karlsruhe: −1,8 °C
Lörrach: 2,6 °C Biberach: −0,6 °C Balingen: 2,0 °C

b)

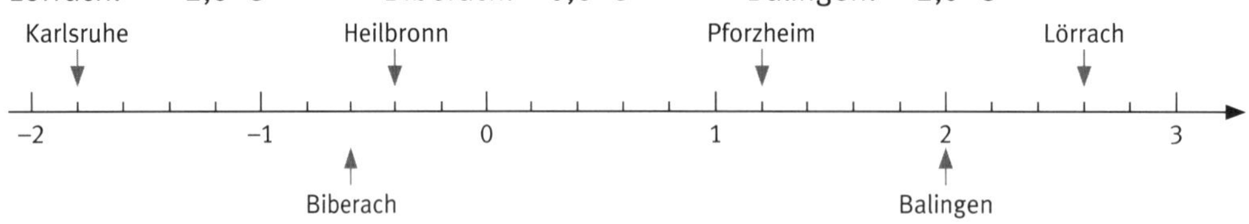

c) größter Temperaturunterschied: 4,4 °C zwischen Lörrach und Karlsruhe
kleinster Temperaturunterschied: 0,2 °C zwischen Heilbronn und Biberach

K4 **3** **a)** 1 7,5; −1,5; −8; 2,0; −4,5; 6,5; −0,5; 3; −6,5; 4,5
2 5,4; −0,5; −2,1; 4,2; −3,6; −0,9; 1,8; −3,7; 0,0; 1,4
3 $-\frac{1}{2}; 1\frac{1}{3}; -\frac{5}{6}; -\frac{4}{3}; \frac{0}{6} = 0; 1; -2\frac{2}{3}; 1\frac{5}{6}; -\frac{7}{6}$

b) 1

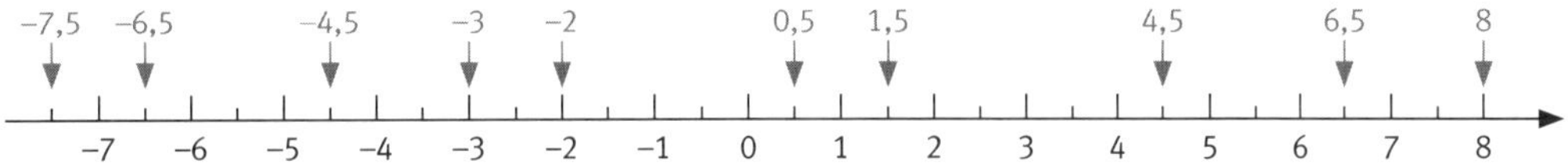

2

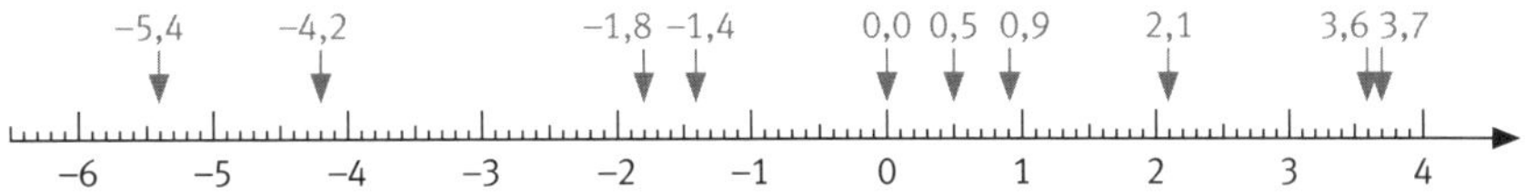

3

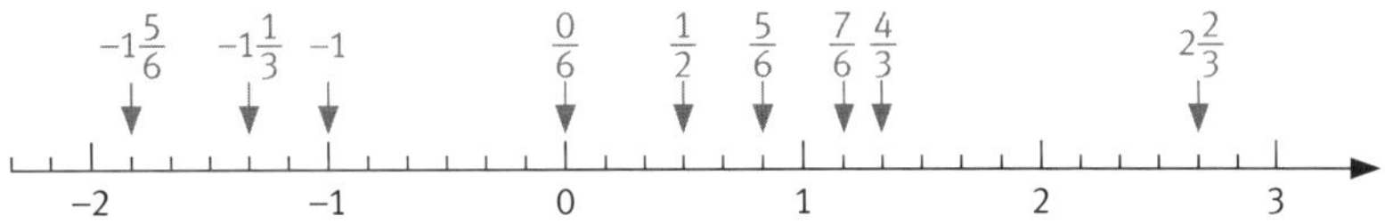

K4 **4** **a)** −1,3 **b)** 0 **c)** −3,3 **d)** 9,2 **e)** 1 **f)** $-2\frac{1}{4}$ **g)** −0,6 **h)** 0,7

K4 **5** **a)** 1 3 und 4 2 −1 und 0 3 −3 und −2 4 −2 und −1 5 −5 und −4 6 −15 und −14

b) 1 z. B. 7,1 und $7\frac{1}{4}$ und $\frac{701}{100}$ 2 z. B. −8,7 und $-\frac{33}{4}$ und $-8\frac{1}{100}$

3 z. B. −5,912 und $-6\frac{1}{4}$ und − 6,0 4 z. B. $-\frac{2}{5}$ und −0,3 und $-\frac{1}{3}$

K5 **6** Bei c) sind rationale Zahlen, die auch ganze Zahlen sind, gesucht.
Lösungsmöglichkeiten:

a) 1; 2; 3; 4; 5; 6; 7; 8; 9; 10; ...

b) $-1; \frac{7}{6}; -\frac{1}{3}; -5; -9; -\frac{1}{2}; \frac{1}{10}; -2; -1\frac{2}{9}; 1\frac{1}{5}; \ldots$

c) −12; −8; −5; −2; −1; 0; 1; 3; 4; 10; ...

d) −1; −3; −5; −7; −9; −11; −13; −15; −17; −19; ...

e) $1\frac{1}{5}; -\frac{1}{3}; \frac{3}{4}; -\frac{3}{8}; \frac{1}{10}; -\frac{4}{7}; \frac{5}{11}; -1\frac{1}{2}; \frac{16}{15}; -\frac{19}{21}$

K4 **7** **a)** A: II. Quadrant B: IV. Quadrant C: II. Quadrant D: I. Quadrant E: III. Quadrant
F: IV. Quadrant G: I. Quadrant H: III. Quadrant I: IV. Quadrant J: II. Quadrant

b)

	I. Quadrant	II. Quadrant	III. Quadrant	IV. Quadrant
x-Koordinate	positiv	negativ	negativ	positiv
y-Koordinate	positiv	positiv	negativ	negativ

c) 1, 2 A (1,25 | 1) B (0,75 | 1,5) C (0,5 | 1,5) D (0,5 | 1,75) E (0 | 1,75)
F (0 | 1) G (1,5 | −3,5) H (1,5 | −2,25) I (0 | −2,75) J (0 | −3)
K (0,75 | −1,25) L (0 | −2) M (0 | −2,5) N (0,75 | −0,25)

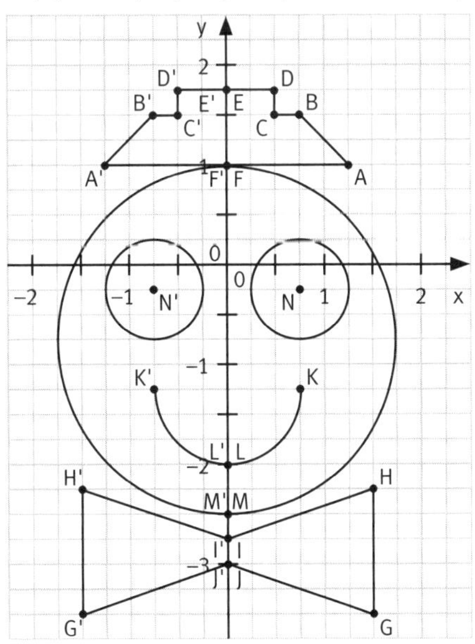

3 A' (−1,25 | 1) B' (−0,75 | 1,5)
C' (−0,5 | 1,5) D' (−0,5 | 1,75)
E' (0 | 1,75) F' (0 | 1)
G' (−1,5 | −3,5) H' (−1,5 | −2,25)
I' (0 | −2,75) J' (0 | −3)
K' (−0,75 | −1,25) L' (0 | −2)
M' (0 | −2,5) N' (−0,75 | −0,25)

K4/5 **8** Der Punkt P hat die Koordinaten P (−5 | −2).

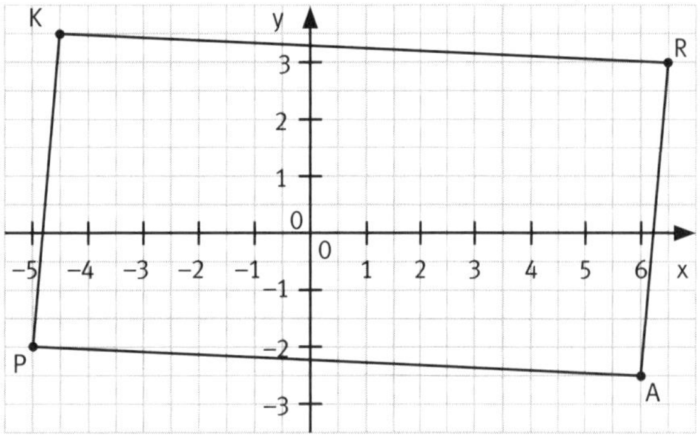

a) (−1 | −1), (−2 | −1), (−3 | −1), (−4 | −1)
(−1 | −2), (−2 | −2), (−3 | −2), (−4 | −2)

b) (−2 | −2), (−1 | −1), (0 | 0), (1 | 1), (2 | 2), (3 | 3)

c) (−4 | −2), (−4 | −1), (−4 | 0), (−4 | 1), (−4 | 2), (−4 | 3)
(−3 | −2), (−3 | −1), (−3 | 0), (−3 | 1), (−3 | 2), (−3 | 3)
(−2 | −1), (−2 | 0), (−2 | 1), (−2 | 2), (−2 | 3)
(−1 | 0), (−1 | 1), (−1 | 2), (−1 | 3)
(0 | 1), (0 | 2), (0 | 3)
(1 | 2), (1 | 3)
(2 | 3)

d) (4 | −2), (4 | −1), (4 | 0), (4 | 1), (4 | 2), (4 | 3)

K4 **9** **a)** Es entsteht ein Fisch.

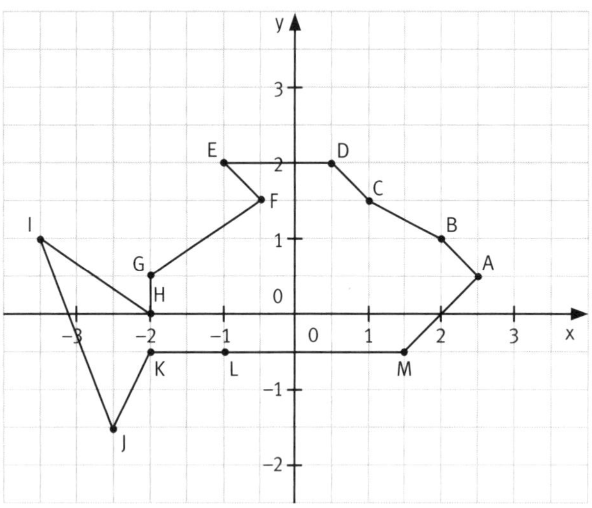

b) Es entsteht eine Blume.

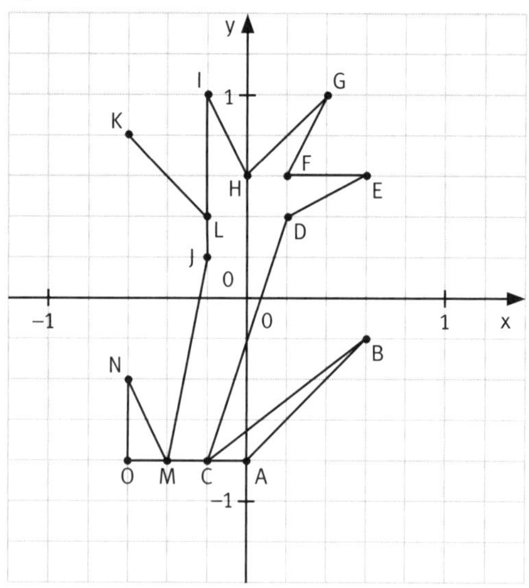

c) Es entsteht eine Burg.

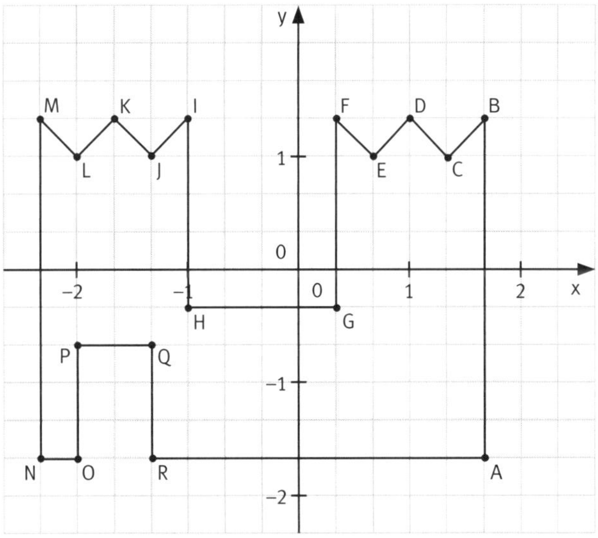

K4 **10 a)** Mo: –0,8 °C Di: –1,4 °C Mi: –1,8 °C Do: –3,2 °C Fr: –4,4 °C Sa: –6,9 °C So: –7,4 °C

b)

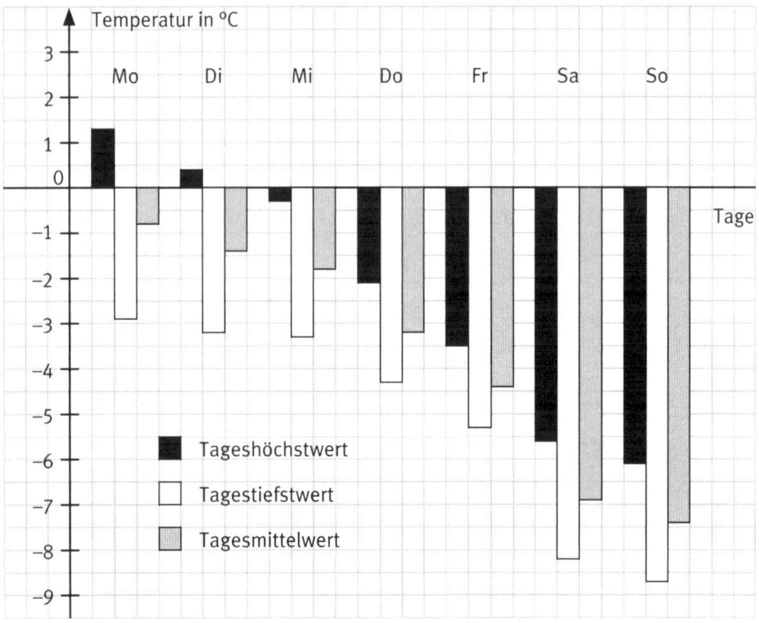

c) Am Montag herrschen die größten Temperaturunterschiede (4,2 °C) und am Freitag die kleinsten (2,6 °C).

K2 **11 a)** Die tiefste Stelle, die der Pottwal erreicht, liegt 1500 m unter dem Meeresspiegel.

b) Er taucht etwas über 120 min (etwa 127 min) unter 500 m während der Aufzeichnung.

c) Lösungsmöglichkeit: Um die durchschnittlichen Tiefen herauszubekommen, liest man aus der Zeichnung die Tiefen der einzelnen Spitzen ab, addiert deren Ergebnis und teilt sie durch die Anzahl der Daten.
Durchschnittliche Tauchtiefe beim Flachtauchen: etwa 350 m
Durchschnittliche Tauchtiefe beim Tieftauchen: etwa 930 m

5.2 Rationale Zahlen ordnen und runden

Alternativer Einstieg: Schulbuch Seite 158

Entdecken

K 1/5
- Mit dem Zahlenbingo werden die Schülerinnen und Schüler in spielerischer Weise an den Größenvergleich rationaler Zahlen herangeführt. Sie können dabei auf ihre Kenntnisse beim Ordnen von ganzen Zahlen sowie von Brüchen und Dezimalzahlen zurückgreifen. Darauf aufbauend ergeben sich im spielerischen Kontext Überlegungen zum Größenvergleich rationaler Zahlen.

Nachgefragt

K 1
- Negative Zahlen liegen auf der Zahlengeraden immer links von der Null, deswegen sind sie kleiner als die positiven Zahlen.

K 1
- Bei den positiven Zahlen sind die aufgerundeten Ergebnisse immer größer, da sie auf der Zahlengeraden weiter rechts liegen. Bei den negativen Zahlen ist das anders: Hier liegt die aufgerundete Zahl weiter links und ist deshalb kleiner als die ursprüngliche Zahl.

Aufgaben

K 4 **1** **a)**

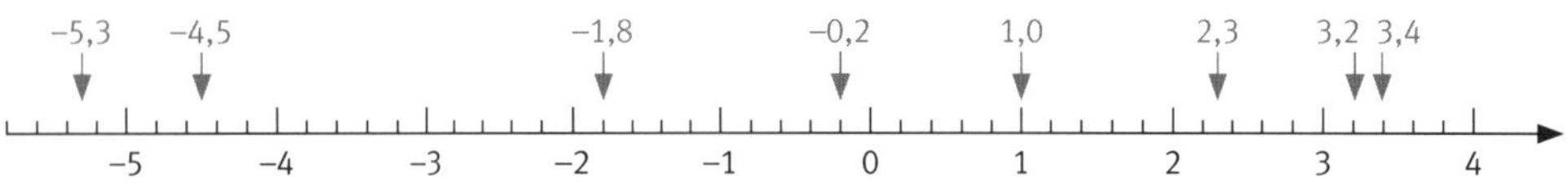

$-5{,}3 < -4{,}5 < -1{,}8 < -0{,}2 < 1{,}0 < 2{,}3 < 3{,}2 < 3{,}4$

b)

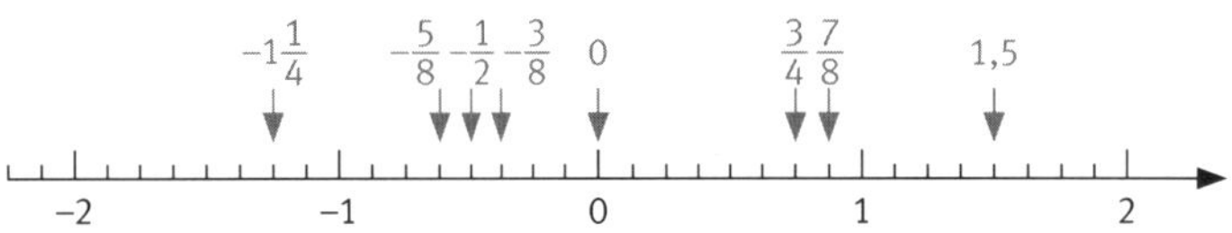

$-1\frac{1}{4} < -\frac{5}{8} < -\frac{1}{2} < -\frac{3}{8} < 0 < \frac{3}{4} < \frac{7}{8} < 1{,}5$

c)

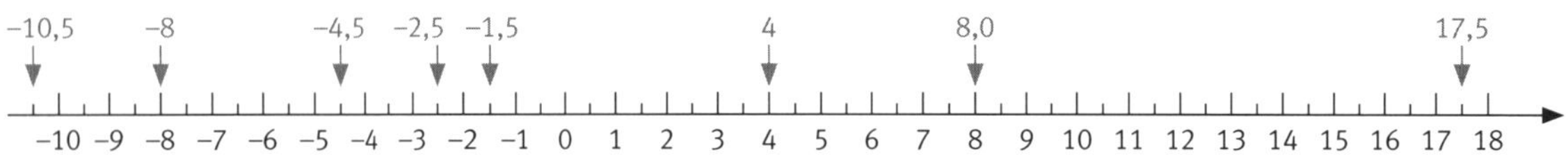

$-10{,}5 < -8 < -4{,}5 < -2{,}5 < -1{,}5 < 4 < 8{,}0 < 17{,}5$

d)

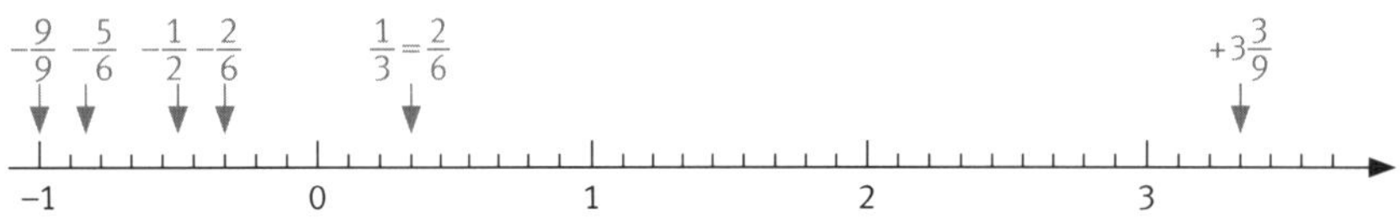

$-\frac{9}{9} < -\frac{5}{6} < -\frac{1}{2} < -\frac{2}{6} < \frac{1}{3} = \frac{2}{6} < +3\frac{3}{9}$

K 4 **2** **a)** −12,54 (−12, 539) 0,00 (−0,004) **b)** 87,33 (87,328) −27,59 (−27,595) **c)** −99,00 (−99, 000) −99,91 (−99,909) **d)** 67,35 (67,352) −56,20 (−56,195)

K 4 **3** **a)** $-4{,}2 < -2{,}5 < -1{,}7 < 0 < 0{,}2 < 0{,}4 < 4{,}9$ Lösungswort: ANZEIGE

b) $-\frac{1}{1} < -\frac{1}{10} < -0{,}01 < -\frac{1}{1000} < \frac{1}{100} < 0{,}1 < 1{,}0$ Lösungswort: SUSANNE

c) $-\frac{2}{3} < -\frac{5}{8} < -\frac{2}{5} < -\frac{1}{6} < -\frac{1}{9} < \frac{1}{4} < \frac{1}{3}$ Lösungswort: RASTATT

d) $-99{,}99 < -99{,}909 < -99{,}9 < -99{,}0 < |-99{,}0| < |-99{,}9| < |-99{,}99|$ Lösungswort: OBERHOF

K4 **4**

gerundet auf	Zehntel	Tausendstel	Hundertstel	Tausendstel
gerundete Zahl	7,5	34,475	−16,83	−96,459
kleinstmögliche Zahl	7,45	34,4745	−16,834	−96,4594
größtmögliche Zahl	7,54	34,4754	−16,825	−96,4585

K4 **5**
a) $-\frac{2}{3} < \boxed{+}\frac{2}{3}$
$|\boxed{\pm}\,1{,}35| = 1{,}35$

b) $-1\frac{3}{5} > \boxed{-}\,4{,}5$
$\boxed{-}\,9{,}4 < -7{,}2$

c) $\boxed{\pm}2{,}46 > \boxed{-}2{,}50$
falsche Aussage

d) $|0| = \boxed{\pm}\,0$
$|\boxed{\pm}\,\frac{5}{6}| < |\boxed{\pm}\,\frac{7}{8}|$

K4 **6**
a) 7,350 < 7,354
⋮
7,353 < 7,354

b) −0,139 < −0,129
⋮
−0,199 < −0,129

c) −123,322 < −123,222
⋮
−123,922 < −123,222

d) keine Ziffer möglich

e) −45,34 < −35,34
⋮
−95,34 < −35,34

f) |−14,064| < 14,264

|−14,164| < 14,264

K1/5 **7** Lösungsmöglichkeiten:
a) $-\frac{4}{3}$; −1,2; −1; $-\frac{8}{9}$ **b)** −3,6; −4; $-6\frac{3}{8}$; −12
c) Betrag kleiner als 0,4: −0,36; $-\frac{1}{4}$; −0,1; −0,05
Betrag größer als 0,4: −0,58; 0,5; $\frac{1}{2}$; 16

K1 **8** Lösungsmöglichkeiten:
$-\frac{1}{2} < \frac{1}{3}$, aber $|-\frac{1}{2}| > \frac{1}{3}$ −3 < 2, aber |−3| > 2 $-4\frac{1}{3} < -3$, aber $|-4\frac{1}{3}| > -3$
Es gibt unendlich viele Lösungen. Am einfachsten wählt man zunächst die zweite Zahl (beliebig > 0 oder < 0). Die erste Zahl muss dann in jedem Fall < 0 sein und betragsmäßig größer als die erste Zahl.

5.3 Rationale Zahlen addieren und subtrahieren

Entdecken

K1/5
- **a)** (−3) + (−4) = −7: Gehe von „−3“ vier Schritte rückwärts in positive Richtung schauend.
  (−2) − (+5) = −7: Gehe von „−2“ fünf Schritte vorwärts in negative Richtung schauend.
  (−6) + (+4) = −2: Gehe von „−6“ vier Schritte vorwärts in positive Richtung schauend.
  (−4) − (−5) = +1: Gehe von „−4“ fünf Schritte rückwärts in negative Richtung schauend.
  b) (+4)−(−2) = +6: Gehe von „+4“ zwei Schritte rückwärts in negative Richtung schauend.
  (+4)+(−2) = +2: Gehe von „+4“ zwei Schritte rückwärts in positive Richtung schauend.
  (+4) − (+2) = +2: Gehe von „+4“ zwei Schritte vorwärts in negative Richtung schauend.
  (+4) + (+2) = +6: Gehe von „+4“ zwei Schritte vorwärts in positive Richtung schauend.

K1/5
- Man sieht, dass ein positives Vorzeichen das Rechenzeichen erhält:
  (+4) − (+2) = 4 − 2 = 2, oder (+4) + (+2) = 4 + 2 = 6.
  Man sieht, dass ein negatives Vorzeichen das Rechenzeichen umkehrt:
  (+4) + (−2) = 4 − 2 = 2, oder (+4) − (−2) = 4 + 2 = 6.

Nachgefragt

K5
- Wird von einer rationalen Zahl eine negative (positive) Zahl subtrahiert, so muss deren Betrag addiert (subtrahiert) werden.

K5
- Wenn man eine positive oder negative Zahl und ihre Gegenzahl addiert, ist das Ergebnis immer 0. Bei der Subtraktion ist das anders. Wird hier von einer negativen Zahl ihre Gegenzahl subtrahiert, bleibt das Ergebnis negativ (und wird betragsmäßig doppelt so groß). Wird von einer positiven Zahl ihre negative Gegenzahl subtrahiert, so ist das Ergebnis immer positiv und ebenfalls betragsmäßig doppelt so groß.

K5
- „+“: Temperatur, Pluspunkte
  „−“: Temperatur, Schulden, Countdown

Aufgaben

K1/5 **1** **a)**

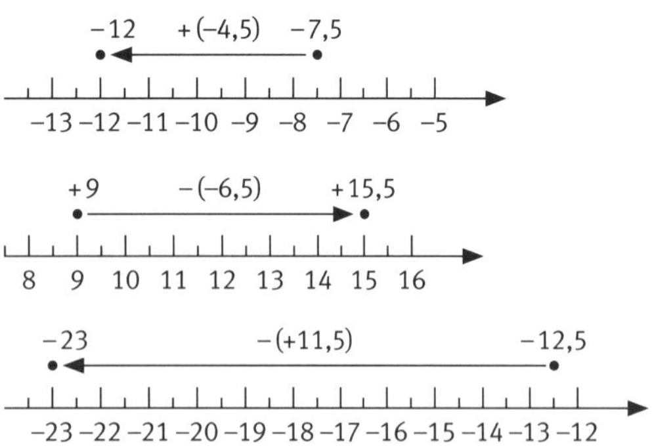

b)

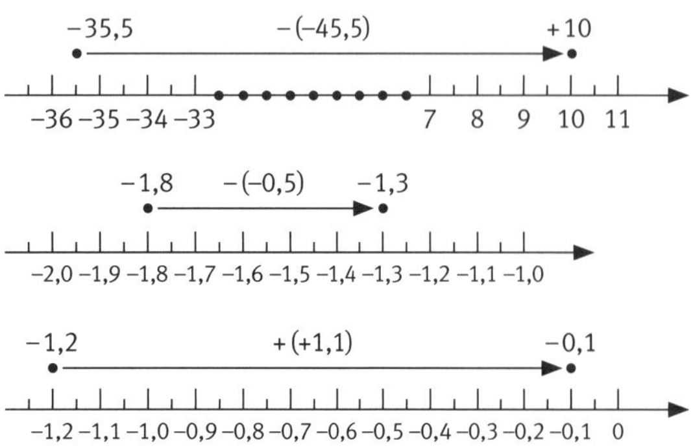

c)

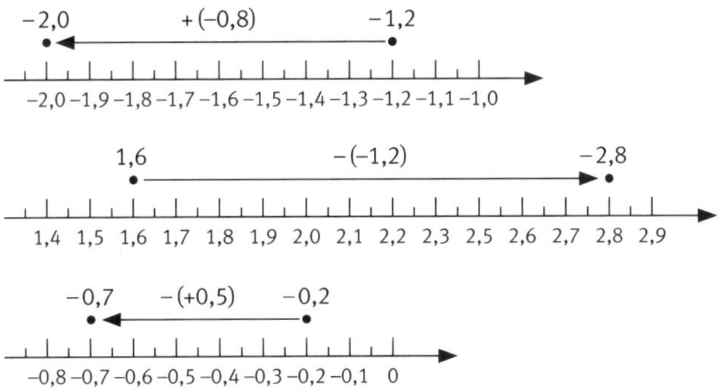

d)

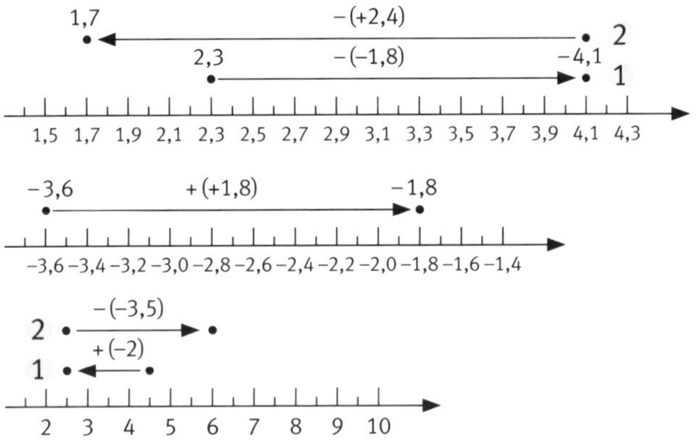

K4 **2** **a)** +

−25,6

−11,2 | −14,4

−4,1 | −7,1 | −7,3

+4,4 | −8,5 | +1,4 | −8,7

b) −

24,3

+8,5 | −15,8

+2,1 | −6,4 | +9,4

−2,8 | −4,9 | +1,5 | −7,9

K4 **3** **a)** 5,9 °C —(+6,4 °C)→ 12,3 °C

1,4 °C —(−2,7 °C)→ −1,3 °C

b) −2,8 °C —(−3,4 °C)→ −6,2 °C

+12,8 °C —(−4,9 °C)→ 7,9 °C

c) 7,4 °C —(−3,8 °C)→ 3,6 °C

8,2 °C —(−3,8 °C)→ +4,4 °C

K4 **4** **a)** −453,45 € − 1233,12 € = −1686,57 € **b)** −1543,76 € + 2345,32 € = 801,56 €
c) −1914,55 € − 435,76 € = −2350,31 € **d)** 596,34 € − 957,18 € = −360,84 €

K1/5 **5** Lösungsmöglichkeiten:

a)	−3 = −2 + (−1)	−12,7 = −5 + (−7,7)	16,25 = +8 + (+8,25)
b)	2,5 = +5 + (−2,5)	−7 = −10 + (+3)	$1\frac{3}{4} = +2 + \left(-\frac{1}{4}\right)$
c)	$1\frac{3}{4} = +2 - \left(+\frac{1}{4}\right)$	16,25 = +20 − (+3,75)	2,5 = +4 − (+1,5)
d)	−3 = −1 − (+2)	−12,7 = −1 − (+11,7)	−7 = −3 − (+4)

K4 **6** **a)** −41; 49; 3
b) 13; −14,8; −4,35
c) −1,2; −6,7; 16
d) $-15; -5\frac{5}{6}; 1\frac{1}{10}$
e) $-1{,}9; -\frac{3}{5}; -1{,}5$
f) $-2{,}8; -\frac{7}{9}; 4\frac{4}{25}$

K4 **7** **a)** 1

2

3

b) 1

2

3

K4 **8** **a)**

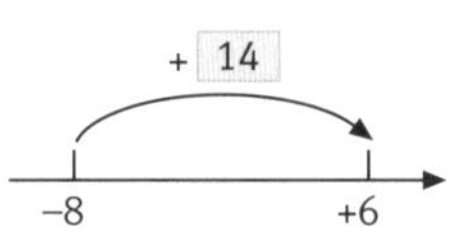

b)

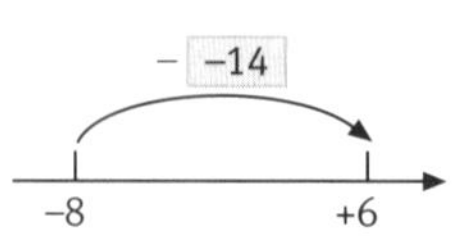

c)

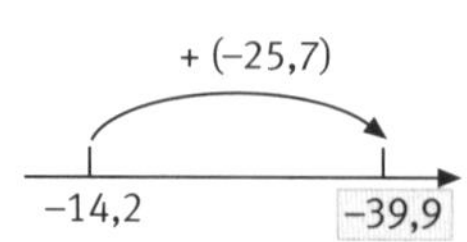

d)

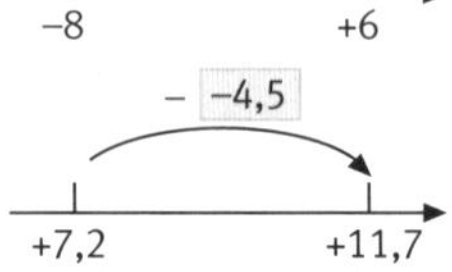

e)

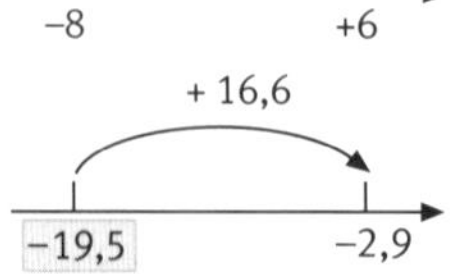

f)

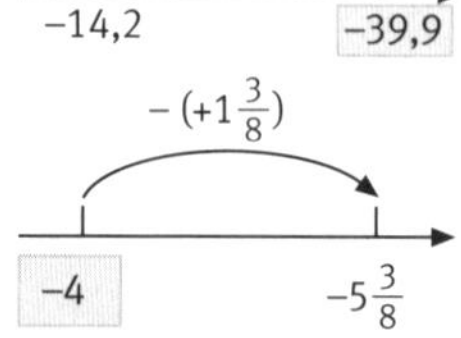

K1 **9** **a)** $\boxed{+}12 + (\boxed{+}8) = +20$
$\boxed{-}123 - (-56) = \boxed{-}67$
$1\frac{7}{8} - \left(\boxed{-}1\frac{3}{4}\right) = \boxed{+}3\frac{5}{8}$

b) $\boxed{-}14{,}3 - (\boxed{-}12{,}9) = -1{,}4$
$-76{,}8 - (\boxed{+}54{,}7) = \boxed{-}131{,}5$
$\boxed{-}\frac{5}{12} - \left(\boxed{+}\frac{13}{3}\right) = -\frac{19}{4}$

c) $79 + (\boxed{+}1342) = \boxed{+}1421$
$-27{,}5 + (\boxed{+}34{,}2) = 6{,}7$
$\boxed{+}\frac{2}{3} + \left(\boxed{+}\frac{5}{6}\right) = 1\frac{1}{2}$

K4 **10** **a)**
1 $+3{,}5 - (-1{,}2) = 4{,}7$ $\quad -3{,}5 - (-1{,}2) = -2{,}3$ $\quad -3{,}5 + (-1{,}2) = -4{,}7$
2 $0{,}75 + (-0{,}75) = 0$ $\quad -12{,}6 - (+1{,}95) = -14{,}55$ $\quad +12{,}5 - (-0{,}8) = 13{,}3$
3 $-\frac{7}{15} + \left(\frac{5}{18}\right) = -\frac{17}{90}$ $\quad \frac{7}{12} + \left(-\frac{1}{9}\right) = \frac{17}{36}$ $\quad -\frac{11}{36} - \left(-\frac{6}{19}\right) = \frac{7}{684}$
4 $-14\frac{2}{3} + \left(-7\frac{5}{9}\right) = -22\frac{2}{9}$ $\quad -112{,}53 - (-27{,}914) = -84{,}616$ $\quad 214{,}371 + (-483{,}04) = -268{,}669$

b) Addition rationaler Zahlen mit dem Taschenrechner
- Addiert man eine positive Zahl, so wird im Taschenrechner nur ein „+“ eingefügt.
  Beispiel: $-3 + (+2) = -1$ $\quad \boxed{-}\boxed{3}\boxed{+}\boxed{2}\boxed{=}$
- Addiert man eine negative Zahl, so wird neben der Additions- die Vorzeichentaste gedrückt.
  Beispiel: $-3 + (-2) = -5$ $\quad \boxed{-}\boxed{3}\boxed{+}\boxed{+/-}\boxed{2}\boxed{=}$ oder $\boxed{-}\boxed{3}\boxed{-}\boxed{2}\boxed{=}$

Subtraktion rationaler Zahlen mit dem Taschenrechner
- Subtrahiert man eine positive Zahl, so wird die „–”-Taste gedrückt.
  Beispiel: $-3 - (+2) = -5$ $\quad \boxed{-}\boxed{3}\boxed{-}\boxed{2}\boxed{=}$
- Subtrahiert man eine negative Zahl wird sowohl die normale „–“-Taste als auch die Vorzeichentaste gedrückt.
  Beispiel: $-3 - (-2) = -1$ $\quad \boxed{-}\boxed{3}\boxed{-}\boxed{+/-}\boxed{2}\boxed{=}$ oder $\boxed{-}\boxed{3}\boxed{+}\boxed{2}\boxed{=}$

Hinweis: Wenn man Rechenzeichen und Vorzeichen direkt zusammenfasst, dann werden weniger Fehler am Taschenrechner gemacht.

K1 **11** **a)** $\frac{1}{2} - \left(-\frac{1}{3}\right) \boxed{>} \frac{1}{2} + \left(-\frac{1}{3}\right)$ **b)** $0{,}5 + (-0{,}7) \boxed{=} 0{,}2$ **c)** $-2{,}5 \boxed{>} 2{,}1 + (-4{,}8)$

d) $0 \boxed{>} -\frac{1}{4} - \left(-\frac{1}{8}\right)$ **e)** $-4{,}5 + (+2{,}3) \boxed{<} 4{,}5 + (-2{,}3)$ **f)** $12{,}3 + (-112{,}7) \boxed{=} 12{,}3 - (+112{,}7)$

g) $-\frac{1}{3} + \left(-\frac{1}{9}\right) \boxed{=} -\frac{1}{9} + \left(-\frac{1}{3}\right)$ **h)** $0{,}4 + (+1{,}32) - (-0{,}8) \boxed{>} 2$

K3 **12** **a), b), c)**

Tag	7.12.				8.12.				9.12.				10.12.				11.12.				12.12.			
Uhrzeit	0	6	12	18	0	6	12	18	0	6	12	18	0	6	12	18	0	6	12	18	0	6	12	18
Pegel in cm	50	67	77	70	55	68	57	53	60	60	43	33	27	20	18	18	17	18	20	22	25	27	28	32
Veränderung	+				+				–				–				+				+			
durch. Pegel in cm	$\frac{50 + 67 + 77 + 70 + 55}{5} = 63{,}8 \approx 64$				$58{,}6 \approx 59$				$44{,}6 \approx 45$				20				$20{,}4 \approx 20$				–			

Der Durchschnittswert kann dadurch genauer werden, dass man zu mehreren Zeitpunkten den Pegelstand abliest.

K2 **13 a)**

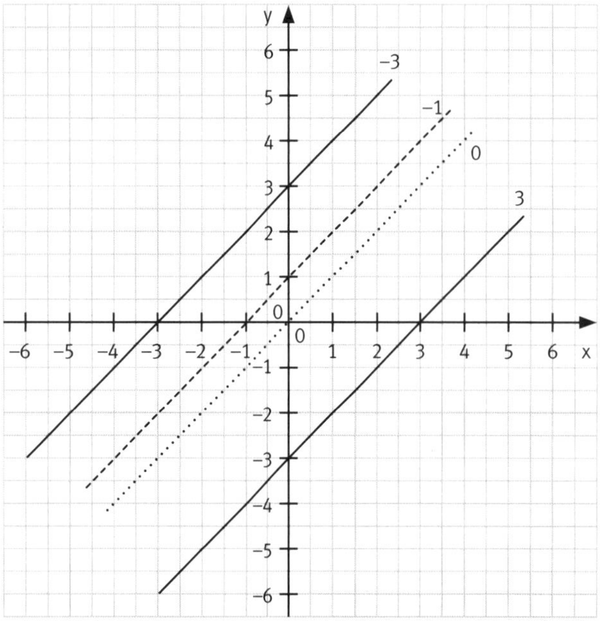

b) Alle Punkte derselben Differenz liegen auf einer Gerade durch die Punkte. Die Geraden liegen parallel zueinander. Bei gleicher Achseneinteilung halbiert die Gerade mit der Differenz 0 den I. und II. Quadranten.

c) Bei einer Differenz von 4 liegen alle Punkte wieder auf einer Parallelen zu den anderen Geraden durch den Punkt (2 | −2). Bei der Differenz von −2 und −5 liegen die Punkt auf Parallelen durch die Punkte (−1 | 1) bzw. (−3 | 2). Allgemein: Wird die Differenz größer und ist positiv, dann liegen die Geraden unterhalb der vorhandenen Geraden.

Entdecken

K1

−25	−20	−15	−10	−5	0	5	10	15	20	25
−20	−16	−12	−8	−4	0	4	8	12	16	20
−15	−12	−9	−6	−3	0	3	6	9	12	15
−10	−8	−6	−4	−2	0	2	4	6	8	10
−5	−4	−3	−2	−1	0	1	2	3	4	5
0	0	0	0	0	0	0	0	0	0	0
5	4	3	2	1	0	−1	−2	−3	−4	−5
10	8	6	4	2	0	−2	−4	−6	−8	−10
15	12	9	6	3	0	−3	−6	−9	−12	−15
20	16	12	8	4	0	−4	−8	−12	−16	−20
25	20	15	10	5	0	−5	−10	−15	−20	−25

K5
- Nach rechts wird immer der jeweilige Faktor der Zeile addiert, nach links subtrahiert. Nach unten wird immer der jeweilige Faktor der Spalte subtrahiert, nach oben addiert.

K1/5
- Man sieht: zwei gleiche Vorzeichen ergeben positive Produkte, ungleiche Vorzeichen ergeben negative Produkte.

Nachgefragt

K1
- Bei drei positiven Faktoren ist das Ergebnis positiv, bei drei negativen Faktoren ist es negativ.

K1
- Ein Produkt hat als Ergebnis immer null, wenn ein Faktor null ist.

Aufgaben

K1

1 **a)** $(-3{,}4) \cdot (-27{,}6) = \boxed{+}\, 93{,}84$

$(+17{,}2) \cdot (-21{,}6) = \boxed{-}\, 371{,}52$

$\left(-\frac{1}{7}\right) \cdot \frac{8}{9} = -\frac{8}{63}$

b) $(\boxed{-}\, 11{,}7) \cdot (-7{,}3) = 85{,}41$

$(-1{,}7) \cdot (-0{,}2) \cdot (+2) = \boxed{+}\, 0{,}68$

$(-4{,}5) \cdot \left(+\frac{2}{5}\right) \cdot \left(-\frac{3}{4}\right) = 1\frac{7}{20}$

K4

2 **a)** $-3;\ 3{,}2;\ 0{,}81;\ \frac{1}{6}$

b) $-0{,}63;\ -1{,}26;\ -1{,}21;\ -1$

c) $-122{,}4;\ -2{,}8;\ 3{,}3;\ -6$

d) $-6;\ 1{,}44;\ -9{,}88;\ -\frac{1}{8}$

K4

3 **a)**

·	+4,5	−3,2	−10	2,9
−2,1	−9,45	6,72	21	−6,09
+9	40,5	−28,8	−90	26,1
−1,1	−4,95	3,52	11	−3,19
5,6	25,2	−17,92	−56	16,24

b)

·	−2,25	$-\frac{3}{10}$	$-\frac{2}{5}$	0
$-\frac{7}{8}$	$\frac{63}{32}$	$\frac{21}{80}$	$\frac{7}{20}$	0
7,5	$-16\frac{7}{8}$	−2,25	−3	0
+12	−27	$-3\frac{3}{5}$	$-4\frac{4}{5}$	0
$-\frac{5}{6}$	$-1\frac{7}{8}$	$\frac{1}{4}$	$\frac{1}{3}$	0

K4

4 **a)** $4{,}0 \cdot (-6) = -24$

$-\frac{1}{8} \cdot (-448) = 56$

$+17 \cdot 5 = 85$

b) $4 \cdot (-2{,}5) = -10$

$(-1{,}5) \cdot 1{,}2 = -18$

$-\frac{1}{25} \cdot (-5) = \frac{1}{5}$

c) $-0{,}6 \cdot 15 = -9$

$-\frac{5}{4} \cdot \frac{4}{5} = -1$

$\left(-\frac{2}{3}\right) \cdot (-6) = 4$

d) $-1{,}65 \cdot (-3) = 4{,}95$

$-\frac{1}{2} \cdot \left(-\frac{5}{4}\right) = \frac{5}{8}$

$\left(-\frac{14}{17}\right) \cdot 0 = 0$

K4 **5**

°C	–20	–10	0	10	20	37	50
°F	–4	14	32	50	68	98,6	122

K4 **6** **a)** –672

–1200

b) $\frac{16}{405}$

16,464

c) $\frac{1}{16}$

22,1

K2 **7** **a)** 1 (–85) · (–76) = 6460
oder: (+85) · (+76) = 6460
2 (–92) · (–54) = 4968
oder: (+92) · (+54) = 4968

b) 1 (–85) · (+76) = –6460
oder: (+85) · (–76) = –6460
2 (–92) · (+54) = –4968
oder: (+92) · (–54) = –4968

c) 1 0 · 1 = 0
oder: (±15) · (±20) = ±300
2 2 · 1 = 2
oder: (±14) · (±25) = ±350

Entdecken

Für rationale Zahlen gelten die folgenden Rechengesetze:

K1
- Kommutativgesetz für die reine Addition und Multiplikation:
  die Reihenfolge der Rechenoperationen spielt keine Rolle, z. B.
  $(-4{,}3) + (+2{,}5) + (-2{,}7) = (-4{,}3) + (-2{,}7) + (+2{,}5)$
  $(-4{,}5) \cdot 3{,}96 \cdot (-2) = (-4{,}5) \cdot (-2) \cdot 3{,}96$.
  Assoziativgesetz für die reine Addition und Multiplikation:
  Bei Multiplikation oder Addition darf man beliebig Klammern setzen, z. B.
  $((+3{,}0) + (+2{,}4)) + (-7{,}1) = (+3{,}0) + ((+2{,}4) + (-7{,}1))$
  $((-4{,}5) \cdot 3{,}96) \cdot (-2) = (-4{,}5) \cdot ((-2) \cdot 3{,}96)$.

K1
- Diese Regeln gelten nicht für die Subtraktion und die Division.
  Was in Klammern steht, wird zuerst berechnet.
  Potenzen werden vor den vier Grundrechenarten berechnet.
  Punktrechnung geht vor Strichrechnung, z. B. $5{,}2 - 1{,}2^2 = 5{,}2 - 1{,}44 = 3{,}76$.

Nachgefragt

K1
- $-2{,}4 - (-4{,}7) = -2{,}4 + 4{,}7$ bzw. $-2{,}4 + (+4{,}7)$; das Kommutativgesetz darf nun angewandt werden, da nun addiert wird.

K1
- Mit dem Kommutativgesetz kann man hier $-2{,}4$ und $-4{,}6$ zu einer ganzen Zahl addieren und erleichtert damit die Rechnung: $(-2{,}4) + (-1{,}8) + (-4{,}6) = -2{,}4 - 4{,}6 - 1{,}8 = -7 - 1{,}8 = -8{,}8$

Aufgaben

K1/5 **1** **a)** Hier wurde das Assoziativgesetz verwendet, da die Rechnung $15 + (-25)$ einfacher ist als die Rechnung $(-25) + 132$.
b) Es wurde das Kommutativgesetz verwendet, damit $-12{,}6$ und $4{,}6$ addiert werden können, um eine ganze Zahl zu erhalten.
c) Auch hier wurde das Kommutativgesetz eingesetzt, um bei der Rechnung $1{,}2 \cdot (-5)$ eine ganze Zahl als Zwischenergebnis zu erreichen.

K4 **2** **a)** 0 **b)** 130 **c)** −46 **d)** −6 **e)** −1020 **f)** −1250

K4 **3** **a)** $-12{,}4 + (-4{,}6) + 17{,}9 = -17 + 17{,}9 = 0{,}9$ (Kommutativgesetz)
b) $(-7) \cdot [2{,}25 \cdot (-8)] = (-7) \cdot (-18) = 126$ (Assoziativgesetz)
c) $15 \cdot 4{,}5 - 2{,}5 = 65$ (keine Vereinfachnung; „Punkt vor Strich“)
d) $[78{,}6 + 34{,}4] + (-129{,}7) = 113 + (-129{,}7) = -16{,}7$ (Assoziativgesetz)
e) $(-5) \cdot (-1{,}2) \cdot 12 = 6 \cdot 12 = 72$ (Kommutativgesetz)
f) $22 - 4 \cdot (-1{,}25) = 22 - (-5) = 27$ (keine Vereinfachung; „Punkt vor Strich“)

K3 **4** **a)** Das Ergebnis lautet in allen Fällen 23.
b) größtes Ergebnis: $8 + 2{,}5 - (-26 + (-5) + (-1{,}2)) = 42{,}7$
kleinstes Ergebnis: $-26 + (-5) + (-1{,}2) + (8 + 2{,}5) = -21{,}7$
c) größtes Ergebnis: $(-3) \cdot (-12) + 9 \cdot 1{,}8 - \frac{1}{6} = 52\frac{1}{30}$
kleinstes Ergebnis: $(-12) \cdot 9 + (-3) \cdot 1{,}8 - \frac{1}{6} = -113\frac{17}{30}$

K4 **5** In den Rechenschlangen stehen immer dieselben Zahlen, nur in einer anderen Reihenfolge, mit anderem Vorzeichen oder in Klammern.

grüne Rechenschlange: $-17\,715 + 12\,320 - 7912 + 14\,739 - 1877 + 7413 = 6968$

rote Rechenschlange: $+12\,320 - 1877 - 7912 - 17\,715 + 7413 + 14\,739 = 6968$

blaue Rechenschlange: $+1877 + 7912 + 17\,715 - (12\,320 + 7413 + 14\,739) = -6968$

gelbe Rechenschlange: $+17\,715 - 12\,320 + 7912 - 14\,739 + 1877 - 7413 = -6968$

K1/5 **6** **a)** 1 Das Ergebnis der vorgegebenen Rechnung stimmt mit dem zweiten Term überein.

$-13 + 16 + 24 = 27$

$-13 - (-16 + 24) = -13 + 16 - 24 = -21$

$-13 - 16 + 24 = -5$

$-13 - 16 - 24 = -53$

2 Das Ergebnis der vorgegebenen Rechnung stimmt mit dem ersten Term überein.

$29 - (17 - 34) = 29 - 17 + 34 = 46$

$29 - 17 - 34 = -22$

$29 + 17 + 34 = 80$

$29 + 17 - 34 = 12$

b) Eine Minusklammer wird aufgelöst, indem man in der Klammer alle Vorzeichen verändert.
Beispiel: $12 - (-22 + 13) = 12 + 22 - 13 = 21$

Entdecken

K4 ■ Übertrage die Pfeilbilder in dein Heft und ergänze die fehlenden Angaben.

$-28 \xrightleftharpoons[\cdot\, 4]{:\, 4} -7$ $\qquad -28 \xrightleftharpoons[\cdot\, (-7)]{:\, (-7)} 4$

$430 \xrightleftharpoons[\cdot\, 2{,}5]{:\, 2{,}5} 172$ $\qquad +\frac{1}{3} \xrightleftharpoons[\cdot\, \left(-\frac{3}{5}\right)]{:\, \left(-\frac{3}{5}\right)} -\frac{5}{9}$

K1/5 ■ Man stellt fest, dass das Ergebnis positiv ist, wenn Dividend und Divisor das gleiche Vorzeichen haben. Es ist negativ, wenn sie verschiedene Vorzeichen haben.

Nachgefragt

K1 ■ Wenn der Divisor 1 ist, dann ist der Dividend auch gleichzeitig der Quotient. Ist der Divisor jedoch −1, dann ist die Gegenzahl des Dividenden der Quotient.

K1/5 ■ Man muss folgende Fälle unterscheiden:
Sind der Dividend und der Divisor positiv, dann muss für ein größeres Ergebnis der Divisor kleiner als 1 sein, für ein kleineres Ergebnis muss der Divisor größer als 1 sein.
Ist der Dividend negativ und der Divisor positiv, dann wird für ein kleineres Ergebnis ein Divisor kleiner als 1 benötigt, für ein größeres Ergebnis ein Divisor größer als 1.
Ist der Dividend positiv, der Divisor aber negativ, so können nur Quotienten erzeugt werden, die immer kleiner sind als Dividend bzw. Divisor.
Sind Dividend und Divisor negativ, so ist der Quotient immer größer als der Dividend bzw. der Divisor.

Aufgaben

K4 **1** **a)** $-90 \xrightleftharpoons[\cdot\, 12]{:\, 12} -7{,}5$ **b)** $-18 \xrightleftharpoons[\cdot\, (-15)]{:\, -15} 1{,}2$ **c)** $-17{,}15 \xrightleftharpoons[\cdot\, -(3{,}5)]{:\, (-3{,}5)} 4{,}9$

K4 **2**

a)	b)	c)	d)
7	−19	12	−6
−9	17	11	−8
−7	12	−13	7
9	−14	−18	−70

K1/4 **3** **a)** +182 : (−13) = −14 **b)** −212,5 : 17 = −12,5 **c)** −32,5 : (+1,25) = −26
d) (−37,18) : (+2,6) = −14,3 **e)** −29,04 : (−26,4) = 1,1 **f)** 0 : ± x = 0
Anmerkung: Bei f) darf jede beliebige Zahl anstelle von x eingesetzt werden.

K4 **4** **a)**

:	+2	−5	−7	8
−560	−280	112	80	−70
840	420	−168	−120	105
−700	−350	140	100	−87,5
1064	532	−212,8	−152	133

b)

:	+1,5	$-\frac{3}{5}$	$-1\frac{2}{3}$	4,5
−1,5	−1	2,5	0,9	$-\frac{1}{3}$
78,6	52,4	−131	−47,16	$17\frac{7}{15}$
$-\frac{3}{8}$	$-\frac{1}{4}$	$\frac{5}{8}$	$\frac{9}{40}$	$-\frac{1}{12}$
0	0	0	0	0

K3 **5** Die durchschnittliche Abendtemperatur liegt bei ungefähr −1,2 °C (genau: $-1\frac{8}{35}$ °C).
Beispiel:
[(−1,3 °C + (−2,4) °C + (−2,1) °C + (−2,3) °C + (−1,4) °C) + (0,1 °C + 0,8 °C)] : 7
= [−9,5 °C + 0,9 °C] : 7 ≈ −1,23 °C

K4 **6** Lösungswort: NAGOLD

Entdecken

K4
- Ergebnisse:
  A: $-184; \frac{9}{8}$
  B: $36; -\frac{105}{8}$
  C: $816; \frac{95}{16}$
  D: $-34; -9{,}5$
  E: $-184; \frac{9}{8}$
  F: $-34; -9{,}5$

K1/5
- Die Ergebnisse von A und E bzw. D und F sind identisch, da das Distributivgesetz gilt.

Nachgefragt

K5
- Bei der Multiplikation zweier Zahlen kann man eine Zahl additiv so zerlegen und in Klammern setzen, dass die Multiplikation vereinfacht wird. Es wird ausgeklammert und im Anschluss daran addiert.
  Beispiel: $(-7) \cdot 32 = (-7) \cdot (30 + 2) = (-7) \cdot 30 + (-7) \cdot 2 = -210 + (-14) = -224$

K1
- Das Distributivgesetz kann man auch auf eine Subtraktion anwenden, da eine Differenz das Ergebnis einer Addition mit einer negativen Zahl sein kann.

K1
- Das Distributivgesetz kann man auch auf eine Division anwenden, da eine Division durch eine rationale Zahl als Multiplikation mit deren Kehrwert aufgefasst werden kann.
  Beispiel: $3 : 5 + 2 : 5 = 3 \cdot \frac{1}{5} + 2 \cdot \frac{1}{5} = (3 + 2) \cdot \frac{1}{5} = 5 \cdot \frac{1}{5} = 1$

Aufgaben

K5
1 **a)** rote Flaschen: $4 + 4 + 4 + 4 = 4 \cdot 4$
gelbe Flaschen: $16 + 16 + 16 + 16 = 16 \cdot 4$
Gesamtzahl an Flaschen: $4 \cdot 4 + 16 \cdot 4 = 4 \cdot (4 + 16) = 80$

b) rote Flaschen: $3 + 3 + 3 + 3 + 3 + 3 = 6 \cdot 3$
gelbe Flaschen: $2 + 2 + 2 + 2 + 2 + 2 = 6 \cdot 2$
blaue Flaschen: $1 + 1 + 1 + 1 + 1 + 1 = 6 \cdot 1$
Gesamtzahl an Flaschen: $6 \cdot 3 + 6 \cdot 2 + 6 \cdot 1 = 6 \cdot (3 + 2 + 1) = 36$

K4
2 **a)** $(-2) \cdot (19 + (-39)) = (-2) \cdot (-20) = 40$

b) $0{,}4 \cdot (-1{,}8 + (-0{,}2)) = 0{,}4 \cdot (-2) = -0{,}8$

c) $-25 \cdot (50 - 17) = -25 \cdot 33 = 25 \cdot 30 + (-25) \cdot 3 = -33$

d) $19{,}2 \cdot (0{,}5 - 10{,}1) = 19{,}2 \cdot (-9{,}6) = -184{,}32$

e) $-28 \cdot \left(\left(\frac{7}{4}\right) + \left(-\frac{4}{7}\right)\right) = -28 \cdot \left(\frac{7}{4}\right) + (-28) \cdot \left(-\frac{4}{7}\right) = -49 + 16 = -33$

f) $\left((-0{,}4) + \left(\frac{3}{4}\right)\right) \cdot 100 = (-0{,}4) \cdot 100 + \frac{3}{4} \cdot 100 = -40 + 75 = 35$

g) $(-36) \cdot \left(\left(-\frac{7}{12}\right) + \left(-\frac{7}{18}\right)\right) = (-36) \cdot \left(-\frac{7}{12}\right) + (-36) \cdot \frac{7}{18} = 21 + (-14) = 7$

h) $\frac{4}{5} \cdot 2{,}6 - \frac{4}{5} \cdot (-4{,}6) = \frac{4}{5} \cdot (2{,}6 - (-4{,}6)) = \frac{4}{5} \cdot 7{,}2 = 5{,}76$

i) $7{,}5 \cdot (-16{,}3) + 4{,}3 \cdot 7{,}5 = 7{,}5 \cdot (-16{,}3 + 4{,}3) = 7{,}5 \cdot (-12) = -90$

K4 **3** **a)** −24,95 **b)** −51,072 **c)** −14,6 **d)** −34,2 **e)** −34
f) −8,4 **g)** −161,1 **h)** −82,81 **i)** −0,1 **j)** $11\frac{4}{17}$

K1/5 **4** **a)** Man schreibt die 98 als Differenz (100 – 2) und wendet auf diese das Distributivgesetz an. Da 100 und 2 einfacher mit 23 zu multiplizieren sind als 98, hat man somit die Aufgabe geschickt vereinfacht.

K4 **b)** 1 $-45 \cdot (10 + 7) = -45 \cdot 10 + (-45) \cdot 7 = -450 + (-315) = -765$
$-32 \cdot (100 - 2) = -32 \cdot (100 + (-2)) = -32 \cdot 100 + (-32) \cdot (-2) = -3200 + 64 = -3136$
$1{,}6 \cdot (-100 + (-2)) = 1{,}6 \cdot (-100) + 1{,}6 \cdot (-2) = -160 + (-3{,}2) = -163{,}2$
$1{,}27 \cdot (-50 + (-5)) = 1{,}27 \cdot (-50) + 1{,}27 \cdot (-5) = -63{,}5 + (-6{,}35) = -69{,}85$

2 $-27 \cdot (-10 + (-0{,}1)) = -27 \cdot (-10) + (-27) \cdot 0{,}1 = 270 - 2{,}7 = -267{,}3$
$-6{,}7 \cdot (5 + 0{,}5) = -6{,}7 \cdot 5 + (-6{,}7) \cdot 0{,}5 = -33{,}5 + (-3{,}35) = -36{,}85$
$-12{,}9 \cdot (-10 + (-0{,}5)) = -12{,}9 \cdot (-10) + (-12{,}9) \cdot (-0{,}5) = +129 + 6{,}45 = 135{,}45$
$(-10 + 0{,}5) \cdot 34{,}25 = -10 \cdot 34{,}25 + 0{,}5 \cdot 34{,}25 = -342{,}5 + 17{,}125 = -325{,}375$

K4 **5** 1 $-7{,}6 \cdot (2{,}0 + 0{,}1) = -7{,}6 \cdot 2{,}0 + (-7{,}6) \cdot 0{,}1 = -15{,}20 + (-0{,}76) = -15{,}96$
$(-7{,}0 + (-0{,}6)) \cdot 2{,}1 = -7{,}0 \cdot 2{,}1 + (-0{,}6) \cdot 2{,}1 = -14{,}70 + (-1{,}26) = -15{,}96$
2 $-12{,}6 \cdot (-2{,}0 + (-0{,}5)) = -12{,}6 \cdot (-2{,}0) + (-12{,}6) \cdot (-0{,}5) = 25{,}20 + 6{,}30 = 31{,}50$
$-2{,}5 \cdot (-10{,}0 + (-2{,}0) + (-0{,}6)) = -2{,}5 \cdot (-10{,}0) + (-2{,}5) \cdot (-2{,}0) + (-2{,}5) \cdot (-0{,}6) = 25{,}00 + 5{,}00 + 1{,}50 = 31{,}50$
3 $-24{,}8 \cdot (-3 + (-0{,}6)) = -24{,}8 \cdot (-3) + (-24{,}8) \cdot (-0{,}6) = 74{,}4 + 14{,}88 = 89{,}28$
$-3{,}6 \cdot (-20 + (-4) + (-0{,}8)) = -3{,}6 \cdot (-20) + (-3{,}6) \cdot (-4) + (-3{,}6) \cdot (-0{,}8) = 72 + 14{,}4 + 2{,}88 = 89{,}28$
4 $5{,}6 \cdot (-8 + (-0{,}9)) = 5{,}6 \cdot (-8) + 5{,}6 \cdot (-0{,}9) = -44{,}8 + (-5{,}04) = -49{,}84$
$-8{,}9 \cdot (5 + 0{,}6) = -8{,}9 \cdot 5 + (-8{,}9) \cdot 0{,}6 = -44{,}5 + -5{,}34 = -49{,}84$

K5 **6** **a)** $(-1) \cdot \frac{3}{10} + \frac{1}{5} : \left(-\frac{1}{50}\right) = -\frac{3}{10} + (-10) = -10\frac{3}{10}$
b) $(0{,}289 : (-0{,}17)) \cdot 100 + (-98{,}3) = -1{,}7 + 1{,}7 = 0$

K1/5 **7** **a)** 1 $-17 = -17$ 2 $-30 \neq -7{,}2$ 3 $-192 \neq -47{,}25$ 4 $8{,}5 \neq -6\frac{15}{17}$
b) Das Distributivgesetz gilt bei der Division nur, wenn die Divisoren gleich sind.
Beispiel: $144 : 12 + 48 : 12 = 12 + 4 = 16$ $(144 + 48) : 12 = 16$

K5 **8** **a)** $-11\frac{3}{7} : 6 + \left(-\frac{4}{7}\right) : 6 = \left[\left(-11\frac{3}{7}\right) + \left(-\frac{4}{7}\right)\right] : 6 = (-12) : 6 = -2$
Sophie hat also richtig gerechnet.
b) $[(-1{,}2)^2 - 0{,}44] : \frac{2}{3} = (1{,}44 - 0{,}44) \cdot \frac{3}{2} = 1 \cdot \frac{3}{2} = 3\,\frac{3}{2}$
Das Ergebnis von Gregors Aufgabe steht im Feld D1.
c) $\left[8 \cdot \left(-\frac{3}{4}\right) + \left(-\frac{1}{3}\right)(-12)\right] : (-5) = (-6 + 4) : (-5) = (-2) : (-5) = 0{,}4$
Das Ergebnis von Lauras Aufgabe steht im Feld B2.
d) $2{,}05 - 1{,}8 \cdot 0{,}5^2 = 2{,}05 - 1{,}8 \cdot 0{,}25 = 2{,}05 - 0{,}45 = 1{,}6$
Das Ergebnis von Lucas' Aufgabe steht im Feld D2.
e) Beispiele: I. $(27 : 54)^2 : [(-15) : (-30)] = 0{,}5^2 : 0{,}5 = 0{,}5$
II. $[(4{,}5 - 2{,}5)^0 : (0{,}2 \cdot 0{,}125)] : 80 = [1 \cdot 40] : 80 = 0{,}5$

K4 **9** **a)** $\left(-\frac{1}{2}\right) + \left(-\frac{2}{2}\right) + \left(-\frac{3}{2}\right) + \ldots + \left(-\frac{18}{2}\right) + \left(-\frac{19}{2}\right) + \left(-\frac{20}{2}\right) = 10 \cdot \left[\left(-\frac{1}{2}\right) + \left(-\frac{20}{2}\right)\right] = 10 \cdot \left(-\frac{21}{2}\right) = -105$
c) $(-0{,}9) \cdot (-0{,}8) \cdot (-0{,}7) \cdot \ldots \cdot (-0{,}2) \cdot (-0{,}1) \cdot 0 \cdot 0{,}1 \cdot 0{,}2 \cdot \ldots \cdot 0{,}9 = 0$

K1 **10 a)** Das größte Ergebnis liefert der Term $-54 : (-0{,}6)$. Da der Divisor kleiner ist als 1, wird der Quotient größer als der Dividend. Sowohl Dividend und Divisor haben dasselbe Vorzeichen, deshalb ist das Ergebnis positiv.
Das kleinste Ergebnis ergibt der Term $-54 + (-0{,}6)$, da hier das Ergebnis noch weiter verkleinert wird, während bei den anderen Termen das Ergebnis positiv oder größer wird.

b) Das größte Ergebnis ergibt sich aus dem Term $-28 \cdot (-1{,}5)$, da beide Faktoren dasselbe Vorzeichen haben.
Das kleinste Ergebnis ergibt sich aus dem Term $-28 + (-1{,}5)$, da das Ergebnis auf der Zahlengerade noch weiter links liegt als bei den anderen Termen.

K5 **11 a)** Beispiel: $(5{,}4 + (-2{,}9)) : \frac{2}{3} \cdot \left(4 - \frac{1}{4}\right) = 1$

b) Beispiel: $(3{,}3 - 2{,}4 : 2) \cdot \left(\frac{1}{189} + \frac{3}{63}\right) = \frac{1}{9}$

c) Beispiel: $(5{,}5 : 1{,}1) - (4 + 0{,}25 \cdot 4) = 0$

d) Beispiel: $(-3) : 10 \cdot 7 - (0{,}1 + 0{,}3) = -2{,}5$

e) Beispiel: $\frac{1}{2} + \frac{2}{4} - \frac{7}{9} : \frac{1}{3} \cdot \frac{6}{7} = -1$

K1/5 **12 a)** $24 \cdot \left(\frac{1}{12} - \frac{1}{6}\right) = 24 \cdot \left(-\frac{1}{12}\right) = -2$

$24 \cdot \frac{1}{12} - 24 \cdot \frac{1}{6} = 2 - 4 = -2$

In der zweiten Rechnung wurde ausmultipliziert. Dies ist einfacher, da keine Subtraktion von Brüchen mit ungleichem Nenner nötig ist.

b) $3 \cdot \left(\frac{9}{8} - \frac{1}{8}\right) = 3 \cdot \left(\frac{8}{8}\right) = 3$

c) $3 \cdot \frac{1}{8} \cdot (9 - 1) = 3 \cdot \frac{1}{8} \cdot 8 = 3$

Hier wurde $\frac{1}{8}$ in der zweiten Rechnung ausgeklammert. Dies ist einfacher, da nun keine Brüche subtrahiert werden müssen.

K4 **1**

A: 0,1
B: 0,25
C: 0,5
D: 0,6
E: 0,75
F: 0,85
G: 0,9

A: −1,2
B: −1,0
C: −0,6
D: 0
E: 0,4
F: 1,4
G: 2,6

K5 **2**

−7,5 gehört zu ℚ
$\frac{3}{11}$ gehört zu ℚ
5 gehört zu ℕ, ℤ, ℚ
1,8 gehört zu ℚ
−1000 gehört zu ℤ, ℚ
$3\frac{1}{7}$ gehört zu ℚ
$-\frac{1}{2}$ gehört zu ℚ
0 gehört zu ℕ, ℤ, ℚ

Beispiele:

a) Zahlen, die rational und natürlich sind:
1; 2; 3; 4; 35; 43; …
Zahlen, die rational und ganz sind:
−33; −31; −54; 0; …

b) Zahlen, die rational und nicht natürlich sind:
$-4; -2; 0{,}1; \frac{1}{12}; \frac{1}{189}; -\frac{1}{8};$ …
Zahlen, die rational und nicht ganz sind:
$0{,}1; \frac{1}{12}; \frac{1}{189}; -\frac{1}{8};$

K4 **3**

7 > 5 > 4 > 0 > −2 > −3 > −9 > −14 > −18 > −20
V O R Z E I C H E N

−30 < −15 < −6 < −1 < 0 < 5 < 8 < 15 < 30 < 50
G U T G E M A C H T

K4 **4**

a) 5 und 6 **b)** −1 und 0 **c)** −2 und −3
d) 7 und 8 **e)** −7 und −8 **f)** 0 und 1
g) −6 und −7 **h)** −15 und −16

a) −1,5 (Die Zahl liegt auf der Zahlengeraden am weitesten rechts.)
b) 3,8 (s. o.)
c) 3,5 (s. o.)
d) $8\frac{1}{2}$ (s. o.)

K4 **5**

a) z. B. 0,9; 0,001; −2; −73,6
b) z. B. −2,6; −2,51; −10; −42,7
c) z. B. −1,2; −0,5; 0; 12,2

a) z. B. 0,3; 0; −0,02; −1,25
b) z. B. −2,93; −3; −3,5; −4,1
c) z. B. 0,02; 0; −0,1; −0,11

K4 **6**

−3
−1,55 −1,45
0,8 −2,35 0,9
2,6 −1,8 −0,55 1,45

20
−8,7 28,7
−4 −4,7 33,4
−5,02 1,02 −5,72 39,12

K4/1 **7**

a) $\left(-\frac{1}{2}\right)+\left(\frac{1}{8}\right)=\left(-\frac{4}{8}\right)+\left(\frac{1}{8}\right)=-\frac{3}{8}$

b) $\left(-\frac{3}{19}\right)+\left(-\frac{19}{19}\right)=22$

c) $\left(\frac{2}{3}\right)-\left(-\frac{4}{18}\right)=\left(\frac{12}{18}\right)-\left(-\frac{4}{18}\right)=\frac{8}{18}=\frac{4}{9}$

d) $\left(\frac{4}{13}\right)+\left(-\frac{20}{25}\right)=\left(\frac{100}{325}\right)+\left(-\frac{260}{325}\right)=-\frac{32}{65}$

e) $\left(\frac{7}{15}\right)-\left(\frac{1}{2}\right)=\left(\frac{14}{30}\right)-\left(\frac{15}{30}\right)=-\frac{1}{30}$

f) (−0,09) + (−0,11) = −0,2

a) Der Wert ist positiv, da eine kleinere positive Zahl von einer größeren positiven Zahl abgezogen wird.
b) Der Wert ist negativ, da von einer negativen Zahl eine positive Zahl abgezogen wird.
c) Der Wert ist negativ (siehe b))
d) Der Wert ist positiv, da $\frac{1}{3}=0{,}\overline{3}$

K1 **8** **a)** $-2 \cdot \left(-\frac{3}{2}\right), -2 \cdot (-1), -2 \cdot 0, -\frac{3}{2} \cdot (-1), -\frac{3}{2} \cdot 0,$
$-1 \cdot 0, \frac{1}{2} \cdot 0, \frac{1}{2} \cdot 1\frac{1}{2}, 1\frac{1}{2} \cdot 0$
(Kommutativität wird vorausgesetzt)

b) $-2 \cdot \left(-\frac{3}{2}\right), -2 \cdot (-1), -2 \cdot 0, -2 \cdot \frac{1}{2}, -2 \cdot 1\frac{1}{2},$
$-\frac{3}{2} \cdot 0, -1 \cdot 0, 0 \cdot \frac{1}{2}, 0 \cdot 1\frac{1}{2}$
(Kommutativität wird vorausgesetzt)

a) richtig, da ein Bruch (kleiner als 1) mit sich selbst multipliziert immer kleiner 1 bleibt.

b) falsch, da der Exponent ungerade ist, muss das Ergebnis negativ sein.

c) falsch, da $\left(-\frac{1}{3}\right)^3$ negativ ist und $\left(-\frac{1}{4}\right)^4$ positiv ist, kann die Ungleichung nicht gelten

d) falsch, da $(-1)^{100}$ die Zahl 1 ergibt (egal, wie oft ich 1 mit sich selbst multipliziere, es bleibt 1) und (–10) mit sich selbst multipliziert (im Betrag) immer größer wird.

K4/1 **9** **a)** $\left(-\frac{2}{6}\right) \cdot \left(\frac{6}{5}\right) = -\frac{12}{30} = \frac{2}{5}$
b) $\left(-\frac{2}{5}\right) \cdot \left(\frac{2}{5}\right) = -\frac{4}{25}$
c) $\left(-\frac{1}{3}\right)^3 = \left(-\frac{1}{3}\right) \cdot \left(-\frac{1}{3}\right) \cdot \left(-\frac{1}{3}\right) = \frac{1}{9} \cdot \left(-\frac{1}{3}\right) = -\frac{1}{27}$
d) $\left(\frac{5}{12}\right) \cdot \left(\frac{12}{5}\right) = -\frac{60}{60} = -1$
e) $\left(-\frac{7}{10}\right) \cdot \left(-\frac{15}{14}\right) = \frac{21}{28} = 0{,}75$
f) $\left(+\frac{13}{19}\right) \cdot 0 = 0$

a) z. B. $\frac{1}{4} \cdot \frac{1}{4}$ und $\left(-\frac{1}{2}\right) \cdot \left(\frac{1}{8}\right)$
b) z. B. $\left(-\frac{8}{3}\right) \cdot \left(\frac{1}{9}\right)$ und $\left(\frac{1}{27}\right) \cdot (-8)$
c) z. B. $\left(-\frac{1}{5}\right) \cdot (-9)$ und $\frac{4}{20} \cdot \frac{36}{4}$
d) z. B. $\left(-\frac{20}{25}\right) \cdot 3$ und $6 \cdot \left(-\frac{10}{25}\right)$
e) z. B. $\frac{6}{343} \cdot 8$ und $(-12) \cdot \left(-\frac{4}{343}\right)$
f) z. B. $\left(-\frac{1}{125}\right) \cdot (-1)$ und $\frac{1}{5} \cdot \frac{1}{25}$

K4 **10** **a)** $= (25 \cdot (-4)) \cdot (-2{,}1) = (-100) \cdot (-2{,}1) = 210$
b) $= \left(-2\frac{7}{10} - 2\frac{3}{10}\right) + 5 = -5 + 5 = 0$
c) $= (-3{,}1 + 6{,}1) + (1{,}5 + -8{,}5)) = 3 - 7 = -4$
d) $= \left(\frac{1}{4} + \left(-\frac{1}{2}\right)\right) + \left(-\frac{2}{5}\right) = -\frac{1}{4} - \frac{2}{5} = -\frac{5}{20} - \frac{8}{20} = -\frac{13}{20}$

Verwendet wurden jeweils das Assoziativ- und das Kommutativgesetz.

a) $= \left(-\frac{1}{3} - \frac{6}{9}\right) + \frac{1}{2} = -\frac{9}{9} + \frac{1}{2} = -\frac{1}{2}$
b) $= (125 \cdot (-8) \cdot ((-4) \cdot 25) =$
$(-1000) \cdot (-100) = 100000$
c) $= \left(-3\frac{2}{9} + 3\frac{2}{9}\right) - 6\frac{1}{8} - 2\frac{7}{8} = 0 - 9 = -9$
d) $= (12{,}7 - 3{,}7) + (5{,}1 - 4{,}1) +$
$(2{,}09 - 1{,}09) = 9 + 1 + 1 = 11$

Verwendet wurden jeweils das Assoziativ- und das Kommutativgesetz.

K4 **11**

	a)	b)	c)	d)
x	$\frac{2}{3}$	–2	1	$\frac{4}{5}$
y	$-\frac{3}{4}$	–4	–1	$-\frac{4}{5}$
x · y	$-\frac{1}{2}$	8	–1	$-\frac{16}{25}$
x : y	$-\frac{8}{9}$	$\frac{1}{2}$	–1	–1

	a)	b)	c)	d)
x	$-\frac{2}{5}$	$-1\frac{1}{3}$	4,1	$-\frac{4}{15}$
y	$-\frac{1}{3}$	–4	–0,01	$-\frac{5}{12}$
x · y	$\frac{2}{15}$	$5\frac{1}{3}$	–0,041	$\frac{1}{9}$
x : y	$1\frac{1}{5}$	$\frac{1}{3}$	–410	$\frac{16}{25}$

K1/4 **12** **a)** 18,5
b) 0
c) –1
d) $\frac{5}{7}$

a) 0
b) –24,9
c) –1
d) 0

K4 **13** **a)** $\frac{1}{30}$
b) –7
c) 0,4
d) $-\frac{1}{45}$

a) 4
b) $\frac{1}{384}$
c) $\frac{9}{15}$
d) –12,55

K1/5 **1 a)**

natürliche Zahl	77; 125; 21; 1054; 0
ganze Zahl	−22; −34; −366; 77; 125; 21; 1054; 0
Bruchzahl	$1\frac{2}{7}$; $\frac{5}{8}$; $4\frac{3}{4}$; 0,45; 12,36; 77; 125; 21; 1054; 0
rationale Zahl	alle genannten Zahlen

b) Es fällt auf, dass die Zahlenmengen teils ineinander enthalten sind. Die natürlichen Zahlen sind auch Teil der ganzen Zahlen und der Bruchzahlen mit Ausnahme der Null, falls man sie hier ausschließt. In der Menge der rationalen Zahlen sind auch alle anderen Zahlenmengen enthalten.

K4 **2 a)** A: −2,8 B: −2,5 C: −2,2 D: −1,6 E: −1,2 F: −0,8
G: −0,5 H: 0 I: 0,5 J: 1 K: 1,3 L: 1,7

b) A': 2,8 |−2,8| = 2,8 B': 2,5 |−2,5| = 2,5 C': 2,2 |−2,2| = 2,2
D': 1,6 |−1,6| = 1,6 E': 1,2 |−1,2| = 1,2 F': 0,8 |−0,8| = 0,8
G': 0,5 |−0,5| = 0,5 H': 0 |0| = 0 I': −0,5 |0,5| = 0,5
J': −1 |1| = 1 K': −1,3 |1,3| = 1,3 L': −1,7 |1,7| = 1,7

c)

1
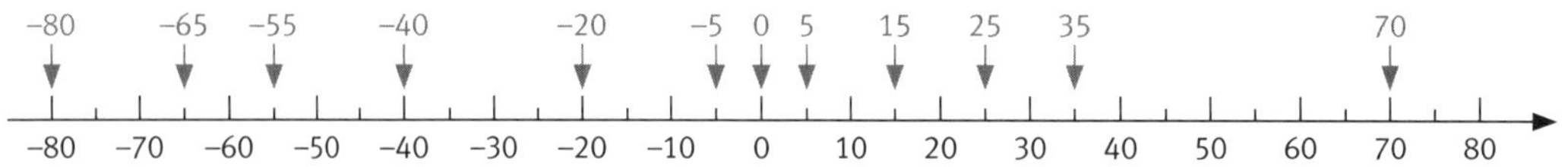

2
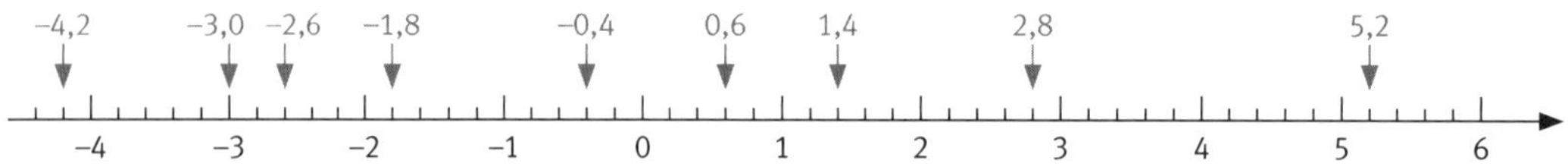

3
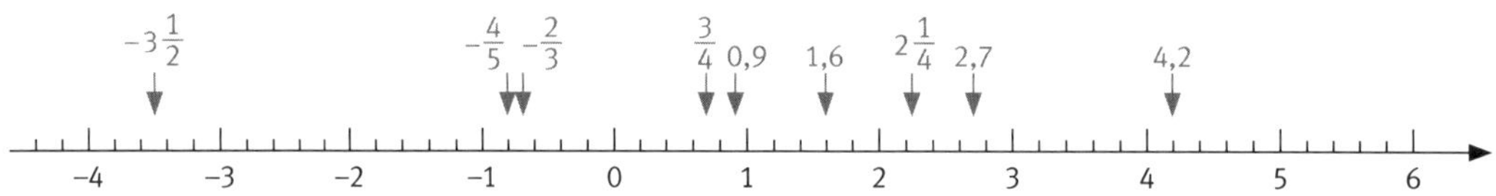

K4 **3 a)** −34,0 < −17,5 < −12,5 < −4,1 < −0,1 < 3,9 < 9,0 < 27,5 < 56,3
−34 < −17 < −13 < −4 < 0 < 4 < 9 < 27 < 56

b) −1,0 = −1,0 < −0,9 < −0,6 < −0,4 < 0,2 < 1,1 < 1,2 < 1,5
−1 = −1 = −1 = −1 < 0 = 0 < 1 = 1 < 2

c) −6,0 < −5,3 < −5,1 = −5,1 < 5,1 < 5,3 < 5,9
−6 < −5 = −5 = −5 < 5 = 5 < 6

K4 **4 a)** +
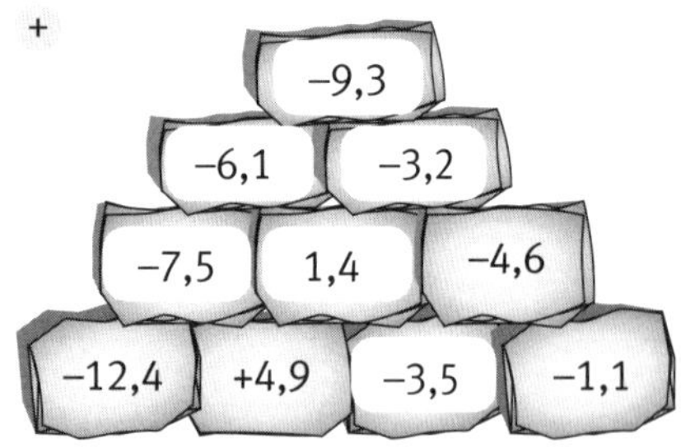

b) −
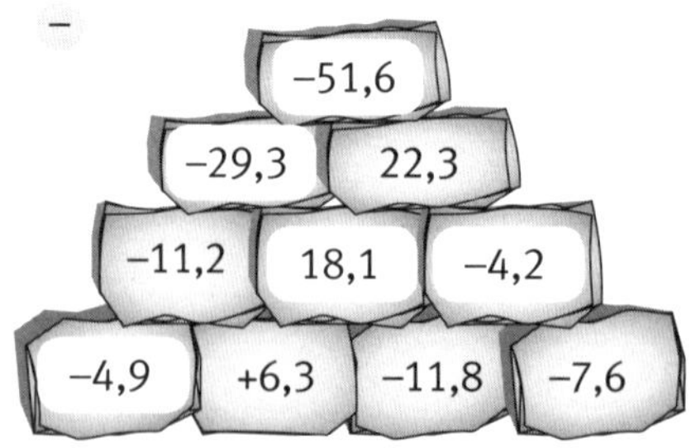

c) ·
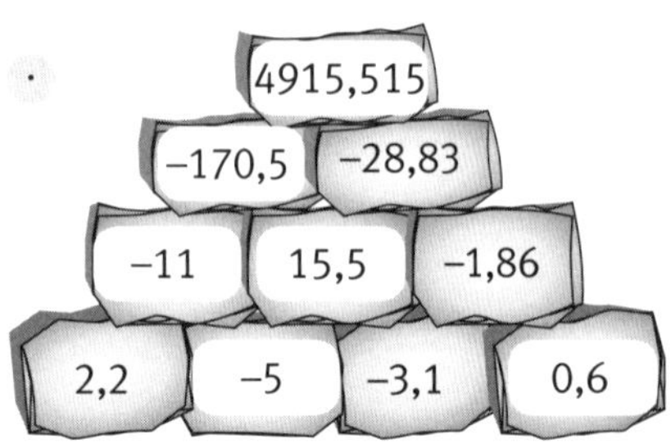

d) :
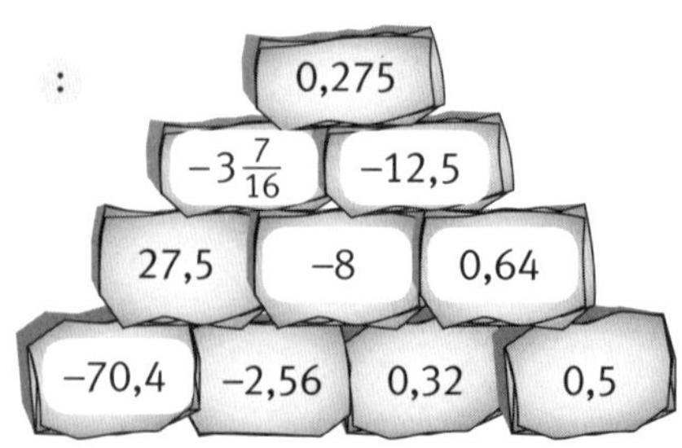

K1 **5** **a)** Wenn man bei der Multiplikation den Faktor –1 hinzufügt, wird die Gegenzahl des ursprünglichen Ergebnisses erzeugt.

b) Bei einer geraden Anzahl an negativen Zahlen wird das Ergebnis positiv, bei einer ungeraden Anzahl an negativen Zahlen wird das Ergebnis negativ.

K1 **6** **a)** Der zweite Term ist größer, da die kleinere von der größeren Zahl subtrahiert wird.

$(+2{,}5) - (+7{,}5) = 2{,}5 - 7{,}5 = -5$

$(-2{,}5) - (-7{,}5) = 7{,}5 - 2{,}5 = +5$

b) Der erste Term ist größer, da hier beide Beträge positiv addiert werden, während beim zweiten Term ein Betrag vom anderen subtrahiert wird.

$100{,}5 - (-50{,}5) = 100{,}5 + 50{,}5 = 151$

$-100{,}5 + (+50{,}5) = 50{,}5 - 100{,}5 = -50$

c) Der erste Term ist größer, da hier der zweite Bruch addiert wird, während er beim zweiten Term subtrahiert wird.

$\left(-\frac{8}{3}\right) + \left(+\frac{1}{3}\right) = \frac{1}{3} - \frac{8}{3} = -\frac{7}{3}$

$\left(-\frac{8}{3}\right) + \left(-\frac{1}{3}\right) = -\frac{9}{3} = -3$

K1 **7** **a)** $18{,}5 \cdot 1 = 18{,}5$ **b)** $[(-100{,}5) \cdot 0] : 2{,}5 = 0$ **c)** $\frac{3}{4} : \left(-\frac{3}{4}\right) = -1$

d) $\left(\frac{5}{7} : 1\right) : 1 = \frac{5}{7}$ **e)** $(0 \cdot 4{,}7) : (-2{,}35) = 0$ **f)** $(24{,}9 \cdot 1) : 1 = 24{,}9$

g) $[(-1{,}6) \cdot (+1{,}6)] \cdot 0 = 0$ **h)** $(0 \cdot 0) : (-1{,}5) = 0$ **i)** $(-1) \cdot \left(0{,}5 : \frac{3}{4}\right) = -1$

K1 **8** **a)** Die Aussage ist wahr. $\left(-\frac{1}{2}\right)^{10} = \frac{1}{1024} < 1$

b) Die Aussage ist falsch. Bildet man von einer negativen Zahl eine Potenz mit ungeradem Exponenten, so ist der Potenzwert negativ, hier $-\frac{32}{243}$.

c) Die Aussage ist falsch. Bildet man von einer negativen Zahl eine Potenz mit ungeradem Exponenten, so ist der Potenzwert negativ; bildet man von einer negativen Zahl eine Potenz mit geradem Exponenten, so ist der Potenzwert positiv. Eine negative Zahl kann aber nicht größer als eine positive Zahl sein.

d) Die Aussage ist falsch. $(-10)^{10}$ sind 10 Milliarden, während $(-1)^{100} = 1$.

K4 **9**

a	b	Gegenzahl von a	Kehrwert von b	Wert des Terms			
				a + b	a – b	a · b	a : b
1	$\frac{1}{3}$	-1	3	$1\frac{1}{3}$	$\frac{2}{3}$	$\frac{1}{3}$	3
-2	$\frac{1}{2}$	2	2	$-1\frac{1}{2}$	$-2\frac{1}{2}$	-1	-4
$-\frac{7}{2}$	$\frac{3}{4}$	$\frac{7}{2}$	$\frac{4}{3}$	$-2\frac{1}{3}$	$-4\frac{1}{4}$	$-2\frac{5}{8}$	$-4\frac{2}{3}$
$\frac{1}{10}$	5	$-\frac{1}{10}$	$\frac{1}{5}$	$-5\frac{1}{10}$	$-4\frac{9}{10}$	$\frac{1}{2}$	$\frac{1}{50}$
$-\frac{3}{4}$	1	$\frac{3}{4}$	1	$-1\frac{3}{4}$	$-1\frac{3}{4}$	$-\frac{3}{4}$	$-\frac{3}{4}$

K4 **10** **a)** $-\frac{3}{8}$ **b)** -1 **c)** $-30{,}3$ **d)** $-\frac{2}{21}$ **e)** 0 **f)** $1{,}9$

g) 10 **h)** 1 **i)** $\frac{1}{2}$ **j)** -112 **k)** $\frac{1}{15}$ **l)** -500

Lösungswort: MATHEMATISCH

K2 **11** **a)** $\frac{1}{2} \cdot \frac{1}{4} - \frac{1}{8}$ **a)** $-7 + \frac{1}{7} \cdot 49$ **c)** $\frac{1}{2} \cdot \left(-\frac{1}{3}\right) - \left(-\frac{1}{6}\right)$

K1/5 **12 a)** Die Aussage ist wahr. Die Addition zweier negativer Zahlen ergibt die negative Summe der Beträge, welche immer negativ ist.

b) Die Aussage ist wahr, wenn der Divisor nicht null ist.

c) Die Aussage ist falsch. Gegenbeispiel: $-5 + 4 = -1 < 0$

d) Die Aussage ist wahr. Bei der Multiplikation ergeben zwei gleiche Vorzeichen immer ein positives Ergebnis.

K4/5 **13 a)** $(66{,}8 + 21{,}2) : (-0{,}88) = 88 : (-0{,}88) = 8800 : (-88) = -100$

b) $\left(\frac{4}{5} - \frac{3}{4}\right) : \frac{1}{40} = \left(\frac{16}{20} - \frac{15}{20}\right) : \frac{1}{40} = \frac{1}{20} : \frac{1}{40} = \frac{1}{20} \cdot \frac{40}{1} = 2$

c) $-10 + \frac{1}{7} \cdot \frac{343}{2} = -10 + \frac{49}{2} = -10 + 24\frac{1}{2} = 14\frac{1}{2}$

d) $\left(\frac{1}{5} - \frac{3}{8}\right) : \left(-\frac{1}{2}\right)^2 = \left(\frac{8}{40} - \frac{15}{40}\right) : \frac{1}{4} = \left(-\frac{7}{40}\right) \cdot 4 = -\frac{7}{10}$

K4 **14 a)** -24 $\quad -25$ $\quad 20 : \left(\frac{1}{4} - \frac{1}{5}\right) = 20 : \frac{1}{20} = 400$

b) $(-0{,}5 + 0{,}8) \cdot \frac{10}{3} = \frac{3}{10} \cdot \frac{10}{3} = 1$ $\quad (72 - 144) \cdot \frac{5}{36} = -10$

$(0{,}8 - 1{,}5) \cdot (-0{,}1)^2 = -0{,}007$

c) $-2 + \frac{3}{4} : \left(-\frac{1}{2}\right) = -3\frac{1}{2}$ $\quad (75 - 150 + 275) \cdot 0{,}005 = 1$

$\frac{1}{4} \cdot (114 - 42 - 52) = 5$

d) $\left(2\frac{1}{3} - \frac{1}{4}\right) - 12\frac{1}{3} = 2\frac{1}{3} - 12\frac{1}{3} - \frac{1}{4} = -10 - \frac{1}{4} = -10\frac{1}{4}$

$\frac{1}{4} : \left(\left(\frac{1}{2} : \frac{1}{2}\right) : \frac{1}{4}\right) = \frac{1}{2} : (1 \cdot 4) = \frac{1}{8}$

$\frac{21}{4} - \frac{2^2 + 7}{4} = \frac{21}{4} - \frac{11}{4} = \frac{10}{4} = 2\frac{1}{2}$

g) $\left(0{,}\overline{2} + \frac{2}{3}\right) : \frac{8}{90} = \left(\frac{2}{9} + \frac{6}{9}\right) \cdot \frac{90}{8} = \frac{8}{9} \cdot \frac{90}{8} = 10$

$(1 + 0{,}1)^2 - 1{,}9^2 = 1{,}1^2 - 3{,}61 = 1{,}21 - 3{,}61 = -2{,}4$

$\frac{3}{4} - 2 \cdot \left(0{,}75 - \frac{1}{2}\right) = 0{,}75 - 2 \cdot 0{,}25 = 0{,}25$

K4 **15**

alter Kontostand	−546,22 €	−267,13 €	+875,22 €	−771,01 €	345,35 €
Buchung	−127,65 €	+210,35 €	−1031,51 €	+345,89 €	−726,78 €
neuer Kontostand	−673,87 €	−56,78 €	−156,29 €	−425,12 €	−381,43 €

K1/5 **16 a)** Hier wurde die „Punkt-vor-Strich-Rechnung" nicht beachtet.
Richtige Lösung: $12{,}5 - 67{,}45 = -54{,}95$

b) Hier wurde das Distributivgesetz nicht richtig angewendet.
Richtige Lösung: $(-5{,}4) \cdot (2{,}5 + 1) = -18{,}9$

c) Das Distributivgesetz gilt hier nicht, da unterschiedliche Divisoren angegeben sind.
Richtige Lösung: $-2{,}4$

d) Hier wurde die „Punkt-vor-Strich-Rechnung" nicht beachtet.
Richtige Lösung: $-1{,}7 - \frac{7}{16} + \frac{1}{8} = -2\frac{1}{80}$

e) Hier wurde die (-2) nicht richtig ausgeklammert.
Richtige Lösung: $-2 \cdot (4{,}6 + 12{,}7) = -34{,}6$

f) Hier wurde nicht richtig quadriert, da das „–" in diesem Fall nicht quadriert werden darf.
Richtige Lösung: $(-2{,}4 + 7{,}9) \cdot (-16) = 5{,}5 \cdot (-16) = -88$

K1/4 **17** **a)** 399; 899; 1599; 2499; das Ergebnis ist immer eins weniger als der volle Hunderter.

b) 396; 896; 1596; 2496; das Ergebnis ist immer vier weniger als der volle Hunderter.

c) $13 \cdot 7 = 91 = 100 - 9 = 10^2 - 3^2$; Bei den Produkten ist der eine Faktor immer ein Vielfaches von 10 minus einer Zahl, während der andere Faktor immer ein Vielfaches von 10 plus derselben Zahl ist. Somit muss man das Vielfache von 10 quadrieren und das Quadrat der Differenzzahl abziehen.

d) 384; 375; 891; 1584

K3 **18** **a)** 993,72 m^2; Fläche eines Rechtecks, bei dem drei Ecken (47,3 m in der ersten und 65,5 m bzw. 48,6 m in der zweiten Richtung) und eine Kantenlänge (11,5 m) gegeben sind.

b) –49,35 €; Zwei Geschäftspartner teilen die Einnahmen von 456,20 € und die Ausgaben von 555,20 € am Ende des Tages auf.

c) –1,0 °C; Temperaturmittelwert im Verlauf von fünf Tagen.

K2 **1** 1 relevante Angaben: Box mit: Breite 50 cm; Länge 64,3 cm; Höhe 30,0 cm; $\frac{1}{8}$ des Volumens nehmen die Wände der Box ein

2 Berechnung des verfügbaren Volumens: $\left(1-\frac{1}{8}\right)\cdot 50\,\text{cm}\cdot 64{,}3\,\text{cm}\cdot 30{,}0\,\text{cm} = 84\,393{,}75\,\text{cm}^3 = 84{,}39\,\text{l}$

K2 **2** 1 relevante Angaben: 5 Pferde; Zeit pro Pferd: Vater: 25 Minuten, Tochter: 80 Minuten

2 Die Gesamtdauer ist die längere Arbeitszeit von beiden, da die Arbeit dann beendet ist, wenn beide fertig sind. In einer Tabelle gibt man nun alle Möglichkeiten der Aufteilung der Pferde auf Vater und Tochter an.

Vater säubert	Tochter säubert	Zeit
5	0	125 Minuten
4	1	100 Minuten
3	2	160 Minuten
2	3	240 Minuten
1	4	320 Minuten
0	5	400 Minuten

3 Man erkennt, dass in der günstigsten Variante 100 Minuten verstreichen, bis sie fertig sind.

K4 **1** **a)** A: −300 B: −200 C: −50 D: 0 E: +150

b) A: $-1\frac{1}{4}$ B: $-\frac{1}{2}$ C: $-\frac{1}{4}$ D: 0 E: $+\frac{3}{4}$ F: $-\frac{1}{2}$

K4 **2**

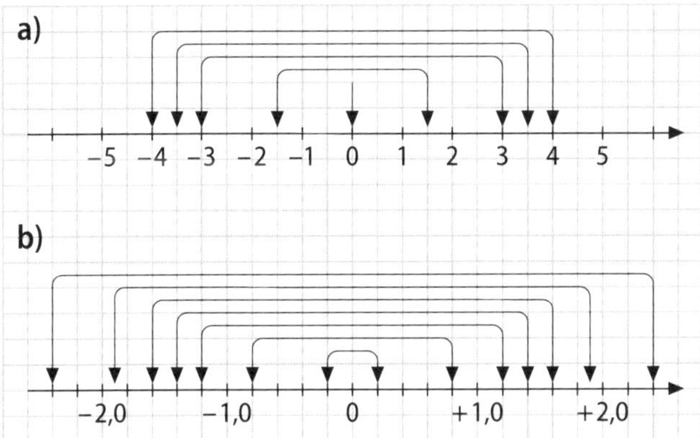

K4 **3** **a)** −5,5 **b)** +20 **c)** −8,9

d) $-6\frac{3}{4}$ **e)** $-\frac{1}{7}$ **f)** $-\frac{5}{18}$

K4 **4** **a)** −11,49 (−11)
−87,21 (−87)
35,00 (35)

b) −12,00 (−12)
−45,99 (−46)
−18,89 (−19)

c) −254,95 (−255)
−153,91 (−154)
−9999,92 (−10 000)

K1 **5** **a)** 0,235 > −0,235
|−12,35| = 12,35

b) |−17,14| > −17,14
−35,78 > −35,79

c) +123,21 > |−123,20|
$-\frac{15}{3} < -\frac{15}{4}$

|−15,993| > |−15,992|
$\left|-16\frac{1}{2}\right| > \left|16\frac{1}{3}\right|$

K4 **6** **a)** $-17 < -4{,}5 < -4 < 0 < 2{,}1 < +3{,}5 < +22\frac{1}{7}$

b) $-33\frac{1}{3} < -33{,}3 < -33{,}2 < -33{,}1 < |-33{,}1| < |-33{,}2|$

K1 **7** **a)** Das Ergebnis ist positiv.

b) Das Ergebnis ist negativ.

K4 **8** **a)**

+	−2,75	+4,3	$-\frac{7}{10}$	$-2\frac{1}{5}$
−3,4	−6,15	+0,9	−4,1	−5,6
9,2	+6,45	+13,5	+8,5	+7
$-\frac{2}{3}$	$-3\frac{5}{12}$	$+3\frac{19}{30}$	$-1\frac{11}{30}$	$-2\frac{12}{15}$
+0,9	−1,85	+5,2	+0,2	−1,3

b)

−	7,2	−14,8	$-\frac{5}{8}$	+12,34
−15,7	−22,9	−0,9	−15,075	−28,04
+4,6	−2,6	+19,4	+5,225	−7,74
$-\frac{9}{10}$	−8,1	+13,9	$-\frac{11}{40}$	−13,24
2,78	−4,42	+17,58	+3,405	−9,56

K4 **9**

·	−3,5	+9,8	−0,6	−17,1
−6,7	+23,45	−65,66	+4,02	+114,57
−7,5	+26,25	−73,5	+4,5	+128,25
$+\frac{1}{4}$	−0,875	+2,45	−0,15	−4,275

K4 **10**

:	−2,1	+5	$-\frac{3}{4}$	−3,5
220,5	−105	+44,1	−294	−63
−15,75	+7,5	−3,15	+21	+4,5
−94,5	+45	−18,9	+126	+27

K4 **11** **a)** $(-5) \cdot 3{,}5 + (-5) \cdot 4{,}5 = (-5) \cdot 8 = -40$

b) $36{,}7 + (-12{,}9) + (-6{,}7) - 5{,}1 = 36{,}7 - 6{,}7 + (-12{,}9 - 5{,}1) = 30 - 18 = 12$

c) $\frac{1}{4} - \frac{1}{6} + \left(-\frac{7}{8}\right) + \left(-\frac{5}{12}\right) = -\frac{5}{8} - \frac{7}{12} = -1\frac{5}{24}$

d) $-22{,}1 \cdot 98 + 5{,}6 \cdot (-98) = -27{,}7 \cdot 98 = -2714{,}6$

e) $\left(-\frac{3}{4}\right) \cdot (-14{,}7) - \left(-\frac{4}{3}\right) \cdot (-14{,}7) = -14{,}7 \cdot \frac{7}{12} = -8{,}575 \left(= -8\frac{23}{40}\right)$

f) $0{,}01 \cdot (-27{,}1) + (-15{,}9) \cdot 0{,}01 = 0{,}01 \cdot (-43) = -0{,}43$

Aufgaben für Lernpartner

K1/5 **A** Die Aussage ist richtig.

K1/5 **B** Die Aussage ist falsch.
Beispiel: $-\frac{3}{4}$ ist eine rationale, aber keine ganze Zahl.

K1/5 **C** Die Aussage ist falsch. Die Null ist weder positiv noch negativ.

K1/5 **D** Die Aussage ist richtig.

K1/5 **E** Die Aussage ist falsch. −38,2 liegt weiter links auf der Zahlengeraden als −37,2, weshalb es auch einen größeren Abstand zur Null hat.

K1/5 **F** Die Aussage ist richtig für zwei verschiedene rationale Zahlen. Man kann z. B. stets die Zahl in der Mitte der beiden Zahlen nehmen.

K1/5 **G** Die Aussage gibt eine mögliche Vorgehensweise an.

K1/5 **H** Die Aussage ist richtig.

K1/5 **I** Die Aussage ist falsch. Treffen zwei Minuszeichen aufeinander, dann kann man sie durch ein Pluszeichen ersetzen.

K1/5 **J** Die Aussage ist richtig, wenn keine der zehn Zahlen 0 ist.

K1/5 **K** Die Aussage ist falsch. Wird eine Zahl durch einen negativen Bruch dividiert, dann wird diese Zahl mit dem negativen Kehrbruch multipliziert.

K1/5 **L** Die Aussage ist falsch. Die beiden Gesetze gelten für die alleinige Multiplikation und die alleinige Addition rationaler Zahlen.

K1/5 **M** Die Aussage ist richtig. Jedes Ausklammern kann man durch Ausmultiplizieren rückgängig machen.

K1/5 **N** Die Aussage ist falsch. Man kann die Division durch eine rationale Zahl durch die Multiplikation mit ihrem Kehrbruch ersetzen.
Beispiel: $15 : \left(-\frac{3}{4}\right) = 15 \cdot \left(-\frac{4}{3}\right)$

K1/5 **O** Die Aussage ist falsch. Das Kommutativgesetz besagt, dass man die Reihenfolge bei der alleinigen Multiplikation oder der alleinigen Addition beliebig vertauschen darf.

K4 **1** **a)** 60 mm = 6 cm
40 cm = 4 dm
625 dm = 62,5 m
1552 dm = 155,2 m
143 mm = 14,3 cm
17,5 cm = 1,75 dm
65 422 m = 65,422 km
12 m = 0,012 km
1,4 dm = 0,14 m

b) $2200\,cm^2 = 22\,dm^2$
$714\,mm^2 = 7,14\,cm^2$
$17\,ha = 0,17\,km^2$
$43\,150\,m^2 = 431,5\,a$
$1232\,a = 12,32\,ha$
$434\,dm^2 = 4,34\,m^2$
$17,4\,m^2 = 0,174\,a$
$0,3\,m^2 = 0,003\,a$
$14,6\,mm^2 = 0,146\,cm^2$

K4 **2** **a)** $A_{Dreieck} = 6\,cm^2$ **b)** $A_{Parallelogramm} = 3\,cm^2$ **c)** $A_{Dreieck} = 1,5\,cm^2$
d) $A_{Dreieck} = 3\,cm^2$ **e)** $A_{Dreieck} = 3\,cm^2$ **f)** $A_{Dreieck} = 1,875\,cm^2$
g) $A_{Vieleck} = 7,375\,cm^2$

K4 **3**

	Rechteck	Quadrat
Seitenlängen bzw. Höhen	a = 6 cm	a = 15 cm
	b = 3,5 cm	
Umfang	$U_R = 19\,cm$	$U_Q = 60\,cm$
Flächeninhalt	$A_R = 21\,cm^2$	$A_Q = 225\,cm^2$
	Dreieck	Parallelogramm
Seitenlängen bzw. Höhen	a = 5 cm	b = 7,2 cm
	b = 5,4 cm	$h_b = 4\,cm$
	c = 5,1 cm	a = 9 cm
	$h_c = 4,5\,cm$	$h_a = 3,2\,cm$
Umfang	$U_D = 15,5\,cm$	$U_P = 32,4\,cm$
Flächeninhalt	$A_D = 11,475\,cm^2$	$A_P = 28,8\,cm^2$

K4 **4**

	1	2	3	4
Gegeben:	d = 21 cm	r = 12,5 cm	$U_K = 1,88\,m$	$U_K = 80,9\,mm$
Gesucht:	$U_K \approx 66\,cm$	$U_K \approx 78,5\,cm$	$r \approx 0,30\,m$	$d \approx 25,8\,mm$
	$A_K \approx 346\,cm^2$	$A_K \approx 490,6\,cm^2$	$A_K \approx 0,3\,m^2$	$A_K \approx 522,5\,mm^2$

6 Körper und Volumen

Einstieg

Die Auftaktseite eines Kapitels enthält zwei verschiedene Elemente:

Zunächst werden die Schüler mit einem offenen Einstiegsbeispiel an das neue Kapitel herangeführt. Zentral ist dabei immer der Anwendungsbezug: Kein Lehrplaninhalt ist rein innermathematisch, sodass den Schülern von Beginn an gezeigt werden sollte, dass Mathematik nichts Abstraktes ist, sondern oft im Leben der Schüler vorkommt. In einem Unterrichtsgespräch zur Auftaktseite können viele der kommenden Lerninhalte schon heuristisch erarbeitet, Vermutungen geäußert und Zusammenhänge erschlossen werden.

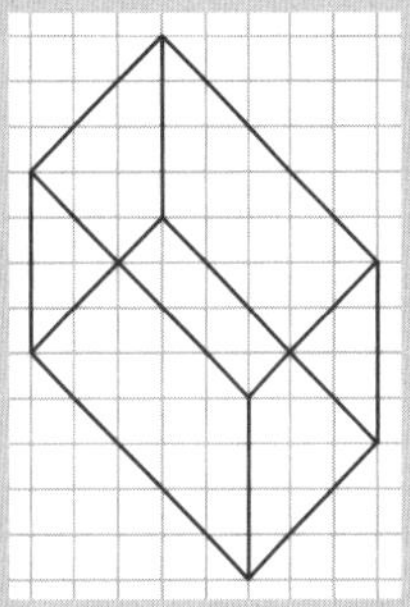

- – Als Boden ein schräg gestelltes Rechteck mithilfe der Kästchendiagonalen zeichnen.
  – In den Ecken gleich lange Kanten für die Höhe einzeichnen.
  – Obere Kanten verbinden.

- **Schätze, wie viele Liter Wasser in das Aquarium passen.**
  Man kann die (geschätzten) Maße der Kinder zur Berechnung nutzen (Länge, Breite, Höhe).
  Alternativ: Abschätzen des Volumens der Schüssel, die vermutlich etwa 2 Liter fasst. Dann läst sich das Volumen hochrechnen.
  Schätzwert: 100 Liter

- **Kannst du das Volumen in verschiedenen Einheiten angeben?**
  $100\,l = 100\,000\,ml = 1\,hl$ oder: $100\,l = 100\,dm^3 = ...$

Ausblick

Die Aufzählung am Ende der Seite bietet einen Ausblick auf die wesentlichen Lernziele des Kapitels und schafft so eine hohe Transparenz für Schüler und Lehrer. Durch einen informierenden Unterrichtseinstieg können sich Schüler und Lehrer auf das Kommende einstellen.
Idealerweise wird im Unterricht der Bezug hergestellt zwischen der Einstiegssituation und den im Ausblick angegebenen Lernzielen.

Kap. 6.1

K3 ■ Litfaßsäule – Zylinder, (quadratische) Pyramide in Karlsruhe (Marktplatz), Turm – Zylinder mit aufgesetzter Kugel, Hochhaus – Quader

K5 ■ Zylinder haben eine kreisförmige Grundfläche (Deckfläche); eine Pyramide besteht aus einem Vieleck als Grundfläche und einer Spitze; ein Quader besteht aus rechteckigen Flächen, eine Kugel hat keine Ecken und Kanten.

K5 ■ Beim Zylinder kann man Umfang und Höhe messen; die Pyramide hat 3 oder mehr Dreiecke als Oberfläche, zusätzlich die Grundfläche; die Flächen der Rechtecke beim Quader lassen sich leicht berechnen über Länge und Breite; denkt man sich die Oberfläche einer Kugel in viele kleine Trapeze zerlegt, kann man mit deren Flächeninhalt die Oberfläche ungefähr bestimmen.

Kap. 6.2

K5 ■ Der Schuhkarton wurde räumlich dargestellt, dass man in ihn hineinschauen kann.

K2 ■ Ein Schrägbild hilft, hier z. B. von einer Streichholzschachtel.

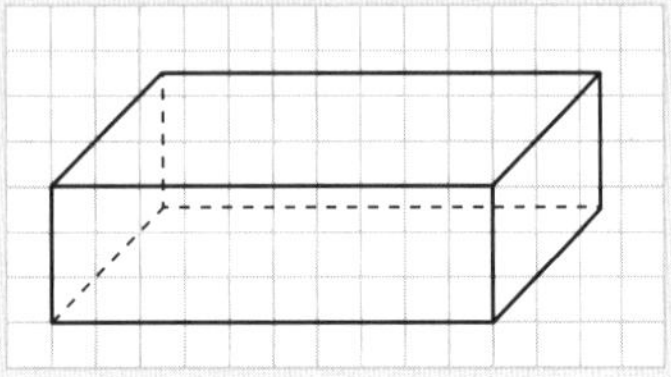

Kap. 6.3

K5 ■ Man füllt die Vase randvoll mit Wasser. Dann schüttet man das Wasser in den Messbecher um und liest am Ende den Wasserstand ab.

K3 ■ Man kann an einer Wasseruhr den Anfangsstand ablesen, dann mit einem Schlauch den Tankanhänger füllen und am Ende den Stand der Uhr erneut ablesen. Die Differenz beider Messangaben ist das Volumen.

Kap. 6.5

K2 ■ Man zählt an einem Stapel, wie viele Container übereinandergestapelt sind. Dann zählt man, wie viele solcher Stapel es gibt (nach rechts). Die beiden Zahlen werden multipliziert. Dann zählt man noch die Anzahl der Reihen von Stapeln (nach hinten) und multipliziert diese Zahl mit dem Ergebnis von vorhin. Danach können die Lücken mit fehlenden Containern abgeschätzt und abgezogen werden. Beispiel: 5 Container übereinander, davon 16 Stapel nebeneinander und 12 Reihen hintereinander. Das wären dann etwa 960 Container maximal.

Alternativer Einstieg: Schulbuch Seite 192

Entdecken

K1
- Verpackungen mit „ebenen“ Flächen und Seiten, die senkrecht auf der Grundfläche stehen, kann man besonders gut stapeln, z. B. Kartons. Darüber hinaus lassen sich auch andere Körper mit gleicher, senkrecht aufeinander stehender Grund- und Deckfläche gut stapeln, z. B. Dosen.
  Verpackungen mit einer „ebenen“ Grundfläche stehen fest auf dem Tisch, dazu gehören alle bisher genannten. Liegt eine Dose oder eine Flasche jedoch auf der Seite, kann sie wegrollen. Ebenso rollen kugelförmige Verpackungen leicht weg, sie sind aber selten.

K2
- Kartons und Getränkepackungen sind Quader, seltener Würfel. Dosen sind Zylinder. Toblerone-Schokolade ist in einem Prisma mit dreieckiger Grundfläche verpackt. Die Apfelsine auf dem Bild ist annähernd eine Kugel.

K4
- Quader besitzen sechs rechteckige Flächen, beim Würfel sind diese quadratisch. Ein Zylinder besteht aus einem Rechteck und zwei Kreisen. Das oben beschriebene Prisma hat zwei dreieckige und drei rechteckige Flächen. Die Oberfläche einer Kugel lässt sich nicht einfach so mit bekannten Flächen beschreiben.

K3
- Außer von der Kugel kann von allen oben genannten Körpern die Oberfläche berechnet werden, indem die Flächeninhalte der beschriebenen Flächen addiert werden.

Nachgefragt

K1
- Der Mantel eines Kegels wird aus einem Kreissegment, also einer einzigen Fläche gebildet. Es gibt also nur eine Kante und damit keine Ecke.

K1
- Ein Quader ist ein Körper, der von sechs Rechtecken begrenzt wird. Dabei sind gegenüberliegende Seiten jeweils deckungsgleich. Ein Würfel erfüllt beide Forderungen „mehr als genug“, denn die geforderten Rechtecke sind in dem Fall sogar Quadrate.

K1
- In den Zylinder passt mehr Flüssigkeit, weil dieser im Gegensatz zum Kegel nach oben hin nicht schmaler wird.

Aufgaben

K3 **1** **a)** Sechskantmutter: Prisma; Computer: Quader; Streichholzschachtel: Quader; CD-Stapel: Zylinder; Holsten-Tor: Kegel, Zylinder; Geldstapel: Zylinder; Basketball: Kugel; Metronom: (abgestumpfte) Pyramide

b) Koffer: Quader; Eiswaffel: Kegel; Tennisball: Kugel; Zauberwürfel: Würfel; Coladose: Zylinder; Pralinenschachtel: Prisma

K3 **2** **a)** Dreiecksprisma **b)** Kugel **c)** Würfel oder Quader
d) Pyramide mit viereckiger Grundseite **e)** Zylinder **f)** Pyramide mit dreieckiger Grundfläche bzw. Tetraeder

K3 **3** **a)** Würfel und Pyramide **b)** Quader und Pyramide **c)** Zylinder und Kegel
d) Zylinder und Halbkugel **e)** Quader und „schiefes“ Prisma

K1 **4** **a)** Es sind individuelle Lösungen möglich.
b) Quader, Prismen, Zylinder
c) Lösungsmöglichkeit: Typische Verpackungen wie Quader oder sechsseitige Prismen lassen sich besonders gut stapeln, sodass kaum Zwischenräume entstehen. Zusätzlich ist bei zerbrechlichen oder verderblichen Waren die Sicherheit bedeutsam, sodass dort besonders viele Lufträume gebildet werden.

K1 **5** **a)** Kugel, Kegel, Zylinder
b) Quader, Prisma, (Pyramide mit rechteckiger Grundfläche von unten), Zylinder
c) Quader, Würfel, (Pyramide mit quadratischer Grundfläche von unten)
d) Pyramide, Kegel, Prisma

K4 **6** **a)**

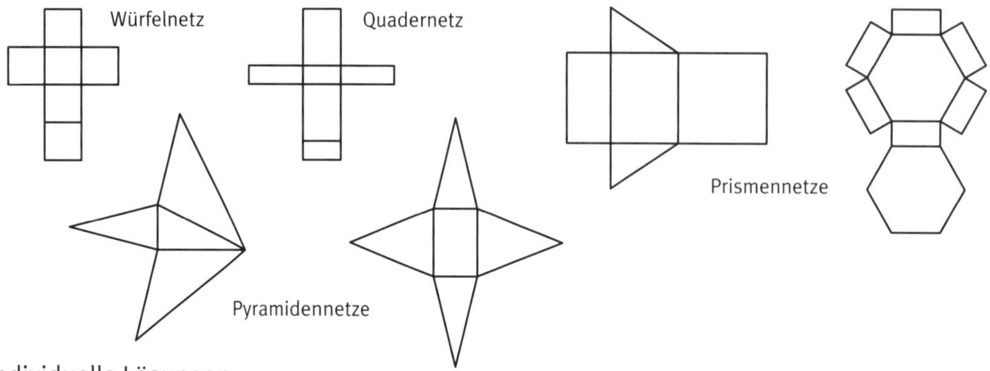

b) Individuelle Lösungen.

K4 **7**

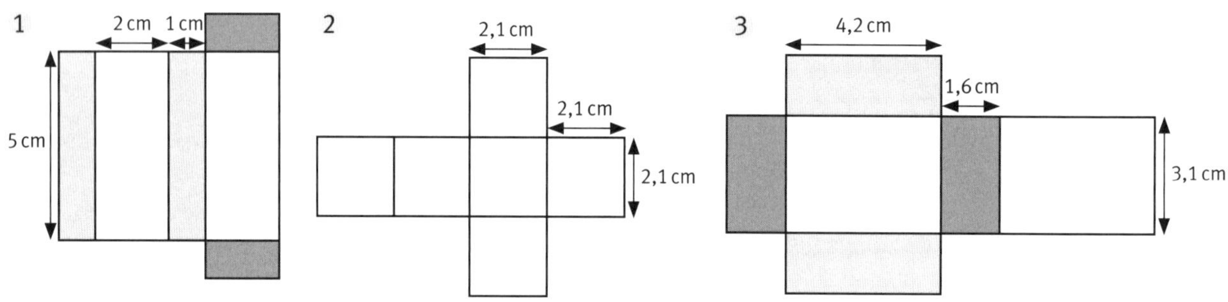

Berechnung der Oberfläche:
1 $O = 2 \cdot ((5 \cdot 1)\,cm^2 + (5 \cdot 2)\,cm^2 + (2 \cdot 1)\,cm^2) = 34\,cm^2$
2 $O = 6 \cdot (2{,}1 \cdot 2{,}1)\,cm^2 = 26{,}46\,cm^2$
3 $O = 2 \cdot ((4{,}2 \cdot 1{,}6)\,cm^2 + (4{,}2 \cdot 3{,}1)\,cm^2 + (1{,}6 \cdot 3{,}1)\,cm^2) = 49{,}4\,cm^2$

K1 **8** **a)** Man kann an jedem Quadrat eine weitere Fläche ansetzen.

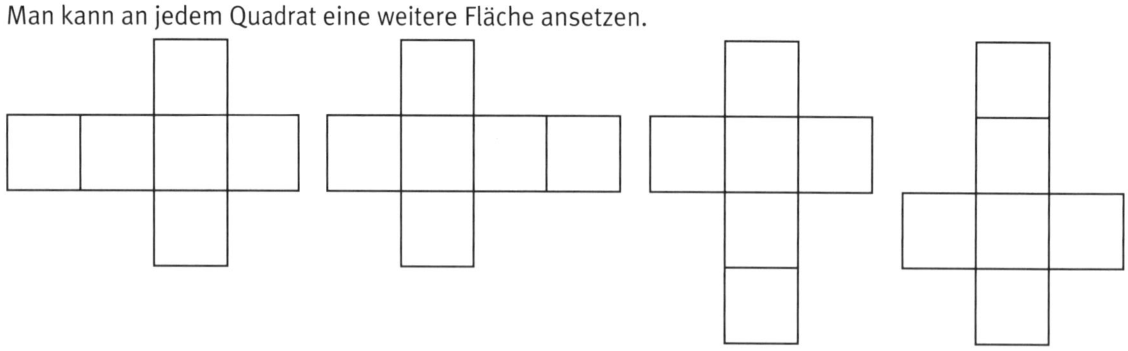

b) Hier kann man nur in der Mitte oben und unten ein Quadrat ansetzen.
c) Hier gibt es wieder vier Lösungen: Man kann oben oder unten ein Quadrat ansetzen.
d) Auch hier gibt es vier Lösungen: Man kann oben, unten oder rechts ein Quadrat ansetzen.

K4 **9** **a)**

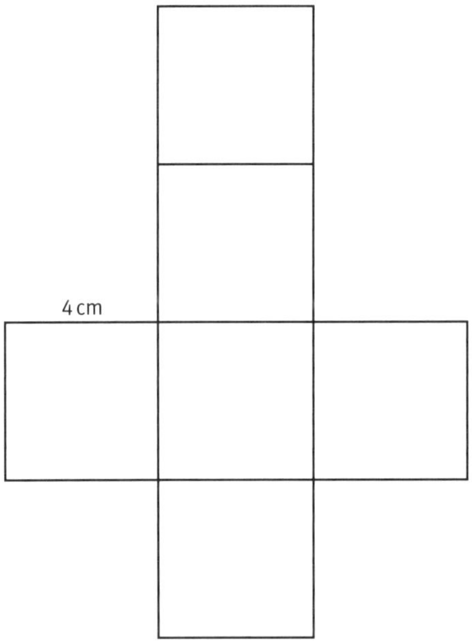

b)

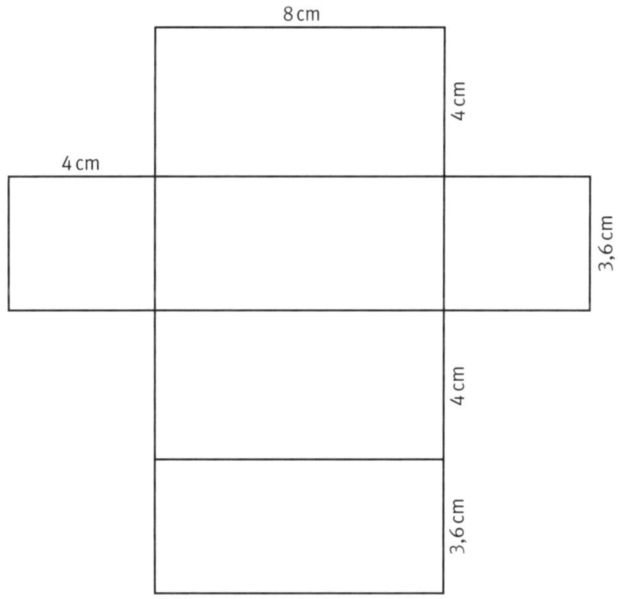

c)

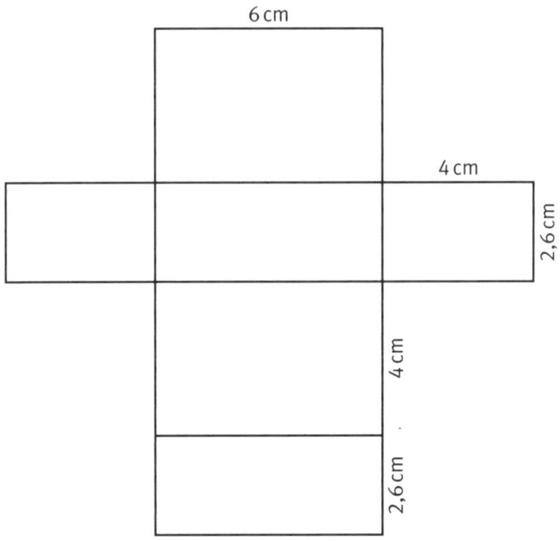

Oberflächeninhalte:

a) $96\,cm^2$

b) $144\,cm^2$

c) $83{,}2\,cm^2$

K2 **10** Das Netz passt zu den Würfeln 2 und 5 .

K2 **11** **a)** Theoretisch benötigte Oberfläche

$O = 2 \cdot 28\,cm \cdot 19\,cm + 2 \cdot 28\,cm \cdot 6\,cm + 2 \cdot 19\,cm \cdot 6\,cm$

$O = 1064\,cm^2 + 336\,cm^2 + 228\,cm^2$

$O = 1628\,cm^2$

Vorschläge für die Verpackung:

- Spielkarton entlang der Länge auf den Geschenkbogen:
  Man benötigt: $28\,cm + 2 \cdot 6\,cm = 40\,cm$ der Breite des Geschenkbogens.
- Spielkarton entlang der Breite auf den Geschenkbogen:
  Man benötigt $19\,cm + 2 \cdot 6\,cm = 31\,cm$ Breite des Geschenkbogens.

b) Schnurlänge bei einer Wicklung wie im Schulbuch: $4 \cdot$ Höhe $+ 2 \cdot$ Breite $+ 2 \cdot$ Länge

Hier: $4 \cdot 6\,cm + 2 \cdot 19\,cm + 2 \cdot 28\,cm = 118\,cm$

Zusätzlich benötigt man noch Band für die Schleife und Überstände.

c)

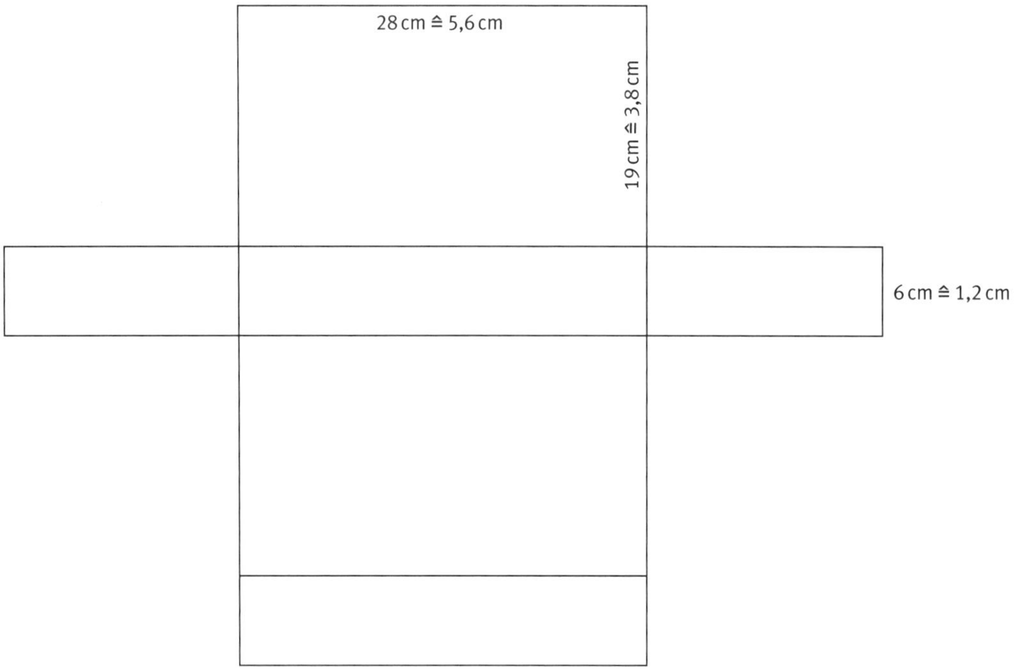

K2 **12** Alle Netze ergeben einen Körper.
a) Quader **b)** Pyramide **c)** Zylinder **d)** Kegel

K2 **13** **a)** 1 H und F; D und B; E und A
2 P, N und L; F und D; G und C; H und B; A, K und I
b) 1 $\overline{CD}$ und $\overline{BC}$; $\overline{HG}$ und $\overline{GF}$; $\overline{BA}$ und $\overline{DE}$; $\overline{EF}$ und $\overline{AH}$
2 $\overline{PO}$ und $\overline{NO}$; $\overline{NM}$ und $\overline{LM}$; $\overline{LK}$ und $\overline{PA}$; $\overline{JK}$ und $\overline{JI}$; $\overline{HI}$ und $\overline{BA}$; $\overline{EF}$ und $\overline{ED}$; $\overline{FG}$ und $\overline{DC}$; $\overline{GH}$ und $\overline{CB}$
c) Die acht Dreiecke sind inhaltsgleich mit $g \approx 0{,}9\,\text{cm}$ und $h \approx 1{,}5\,\text{cm}$:
$A_D \approx 8 \cdot \frac{0{,}9 \cdot 1{,}5}{2}\,\text{cm}^2 \approx 5{,}4\,\text{cm}^2$
Das Achteck hat eine längste Diagonale von $d \approx 2{,}2\,\text{cm}$. Von einem Quadrat mit dieser Seitenlänge sind vier Dreiecksflächen abzuziehen, für die gilt: $g \approx 0{,}6\,\text{cm}$ und $h \approx 0{,}6$. Dann kann man auch von zwei Quadraten sprechen statt von vier Dreiecken.
$A_{Quadrat\_klein} \approx 0{,}6 \cdot 0{,}6\,\text{cm}^2 \approx 0{,}36\,\text{cm}^2$
$A_{Quadrat\_groß} \approx 2{,}2 \cdot 2{,}2\,\text{cm}^2 \approx 4{,}84\,\text{cm}^2$
$O \approx (4{,}84 - 0{,}36 + 5{,}4)\,\text{cm}^2 \approx 9{,}88\,\text{cm}^2$

K4 **14**

	A	B	C	D	E
1	Würfel			Quader	
2	Kantenlänge a (cm)	6		Länge a (cm)	2
3	Oberflächeninhalt (cm²)	216		Breite b (cm)	3
4				Höhe c (cm)	4
5				Oberflächeninhalt (cm²)	52

=B2^2*6 =2*(E2*E3+E2*E4+E3*E4)

Alternativer Einstieg: Schulbuch Seite 192

Entdecken

K1 ■ Die sichtbaren Teile hängen von der Lage im Raum ab.

K5 ■ Um die gleiche Ansicht zu bekommen, legt man die Schachteln mit demselben Drehwinkel nebeneinander auf eine ebene Fläche.

K4 ■

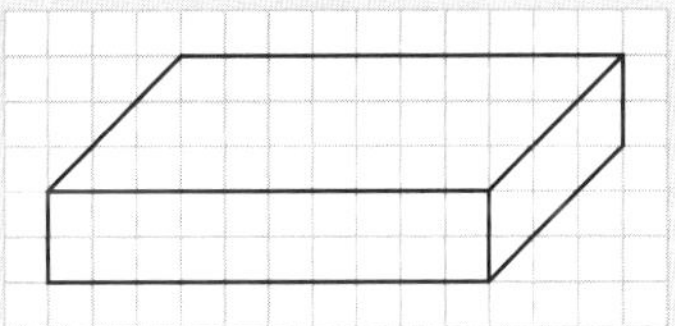

Nachgefragt

K2 ■ Man kann somit alle drei Flächen eines Quaders bzw. Würfels betrachten und eine Dreidimensionalität erzeugen (Raumvorstellung).

K5 ■ Die Verkürzung der nach hinten verlaufenden Kanten entspricht der natürlichen Wahrnehmung. Würde man die wahre Länge einzeichnen, erschiene der Körper tiefer als er in Wirklichkeit ist.

K5 ■ Die gestrichelten Linien ermöglichen einen räumlichen Eindruck des Objekts.

Aufgaben

K4 **1** **a)** A (0|0); B (4|0); C (6,5|2,5); D (2,5|2,5); E (0|2); F (4|2); G (6,5|4,5); H (2,5|4,5)

b) A (9|0); B (11|0); C (12|1); D (10|1); E (9|3,5); F (11|3,5); G (12|4,5); H (10|4,5)

c) A (14,5|0); B (15,5|0); C (17,5|2); D (16,5|2); E (14,5|2,5); F (15,5|2,5); G (17,5|4,5); G (16,5|4,5)

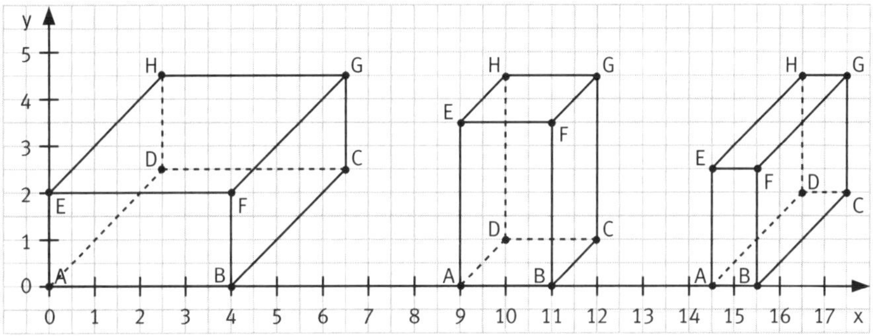

K4 **2**

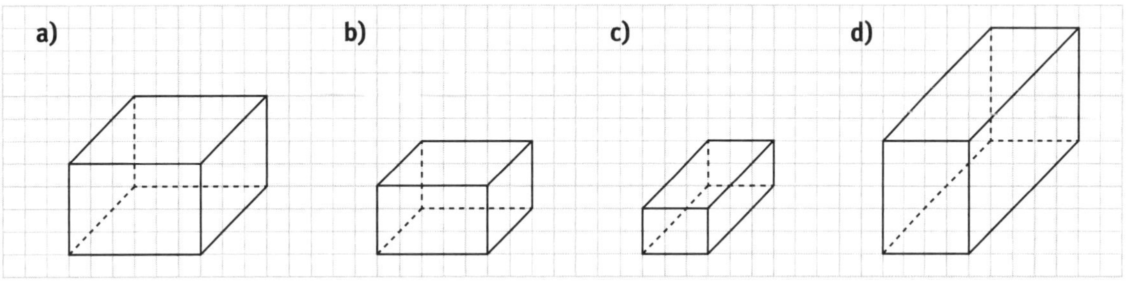

K4 **3**

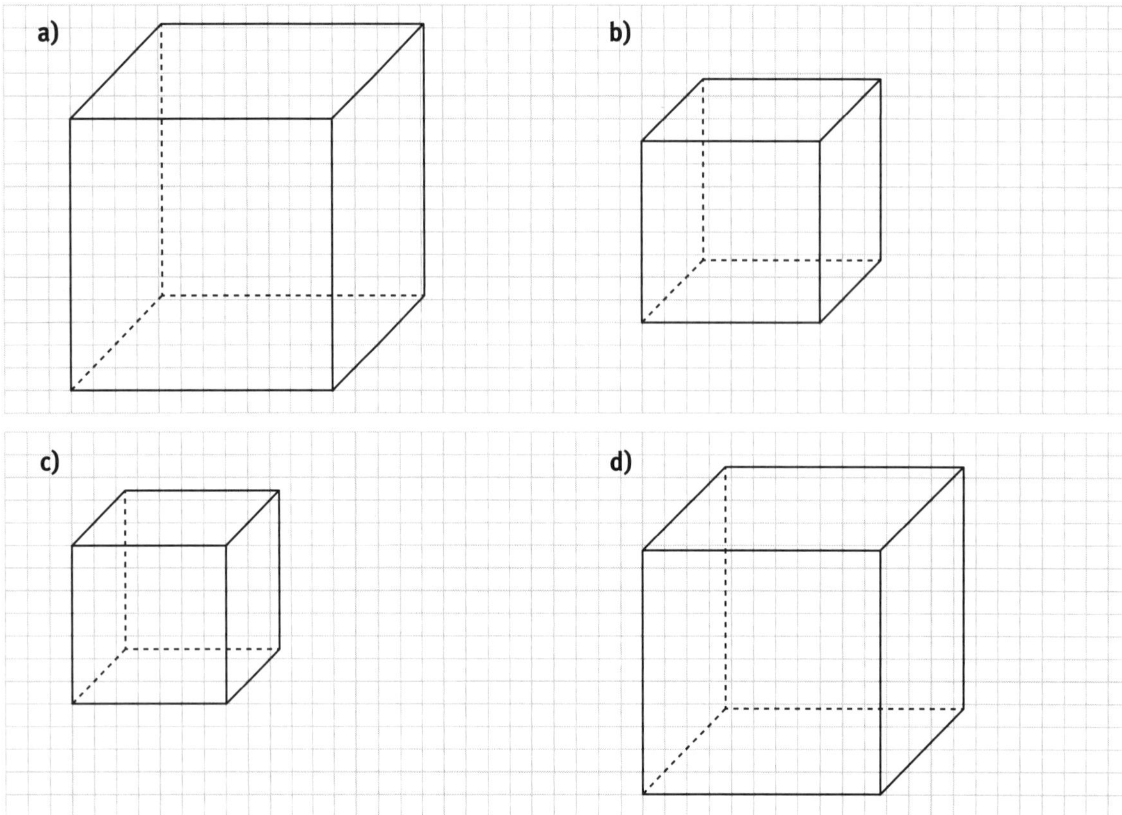

K4 **4** **a)**

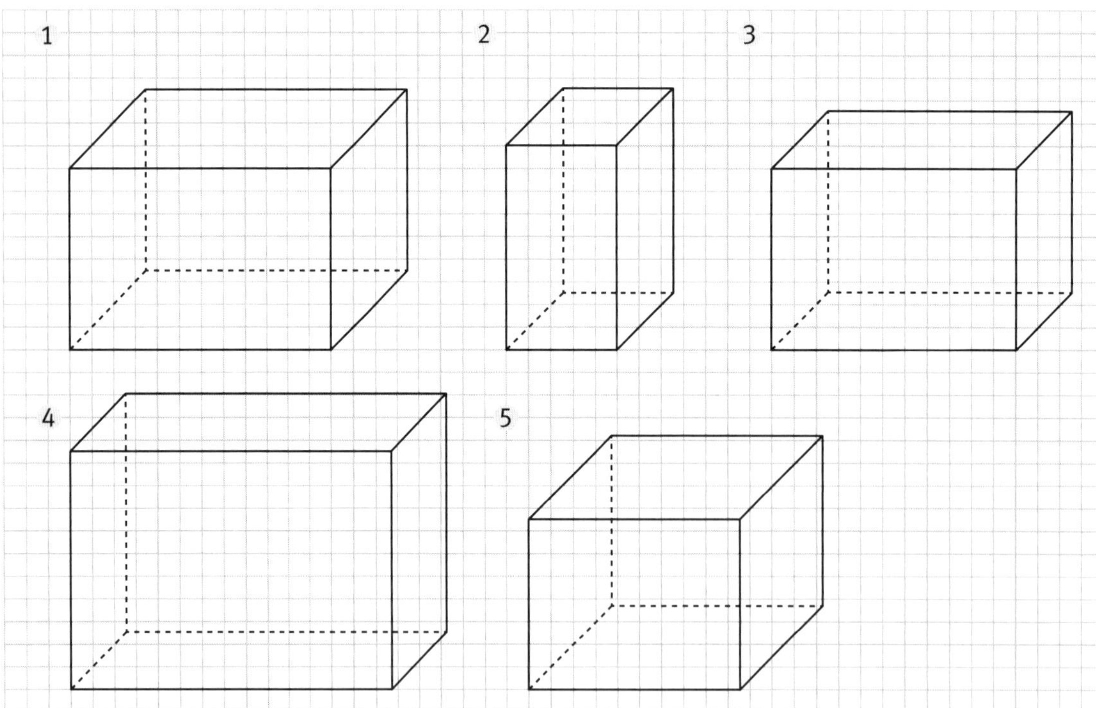

b) Für die Quadernetze gibt es verschiedene Möglichkeiten, von denen eines im Beispiel II im Schulbuch dargestellt ist. Beispiele:

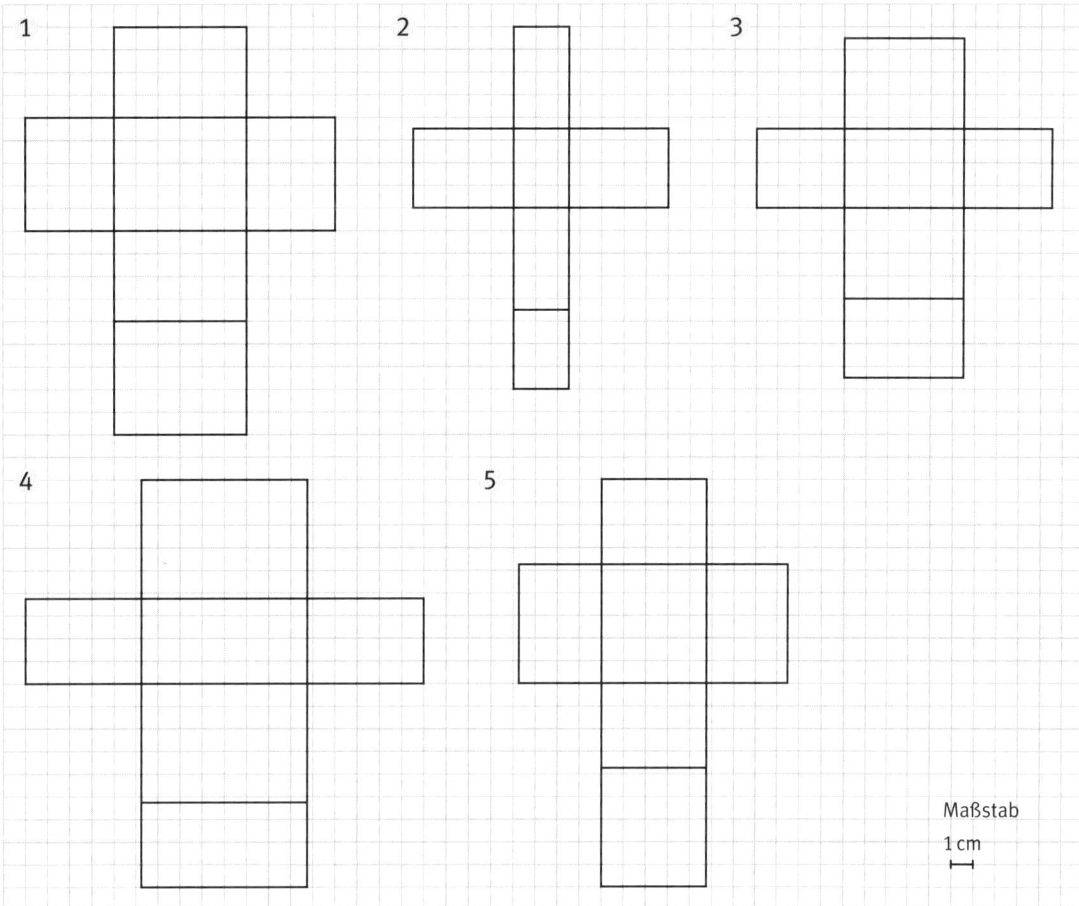

K1 **5** **a)** Nein, der abgebildete Quader wurde aus unterschiedlichen Richtungen/Positionen gezeichnet/betrachtet. Er hat in allen drei Abbildungen die Kantenlängen 3 cm, 2 cm und 3 cm.

b)

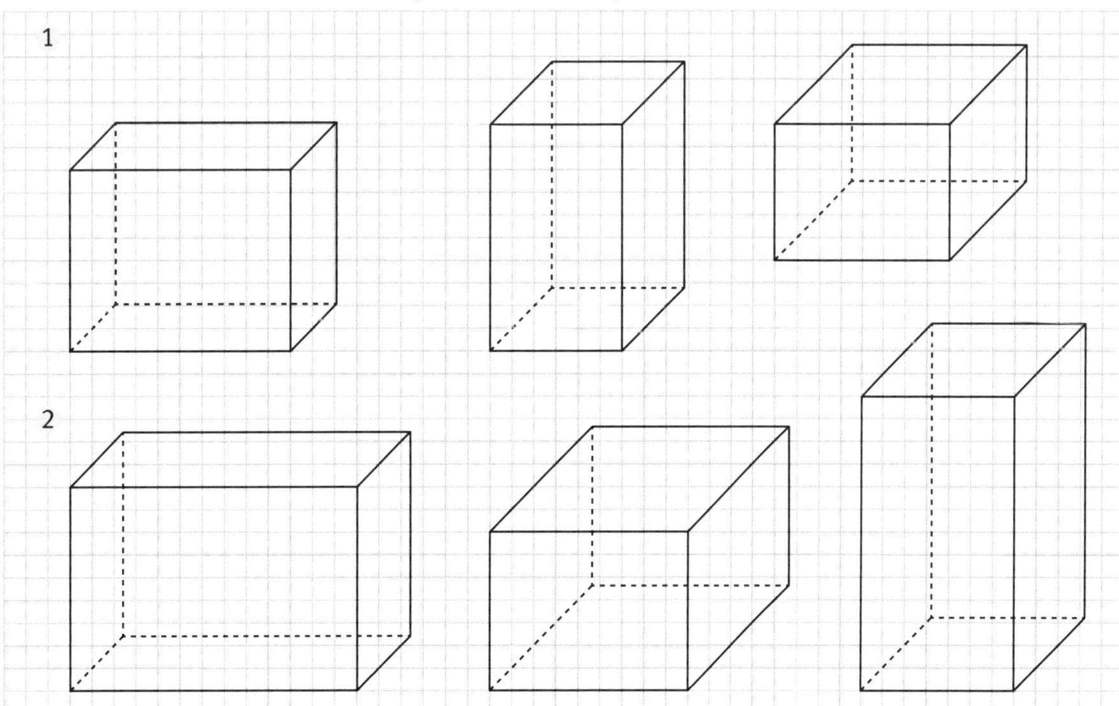

Netze zu den Quadern:

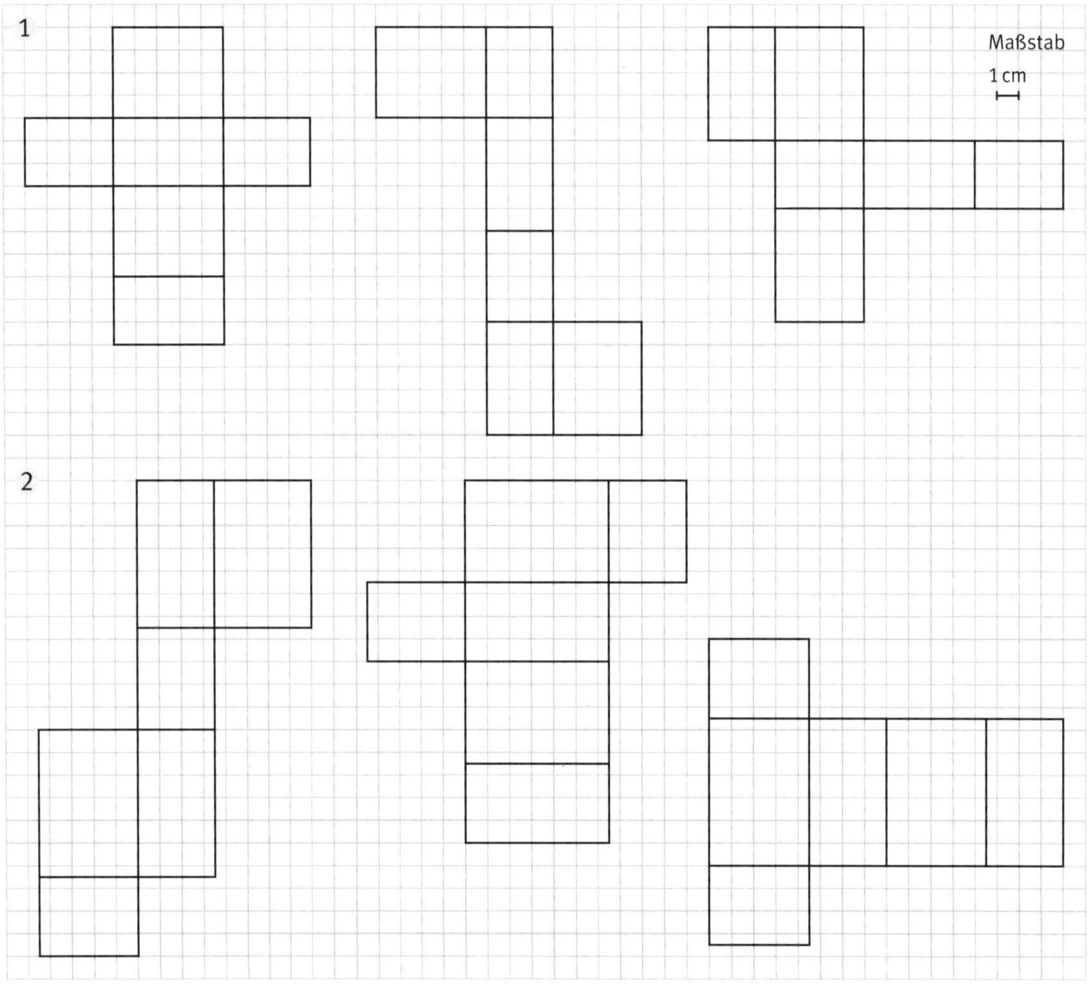

K2 **6** **a)** Der Quader wurde betrachtet von ...

1 oben rechts. 2 unten rechts. 3 oben links. 4 unten links.

b)

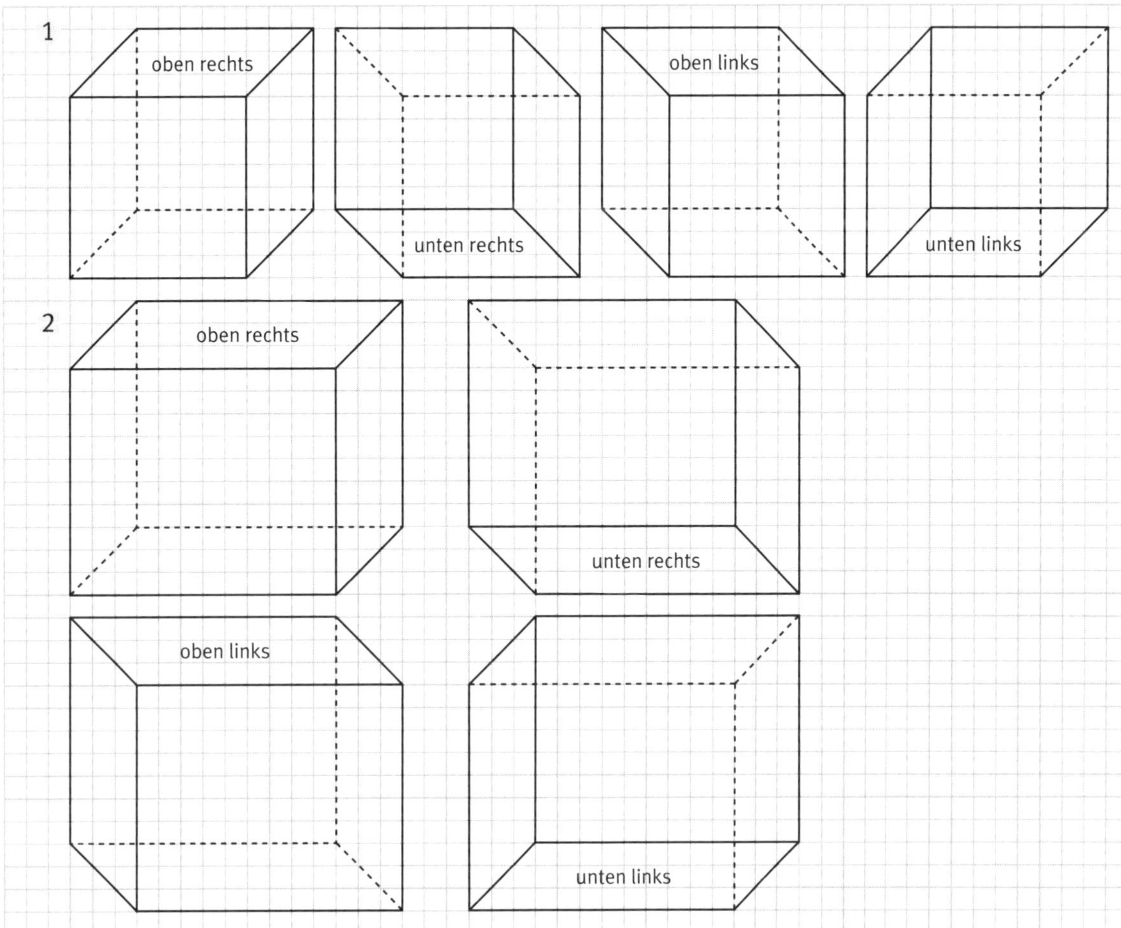

K4 **7** Lösungsmöglichkeiten:

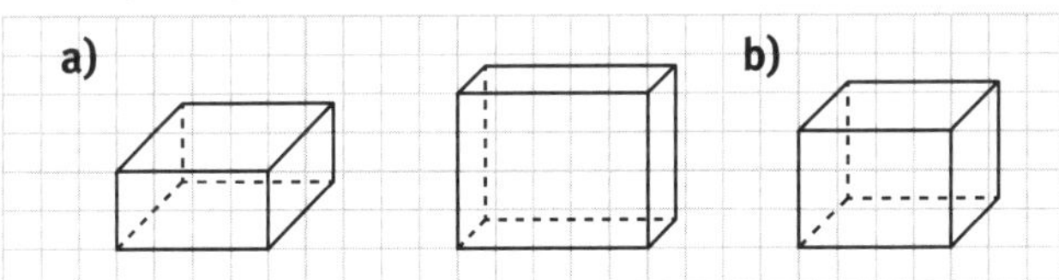

K2 **8** **a)**

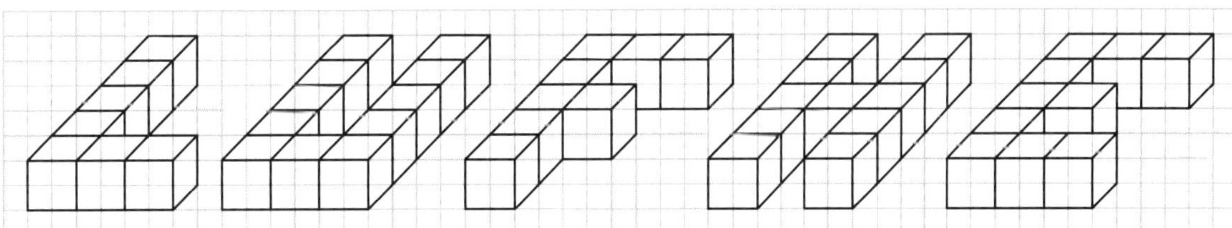

b) Es sind individuelle Lösungen möglich.

c) L: 30 cm² U: 46 cm² F: 34 cm² H: 46 cm² E: 42 cm²

K2 **9** **a)**

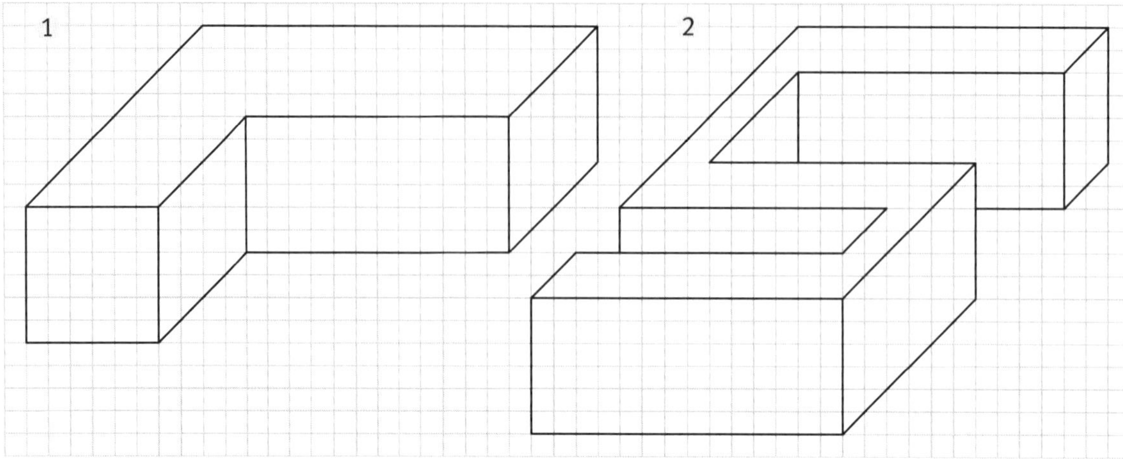

b) Es sind individuelle Lösungen möglich.

K3 **10**

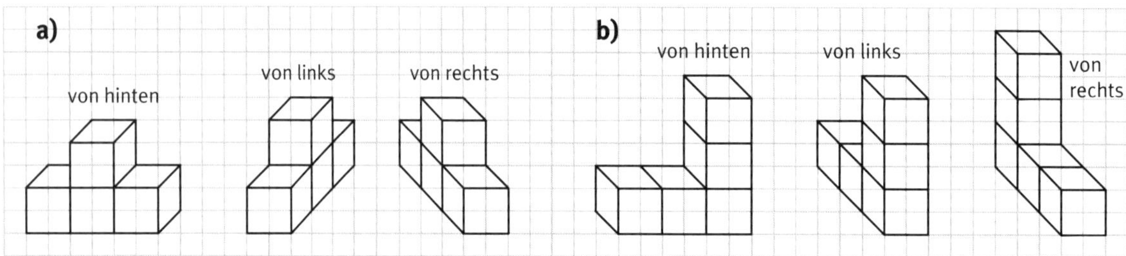

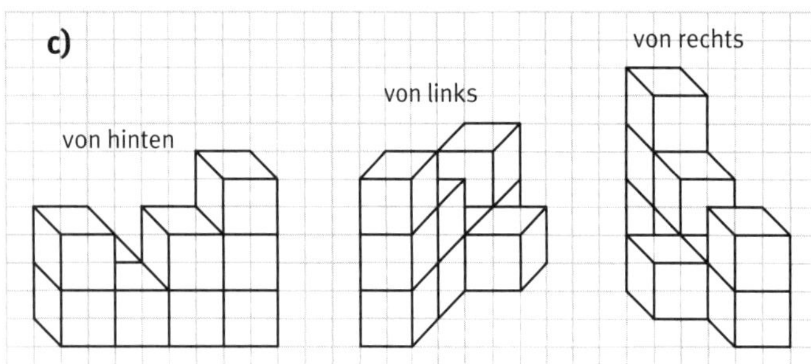

K4 **11**

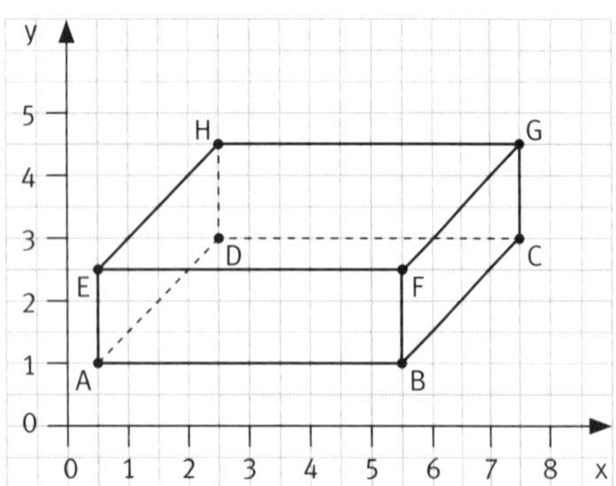

A (0,5 | 1)
B (5,5 | 1)
C (7,5 | 3)
D (2,5 | 3)
E (0,5 | 2,5)
F (5,5 | 2,5)
G (7,5 | 4,5)
H (2,5 | 4,5)

K2 **12 a)**

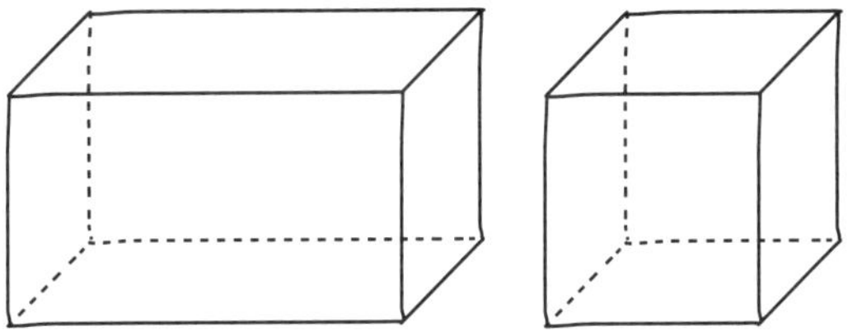

b)

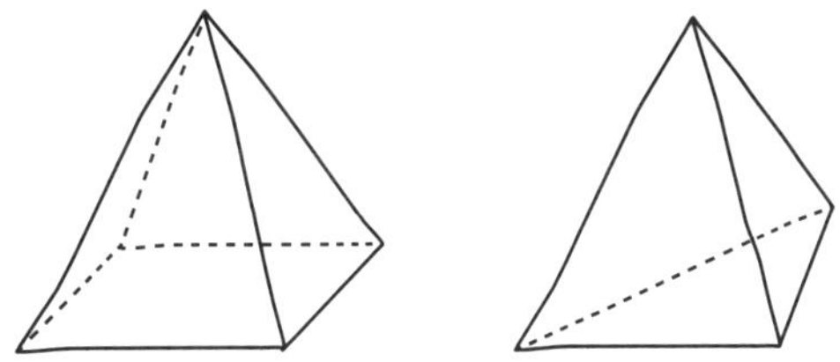

c)

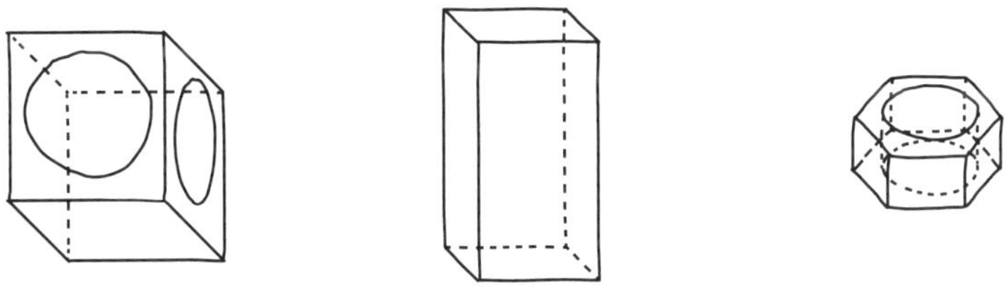

d) Es sind individuelle Lösungen möglich.

K4 **13**

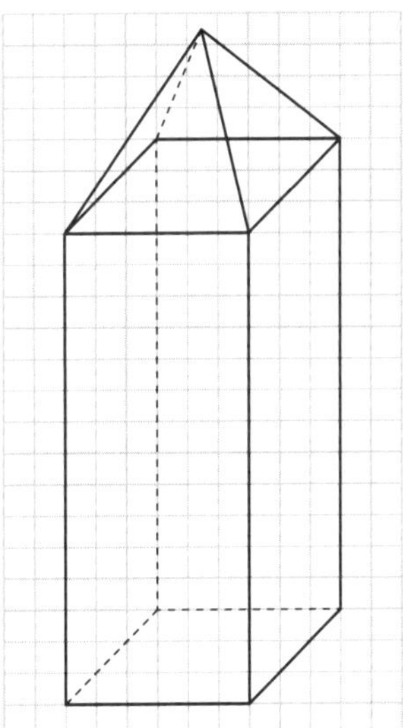

K5

Wissen

- Ein Kantenmodell kann man gut aus Draht, ein Hohlmodell aus Pappe herstellen.
- Wenn man das Hohlmodell eines Quaders auseinander faltet, erhält man ein Quadernetz.
- Ein Vollmodell kann hergestellt werden, indem eine hohle Form, genauer ein nach oben offenes Hohlmodell, mit einem geeigneten Material, z. B. feuchtem Sand, ausgefüllt wird.
- Beispiele für Vollmodelle im Alltag sind Lehmziegel, Würfel, Kuchen, viele Statuen, Kerzen, Kreide, Holzblöcke usw. Beispiele für Hohlmodelle sind Verpackungen, Kartons, Kastenformen zum Backen, Bälle, Gläser, Kisten, Eimer usw.

6

6.3 Grundriss und Aufriss

Entdecken

K1
- Von vorn: A-4; B-2; D-4; E-4; F-4; G-3; H-1
  Von der Seite: A-4; B-2; C-3;D-4; E-3; F-4; H-3
  Von oben: A-4; B-2; C-3; D-2; E-1; F-1; G-3; H-1;

Nachgefragt

K5
- Der Grundriss gibt die Form der Grundfläche an, wie man sie von oben erkennen kann. Der Aufriss gibt die Form der Fläche bei Betrachtung von vorn an.

K5
- Bei Würfel und Kugel sind Aufriss und Grundriss gleich.

Aufgaben

K4 **1**

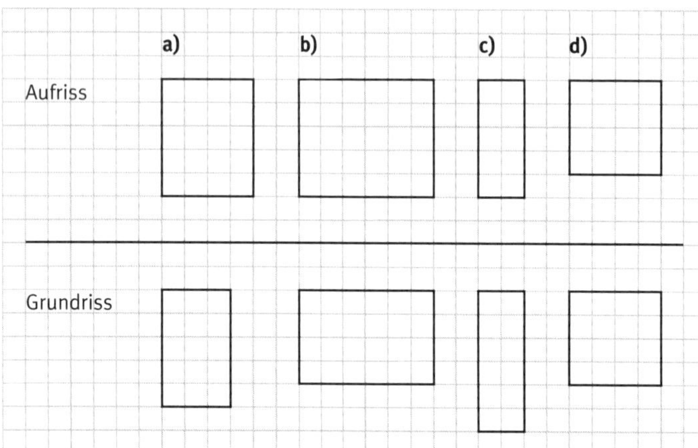

K4 **2** **a)** 1 Quader (Säule) 2 Zylinder 3 rechteckige Pyramide
4 Prisma mit dreieckiger Grundfläche 5 Zylinder

b)

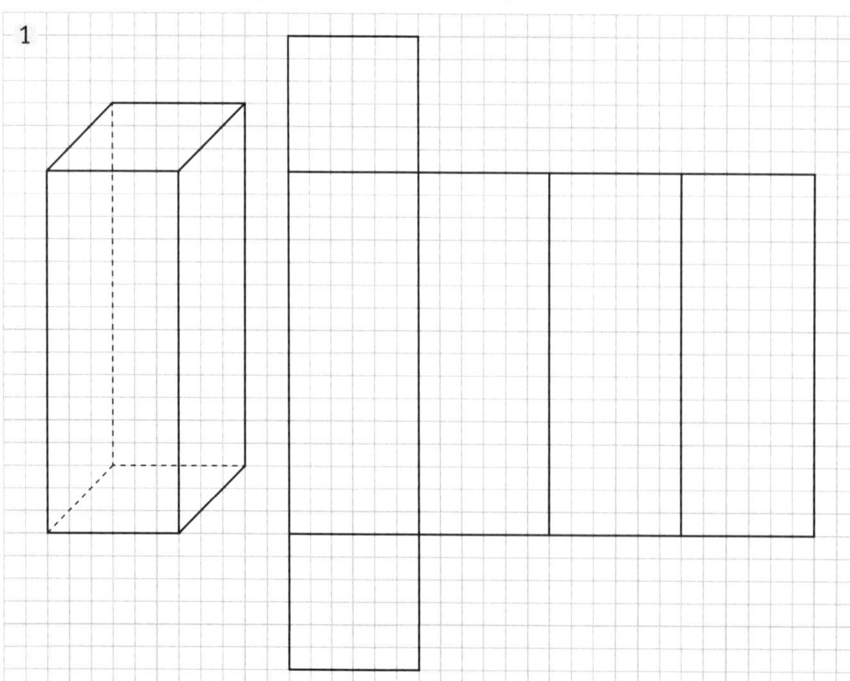

2

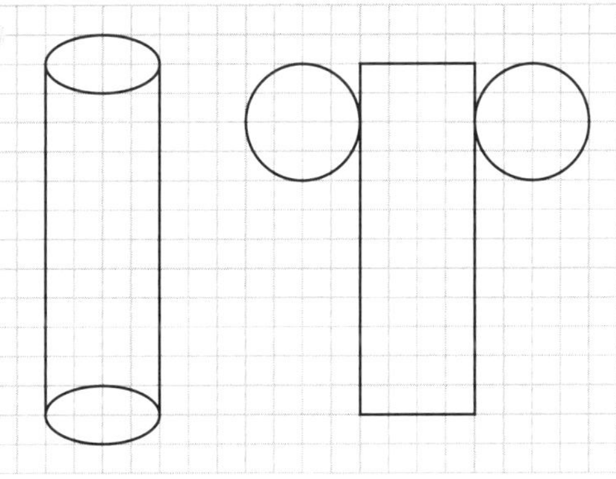

3

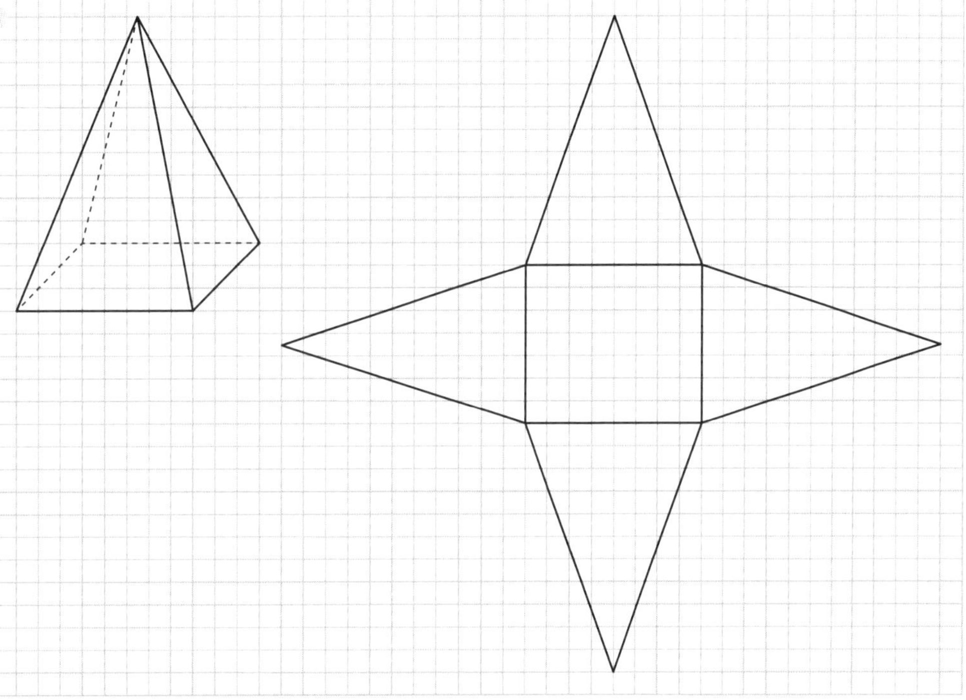

4

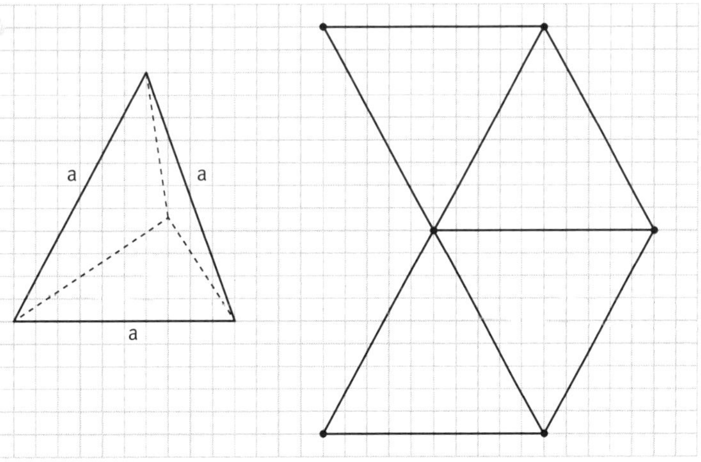

5

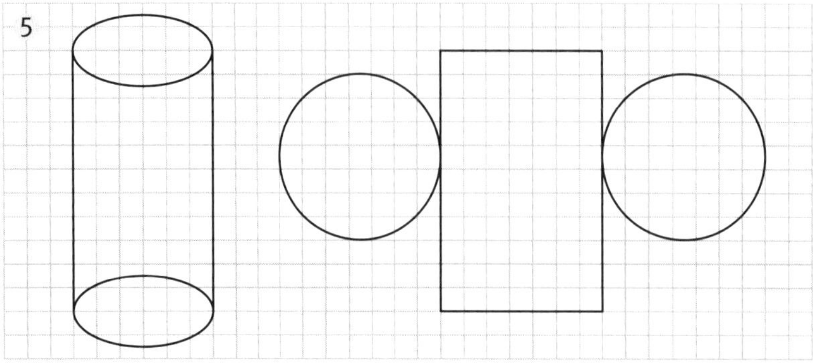

K5 **3** **a)** Würfel, Quader, quadratische Pyramide (Spitze in der Zeichenebene)
b) Tetraeder, quadratische Pyramide
c) Zylinder, Kugel
d) Quader, Zylinder

K2 **4** Die Grund- und Aufrisse sind trotz unterschiedlichen Aussehens der Körper gleich (Rechtecke). Zur Unterscheidung der Körper müsste eine weitere Sichtebene eingeführt werden, z. B. einen Seitenriss.

Alternativer Einstieg: Schulbuch Seite 193

Entdecken

K2 ■ 1 Methode „Messbecher“ 1: Notiere zunächst, wie viel Wasser anfangs im Messbecher ist. Gieße Wasser aus dem Messbecher in den Quader, bis dieser randvoll gefüllt ist. Wie viel Wasser ist noch im Messbecher? Ziehst du diesen Wert vom Anfangswert ab, weißt du, wieviel Wasser in dem Quader ist und du hast somit einen Vergleichswert. (Wenn du einen sehr großen Quader hast, musst du das Vorgehen mehrfach wiederholen und die Ergebnisse addieren).

2 Methode „Messbecher“ 2: Notiere zunächst, wie viel Wasser anfangs im Messbecher ist (Achtung: er darf nicht voll sein). Tauche den Quader in den Messbecher (er muss ganz unter Wasser sein, aber nicht von einem anderen Gegenstand herunter gedrückt werden). Wie hoch steht das Wasser im Messbecher? Ziehst du den Anfangswert von diesem Wert ab, bekommst du eine Vergleichsgröße bezüglich der Größe des Quaders.

3 Methode „Zuckerwürfel“: Stapel die Zuckerwürfel in den Quader bis an die Seiten und den oberen Rand. Wenn du sehr genau sein möchtest, verwende ggf. auch halbe Würfel am Ende der Reihen. Zähle dabei mit, wie viele Würfel du verwendest. So erhältst du einen Vergleichswert.

Nachgefragt

K1 ■ Nein, sie sind nicht gleich schwer, da ihre Masse aufgrund der verschiedenen Materialien bei gleichem Volumen unterschiedlich ist.

K1 ■ Man kann somit das Volumen eines Körpers unterschiedlich bestimmen. Es gibt Methoden, die jedoch nicht bei allen Volumenbestimmungen verwendet werden können.

Aufgaben

K3 **1** Schraube und Mutter: Eintauchen
Garage: Ausmessen, Auszählen
Rucksack: Ausmessen, Umschütten von kleinen Würfeln

K4 **2** **a)** 5 11 Würfel   4 10 Würfel   2 9 Würfel   1 8 Würfel   3 7 Würfel
Anmerkung: Es sind andere Volumina möglich, wenn die nicht sichtbaren Würfel anders gesehen werden.

b) 1 34 Würfel   2 28 Würfel   3 30 Würfel   4 36 Würfel   5 38 Würfel
Reihenfolge: 5, 4, 1, 3, 2
Es ist nicht die gleiche Reihenfolge wie in **a)**.

K4 **3** **a)** 1 und 4: je 8 große Würfel
2 und 3: je 12 große Würfel
5 und 6: je 9 große Würfel

b) Es sind individuelle Lösungen möglich.

K2 **4**

	Es fehlen ...	Der große Würfel besteht aus ...
a)	42 Würfel.	64 Würfeln.
b)	33 Würfel.	64 Würfeln.
c)	34 Würfel.	64 Würfeln.
d)	26 Würfel.	64 Würfeln.

Entdecken

K5 ■ Es sind individuelle Lösungen möglich.

K5 ■ Es sind individuelle Lösungen möglich.

K5 ■ Um das Volumen mit der Würfelmethode eindeutig zu bestimmen, muss man sich auf eine Vergleichsgröße einigen, z. B. gleiche Würfel. Diese sollten ein bekanntes und festgelegtes Volumen haben. Um möglichst genau zu sein, helfen Würfel mit verschiedenen, aber festgelegten Volumina zum Messen.

Nachgefragt

K1 ■ Das Volumen wird aus dem Produkt von Länge, Breite und Höhe berechnet. Wenn man alle Längen verzehnfacht, wird das Produkt um den Faktor 1000 größer.

K5 ■ Es gibt internationale Einheiten. Deren Verwendung erleichtert den Transport von Waren in alle Welt, weil man keine Umrechnungen braucht.

K1 ■ Ändert man eine Länge z. B. von Millimetern zu Zentimetern, teilt man die Maßzahl durch 10. Wechselt man also bei einer Volumenangabe zu nächstgrößeren, muss man die Maßzahl durch 1000 teilen.

Aufgaben

K3 **1** **a)** m^3 **b)** cm^3 **c)** Liter **d)** mm^3 **e)** m^3 **f)** m^3 **g)** Liter **h)** m^3 **i)** Liter

K4 **2** **a)** $5\,cm^3 = 5000\,mm^3$ **b)** $9\,cm^3 = 9000\,mm^3$
c) $9\,cm^3 = 0{,}009\,dm^3$ **d)** $9{,}5\,cm^3 = 9500\,mm^3$

K3 **3** Es sind individuelle Lösungen möglich.

K3 **4** Laderaum: 620 l Transporter: $14\,m^3$ Dose: $330\,cm^3$ Zahncreme: 75 ml Mülleimer: 240 l

K4 **5** **a)** 1 $V_{Körper} = 11\,cm^3$ $O = 40\,cm^2$
2 $V_{Körper} = 12\,cm^3$ $O = 38\,cm^2$
3 $V_{Körper} = 38\,cm^3$ $O = 94\,cm^2$
b) 1 Würfel mit Kantenlänge 5 cm: $V_{Würfel} = 125\,cm^3$ $V_{Ergänzung} = 114\,cm^3$
2 Würfel mit Kantenlänge 4 cm: $V_{Würfel} = 64\,cm^3$ $V_{Ergänzung} = 52\,cm^3$
3 Würfel mit Kantenlänge 6 cm: $V_{Würfel} = 216\,cm^3$ $V_{Ergänzung} = 178\,cm^3$

K4 **6** Würfelzucker: $1\,cm^3$
Schiffscontainer: $196\,000\,dm^3$
Milchverpackung: $1100\,cm^3$
Schwimmbecken: $4000\,m^3$
Salzkorn: $2\,mm^3$
Kofferraum: 230 l
Klassenzimmer: $67\,m^3$
Schuhkarton: $9\,dm^3$
Mülltonne: 120 l
Reisekoffer: $96\,000\,cm^3$

K3 **7** **a)** $400\,dm^3 = 400\,000\,cm^3 = 0{,}4\,m^3 = 400\,000\,000\,mm^3$
b) $2429\,cm^3 = 2{,}429\,dm^3 = 2\,429\,000\,mm^3 = 0{,}002429\,m^3$
c) $23\,l = 23\,000\,ml = 23\,dm^3 = 0{,}23\,hl$
d) $41{,}2\,cm^3 = 0{,}0412\,dm^3 = 41{,}2\,ml = 0{,}000412\,hl$

K4 **8** **a)** 5750 dm^3
13 050 dm^3
7240 cm^3

b) 39 004 cm^3
38 014 mm^3
8003 mm^3

c) 18 075 ml
27 006 ml
115 l

d) 45 000 350 cm^3
86 000 055 mm^3
7 000 000 007 mm^3

K4 **9** **a)** 3855 dm^3 = 3 855 000 cm^3
38 009 cm^3 = 0,038009 m^3
115 050 mm^3 = 0,11505 dm^3
17,8 cm^3 = 0,0178 dm^3

b) 17 400 dm^3 = 17 400 000 cm^3
33 080 cm^3 = 0,03308 m^3
500 mm^3 = 0,0005 dm^3
10 101 dm^3 = 10 101 000 cm^3

c) 257,5 dm^3 = 257 500 cm^3
13 500 cm^3 = 0,0135 m^3
115 010 dm^3 = 115 010 000 cm^3
25 025 cm^3 = 0,025025 m^3

d) 790 ml = 0,0079 hl
24 dm^3 = 0,24 hl
4040 ml = 0,0404 hl
65,5 l = 65 500 ml

K4 **10** **a)** 4,531 m^3
19,548 dm^3
44,5 cm^3

b) 57,5 m^3
0,725 m^3
0,901 dm^3

c) 10,001 m^3
0,575 dm^3
0,015 cm^3

d) 0,5 dm^3
0,25 dm^3
0,4 l

e) 0,1 dm^3
4,6 cm^3
6,875 ml

K3 **11** **a)** 1 99,279 m^3 = 99 279 dm^3 = 99 279 000 cm^3
2 25328,146 m^3 = 25 328 146 dm^3 = 25 328 146 000 cm^3
3 70,812 m^3 = 70 812 dm^3 = 70 812 000 cm^3

b) Es sind individuelle Lösungen möglich.

K3 **12** **a)** $250 \cdot 0{,}7$ l = 175 l $400 \cdot 0{,}5$ l = 200 l
Die Abfüllanlage füllt also insgesamt 375 l Wasser pro Stunde ab.

b) 0,7 l-Kisten: 250 : 12 = 20,83 Kisten ≈ 21 Kisten (pro Stunde)
0,5 l-Kisten: 400 : 20 = 20 Kisten
Die Abfüllanlage benötigt 41 Kisten pro Stunde
Pro Tag: $41 \cdot 24$ = 984 Kisten
Pro Woche: $984 \cdot 7$ = 6888 Kisten
Pro Monat: $984 \cdot 30$ = 29 520 Kisten
Pro Jahr: $984 \cdot 365$ = 359 160 Kisten
(Unterschiedliche Ergebnisse je nach verwendetem Zwischenergebnis, Orientierung an Größenordnung)

K4 **13** **a)** 4 m^3 = 4000 dm^3
17 cm^3 = 17 000 mm^3
45 dm^3 = 45 000 cm^3

b) 33 dm^3 = 33 000 cm^3
870 m^3 = 870 000 dm^3
17 ml = 0,017 l

c) 25 ml = 0,025 l
2,750 m^3 = 2750 dm^3
88 mm^3 = 0,000000088 m^3

K4 **14** **a)** 3 m^3 $<$ 3250 l
23,7 ml $>$ 0,023 l
25 l 750 ml $=$ 25,75 l

b) 150 ml $>$ $\frac{1}{8}$ l
750 cm^3 $=$ $\frac{3}{4}$ l
50 dm^3 $>$ 5 l

c) 0,250 dm^3 $=$ $\frac{2}{8}$ cm^3
3,5 hl $=$ 350 dm^3
0,75 cm^3 $=$ 750 ml

K4 **15** **a)** 10 343 m^3
3118 l
98,16 cm^3
2464,32 dm^3

b) 875 cm^3
75 mm^3
3630 l
375 dm^3

c) 1700,311 cm^3
24 103,55 ml
2574,24 m^3
324 m^3

K2 **16 a)** 1

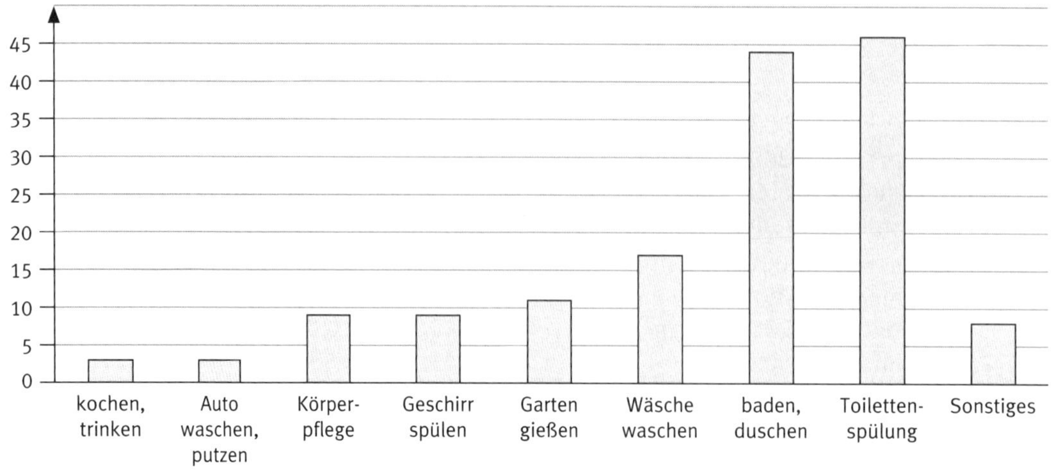

2

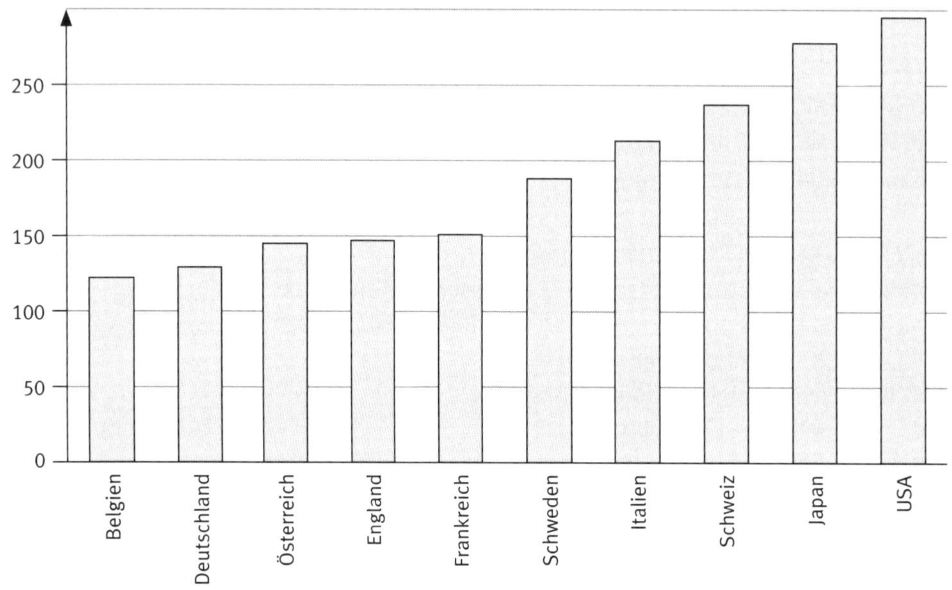

b) 1 Gesamt: 150 l

Kochen, trinken: $\frac{3}{150} = \frac{1}{50}$ Auto waschen, putzen: $\frac{3}{150} = \frac{1}{50}$ Körperpflege: $\frac{9}{150} = \frac{3}{50}$

Geschirr spülen: $\frac{9}{150} = \frac{3}{50}$ Sonstiges: $\frac{8}{150} = \frac{4}{75}$ Garten gießen: $\frac{11}{150}$

Wäsche waschen: $\frac{17}{150}$ Baden, duschen: $\frac{44}{150} = \frac{22}{75}$ Toilettenspülung: $\frac{46}{150} = \frac{23}{75}$

2 Gesamt: 1905 l

Belgien: $\frac{122}{1905}$ Deutschland: $\frac{129}{1905} = \frac{43}{635}$ Österreich: $\frac{145}{1905} = \frac{29}{381}$

England: $\frac{147}{1905} = \frac{49}{635}$ Frankreich: $\frac{151}{1905}$ Schweden: $\frac{188}{1905}$

Italien: $\frac{213}{1905} = \frac{71}{635}$ Schweiz: $\frac{237}{1905} = \frac{79}{635}$ Japan: $\frac{278}{1905}$

USA: $\frac{295}{1905} = \frac{59}{381}$

c) Es sind individuelle Lösungen möglich.

d) Im linken Schaubild kann man 150 l pro Tag bestimmen, im rechten Schaubild sind es „nur" 129 l.
Mögliche Erklärungen:
- Unterschiedliche Schätzungen
- Andere internationale Bewertungen auf der rechten Seite (vielleicht werden Toilettenspülungen mit weniger Wasser berechnet, etc.)
- Botschaft soll transportiert werden, beispielsweise:
  linke Abbildung: Wie lässt sich noch Wasser sparen? rechte Abbildung: Wir sind sehr sparsam.

K3

Geschichte

- 1 Gallone = 3,75 l — $42 \cdot 3{,}75\,l = 157{,}5\,l$ = 1 Barrel
- 5 Barrel = 787,5 l — $8\frac{4}{5}$ Barrel = 1386 l

  5 Gallonen = 18,75 l — $4\frac{3}{8}$ Gallonen = 16,40625 l (= $16\frac{13}{32}$ l)
- 1 $157{,}5\,l \cdot 56\,000 = 8\,820\,000\,l = 8820\,m^3$

  Ergebnisse auf der Basis von Tagen:

  pro Woche: $61\,740\,m^3$ — pro Monat: $264\,600\,m^3$ — pro Jahr: $3\,219\,300\,m^3$

  2 Geht man der Einfachheit halber davon aus, dass 1 l auch 1 kg wiegt:

  Größenordnung des Anteils: ≈3 %

6.6 Volumen von Quader und Würfel

Alternativer Einstieg: Schulbuch Seite 193

Entdecken

K1 ■ Fünf dieser Würfel passen in eine Reihe und vier Reihen in eine Schicht, es gibt drei Schichten.

K1 ■ 60 Würfel passen in den Karton. Man rechnet 5 [Würfel] · 4 [Reihen] · 3 [Schichten].

K1 ■ Wenn der Karton ein Würfel mit der Seitenlänge 50 cm ist, passen $5 \cdot 5 \cdot 5 = 125$ Würfel hinein, bei einer Seitenlänge von 40 cm passen $4 \cdot 4 \cdot 4 = 64$ Würfel hinein und bei einer Seitenlänge von 30 cm passen $3 \cdot 3 \cdot 3 = 27$ Würfel hinein.

Nachgefragt

K1 ■ Das ist falsch. Zum einen gibt man Oberflächeninhalte und Volumina in unterschiedlichen Einheiten an. Lässt man die Betrachtung der Einheiten außen vor und vergleicht nur die Maßzahlen miteinander, so hat Guilia nur für einen Würfel mit Kantenlänge 6 recht: $6^3 = 6 \cdot 6^2$.

K1 ■ Ein Würfel ist ein besonderer Quader, da er all dessen Eigenschaften hat, zusätzlich sind bei ihm alle Seiten gleich lang, also hat er die Länge, die Breite und die Höhe a.
Es ist also dann $V_{Quader} = a \cdot a \cdot a = V_{Würfel}$. Die Volumenberechnung des Würfels ist also tatsächlich ein Sonderfall von der des Quaders.

Aufgaben

K4 **1** **a)** $V = a \cdot b \cdot c = 6\,cm \cdot 3\,cm \cdot 4\,cm = 72\,cm^3$
b) $V = 2\,cm \cdot 5\,cm \cdot 3\,cm = 30\,cm^3$
c) $V = 4\,cm \cdot 4\,cm \cdot 2\,cm = 32\,cm^3$

K4 **2** **a)** $252\,cm^3$ **b)** $43\,875\,mm^3$ **c)** $0{,}63\,m^3$ **d)** $999\,cm^3 = 0{,}99\,dm^3$ **e)** $45\,dm^3$

K4 **3** **a)** $24\,cm^3 = 4\,cm^3 \cdot 6$ Schichten
$24\,cm^3 = 6\,cm^3 \cdot 4$ Schichten
$24\,cm^3 = 1{,}5\,cm^3 \cdot 16$ Schichten

b) $72\,cm^3 : 2 = 36\,cm^3$
$72\,cm^3 : 3 = 24\,cm^3$
$72\,cm^3 : 6 = 12\,cm^3$

K3 **4** **a)** $V = 60\,cm \cdot 45\,cm \cdot 50\,cm = 0{,}6\,m \cdot 0{,}45\,m \cdot 0{,}5\,m = 0{,}135\,m^3$
b) Damit das Wasser nicht bis zur Oberkante reicht und man noch Gegenstände, Pflanzen und die Fische in das Aquarium geben kann. Außerdem dehnt sich (nicht nur) Wasser bei Erwärmung aus, sodass das Aquarium überlaufen könnte, wenn das Wasser bis zur Kante reichte.
c) $V = 121{,}5\,l = 121{,}5\,dm^3$
$121{,}5\,dm^3 : (6\,dm \cdot 4{,}5\,dm) = 121{,}5\,dm^3 : 27\,dm^2 = 4{,}5\,dm$
Das Wasser steht 45 cm hoch.

K3 **5** **a)** Klassenraum: m^3 Schrank: m^3
Mülltonne: m^3 oder dm^3 Brotdose: dm^3 oder cm^3
b) Lösungsmöglichkeiten:
Klassenraum: $V = 10\,m \cdot 7{,}5\,m \cdot 3\,m = 225\,m^3$
Schrank: $V = 3{,}1\,m \cdot 2{,}5\,m \cdot 0{,}5\,m = 3{,}875\,m^3$
Mülltonne: $V = 1{,}10\,m \cdot 0{,}5\,m \cdot 0{,}5\,m = 0{,}275\,m^3 = 275\,dm^3$
Brotdose: $V = 15\,cm \cdot 10\,cm \cdot 7\,cm = 1050\,cm^3 = 1{,}05\,dm^3$

K3 **6** **a)** $V = 2{,}7\,km \cdot 4\,m \cdot 43\,m = 2700\,m \cdot 4\,m \cdot 43\,m = 464\,400\,m^3$
Es müssen 464 400 m^3 Erde bewegt werden.
b) $464400\,m^3 : 18\,m^3 = 25\,800$
Man benötigt 25 800 Lkw-Ladungen.
c) 1 $25\,800 \cdot 45\,min = 1\,161\,000\,min$
$1\,161\,000\,min : 60 = 19\,350$ Arbeitsstunden
$19\,350\,h : 8\,h = 2418{,}75$ Arbeitstage ≈ 2419 Arbeitstage
2 $2418{,}75\,d : 100\,d = 24{,}1875$
Man sollte 25 Lkw einsetzen, um nach 100 Tagen mit der Arbeit fertig zu sein.

K4 **7** 1 $150\,dm^3$ 2 $729\,dm^3$ 3 $672\,dm^3$ 4 $1680\,dm^3$ 5 $3\,m^3$ 6 $4{,}5\,m^3$ 7 $16\,560\,dm^3$

K2 **8** Lösungsmöglichkeiten:
$8\,cm^3 = 1\,cm \cdot 4\,cm \cdot 2\,cm = 2\,cm \cdot 2\,cm \cdot 2\,cm$
$72\,cm^3 = 1\,cm \cdot 3\,cm \cdot 24\,cm = 9\,cm \cdot 4\,cm \cdot 2\,cm = 3\,cm \cdot 3\,cm \cdot 8\,cm$
$11\,dm^3 = 1\,cm \cdot 1\,cm \cdot 11\,cm = 0{,}5\,cm \cdot 1\,cm \cdot 22\,cm = 0{,}5\,cm \cdot 0{,}5\,dm \cdot 44\,cm$
$200\,m^3 = 25\,m \cdot 4\,m \cdot 2\,m = 20\,m \cdot 5\,m \cdot 2\,m = 10\,m \cdot 10\,m \cdot 2\,m$

K4 **9**

	a)	b)	c)	d)	e)
a	5 cm	30 cm	$\frac{1}{2}$ m	9 dm	20 cm
b	6 cm	4 dm	6 dm	90 cm	4 dm
c	4 cm	2 dm	20 dm	9 dm	30 cm
Volumen	$120\,cm^3$	$24\,dm^3$	$600\,dm^3$	$729\,dm^3$	$24\,dm^3$
Oberfläche	$148\,cm^2$	$52\,dm^2$	$500\,dm^2$	$486\,dm^2$	$52\,dm^2$

K2 **10** Die angegebenen Größen sind nur Schätzwerte.
a) Länge = 60 cm; Breite = 50 cm; Höhe = 50 cm
$V = 6\,dm \cdot 5\,dm \cdot 5\,dm = 150\,dm^3$
Man kann sich an der Armlänge des Kindes orientieren.
b) $V = 5\,mm \cdot 3\,mm \cdot 1\,mm = 15\,mm^3$
Man kann sich an der Größe des Fingerabdrucks orientieren.
c) $V = 10\,m \cdot 8\,m \cdot 6\,m = 480\,m^3$
Man kann sich an der Höhe der Fenster (geschätzt: 2,50 m Höhe) orientieren.

K2 **11** **a)** $V_I = 15\,cm \cdot 15\,cm \cdot 5\,cm = 1125\,cm^3$
$V_{II} = 15\,cm \cdot 15\,cm \cdot 5\,cm = 1125\,cm^3$
$V_{III} = 5\,cm \cdot 5\,cm \cdot 15\,cm = 375\,cm^3$
$V_{Gesamt} = 2625\,cm^3$
b) $V_I = 15\,cm \cdot 15\,cm \cdot 10\,cm = 2250\,cm^3$
$V_{II} = 5\,cm \cdot 10\,cm \cdot 15\,cm = 750\,cm^3$
$V_{III} = 5\,cm \cdot 5\,cm \cdot 15\,cm = 375\,cm^3$
$V_{Gesamt} = 3375\,cm^3$
c) $V_I = 10\,cm \cdot 25\,cm \cdot 20\,cm = 5000\,cm^3$
$V_{II} = 10\,cm \cdot 25\,cm \cdot 20\,cm = 5000\,cm^3$
$V_{III} = 10\,cm \cdot 25\,cm \cdot 20\,cm = 5000\,cm^3$
$V_{IV} = 10\,cm \cdot 10\,cm \cdot 25\,cm = 2500\,cm^3$
$V_V = 10\,cm \cdot 10\,cm \cdot 25\,cm = 2500\,cm^3$
$V_{Gesamt} = 20\,000\,cm^3 = 2\,dm^3$

K4 **1**

1 8 Würfel
2 24 Würfel
3 20 Würfel
4 11 Würfel

Zum Quader fehlen ...

1 22 Würfel.
2 12 Würfel.
3 16 Würfel.
4 7 Würfel.

Zum Würfel fehlen ...

1 117 Würfel.
2 40 Würfel.
3 44 Würfel.
4 16 Würfel.

K1 **2** Nur der Würfel 2. Bei den Würfeln 4 und 5 stimmen zwar alle Augenzahlen, nicht jedoch die Augenanordnungen.

Die Seitenfläche mit der Augenzahl 3 grenzt bereits im Netz an die mit der 6. Faltet man die lange Seite des Netzes gedanklich, sieht man, dass dann auch die Seitenfläche mit der 4 an die mit der 6 angrenzt. Gedankliche Faltung der verbleibenden abstehenden Quadrate zeigt, dass auch die Seitenflächen mit den Augenzahlen 2 und 5 an die mit der 6 angrenzen.

K4 **3** abgelesene Maße:
a) 2 cm, 3,5 cm, 3 cm **b)** 2,5 cm, 3,5 cm, 2 cm

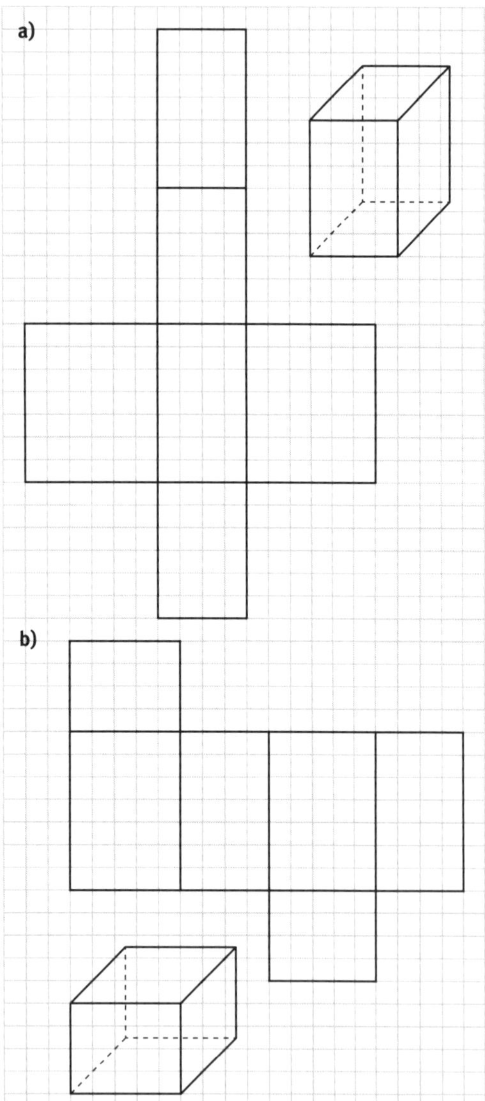

abgelesene Maße:
a) 2 cm **b)** 0,75 cm, 2 cm, 3,5 cm
c) 2 cm, 2 cm, 3,5 cm

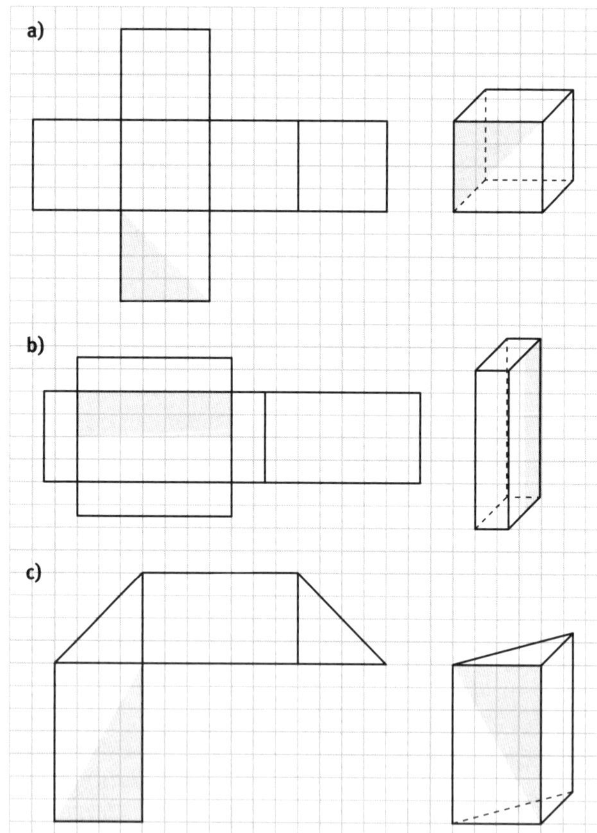

K5 **4**
1 Quader
2 Prisma
3 Zylinder
4 Prisma
5 Kegel

1 8 Ecken, 12 Kanten, 6 Flächen
2 6 Ecken, 9 Kanten, 5 Flächen
3 0 Ecken, 0 Kanten, 3 Flächen
4 6 Ecken, 9 Kanten, 5 Flächen
5 0 Ecken, 0 Kanten, 2 Flächen

K2 **5** **a)** 24 Würfel **b)** 20 Würfel **c)** 25 Würfel
d) 60 Würfel **e)** 21 Würfel
b) < e) < a) < c) < d)

a) 52 Würfel **b)** 48 Würfel
c) 32 Würfel **d)** 40 Würfel
c) < d) < b) < a)

K4 **6** **a)** $4000\,mm^3$; $7000\,cm^3$; $32\,000\,cm^3$; $105\,000\,dm^3$; $220\,000\,dm^3$; $13\,500\,cm^3$; $47\,030\,dm^3$; $152\,017\,mm^3$
b) $40\,m^3$; $100\,cm^3$; $3{,}4\,m^3$; $17{,}07\,dm^3$; $1{,}02\,cm^3$; $0{,}002\,dm^3$; $0{,}0156\,m^3$

a) $750\,dm^3$; $999\,500\,cm^3$; $975\,dm^3$; $998\,000\,cm^3$; $100\,000\,cm^3$
b) $1\,l = 1\,dm^3$ $1000\,l = 1\,m^3$
$1\,hl = 100\,l$ $25\,dm^3 = 25\,l$
$3000\,dm^3 = 30\,hl$ $5\,hl = 500\,dm^3$
$5\,m^3 = 5000\,l$ $350\,cm^3 = 350\,ml$

K3 **7** $V = l \cdot b \cdot h = G \cdot h = 48\,m^2 \cdot 6\,m = 288\,m^3$.
In das Becken passen $288\,m^3$ Wasser.

$288\,m^3 = 288\,000\,l$. Verbleibendes Volumen nach Ablassen von $960\,l$ Wasser ist
$V = 287\,040\,l = 287{,}040\,m^3$.
Bei gleicher Grundfläche ist die verbleibende Höhe:
$h = \frac{287{,}040\,m^3}{48\,m^2} = 5{,}980\,m$
Der Wasserspiegel sinkt um 2 cm.

K2 **8** **a)** Volumen Bonbon-Schachtel: $V = 22\,cm^2$
Volumen des Kartons: $V = 1911\,cm^2$
b) $1911\,cm^2 : 22\,cm^2 \approx 86{,}86$
Es passen 86 Bonbon-Schachteln in den Karton.
c) Das Ergebnis aus **b)** ist die ideale Ausnutzung des Volumens vom Karton. Aber es ist nicht möglich die Bonbon-Schachtel zu zerschneiden. Sie müssen also als ganzes in den Karton passen, daher wird die tatsächliche Anzahl je nach Anordnung unterhalb der 86 Schachteln liegen.

a) Um herauszufinden, wie viele Schachteln mit der Anordnung in den Karton passen, muss man die entsprechende Länge, Breite und Höhe des Kartons durch die der Schachtel teilen.
Länge: $21\,cm : 5{,}5\,cm \approx 3{,}8$
Breite: $6{,}5\,cm : 1{,}6\,cm \approx 4$
Höhe: $14\,cm : 2{,}5\,cm = 5{,}6$
Es passen also $3 \cdot 4 \cdot 5 = 60$ Schachteln in den Karton.
b) Lösungsmöglichkeiten:
1
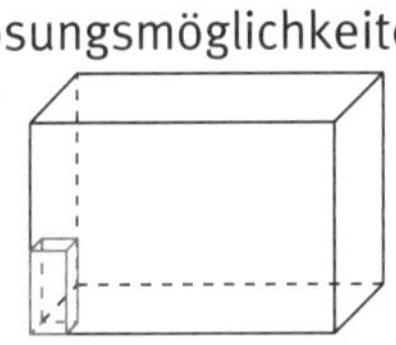
Schachtelanzahl: 65
2
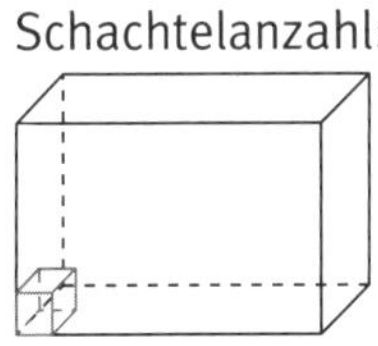
Schachtelanzahl: 52

K1 **1** A und F; B und C; D und G; E und I; H und J

K4 **2**

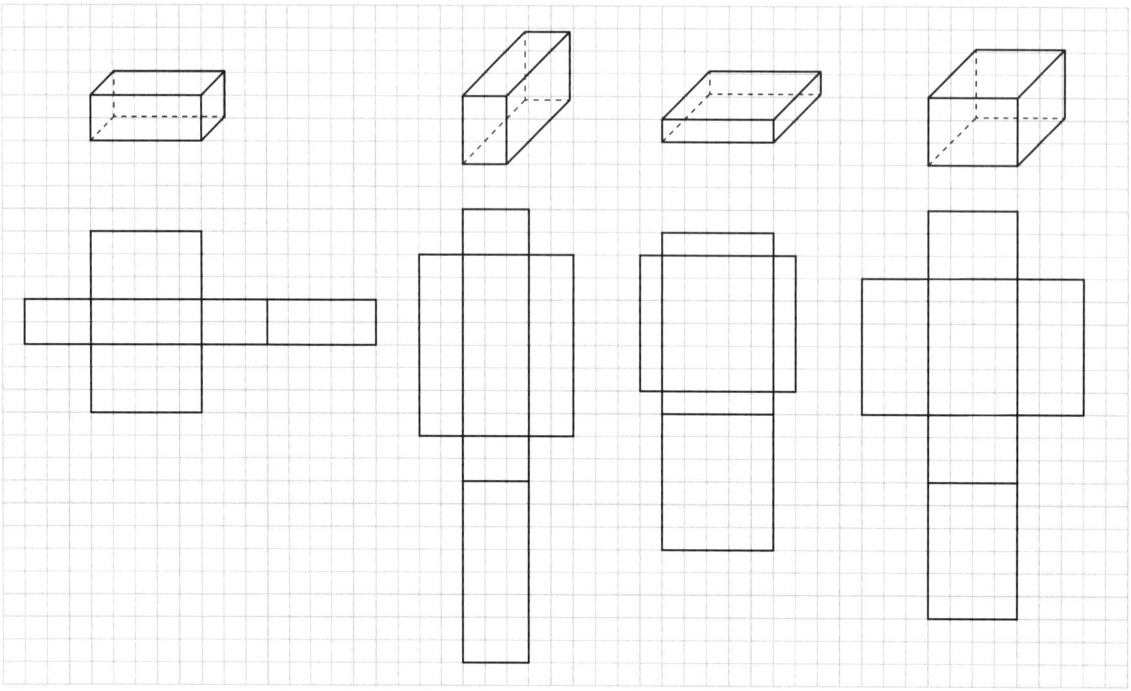

K1 **3** **a)** 1 Kegel, Pyramide, Zylinder, Quader, Prisma
2 Quader, Prisma, Zylinder, Kugel
3 Würfel, Quader, Zylinder, Kugel
4 Zylinder, Quader, Kugel, Kegel, Würfel, Prisma, Pyramide
5 Prisma, Pyramide, Kegel, Würfel, Quader

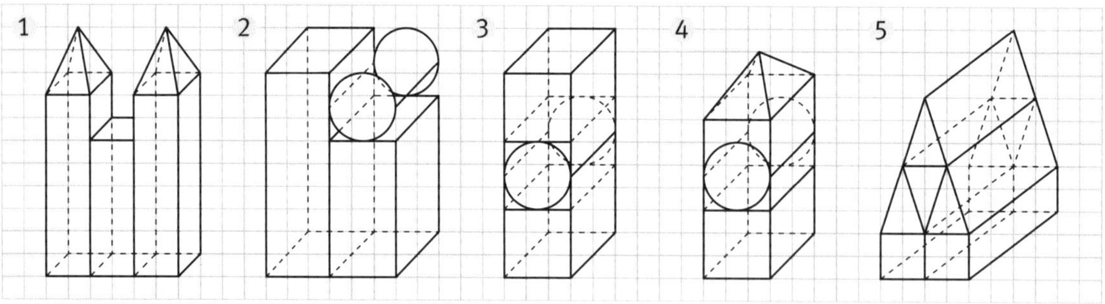

b) 1 Quader, Würfel, Kugel, Zylinder
2 Kegel, Würfel, Quader
3 Quader, Würfel, Pyramide, Kegel
4 Pyramide, Quader, Würfel

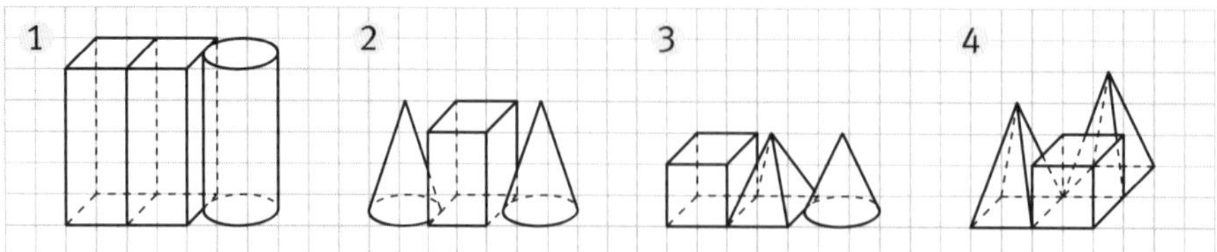

K5 **4** 1 Würfel

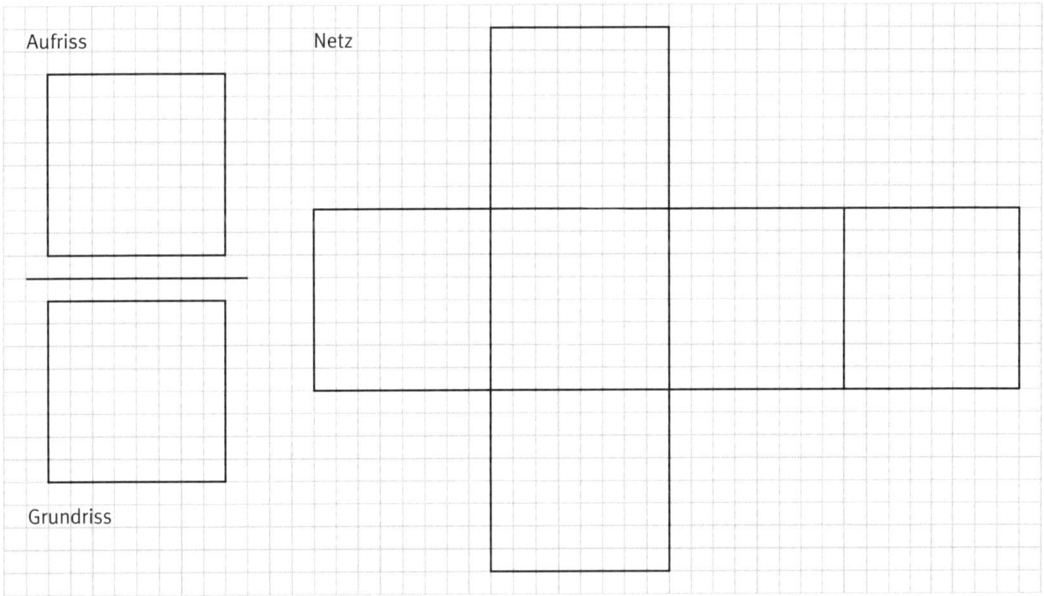

2 Dreiseitiges Prisma

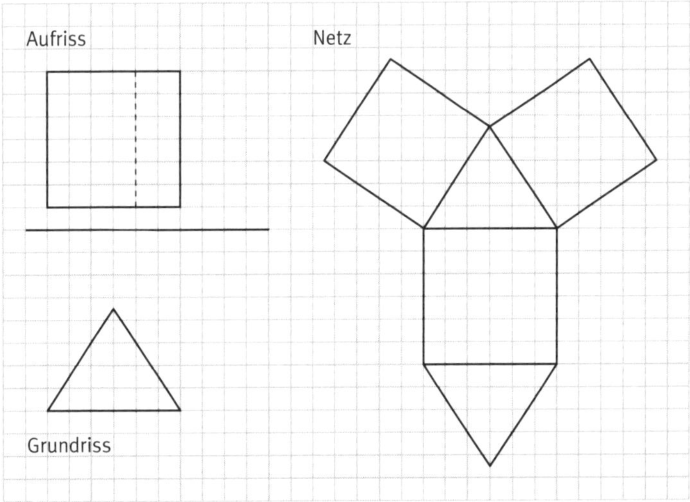

3 Vierseitiges Prisma

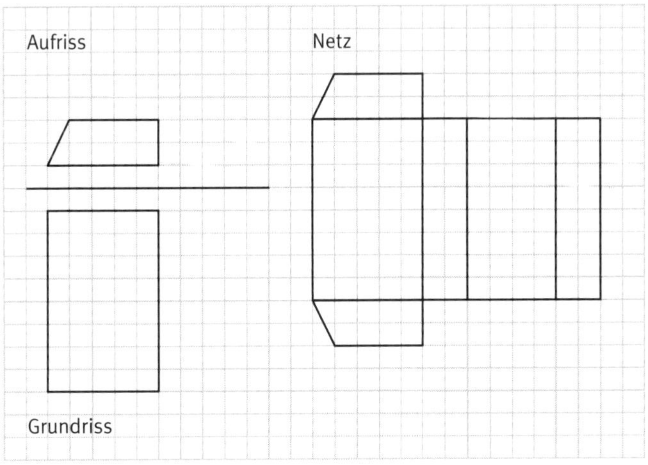

K3 **5** **a)** Größenordnung: 15–20 m^3

Man kann schätzen, wie viele große Schritte (ca. 1 m) der Lkw misst, z. B. 1,5 in der Breite, 4–4,5 in der Länge und 2,5–3 in der Höhe.

b) Größenordnung: 10 l; 50 m^3

Geschätzt passen etwa 10 Milchtüten in das größere Paket. Die Maße des kleinen Päckchens kann man mittels eines Geodreieckes und ggf. dem Vergleich mit der eigenen Hand auf 5 cm, 5 cm und 2 cm abschätzen.

K4 **6** 1

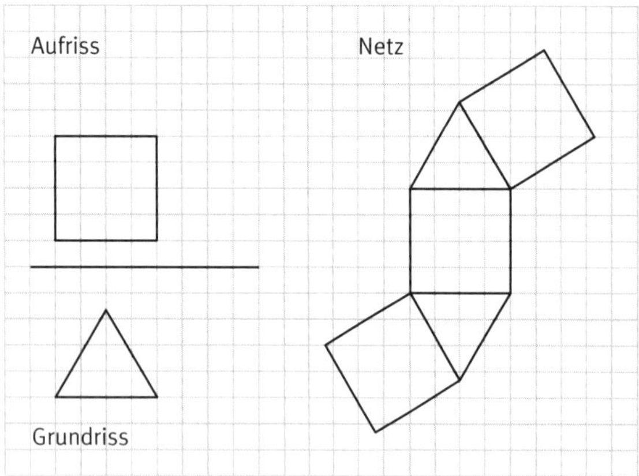

2

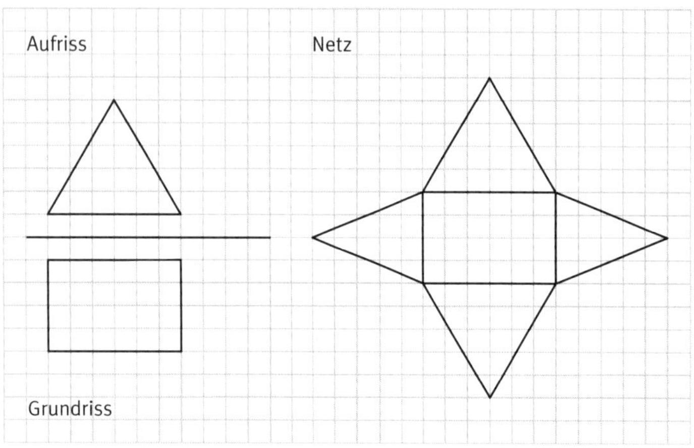

3

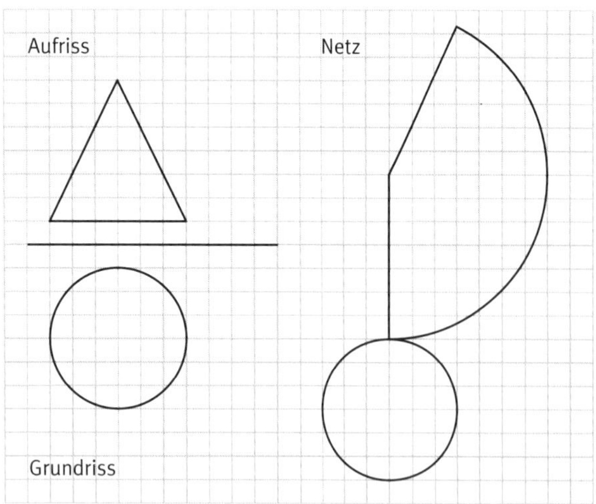

Hinweis: Der Mittelpunktwinkel ist nur grob genähert, da er hier noch nicht berechnet werden kann.

4

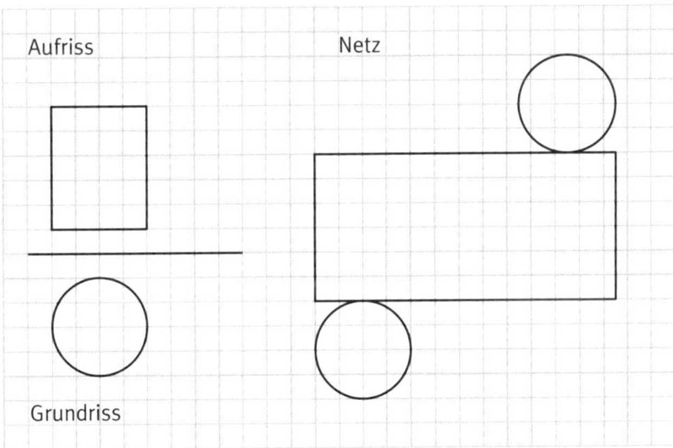

K4 **7** **a)** 1

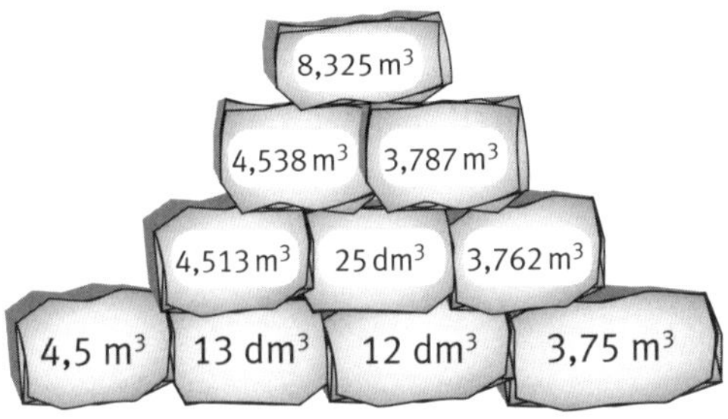

2

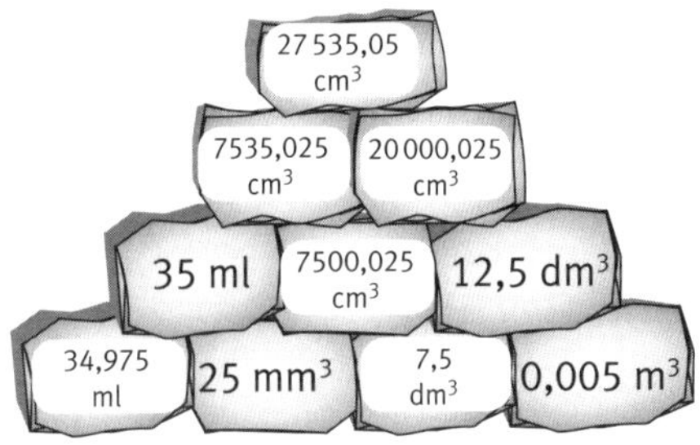

b) 1 $8{,}325\,m^3 = 8325\,dm^3 = 8325\,l = 8\,325\,000\,cm^3$

2 $27\,535{,}05\,cm^3 = 27{,}53505\,dm^3 = 27{,}53505\,l$

c) Der Wert auf dem oberen Stein ist doppelt (halb) so groß wie vorher.

K4 **8** Würfel: 1 Kästchen = 1 cm

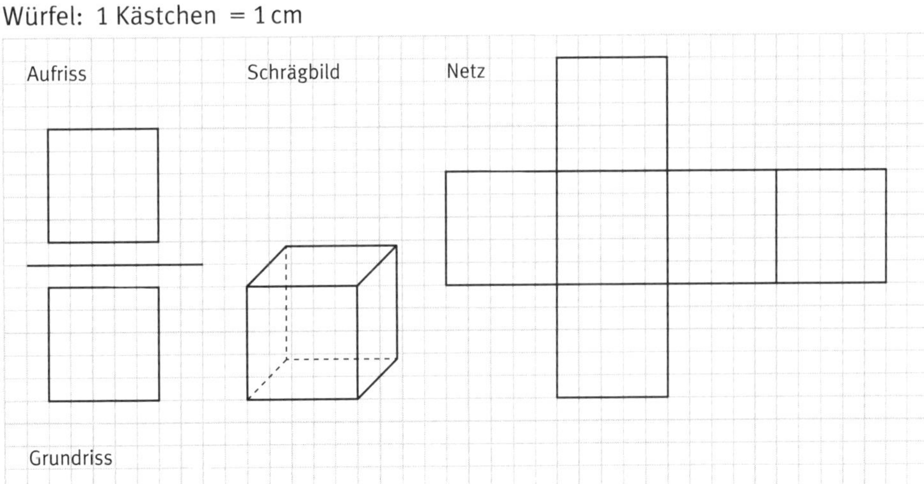

Quader: 1 Kästchen = 1 cm

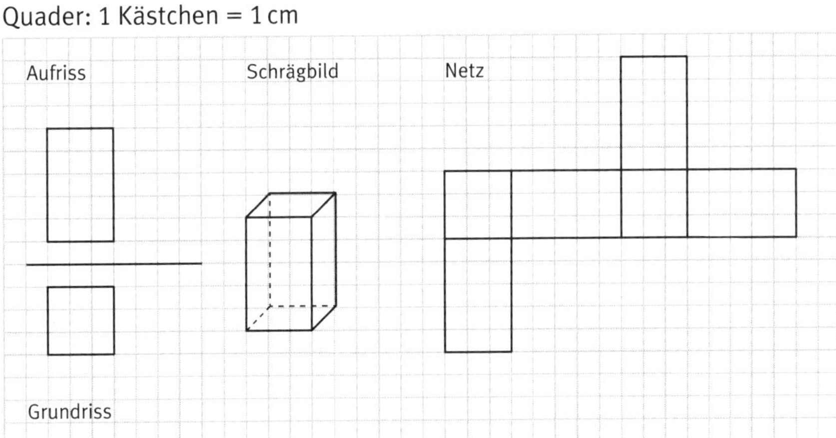

K2 **9**

Der Würfel	1	2	3	4	5
mit der Kantenlänge	2 cm	(**2** · 2 cm =) 4 cm	(**3** · 2 cm =) 6 cm	(**4** · 2 cm =) 8 cm	(**5** · 2 cm =) 10 cm
hat einen Oberflächeninhalt von	$6 \cdot (2\,cm)^2$ $= 24\,cm^2$	$6 \cdot (4\,cm)^2$ $= 96\,cm^2$ $= 4 \cdot 24\,cm^2$ $= \mathbf{2^2} \cdot 24\,cm^2$	$6 \cdot (6\,cm)^2$ $= 216\,cm^2$ $= 9 \cdot 24\,cm^2$ $= \mathbf{3^2} \cdot 24\,cm^2$	$6 \cdot (8\,cm)^2$ $= 384\,cm^2$ $= 16 \cdot 24\,cm^2$ $= \mathbf{4^2} \cdot 24\,cm^2$	$6 \cdot (10\,cm)^2$ $= 600\,cm^2$ $= 25 \cdot 24\,cm^2$ $= \mathbf{5^2} \cdot 24\,cm^2$
und ein Volumen von	$(2\,cm)^3$ $= 8\,cm^3$	$(4\,cm)^3$ $= 64\,cm^3$ $= 8 \cdot 8\,cm^3$ $= \mathbf{2^3} \cdot 8\,cm^3$	$(6\,cm)^3$ $= 216\,cm^3$ $= 27 \cdot 8\,cm^3$ $= \mathbf{3^3} \cdot 8\,cm^3$	$(8\,cm)^3$ $= 512\,cm^3$ $= 64 \cdot 8\,cm^3$ $= \mathbf{4^3} \cdot 8\,cm^3$	$(10\,cm)^3$ $= 1\,000\,cm^3$ $= 125 \cdot 8\,cm^3$ $= \mathbf{5^3} \cdot 8\,cm^3$

a) Der Würfel mit der Kantenlänge 2 cm hat einen Oberfl ächeninhalt von $24\,cm^2$.
Wenn die Würfelkante $n \cdot 2\,cm$ lang ist ($n \in \{1; 2; 3; 4; 5\}$), dann ist der Oberflächeninhalt $n^2 \cdot 24\,cm^2$.

b) Der Würfel mit der Kantenlänge 2 cm hat ein Volumen von $8\,cm^3$.
Wenn die Würfelkante $n \cdot 2\,cm$ lang ist ($n \in \{1; 2; 3; 4; 5\}$), dann ist das Volumen $n^3 \cdot 8\,cm^3$.

K2 **10** $V_1 = 81\,dm^3$ $V_2 = 255{,}9375\,dm^3 \approx 256\,dm^3$ $V_3 = 142{,}5\,dm^3$
Es gilt: $V_1 < V_3 < V_2$

K3 **11** **a)** $V = 50\,m \cdot 25\,m \cdot 2{,}3\,m = 2875\,m^3 = 2\,875\,000\,l = 28\,750\,hl$

b) $2875 \cdot 5{,}23\,€ = 15\,036{,}25\,€$

c) 1 $25\,hl = 2500\,l = 2{,}5\,m^3$
$2{,}5\,m^3 : (50\,m \cdot 25\,m) = 0{,}002\,m$
Der Wasserspiegel sinkt täglich um 2 mm.

2 $1\,m^3 = 5{,}23\,€$
$25\,hl = 2500\,l = 2{,}5\,m^3$
$2{,}5 \cdot 5{,}23\,€ = 13{,}075\,€$
Zum Nachfüllen des Beckens werden täglich gut 13 € benötigt.

3 $2{,}5\,m^3$ von $2875\,m^3$ sind $\frac{5}{5750} = \frac{1}{1150}$

4 $2875\,m^3 : 2{,}5\,m^3 = 1150$
Das Wasser wäre nach 1150 Tagen, also über 3 Jahren, komplett verdunstet. Dieses Ergebnis ist insofern unrealistisch, als nicht jeden Tag $2{,}5\,m^3$ Wasser verdunsten, sondern nur an sonnigen Sommertagen.

K3 **12** $V = 3\,cm \cdot 8\,cm \cdot 5\,cm = 120\,cm^3$
Lösungsmöglichkeiten:
Hälfte des Volumens: $60\,cm^3 = 3\,cm \cdot 4\,cm \cdot 5\,cm = 1{,}5\,cm \cdot 8\,cm \cdot 5\,cm = 3\,cm \cdot 8\,cm \cdot 2{,}5\,cm$
Viertel des Volumens: $30\,cm^3 = 3\,cm \cdot 2\,cm \cdot 5\,cm = 1{,}5\,cm \cdot 8\,cm \cdot 5\,cm = 3\,cm \cdot 8\,cm \cdot 1{,}5\,cm$

K4 **13** **a)** $O = 2 \cdot (6\,cm \cdot 4\,cm) + 4 \cdot (2\,cm \cdot 6\,cm) + 2 \cdot (4\,cm \cdot 2\,cm) + 2 \cdot (2\,cm \cdot 2\,cm) = 120\,cm^2$
$V = 6\,cm \cdot 4\,cm \cdot 4\,cm - 2\,cm \cdot 2\,cm \cdot 6\,cm = 72\,cm^3$

b) $O = 2 \cdot (4\,cm \cdot 3 \cdot 6\,cm + 3\,cm \cdot 6\,cm) + 2 \cdot (4\,cm \cdot 5\,cm) + 2 \cdot (3\,cm \cdot 5\,cm) + 3 \cdot (6\,cm \cdot 5\,cm) = 340\,cm^2$
$V = 4\,cm \cdot 3 \cdot 6\,cm \cdot 5\,cm + 3\,cm \cdot 6\,cm \cdot 5\,cm = 450\,cm^3$

c) $O = 2 \cdot (1\,cm \cdot 5\,cm) + (10\,cm \cdot 1\,cm) + 2 \cdot (5\,cm \cdot 10\,cm) + 2 \cdot (1\,cm \cdot 6\,cm) + 2 \cdot (1\,cm \cdot 10\,cm)$
$+ 2 \cdot (10\,cm \cdot 6\,cm) - (10\,cm \cdot 1\,cm) = 262\,cm^2$
$V = 1\,cm \cdot 5\,cm \cdot 10\,cm + 1\,cm \cdot 6\,cm \cdot 10\,cm = 110\,cm^3$

K4 **14** Das Volumen des Quaders wird aus dem Produkt der Maßzahlen für Länge, Breite und Höhe ermittelt. Die Zahl 6 kann man zerlegen, z. B. in $6 = 1 \cdot 1 \cdot 6$ oder $6 = 1 \cdot 2 \cdot 3$.

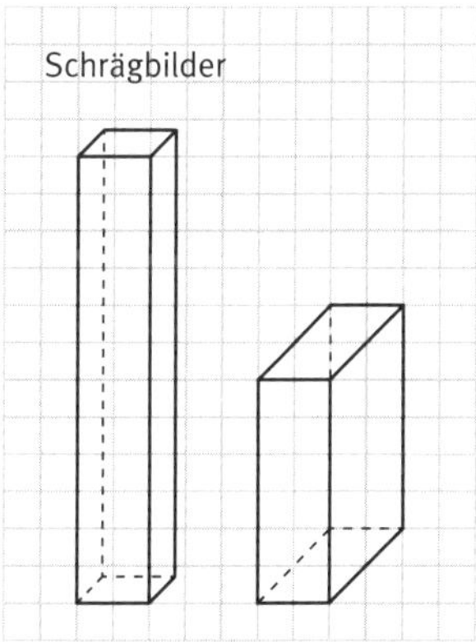

K2 **15** **a)** Die experimentelle Lösung kann variieren.
Fehlerquellen: Dicke des äußeren Blattes, Heftklammern, ...
rechnerische Lösung für ein Heft mit 16 Blättern:
DIN-A4-Seite: $A_{Blatt} = 21\,cm \cdot 29{,}5\,cm = 619{,}5\,cm^2$
$A_{Heft} = 16 \cdot 619{,}5\,cm^2 = 9912\,cm^2 = 99{,}12\,dm^2 = 0{,}9912\,m^2 \approx 1\,m^2$
Ein Heft müsst demnach ohne Umschlag ca. 80 g wiegen.

b) Beispielrechnung: Ein Buch mit 113 Seiten hat eine Höhe von 0,8 cm.
Somit passen auf eine Höhe von 1 m = 100 cm von den Logo-Seiten 100 : 0,8 = 125 übereinander, das sind $125 \cdot 113 = 14\,125$ Blätter.
$1\,m^2$ wiegt 80 g.
$1\,m^3$ sind somit 14 125 Blätter zu je $1\,m^2$, die dann 1 130 000 g = 1130 kg = 1,13 t wiegen.
$1\,cm^3$ ist der millionste Teil davon, also 1,13 kg.

c) zu **a)**: Bei 16 Blättern ist die Fläche jeweils $1\,m^2$, also entspricht die Masse auch der zugehörigen Angabe. Beim Buch ergeben sich folgende Massen:

Masse $1\,m^2$ Blatt	100 g	120 g	180 g
Masse Buch	564 g	676,8 g	1015,2 g (≈1 kg)

zu **b)**: Hier mit gleicher Blätteranzahl und Blatthöhe.

Masse $1\,m^2$ Blatt	100 g	120 g	180 g
Masse $1\,m^3$	1 412 500 g (≈1,4 t)	1 695 000 g (≈1,7 t)	2 542 500 g (≈2,5 t)
Masse $1\,cm^3$	1,4 g	1,7 g	2,5 g

Alternative: Die Blätter werden vermutlich auch dicker, sodass die Masse pro cm^3 etwa gleich bleiben kann.

K2 **16** Lösungsmöglichkeiten, abhängig von den ermittelten Werten:

a) Annahme: Pulsschlag: 70 Schläge pro Minute
Anzahl der Schläge pro Tag: $70 \cdot 60 \cdot 24 = 100\,800$ (≈ 100 000) — Menge Blut: 7056 l
Anzahl der Schläge pro Monat: $100\,800 \cdot 30 = 3\,024\,000$ (≈ 3 Mio.) — Menge Blut: 211 680 l
Anzahl der Schläge pro Jahr: $100\,800 \cdot 365 = 36\,792\,000$ (≈ 37 Mio.) — Menge Blut: 2 575 440 l

b) Annahme Alter: 11 Jahre — Mit **a)** folgt Menge Blut: 28 329 840 l (≈ 28,5 Mio. l)
Annahme Alter Eltern: 42 Jahre — Menge Blut: 108 168 480 l (≈ 108 Mio. l)
75-Jähriger: — Menge Blut: 193 158 000 l (≈ 193 Mio. l)

c) 5000 ml : 70 ml ≈ 71,4
Nach rund 72 Schlägen sollte das Blut einmal komplett durch den Körper geflossen sein. Das entspricht in etwa der Leistung in einer Minute. Das Ergebnis ist sicherlich nicht realistisch, da es Bereiche im Körper gibt, die öfter durchflossen werden als andere.

K2 **17 a)** Verschiedene Lösungen möglich, je nach Anfangsstellung des Würfels, z. B.

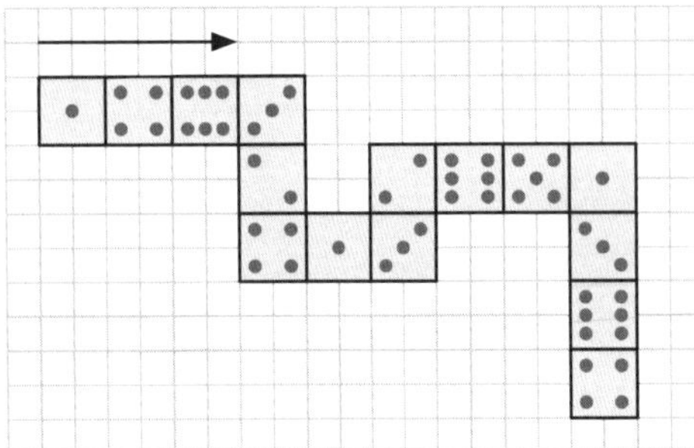

b) Individuelle Lösungen möglich, z. B.

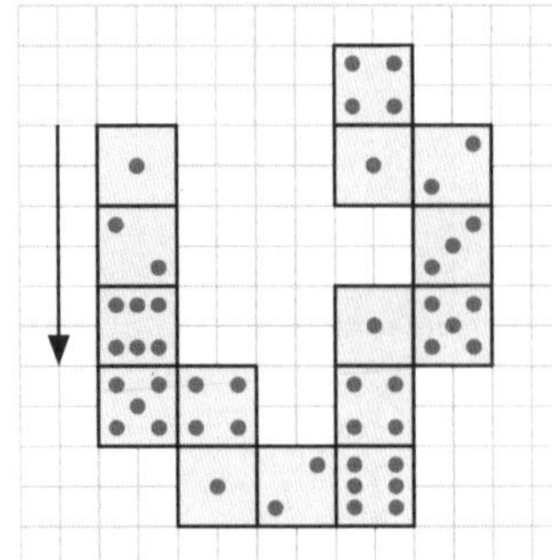

K2 **18 a)**

Körper	Anzahl der			Art der	
	Ecken	Flächen	Kanten	Flächen	Kanten
Quader	8	6	12	eben	gerade
Würfel	8	6	12	eben	gerade
Quadratische Pyramide	5	5	8	eben	gerade
Sechseckige Pyramide	7	7	12	eben	gerade
Zylinder	0	3	2	eben, gekrümmt	gekrümmt
Kegel	0	2	1	eben, gekrümmt	gekrümmt
Kugel	0	1	0	gekrümmt	–

b) e: Anzahl der Ecken   f: Anzahl der Flächen   k: Anzahl der Kanten

1 $e + f - k = 2$

2

	$e + f - k = 2$	Aussage
Quader	$8 + 6 - 12 = 2$	wahr
Würfel	$8 + 6 - 12 = 2$	wahr
Quadratische Pyramide	$5 + 5 - 8 = 2$	wahr
Sechseckige Pyramide	$7 + 7 - 12 = 2$	wahr
Zylinder	$0 + 3 - 2 = 1$	falsch
Kegel	$0 - 2 - 1 = 1$	falsch
Kugel	$0 - 1 - 0 = 1$	falsch

Die Gleichung gilt nur für Körper mit ebenen Flächen.

K2

Knobelei

Der Somawürfel

- Verschiedene Lösungsmöglichkeiten, z. B.:

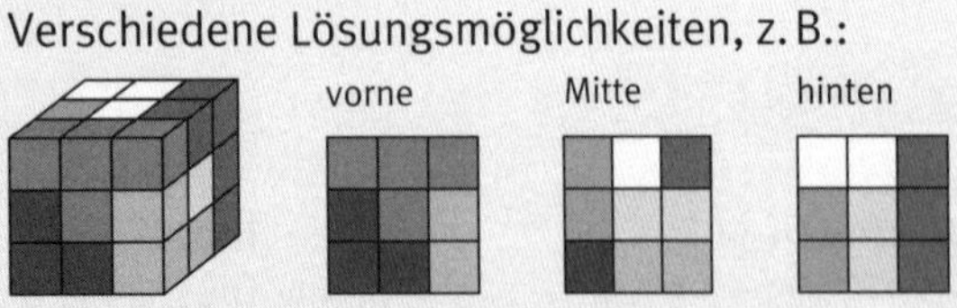

- Individuelle Lösungen, z. B.:

- Lösungsmöglichkeiten:

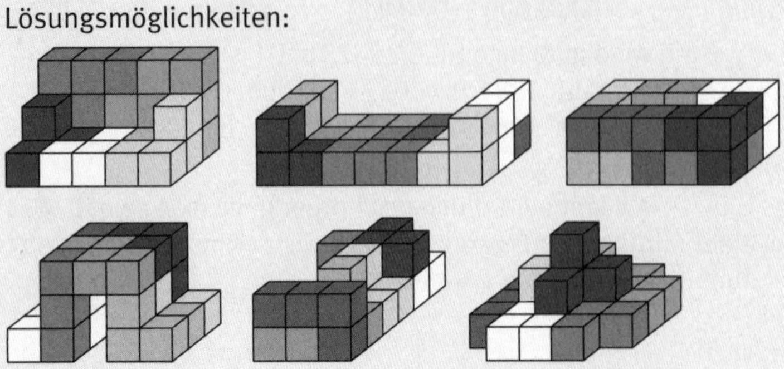

K1 **1** Schritt 1: Würfel mit Kantenlänge a = 3. Dann ist $V = 3^3 = 27$.
Neuer Würfel mit Kantenlänge $a' = 2 \cdot 3 = 6$. Dann ist $V = 6^3 = 216$.
$216 : 27 = 8 = 2^3$.
Für das Beispiel stimmt die Behauptung also.
Schritt 2: Es geht um das Volumen eines Würfels, die Formel ist bekannt.
Schritt 3: Formel Volumen für Würfel mit Kantenlänge a : $V = a^3$
Schritt 4: Kantenlängen: Würfel alt: a
Würfel neu: 2a
Volumen: $V_{alt} = a^3$
$V_{neu} = (2a)^3 = 8a^3 = \mathbf{8} \cdot V_{alt}$

K1 **2** Schritt 1: Quader mit Kantenlängen a = 2, b = 3, c = 1. Dann ist $V = 2 \cdot 3 \cdot 1 = 6$.
Neuer Quader mit Kantenlängen $a' = 2 \cdot 2 = 4$, $b' = 2 \cdot 3 = 6$, $c' = 2 \cdot 1 = 2$.
Dann ist $V = 4 \cdot 6 \cdot 2 = 48$
$48 : 6 = 8 = 2^3$.
Für das Beispiel stimmt die Behauptung also.
Schritt 2: Es geht um das Volumen eines Quaders, die Formel ist bekannt.
Schritt 3: Formel Volumen für Quader mit Kantenlängen a, b, c: $V = abc$
Schritt 4: Kantenlängen: Quader alt: a, b, c
Würfel neu: 2a, 2b, 2c
Volumen: $V_{alt} = abc$
$V_{neu} = 2a \cdot 2b \cdot 2c = 8 \cdot abc = \mathbf{8} \cdot V_{alt}$
doppelte Kantenlänge → achtfaches Volumen, analog folgt:
dreifache Kantenlänge → $3 \cdot 3 \cdot 3 = 27$-faches Volumen
vierfache Kantenlänge → $4 \cdot 4 \cdot 4 = 64$-faches Volumen

K1 **3** Schritt 1: Würfel mit Kantenlänge a = 3. Dann ist $O = 6 \cdot 3^2 = 54$.
Neuer Würfel mit Kantenlänge $a' = 2 \cdot 3 = 6$. Dann ist $O = 6 \cdot 6^2 = 216$.
$216 : 54 = 3 = 2^2$.
Für das Beispiel stimmt die Behauptung also.
Schritt 2: Es geht um den Oberflächeninhalt eines Würfels, die Formel ist bekannt.
Schritt 3: Formel Oberflächeninhalt für Würfel mit Kantenlänge a: $O = 6 \cdot a^2$
Schritt 4: Kantenlängen: Würfel alt: a
Würfel neu: $n \cdot a$
Oberfläche: $O_{alt} = 6a^2$
$O_{neu} = 6 \cdot (n \cdot a)^2 = n^2 \cdot 6 \cdot a^2 = \mathbf{n}^2 \cdot V_{alt}$

K1 **4** Dorothee hat Recht, denn:
Schritt 1: $4^2 = 16$ ist gerade.
Schritt 2: Es geht um gerade Zahlen, die ein Vielfaches von zwei sind, und ums Quadrieren, dies ist das Multiplizieren einer Zahl mit sich selbst.
Schritt 3: Gerade Zahlen: 2n mit $n \in \mathbb{N}$
Quadrieren: $n^2 = n \cdot n$
Schritt 4: Quadrat: $(2n)^2 = 4n^2 = 2 \cdot (2n)^2$ → gerade Zahl

K1 **5** Michael hat Recht, denn:
Schritt 1: $3^2 = 9$ ist gerade.
Schritt 2: Es geht um ungerade Zahlen, die kein Vielfaches von zwei sind, und ums Quadrieren, dies ist das Multiplizieren einer Zahl mit sich selbst.
Schritt 3: Ungerade Zahlen: 2n + 1 mit $n \in \mathbb{N}_0$
Quadrieren: $n^2 = n \cdot n$
Schritt 4: Quadrat: $(2n + 1)^2 = 4n^2 + 2n + 1 = 2 \cdot (2n^2 + n) + 1$ → ungerade Zahl

K3 **1** **a)** Quader und Pyramide **b)** Zylinder und Kegel **c)** Prisma und Pyramide

K4 **2** Lösungsmöglichkeit jeweils eines Körpernetzes:

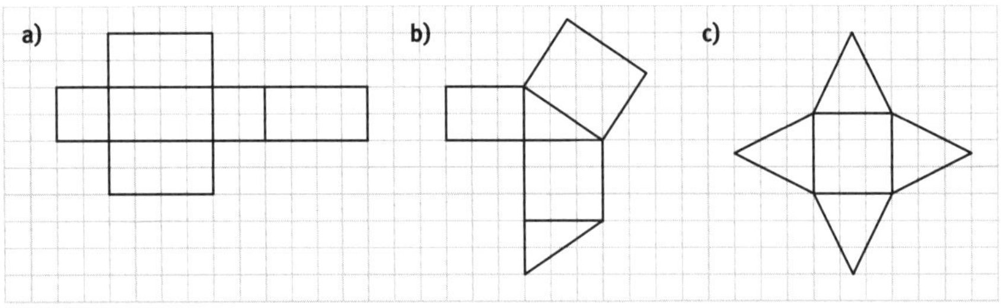

K1 **3** Es entsteht Netz B.

K4 **4**

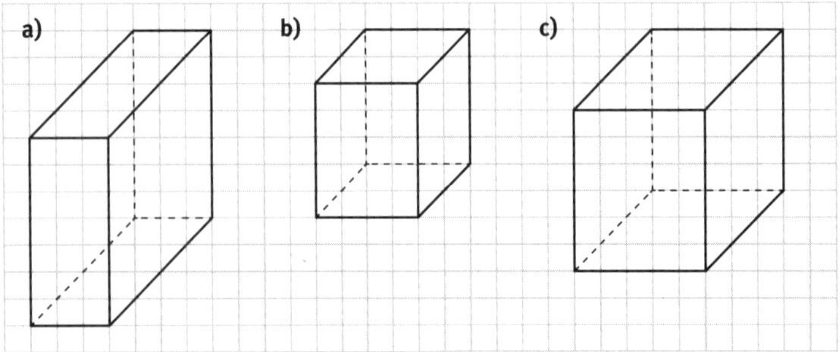

K4 **5** **a)** $7000\,dm^3$ $0{,}016\,m^3$ $74\,000\,cm^3$ $0{,}004\,l$
b) $80\,000\,cm^3$ $4500\,dm^3$ $0{,}304\,dm^3$ $4{,}5\,cm^3$

K4 **6**

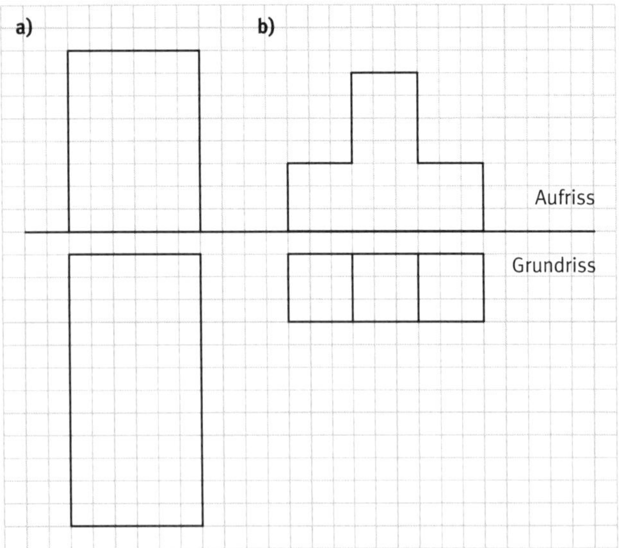

K4 **7** $V_3 > V_1 > V_2$

K4 **8** **a)** $4\,m^3 < 4150\,dm^3$ $50\,dm^3 = 50\,l$ $750\,ml = 0{,}75\,l$
b) $1250\,cm^3 < 12{,}5\,dm^3$ $0{,}5\,cm^3 < 500\,ml$ $55\,000\,m^3 > 550\,000\,hl$

K4 **9** **a)** $V = 210\,cm^3$ $O = 214\,cm^2$
b) $V = 48\,125\,mm^3$ $O = 8350\,mm^2$
c) $V = 540\,dm^3$ $O = 447\,dm^2$

K2 **10** **a)** Das Volumen berechnet sich als Volumen des Würfels abzüglich des Volumens des ausgeschnittenen Quaders.
$V = 4\,m \cdot 4\,m \cdot 4\,m - 2\,m \cdot 2\,m \cdot 4\,m = 48\,m^3$

b) Das ausgeschnittene Prisma hat genau das halbe Volumen des ausgeschnittenen Quaders aus Teilaufgabe **a)**.
$V = 4\,m \cdot 4\,m \cdot 4\,m - \frac{1}{2} \cdot 2\,m \cdot 2\,m \cdot 4\,m = 56\,m^3$

Aufgaben für Lernpartner

K1/5 **A** Die Aussage ist richtig.

K1/5 **B** Die Aussage ist falsch. Ein Würfel hat acht Ecken, aber nur 12 Kanten. Bei der Aussage wurden alle Kanten doppelt gezählt.

K1/5 **C** Die Aussage ist richtig.

K1/5 **D** Die Aussage ist falsch. Die nach hinten laufenden Linien werden im Schrägbild zwar in halber Länge, jedoch unter einem Winkel von 45° gezeichnet.

K1/5 **E** Die Aussage ist falsch. Es gibt sogar 11 verschiedene Würfelnetze. Probiere es aus!

K1/5 **F** Die Aussage ist richtig für Hohlkörper, die man mit Teilkörpern ausfüllen kann. Für Vollkörper beispielsweise muss man andere Messmethoden wählen.

K1/5 **G** Die Aussage ist richtig.

K1/5 **H** Die Aussage ist richtig.

K1/5 **I** Die Aussage ist falsch. Das Komma der Maßzahl wird bei der Umwandlung in die nächstgrößere Volumeneinheit um drei Stellen nach links verschoben, da die Maßzahl kleiner werden muss.

K1/5 **J** Die Aussage ist falsch. Man muss die Länge mit der Breite und der Höhe multiplizieren. Man darf jedoch nicht die Länge, Breite oder Höhe mehrfach multiplizieren.

K1/5 **K** Die Aussage ist falsch. Das Volumen wird achtmal so groß, wenn sich die Seitenlänge verdoppelt.
Beispiel: Seitenlänge $a = 1\,cm$, $V_1 = 1\,cm^3$
Seitenlänge $a = 2\,cm$, $V_2 = 8\,cm^3$

K1/5 **L** Die Aussage ist richtig. Der Würfel ist ein Quader, bei dem alle Seiten gleich lang sind.

K1/5 **M** Die Aussage ist richtig. Ein Quader ist ein Prisma mit einem Rechteck als Grund- und Deckfläche.

K1/5 **N** Die Aussage ist richtig. Der Würfel ist ein besonderer Quader.

K1/5 **O** Die Aussage ist falsch. Die Maße des Körpers im Aufriss werden in der tatsächlichen Länge dargestellt.

K1/5 **P** Die Aussage ist falsch. Bei einem Grundriss wird die Ansicht eines Körpers von oben gezeichnet.

Fotolia / KoPoPhoto – Cover; www.google-earth – S. 98; www.wikipedia.org – S. 109.